移动APP 产品原型设计

玩转Axure RP

刘刚◎编著

中国铁道出版社
CHINA RAILWAY PUBLISHING HOUSE

内 容 简 介

本书精准定位于用 Axure 进行移动 APP 的原型制作，从翔实的基本操作、实用的设计原则和精炼的应用实战等方面展开图书的架构和行文逻辑，知识讲解与实践案例紧密融合，相辅相成，帮助读者夯实知识点，透彻理解原型设计理念。通过六个完整移动 APP 项目案例的清晰解读和实践操作，帮助读者把前面所学知识做到融会贯通，大幅缩短从理论到实践的距离。

本书旨在帮助有一定基础的产品原型设计相关从业者顺利掌握移动 APP 设计的理念，并通过丰富的案例积累经验。

图书在版编目（CIP）数据

移动APP产品原型设计：玩转Axure RP / 刘刚编著. —北京：中国铁道出版社，2017.6
ISBN 978-7-113-22912-2

Ⅰ. ①移… Ⅱ. ①刘… Ⅲ. ①移动电话机—应用程序—程序设计 Ⅳ. ①TN929.53

中国版本图书馆CIP数据核字（2017）第050423号

书　　名：移动 APP 产品原型设计：玩转 Axure RP
作　　者：刘　刚　编著

责任编辑：荆　波　　**读者热线电话**：010-63560056
责任印制：赵星辰　　**封面设计**：MXK DESIGN STUDIO

出版发行：中国铁道出版社（北京市西城区右安门西街 8 号　　邮政编码：100054）
印　　刷：中国铁道出版社印刷厂
版　　次：2017 年 6 月第 1 版　　2017 年 6 月第 1 次印刷
开　　本：787mm×1092mm　1/16　　**印张**：18　　**字数**：438 千
书　　号：ISBN 978-7-113-22912-2
定　　价：69.80 元

前言

在移动互联网越来越火爆的今天，用户更倾向于使用手机中安装的移动APP软件所提供的服务，从而摆脱PC电脑端的束缚。现在移动APP软件涉及各行各业，在市场上已经占有一席之地。移动APP软件从开始的需求到最终的产品，都要经历移动APP软件原型设计，Axure是一款专业的原型设计工具，是交互设计师、产品经理非常青睐的一款软件，它可以快速地挖掘用户的真实需求，通过产品原型设计，绘制软件原型，与用户和团队成员进行沟通，获取用户的真实需求，提高与团队成员的沟通效率。

目前图书市场上利用Axure绘制移动APP软件原型方面的图书不少，但是很少有能做到真正从实际应用出发，通过各种典型模块和项目案例来指导读者提高移动APP软件原型的设计能力。为了方便广大读者学习，作者结合自己多年的产品原型设计心得和培训经验编写了本书。

本书的特点

1. 图文结合，逐步讲解

为便于读者理解本书内容，提高学习效率，作者通过图文结合，逐步讲解，演示操作，便于用户理解，不至于枯燥乏味。

2. 由浅入深、理论与实战相结合

本书主要分为基础篇和实战篇，基础篇首先介绍工具的使用，从简单操作过渡到复杂操作、高级交互效果，最后作者结合自己的经验讲解移动APP的设计原则。实战篇通过6个不同类型的主流APP软件，从实践角度出发，细细剖析设计思维和经验。

3. 实战驱动，应用性强

本书每一章节都会有一个实战案例，通过在制作案例过程中的操作方法，加深对Axure的使用及了解Axure在原型设计过程中的思路。

4. 项目案例典型，实战性强，有较高的应用价值

本书提供了6个移动APP项目实战案例。都是当今比较主流的移动APP软件，是软件原型设计过程中经常会使用的软件类型，具有很高的应用价值和参考性。研究这些案例的原型制作过程，可以从不同类型的原型中了解不同的设计思路。

5．电子材料齐全

本书提供各个章节实战所用到的电子材料（扫描封底二维码即可下载获得），包括实战的图片、实战生成的HTML文件以及实战的RP文件，在学习过程中可以直接使用这些电子材料进行原型设计。

6. 提供完善的技术支持和售后服务

本书提供了专门的技术支持邮箱：yuan_kevin_525@126.com。读者在阅读本书的过程中有任何疑问都可以通过该邮箱获得帮助。

本书的内容安排

本书分为两篇，共10章，主要章节规划如下。

第一篇（第1章~第4章）Axure RP 原型设计工具的基础

讲述了Axure RP原型设计的软件安装、软件介绍、交互设计、设计原则等基础知识。

第二篇（第5章~第10章）移动APP案例实战

通过6类行业中具有典型代表性的案例讲述了移动APP软件原型设计的案例实战，通过介绍移动APP软件原型的实际操作，既复习了前面学习的知识，也了解了移动APP原型设计的流程和技巧。

关于版本的想法

首先提出策划本书时的总原则：突出设计理念、积累设计经验，淡化工具版本。在当前的移动产品原型设计应用中，Axure RP 7.0与8.0两个版本平分秋色，除了界面有一些不同，大部分的功能后者是作为前者的延续和补充，差异不大；但是我们也收到了不少读者的反馈，Axure RP 8.0版本中的内容会出现兼容问题，为了兼顾大部分读者需求，本书讲解的大部分案例以Axure RP 7.0版本为主，同时在本书的开篇章节中对Axure RP 7.0与8.0两个版本的差异做了非常翔实地讲解，让读者可以做到在两个版本之间自由切换。

适合阅读本书的读者

本书内容由浅入深，由理论到实践，适合初级读者和进阶读者逐步学习和完善自己的知识结构。

- 需要全面学习Axure原型工具的设计人员
- 广大Axure设计人员
- 希望提高原型设计水平的人员
- 专业培训机构的学员
- 产品设计人员
- 入门级产品经理
- 交互设计师
- 相关专业高校学生

编者

2017年3月

目 录

注：以下附录内容读者可扫描封底二维码下载获得。

第 1 章

走进 Axure RP 世界：了解原型设计

随着移动互联网的发展，软件也发生了突破性变革，从Web 1.0时代进入Web 2.0时代，直到今天又进入移动互联网时代。在Web 1.0时代，提供的软件种类很少，用户对软件要求也不高，没有太多的个性化需求，软件把所有的内容展示给用户即可；到Web 2.0和移动互联网时代，能提供软件的公司越来越多，同质化现象十分严重，用户有了自己的个性化需求，但用户又不能清楚描述自己到底想要什么样的软件产品，而产品原型恰恰能快速地挖掘出用户的需求，通过制作产品原型，向用户演示产品原型，在演示过程中捕捉用户的实际需求，同时项目组人员根据产品原型进行沟通，明确软件产品的目标，可以大大提高项目组成员的工作效率和降低沟通成本。

本章主要涉及知识点有：

- 原型是什么；
- Axure RP软件安装、汉化与注册；
- 认识Axure的软件界面；
- Axure工具栏的使用；
- Axure站点地图的应用；
- Axure部件库的使用；
- Axure页面管理。

1.1 什么是Axure RP

本节讲解原型是什么？原型可分为草图原型、低保真原型以及高保真原型，要了解这些原型的优缺点以及在什么场合下应该使用什么样的原型，设计师们会利用专业的眼光和丰富的设计经验快速地构建出一个产品原型。

1.1.1 什么是原型设计

移动互联网发展的今天，用户对软件有了自己的需求，但用户并不确定自己到底想要什么样的产品，产品原型能快速地挖掘出用户的需求，原型设计就显得至关重要，设计师们根据项目的大小、项目的类型、项目的工期以及用户的需求来制作原型。

原型大致可以分为三类：草图原型、低保真原型以及高保真原型。

（1）草图原型：草图原型也称为纸面原型，很多设计师在使用原型工具进行设计之前，都经历过草图原型的设计，设计师们喜欢在白纸上或者白板上勾勒软件的大致样子，也就是软件的原型，这种方式既可以快速地记录设计师的灵感，又可以快速地修改软件的原型，现在市面也有卖纸面原型的模具，这样更方便设计师进行纸面原型设计；但是，草图原型也有其自身的问题，设计师们在白纸上画个自造的草图，像流程图但非流程图，这样做有一个好处，怎么画都是对的，除了自己，别人都无法理解，更不用说与项目经理、开发人员的有效交流了。但草图原型也有存在的理由，这样的原型适合于小项目、工期短、用户需求少的产品，它可以简单、快捷地描述出产品的大致需求，记录瞬间的灵感。

（2）低保真原型：它可以根据需求、根据现存的界面或系统，利用相关原型设计工具进行软件原型设计，低保真原型可以展现出软件的大致结构和基本交互效果，可以反映出用户需求的基本功能和使用效果，但在美观度和交互效果的真实程度上欠佳。它是与项目经理和开发人员是一个有效的沟通方式，快速构建产品大致结构，提供基本交互效果。

（3）高保真原型：它是用来演示产品的Demo或者概念设计的展示，视觉上与实际产品一样，体验上也几乎接近真实产品。为了达到完整效果，需要在设计上花费很多精力，包括产品的构建，交互效果的真实设计。这种原型大多用来给用户进行演示，在视觉和体验上征服用户，最终赢得用户的信赖。

注　意

原型可以分为草图原型、低保真原型以及高保真原型。

1.1.2 常用原型设计工具

原型设计可以快速地获取用户需求，同时提高团队成员工作效率和降低沟通成本。原型设计工具的种类有很多，也在不断更新与淘汰，所要介绍的是Axure RP，是受到设计师和产品经理青睐的原型设计工具，在国内外有很多大型互联网公司也在使用与推广，例如淘宝等，也是设计师和产品经理必备的原型设计工具，因为它上手快、操作简单，可以满足产品经理的需求。

从最初在白板上或者白纸上手绘，一支笔和一张白纸即可进行原型设计，这种方式上手快，瞬间记录创意和灵感，可以即时进行修改，但是难以表达软件的整体流程和交换效果。之后经历了画图工具进行绘制原型设计，包括Windows的画图工具、Photoshop工具、Word画图或者Excel画图、PPT画图，不利于表达交互效果和演示效果。又经历Visio、Dreamweaver画图原型，这两种工具功能相对比较复杂，操作难度大，在交互效果上也不是很到位。到现在的Axure等专业的原型设计工具。原型设计的方式更是由客户的需求决定的，早期的软件设计简单，基本没有什么交互，用手绘或者画图工具即可表达出软件的原型。但是随着用户体验的增多，用户需求的变动，需要原型最真实地表达出软件的功能，交互效果的增加，而可以满足这种原型设计的，需要专业的原型设计工具，无疑Axure是专业原型设计工具的最佳选择。

Axure既能做出低保真原型也能做出高保真原型，解决需求部门和技术部门的沟通，原型所表达出的效果和软件真实的功能在视觉上和体验上基本一致，不需要去描绘效果，就能达到最佳的沟通效果。

注 意

在制作原型的时候，并不是只能使用一种原型设计方式，比如纸笔可以在初期记录创意和思路，Word适合于文字的详细表达，而PPT是演示讲解时最好的一种选择方式，Axure可以作为内部沟通的一种方式，也可以给用户演示产品。

Axure RP是一个专业的快速原型设计工具。Axure发音为Ack-sure，代表美国Axure公司，RP则是Rapid Prototyping快速原型的缩写。Axure RP Pro是美国Axure Software Solution公司的旗舰产品。Axure RP是一款快速实现、准确表达、带有交互效果且易于上手的原型设计利器。

1.1.3 Axure RP能干什么

Axure RP作为一个专业的快速原型设计工具，它可以让设计师们利用需求，设计功能和界面来快速地创建应用软件的线框图、流程图、原型和规格说明文档，并且同时支持多人协作和版本控制管理。

Axure RP能制作出低保真原型和高保真原型，低保真原型利用线框图构建出软件的大致结构，利用交互效果来表达用户的实际操作方式，低保真原型能在耗费一定的时间、完美清晰地表达出软件的实际功能；高保真原型做出的效果几乎和实际效果一致，但是它需要投入精力，完整表达设计理念和体验。

注 意

Axure RP制作低保真原型还是高保真原型，如果做出的产品是用来给客户演示的，需要在视觉上和体验上征服客户，可以设置高保真原型，其他情况下可以制作低保真原型，Axure RP软件的初衷是快速构建原型，如果在交互技术方面浪费过多精力，就顾此失彼了。

1.2 Axure RP软件安装、汉化与注册

Axure RP是一款专业的原型设计工具，在进行原型设计工作之前，需要对Axure RP原型设计工具软件进行安装、汉化与注册，当前应用中，7.0与8.0两个版本平分秋色，两者差别不大，后者的功能要更丰富一些，但是8.0版本下编辑的内容在7.0版本上无法兼容；鉴于此，本书讲解时会同时涉及7.0和8.0两个版本，并对两者的差别进行详细地阐述，让读者能在两个版本之间自由切换，进而淡化掉版本差异；但是在实例讲解方面，会以7.0版本为主，这也是从实际出发，顾及更多读者的需求。

下面以7.0版本为例，讲述一下软件的安装，8.0版本与7.0大同小异，读者可轻松搞定。

在浏览器中打开百度搜索网站http://www.baidu.com，可以下载Axure RP 7.0或8.0版本，本书也提供了软件的安装包（读者可扫描封底二维码下载获得）。

（1）找到Axure RP 7.0软件安装包，解压文件夹，里面有一个Axure RP 7.0安装包，打开安装包文件夹，会有如图1.1所示的三个文件，第一个文件是汉化包，第二个文件是Axure RP 7.0安装程序，第三个文件是注册码。

（2）双击AxureRP-Pro-Setup.exe进行安装Axure RP 7.0原型设计工具，会出现如图1.2所示的乱码界面，这是很正常的，由于平台语言的兼容性问题，并不影响软件的安装及使用。

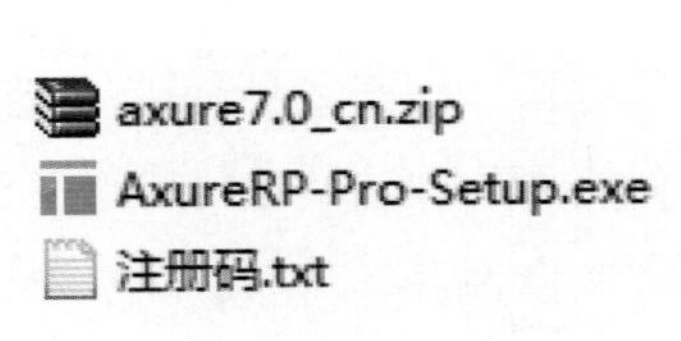

图1.1 Axure RP 7.0安装包

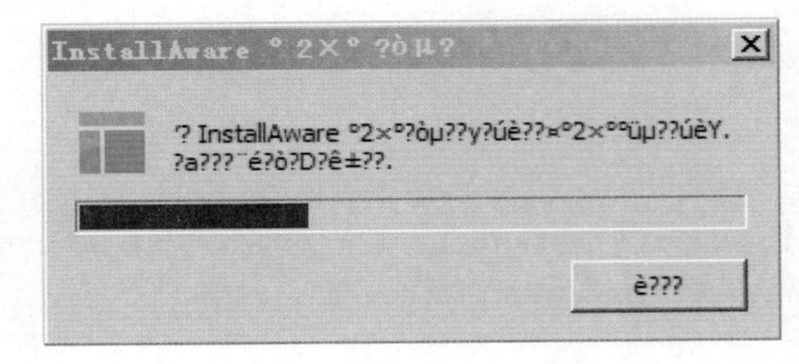

图1.2 Axure RP 7.0开始安装

（3）图1.2执行完成后，会出现如图1.3所示的界面，单击Next按钮继续安装。

（4）同意Axure证书协议，选中I Agree复选框，单击Next按钮继续安装，如图1.4所示。

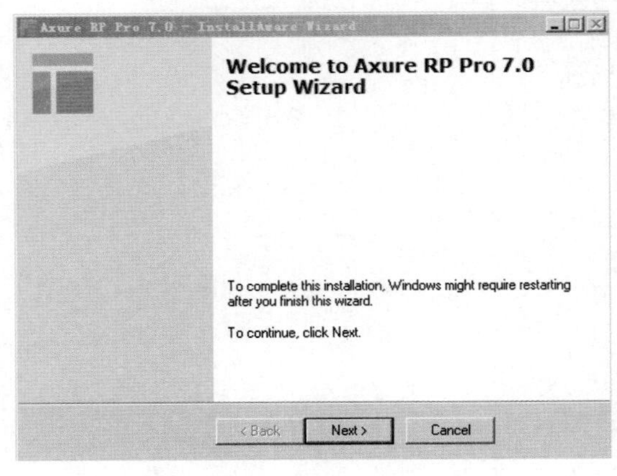

图1.3 Axure RP 7.0下一步安装

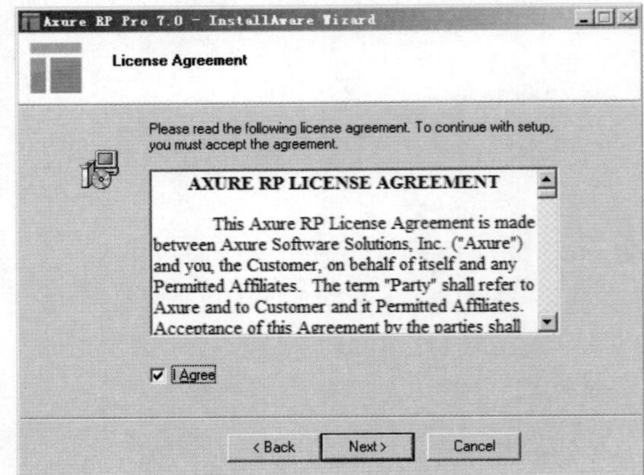

图1.4 Axure RP 7.0同意安装协议

（5）选择安装存放路径，可自行选择安装存放路径，单击Next按钮进行下一步操作，如图1.5所示。

（6）图1.6中有两个单选按钮，All Users代表所有用户都可以使用，Current User Only代表只有自己可以使用，这里选择第一个单选按钮，单击Next按钮继续安装。

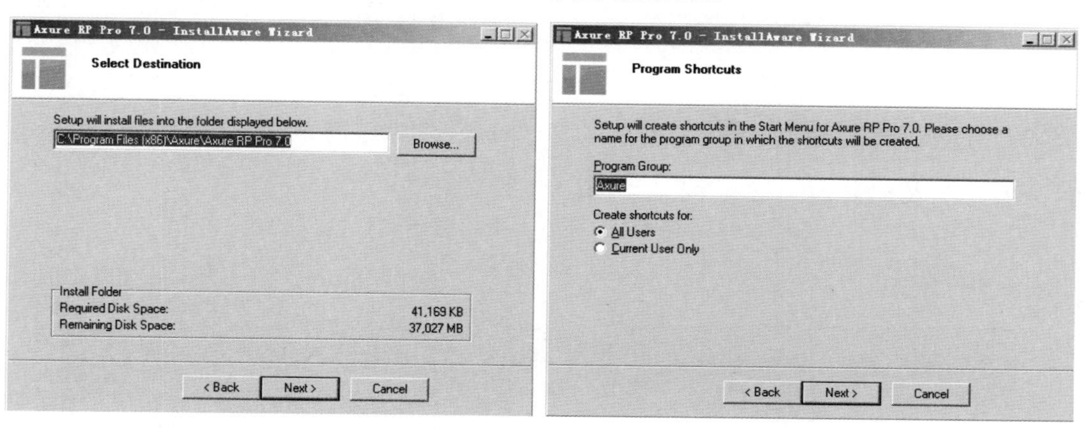

图1.5　Axure RP 7.0选择安装存放路径

图1.6　Axure RP 7.0选择用户使用权限

（7）一直单击Next按钮，取消选中图1.7中的Run Axure RP Pro复选框，最后单击Finish完成安装。

（8）解压axure7.0_cn.zip汉化压缩包到axure7.0_cn文件夹，如图1.8所示。

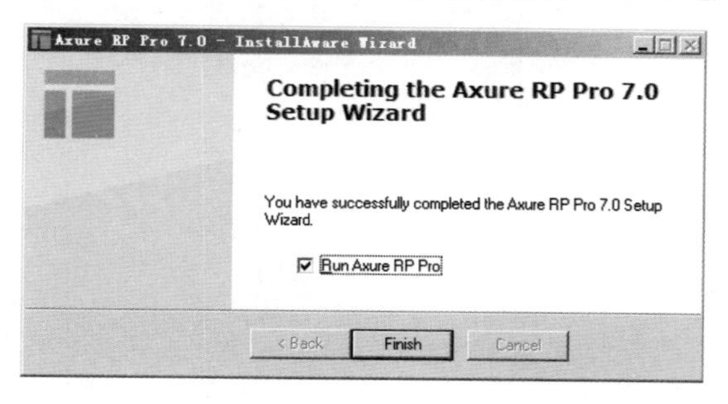

图1.7　Axure RP 7.0完成安装

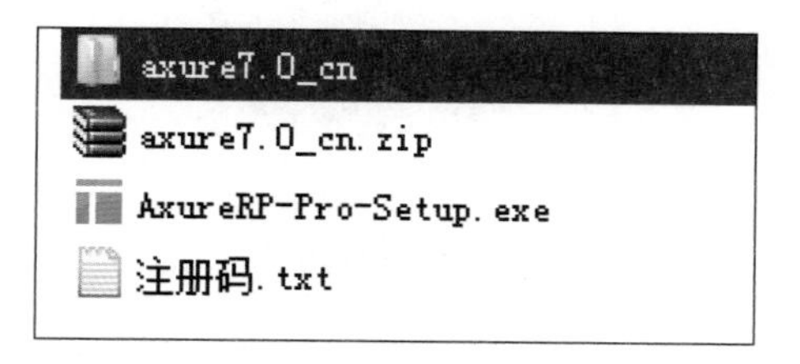

图1.8　解压汉化压缩包

（9）Windows版汉化方法。

首先需要关闭软件，然后将下载到的lang文件夹复制到Axure的安装目录。最终lang包所在的目录位置如下：

c:\Program Files\Axure\Axure RP Pro 7.0/lang/default（32位系统），

c:\Program Files (x86)\Axure\Axure RP Pro 7.0/lang/default（64位系统）。

（10）Mac版汉化方法。

汉化前需要先启动一次Mac下的英文版，然后再汉化，否则汉化后启动会显示程序已损坏。Mac版的Axure输入注册码需要在汉化前的英文界面下输入，汉化后再输入会导致软件崩溃。

① 打开“应用程序”目录，找到Axure RP Pro 7.0。

② 在上面右击“显示包内容”，然后依次进入找到Resources目录。

③ 将下载到的lang文件夹(包含其中的default文件)复制到这个目录下。

最终汉化包所在的目录位置如下：

/APPlications/Axure RP Pro 7.0.APP/Contents/Resources/lang/default。

（11）汉化完之后启动Axure程序，进入Axure工作界面，准备注册工作，选择“Help”|“Manage License key···”命令，选择注册命令菜单。

（12）安装包里有一个注册码文本，或者可以自行上网寻找有效注册码，在弹出框输入用户名和注册码，单击Submit按钮即可进行注册。

1.3 认识Axure的软件界面

Axure RP安装成功后，打开软件后即可弹出软件界面，软件界面可分为十大模块，如图1.9所示。

图1.9　软件界面

（1）菜单栏区域：包括文件、编辑、视图、项目、布局、发布、团队、帮助七个菜单项，这些都是软件的常规操作。在文件菜单下常用的是新建工程、打开工程以及保存工程；在编辑菜单下的操作可以使用快捷键来进行；在视图菜单下的工具栏、面板是经常会用到的操作；在项目菜单下全局变量是经常会用到的；发布菜单下的预览和生成原型文件使用频率是最高的；在注册时，使用帮助菜单选项即可完成注册功能。

（2）工具栏区域：是进行页面编辑的一些快捷工具按钮，包括保存、剪切、复制、撤销操作以及字体大小颜色等工具按钮，在后面的章节中会详细介绍工具栏区域的使用。

（3）站点地图区域：在这里可以了解到要设计的软件大致结构，了解到软件有哪些页面以及这些页面之间的关系，可以进行增加页面、移动页面、删除页面等操作。

（4）部件区域：部件区域包含线框图部件、流程图部件、以及自定义部件和下载安装的部件。线框图部件中有矩形组件、动态面板组件、文本组件等，在使用时，选中要使用的组件，直接拖动到工作区域即可。

（5）母版区域：用来设计一些共用、复用的模块，例如网站的导航和网站尾部版权区域，可能每个页面都会用到导航菜单和版权信息，在这里设计一次，在其他页面直接引用即可，达到共用、复用的目的，可以大大减少重复的工作量，提高工作效率。

（6）工作区域：也被称为画布，是用来绘制原型的区域，大多数原型设计操作是在这里完成的，例如部件的编辑、页面的交互效果制作等。

（7）页面管理区域：包括页面注释、页面交互、页面样式三项。在页面样式中可以设置页面是居中、居左对齐或者居右对齐，这种效果只在浏览器中起作用。在页面交互中设置页面交互动作，在页面注释中添加页面注释。

（8）部件交互区域：在这里完成了部件的交互效果，并设置多种交互效果。例如部件在单击时是什么效果，在鼠标移入时又是什么效果。

（9）部件样式区域：可以设置部件的属性以及部件的样式，在部件属性中可以设置交互效果，在部件样式中可以设置部件的位置与大小、字体、边框等样式。

（10）部件管理区域：在以前的Axure版本中只能管理动态面板，而Axure RP 7.0可以用来管理部件，也可以管理动态面板，并可以进行增加动态面板、移动动态面板以及删除动态面板等管理部件的操作。

注　意

本节认识Axure的软件界面；了解各个区域的作用以及基本格局，在后面的章节中会详细介绍。

1.3.1　Axure工具栏

工具栏区域的快捷工具是使用频率最高的，在原型设计过程中经常会用到工具栏中的快捷操作，掌握了工具栏的快捷操作，有助于以后快速地制作产品原型。下面通过对两个矩形组件的操作，熟悉一下快捷工具的使用，如图1.10所示。

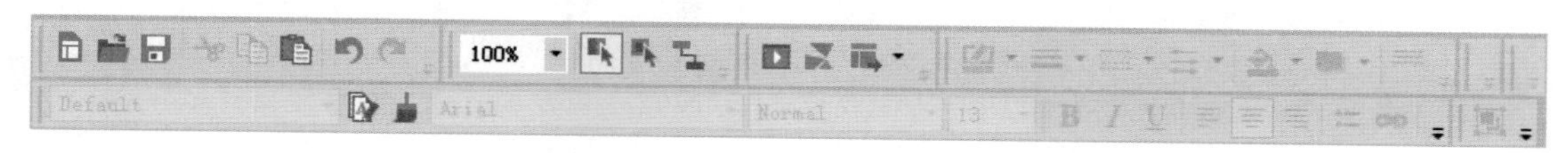

图1.10　工具栏区域

（1）新建、打开、保存快捷工具

：新建一个工程项目，快捷键是Ctrl+N。

：打开一个已有的工程项目，只能打开rp类型的工程，快捷键是Ctrl+O。

：保存一个工程项目，在制作原型的过程中，记得修改之后要立刻保存一下，以免由于断电、电脑死机、软件退出等原因，造成以前做的原型因为没有保存而丢失，导致重新设计与返工，快捷键是Ctrl+S。新建工程在首次保存时，会让我们选择存放位置，并为工程命名，在此命名为工具栏操作演示，并将其存放到桌面上，单击保存按钮进行保存，如图1.11所示。

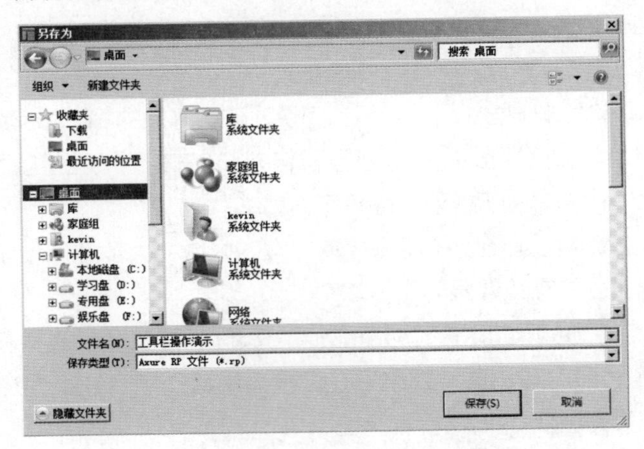

图1.11 保存工具栏操作演示工程

（2）在左侧部件区域找到两个矩形组件，将其拖动到工作区域，在两个矩形组件上分别双击进行重新命名，一个矩形命名为“矩形一”，另一个矩形命名为“矩形二”，单击保存快捷工具按钮或使用快捷键Ctrl+S进行保存，如图1.12所示。

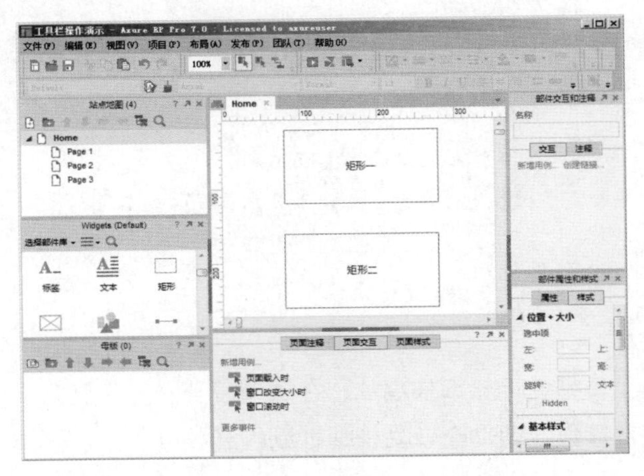

图1.12 拖动矩形组件

注 意

在制作产品原型的过程中，要养成时刻保存的好习惯，不要在制作很多原型操作后再进行保存操作，也要学会使用一些常用的快捷键，如Ctrl+N为新建、Ctrl+O为打开、Ctrl+S为保存等，这样会大大提高制作原型的效率。

（3）单击矩形一组件，会发现图中画红线圈的快捷工具按钮变色，如图1.13所示。

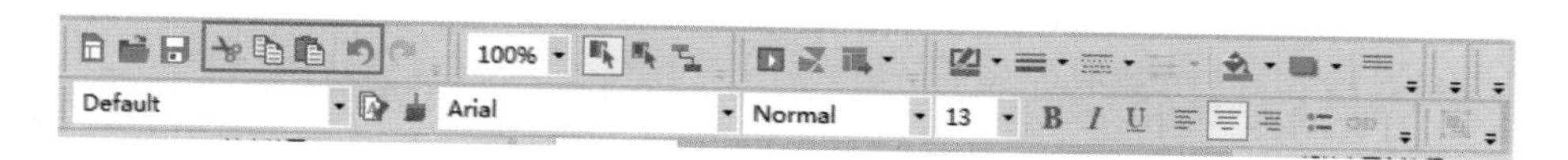

图1.13　选中矩形一组件

：复制功能，单击快捷按钮，可以复制选中的组件，快捷键是Ctrl+C。

：粘贴功能，可以粘贴复制的组件。单击快捷按钮，可以把复制的组件粘贴到工作区域，快捷键是Ctrl+V，如图1.14所示。

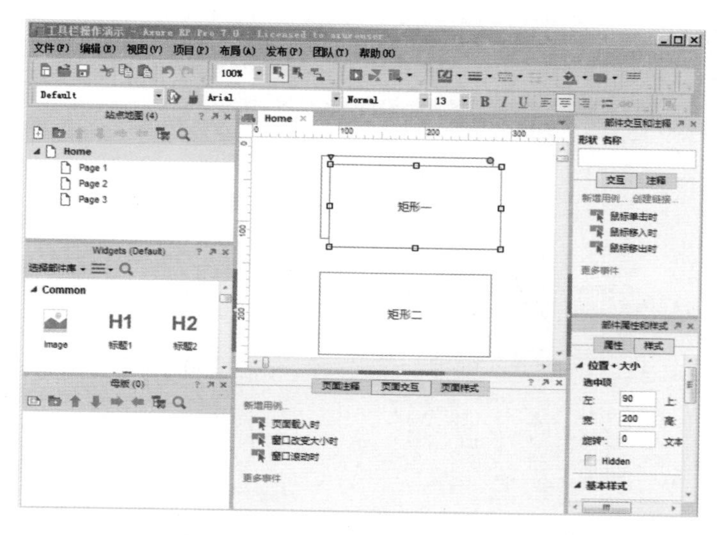

图1.14　复制矩形一组件

：撤销功能，单击快捷工具按钮可以撤销上一步的操作，快捷键是Ctrl+Z。

：重做功能，单击快捷工具按钮可以重做上一步的操作，快捷键是Ctrl+Y。

：剪切功能，单击快捷工具按钮可以剪切选中的组件，快捷键是Ctrl+X。

注　意

组件的复制、粘贴、剪切、撤销一般使用快捷键比较多，可以提高原型设计的效率，所以要牢记这些快捷键，养成使用快捷键的好习惯。

（4）调整画布大小、鼠标箭头操作以及原型的发布，如图1.15所示。

图1.15　发布原型

100%：工作区域的缩放比例可以根据页面内容进行调整。

：选择相交模式，它是用来选择某个部件时所选择的区域只要和部件有接触、有相交，这个部件就会呈现为选中状态。

：选择包含模式，它是用来选择某个部件时，所选择的区域完全覆盖这个部件，这个部件才会被选中。

：连接模式，它是用来绘制流程图时，两个部件的连接线。

：预览，它是以原型预览的方式在浏览器中显示，不生成本地原型文件。

：发布到AxShare，是将原型文件托管到AxShare中，可以通过浏览器直接访问。

：发布，可以有选择的发布，通过预览的方式发布，也可以通过生成本地文件的形式发布。单击发布按钮，在弹出的窗口选择生成原型文件，选择生成文件的存放路径以及选择打开原型的浏览器，这里选择IE浏览器，如图1.16所示。

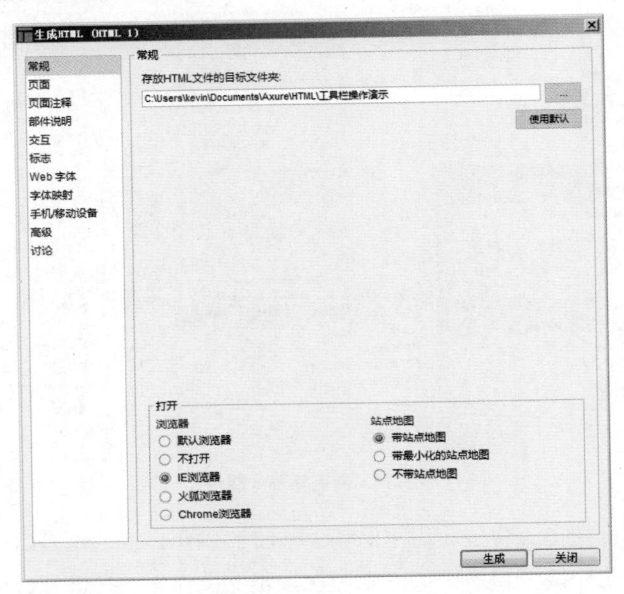

图1.16　生成文件存放位置

单击“生成”按钮，可以看到制作的原型在浏览器中显示，在生成的过程中，浏览器会弹出阻止窗口，选择允许阻止的内容，即可显示原型文件。

注　意

注意发布原型文件的时候，使用快捷键是比较多的，F5键以预览的方式生成原型，F8键以生成本地文件的方式生成原型。

（5）在工具栏区域，有一块快捷工具按钮区域，其中包含对组件进行相关编辑的快捷工具按钮，如图1.17所示。

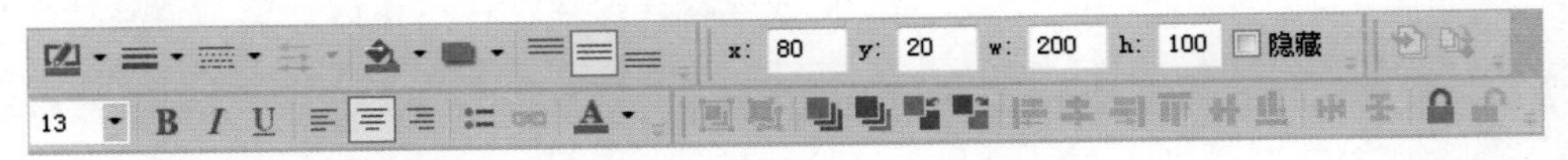

图1.17　组件编辑工具区域

（6）单击矩形一组件，编辑矩形一组件的边框，编辑为红边框、粗线框、打点式外边框，在编辑之前，要学习三个工具按钮。

：设置组件边框的颜色，单击下拉三角，弹出框是用来选择颜色的，在这里选择红色。

：设置组件线框的工具按钮，单击下拉三角，弹出框是用来选择边框的宽度，在这里选择最粗的线框。

：设置组件的线条样式的工具按钮，单击下三角，弹出框是用来选择线条样式，线条可以是实心线，也可以是虚线。在这里选择第二个虚线。

经过前面三个对矩形边框的设置，会出现如图1.18所示的原型。

（7）对矩形二背景进行编辑，编辑成蓝色背景，红色外部阴影。

：填充背景颜色，同样单击下三角可以选择要填充的颜色，在这里选择天蓝色。

：设置外部阴影，单击下三角可以看到如图1.19所示的弹出框，选中阴影复选框，让它生效，在这里可以设置阴影的偏移位置以及模糊程度，也可以设置阴影的颜色。

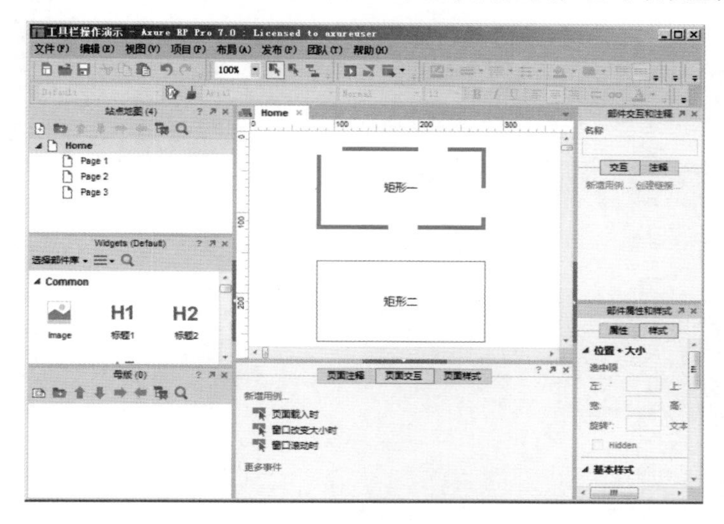

图1.18　矩形框原型

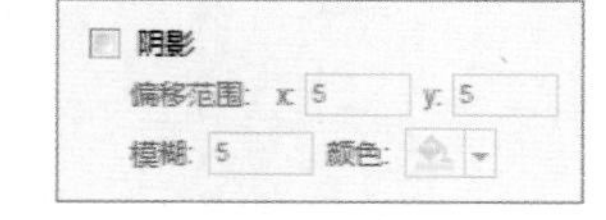

图1.19　外部阴影弹出框

经过对矩形二组件设置背景颜色和外部阴影，最终形成的效果如图1.20所示。

（8）对矩形二文本进行编辑，可以设置文本的水平位置和垂直位置以及字体系列、字体类型、字号、粗体、斜体、下画线和字体颜色等对字体的编辑。和很多软件对字体的编辑一样，可以快速地使用这些字体编辑快捷按钮工具。下面对矩形二文本进行设置，字体系列设置为华文琥珀，字体类型设置为Bold，字号设置为28号，粗体、斜体、下画线设置，字体颜色设置为黄色，水平位置靠左对齐，垂直位置顶部对齐，如图1.21所示。

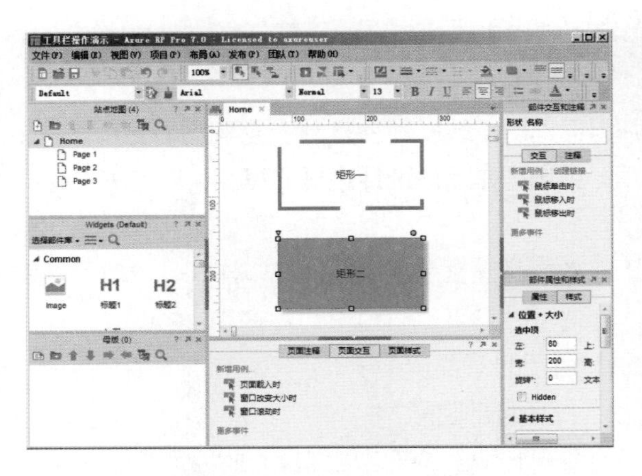

图1.20　矩形二组件编辑

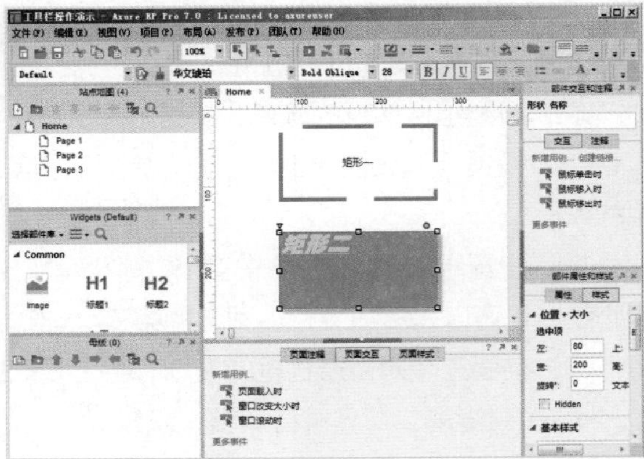

图1.21　矩形二字体设置

（9）工具栏的快捷按钮同时可以编辑组件的大小和位置，置为顶层和底层，还可以隐藏组件，这也是Axure RP 7.0新增的功能，如图1.22所示。

x，y：代表组件的坐标位置，距离左上角的位置。把矩形二组件的x设置为140，y设置为50。

w，h：代表组件的宽度和高度，把矩形二组件的宽度w设置为240，高度h设置为150。

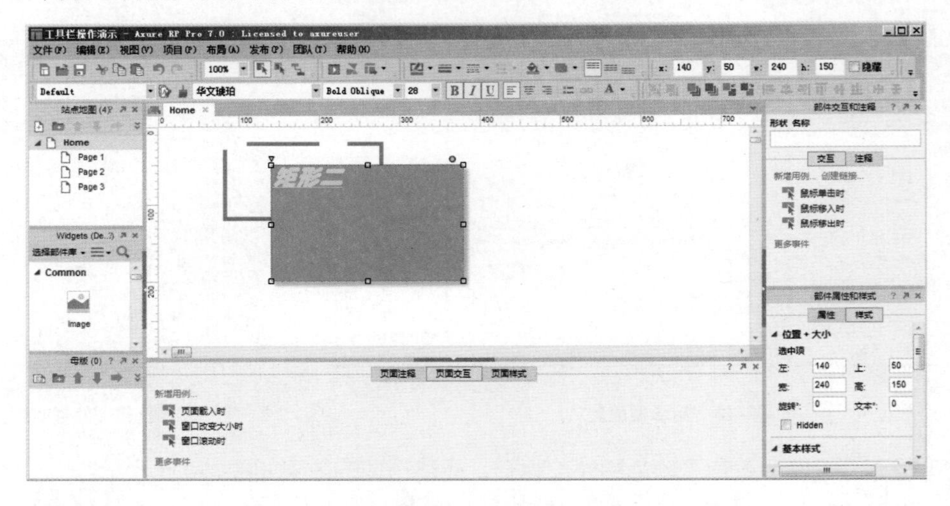

图1.22　编辑组件的位置和大小

□隐藏：隐藏暂时不用的组件，选中复选框代表隐藏相关组件。

：组件置于顶层操作按钮，右侧还有置于顶层、上移一层、下移一层的操作按钮。

（10）工具栏的快捷按钮可以将不同组件设置为一个组合，同时也可以将一个组合拆分为单独的组件。可以设置组件和组件之间的对齐关系，所需使用的快捷按钮如图1.23所示。

图1.23　组件组合和对齐关系

：将不同组件设置为一个组合，这样在移动时可以把组合的组件一起移动或者进行其他操作。

：取消组合，把组合在一起的组件拆分为单独的组件。

：左对齐，单击这个按钮，组件可以靠左对齐，如图1.24所示。

：左右居中，单击这个按钮，组件可以左右居中方式对齐，如图1.25所示。

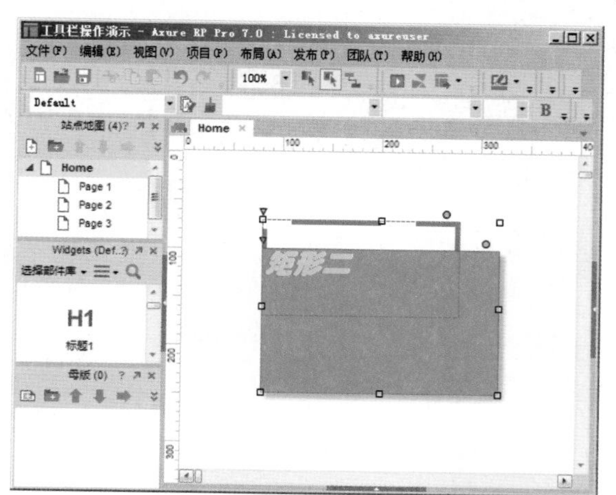

图1.24　左对齐

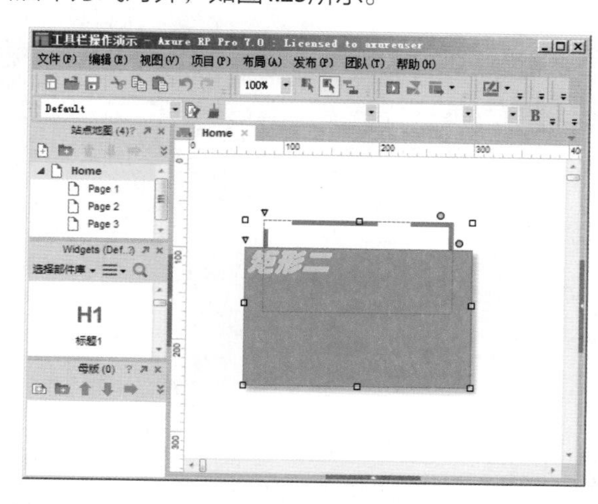

图1.25　左右居中

：右对齐，单击这个按钮，组件可以右对齐方式对齐，如图1.26所示。

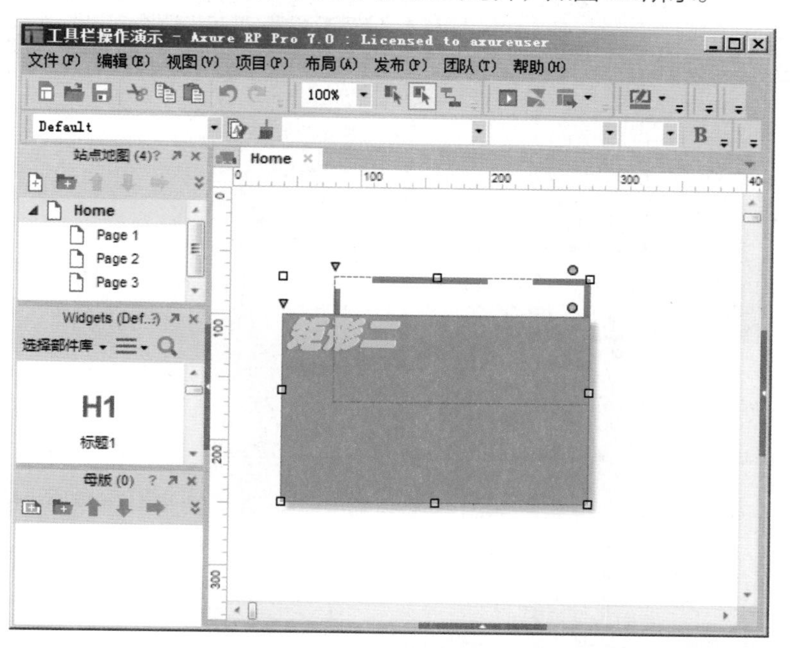

图1.26　右对齐

：顶部对齐，单击这个按钮，组件可以顶部对齐方式对齐，如图1.27所示。

：上下居中，单击这个按钮，组件可以上下居中方式对齐，如图1.28所示。

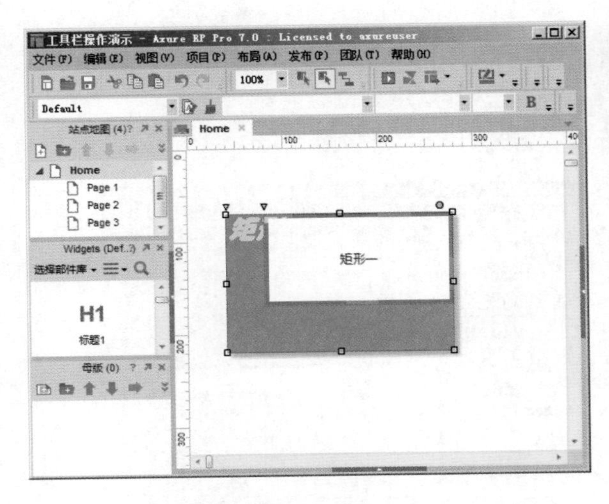

图1.27 顶部对齐

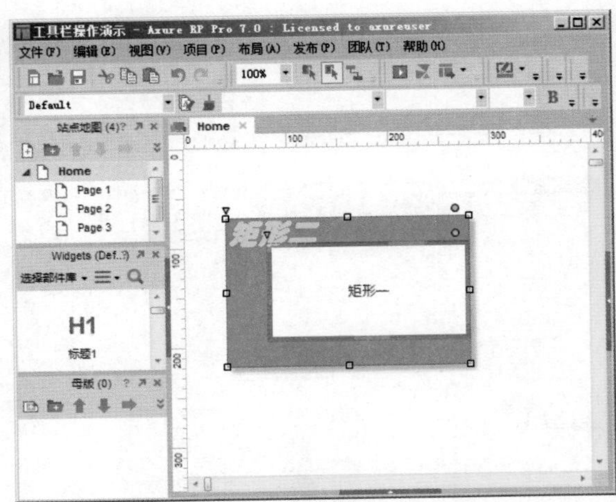

图1.28 上下居中

：底部对齐，单击这个按钮，组件可以底部对齐方式对齐，如图1.29所示。

（11）工具栏的快捷按钮可以让不同组件进行横向均匀分布和纵向均匀分布，常用于导航菜单时让导航菜单进行均匀分布。拖动四个标签组件，呈现为水平一行，分别命名为“导航一”、“导航二”、“导航三”、“导航四”，如图1.30所示。

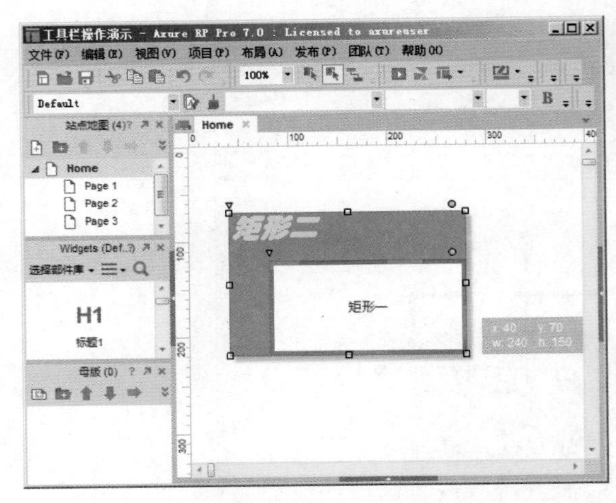

图1.29 底部对齐

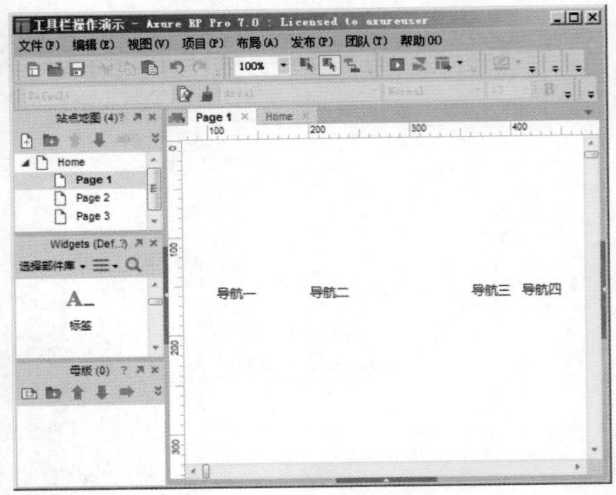

图1.30 拖动四个标签组件

：横向分布，同时选中四个导航菜单，单击这个按钮，可以让导航菜单在水平方向上均匀分布，如图1.31所示。

让四个导航菜单在纵向上成为一列，如图1.32所示。

：纵向分布，同时选中四个导航菜单，单击这个按钮，可以让导航菜单在垂直方向上均匀分布，如图1.33所示。

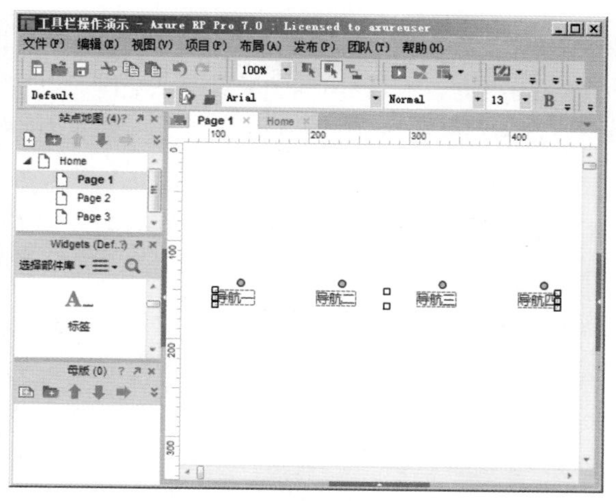

图1.31　横向均匀分布

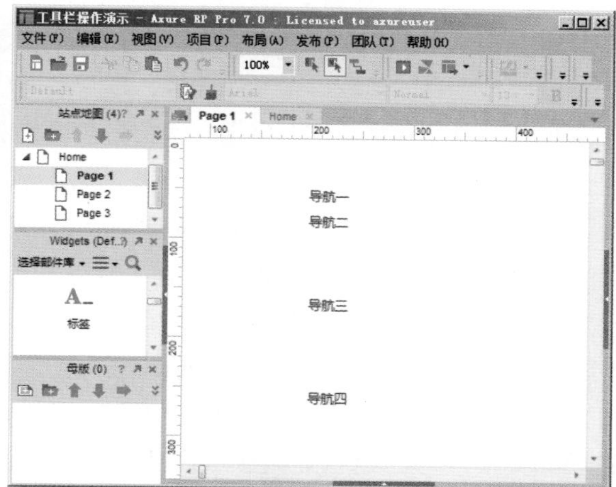

图1.32　纵向不均匀分布

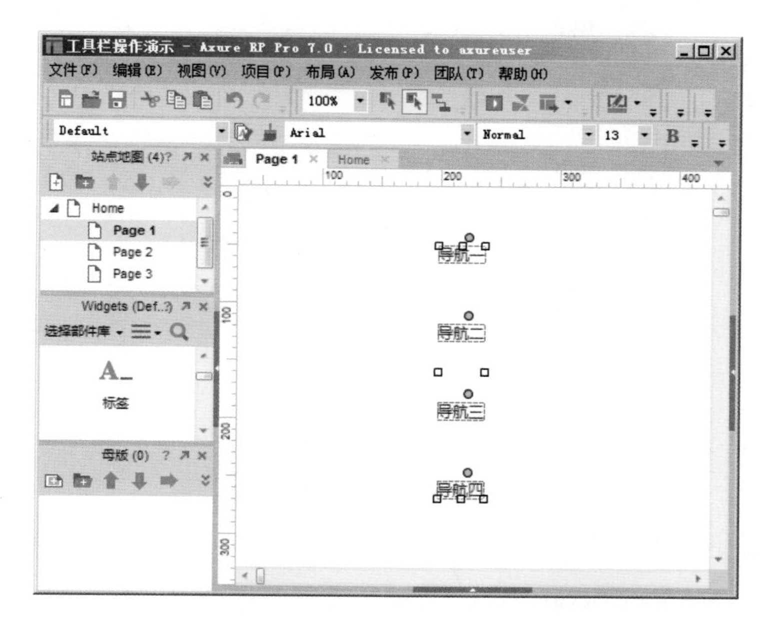

图1.33　纵向分布

到这里我们学会了工具栏快捷按钮的基本操作，大致可以分为八个部分：工程的操作按钮、鼠标箭头操作、原型发布按钮、组件复制剪切按钮、组件边框按钮、组件文本编辑按钮、组件背景色按钮、组件之间对齐设置按钮。对这些按钮的熟练使用，熟记每个按钮的功能，这样在制作原型过程中，会大大加快原型制作的时间。

注　意

要熟记各个按钮的功能以及适用的场合，除了工具栏上的快捷按钮的使用，能使用快捷键的操作，要记住相应的快捷键，快捷键的操作要比单击操作更节省时间。

1.3.2 利用Axure站点地图规划栏目结构

站点地图是显示软件页面的区域，是用来规划软件的栏目结构。站点地图呈现树状结构，以主页为树的跟节点，站点地图采用树状结构的优点是可以对产品整体模块和不同栏目、功能单元有一个清晰地认识，采用这种结构也方便对页面进行增加、移动、删除等操作。站点地图是进行产品原型设计的第一步，通过站点地图可以规划产品的功能模块或者栏目信息，让开发者、接受者能清晰地了解到产品的基本架构和功能模块。

打开安装好的Axure RP 7.0原型设计工具，在左侧有一块站点地图区域，图1.34所示的红色线圈内的区域就是站点地图，站点地图区域由两部分组成，一部分是功能条，是对页面操作的按钮，另一部分是树状结构的页面，采用的目录结构和Windows一致，通过父与子的页面关系，兄弟和兄弟的页面关系，把要设计的产品页面关系整合起来，形成产品的文档关系。

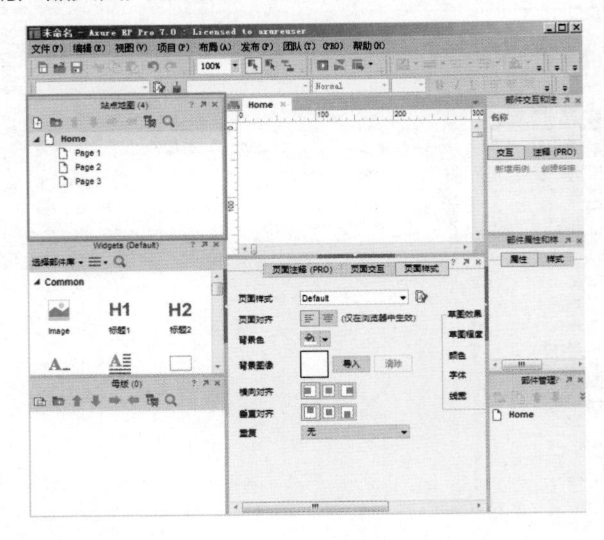

图1.34 站点地图区域

上文提到站点地图由两部分组成，其中一部分是功能条，如图1.35红色线圈区域所示。

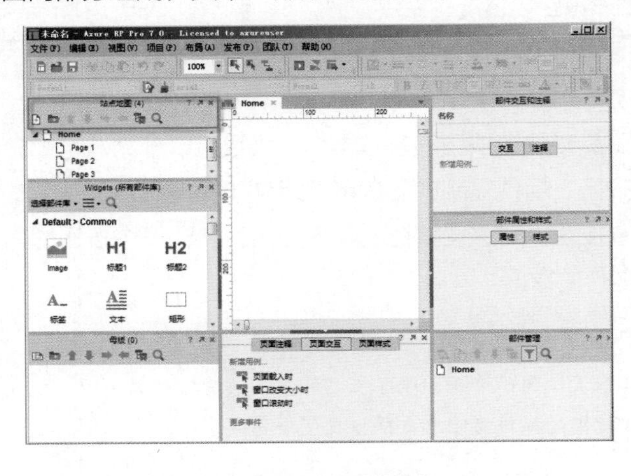

图1.35 站点地图功能条

：为选择的节点页面创建一个新的同级页面。

：可以为选择的节点页面创建一个新的同级文件夹，文件夹可以把页面管理起来，如同Windows文件夹一样，把相关文件放在一起，在原型设计过程中，可以把模块的相关页面用文件夹管理起来。

：可以实现同等级的页面中，将所选页面上移一个位置，调整页面的排序。

：可以实现同等级的页面中，将所选页面下移一个位置，调整页面的排序。

：可以实现页面层级降级，将所选页面的层级降级，作为原等级中，排列在所选页面上方页面的子页面。

：可以实现页面层级升级，将所选页面的层级升级，升级为父页面的同等级页面。

：将所选页面删除，同时删除其子页面，如果当前页面下含有子页面，Axure会自动提示当前页面有子页面，单击提示中的“确认”后会同时删除所有子页面，同时也可以在所选页面进行右击，删除当前街道页面。

：可以检索出站点地图的页面。

页面管理主要是对页面进行添加页面、删除页面、重命名页面、调整层级页面、调整顺序页面进行管理，这些操作可以通过功能条或右击完成。重命名页面有三种方式：第一种是双击当前节点页面对页面进行重命名；第二种是在当前页面右击进行重命名；第三种是通过F2键对页面进行重命名。

除了这些基本操作外，还有几个比较好用的功能菜单。在当前节点页面右击，可以看到有复制功能，可以复制页面、分支，当有一些页面或分支页面有很多类似之处，又不想重新做一遍，那这个复制页面或者复制分支就会起到很大的作用。除了复制功能还有一个生成流程图的功能，通过当前的文档结构，可以生成横向或者纵向的流程图结构。

1.3.3　利用部件制作原型积木

Axure部件库中提供了很多的组件，默认包含线框图组件和流程图组件，同时也可以自行添加新的组件。这些组件是制作原型的零部件，就像小时候玩的组装积木。我们要用积木拼成什么，拼得怎么样，前提是必须有积木部件，但最后的成品怎么样完全取决于对积木使用的熟练程度、个人的经验和智慧。制作原型也如此，熟悉组件的每一个属性，使用起来得心应手，加上积累的经验和创意，就会制作出我们想要的原型。

1. 线框图组件

Axure RP 7.0 原型设计软件默认内置了25种线框图组件，如图1.36所示。把这些组件分为三类：常用组件、表单组件、菜单与表格组件。常用组件中有图片组件、标题1、标题2、标签、文本、矩形、占位符、自定义形状、横线、垂直线、图像热区、动态面板、内部框架、中继器。表单组件有文本框（单行组件）、文本框（多行）组件、下拉列表框组件、列表选择框组件、复选框组件、单选按钮组件、HTML按钮组件。菜单与表格组件有树形组件、表格组件、横向菜单组件、纵向菜单组件。下面详细介绍这些组件的使用方法，组件的使用方式是拖动到工作区域进行相关编辑。

组件一　图片组件：图片占位功能组件，在设计低保真原型时，可以用图片在页面设计上占位，让相关使用人员，页面的图片区域是图片的位置。也可以替换成真实的图片，操作如下。

（1）拖动图片组件到工作区域，如图1.37所示。

图1.36　线框图组件　　　　图1.37　拖动图片到工作区

（2）双击图片，可以替换为想要插入的图片，选择要插入的图片，会弹出“您想要自动调整图像部件大小？”的提示框。

（3）在提示框中选择“是”，可以自动调整图片的大小，如图1.38所示。选择“否”，图片的大小和当前图片组件一样大，如图1.39所示。

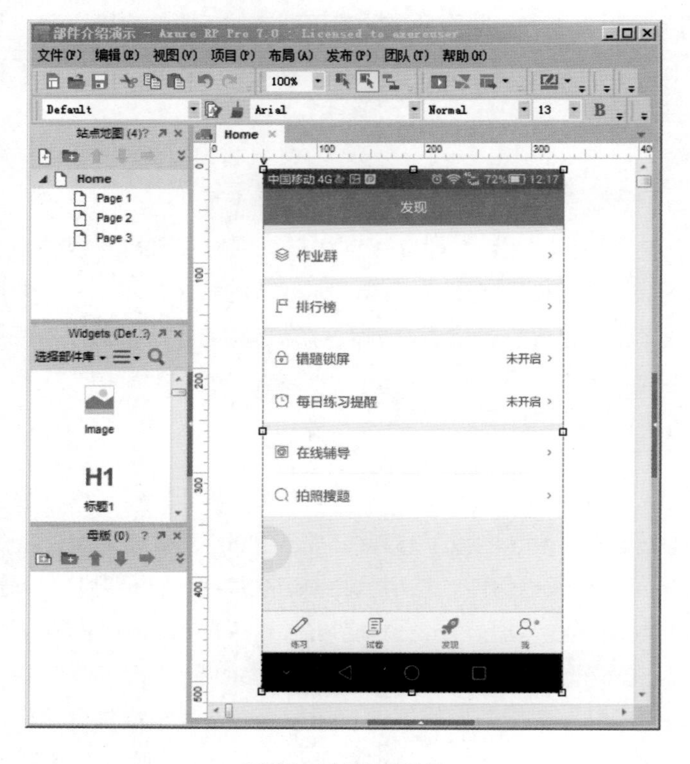

图1.38　选择是的结果

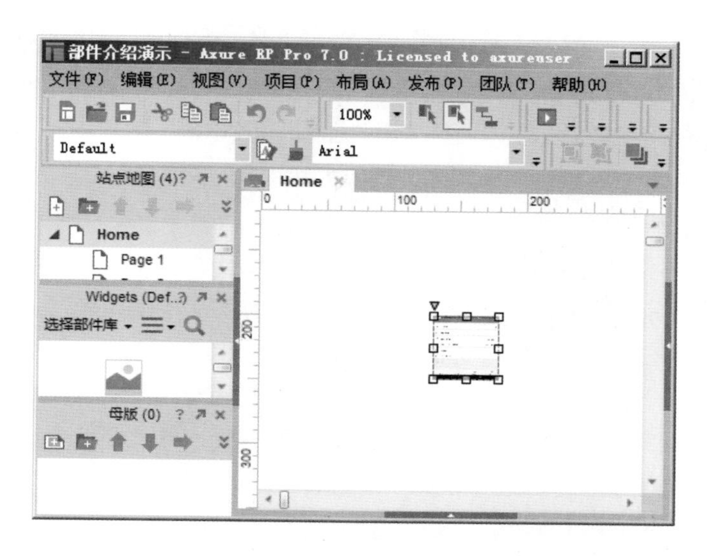

图1.39　选择否的结果

（4）再一次拖动一个图片组件到工作区域，替换一个大一点儿的图片，如果图片过大，它会弹出提示，是否进行优化，选择“是”会对图片进行优化，对图片自动进行处理，否则将以原图显示。

（5）调整图片的尺寸有两种方式：一种是在图片上单击，出现边框，可以上下左右拖动；另一种方式是在工具栏中的w和h的文本框中设置图片的大小。

（6）支持分割图片功能，单击图片，右击选择分割图片，可以对选中的图片进行分割操作，可以进行十字切割、横向切割、纵向切割三种切法，如图1.40所示。

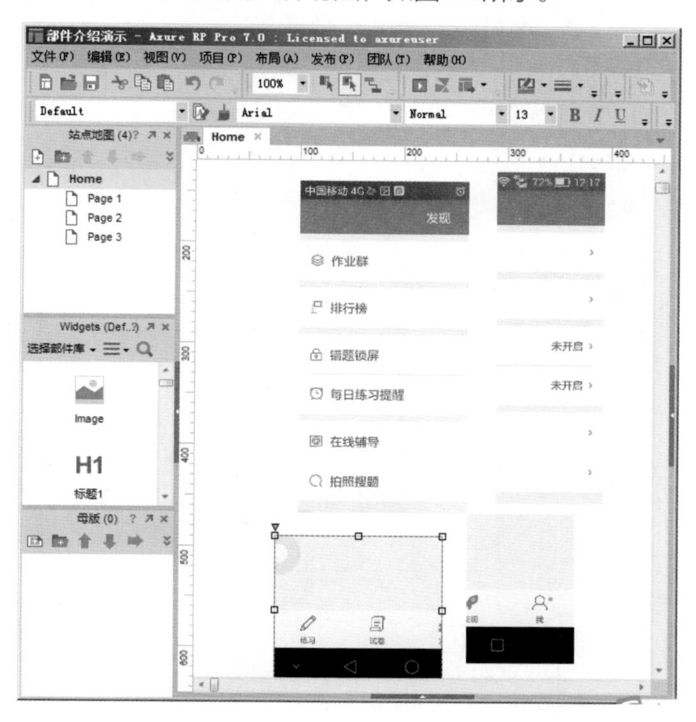

图1.40　分割图像

组件二 标题1和标题2组件：这两个组件是Axure RP 7.0版本新增的两个组件，用来设置一级标题和二级标题。拖动标题1组件和标题2组件到工作区域，双击工作区的标题组件，可以对标题进行重新命名，同时也可以使用工具栏的字体设置按钮对标题进行编辑。

组件三 标签组件和文本组件：标签组件是单行文本，而文本组件是多行长文本，根据使用场景选择这两个组件，如果只有一行文本则选择标签组件，如果有多行文本则选择文本组件。

组件四 矩形组件和占位符组件：矩形组件和占位符组件可以用来做很多工作，但在本质上这两种组件没有太大区别，可以用这两种组件做一个横向或者纵向的菜单，或者做一个蓝色背景图等，这两个组件的区别在于占位符组件更强调占位作用，在制作原型时，如果想表达页面区域某个位置放什么，可以放一个占位符，这样其他人在制作产品时能看明白占位符所表达的意思。下面以矩形的使用为例进行详细讲解，占位符的操作基本和矩形一致，操作如下。

（1）矩形组件制作背景图。从左侧拖动一个矩形到工作区域，填充蓝色背景，如图1.41所示。

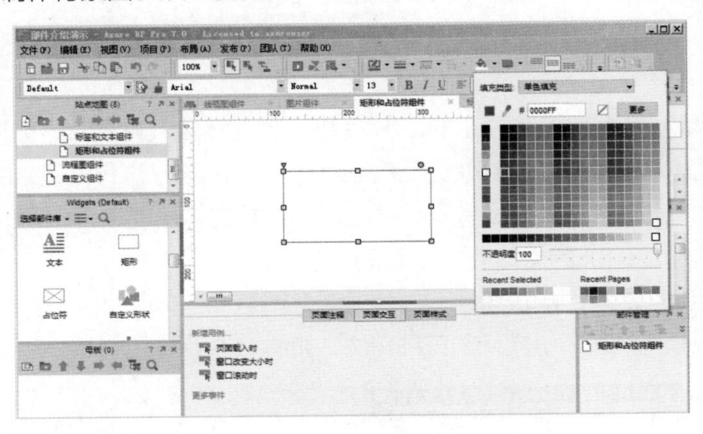

图1.41 制作背景图

（2）利用矩形制作各种形状，单击工作区的矩形组件，选择“选择形状”命令，会弹出用矩形可以制作的各种矩形，如图1.42、图1.43所示。

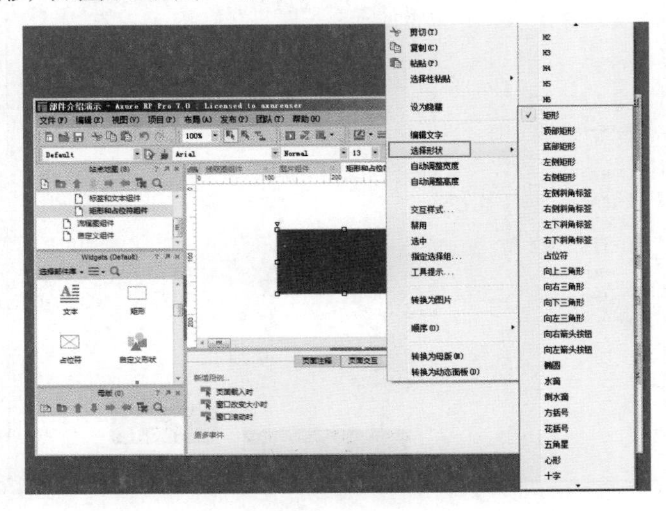

图1.42 选择矩形形状

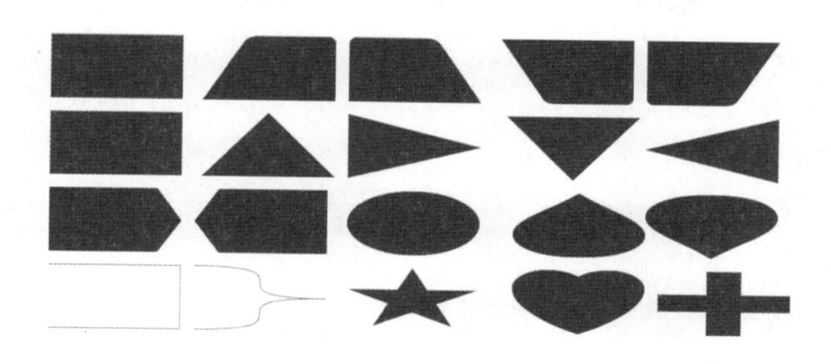

图1.43　矩形制作的各种形状

（3）利用矩形组件制作表格，拖动四个矩形到工作区，拼成一个表格，如图1.44所示。

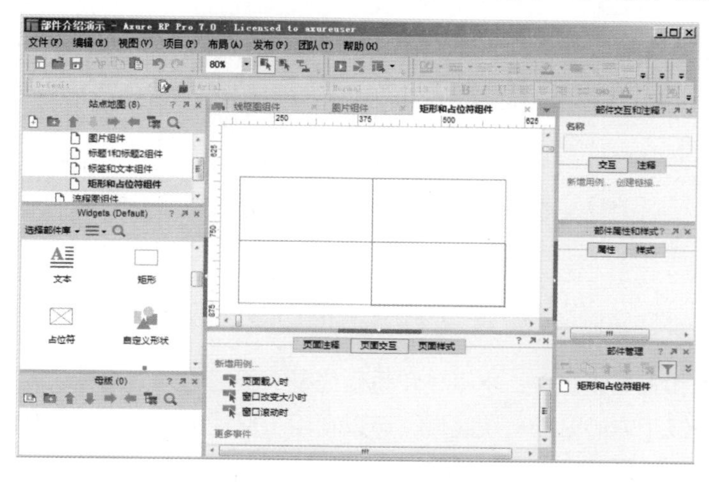

图1.44　矩形组件制作表格

（4）利用矩形组件制作导航菜单，拖动四个组件到工作区域，呈一字形放置，双击分别命名为菜单一、菜单二、菜单三、菜单四。利用快捷键Ctrl+A，全部选中四个矩形组件，通过工具栏按钮设置矩形的高度为40，宽度为100，如图1.45所示。

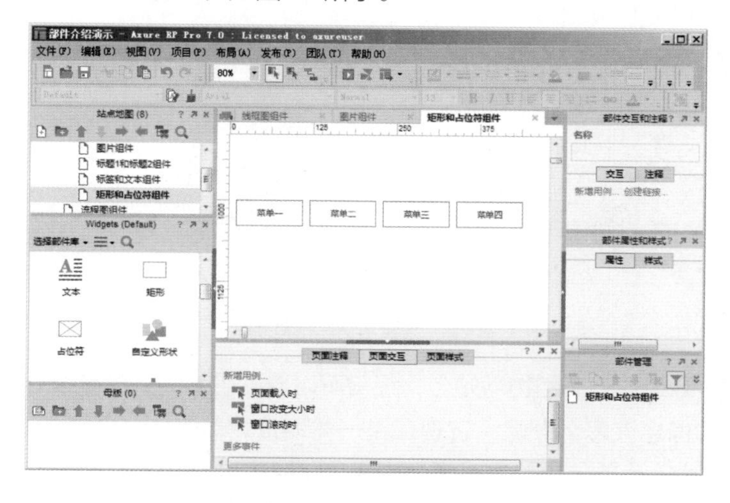

图1.45　矩形组件制作导航菜单

注 意

由于矩形组件和占位符组件的功能差不多，占位符的功能可以按照矩形组件的操作来练习。

组件五 自定义形状组件：自定义形状组件类似于矩形组件，可以做出各种形状的按钮、菜单或页签等，如图1.46所示。

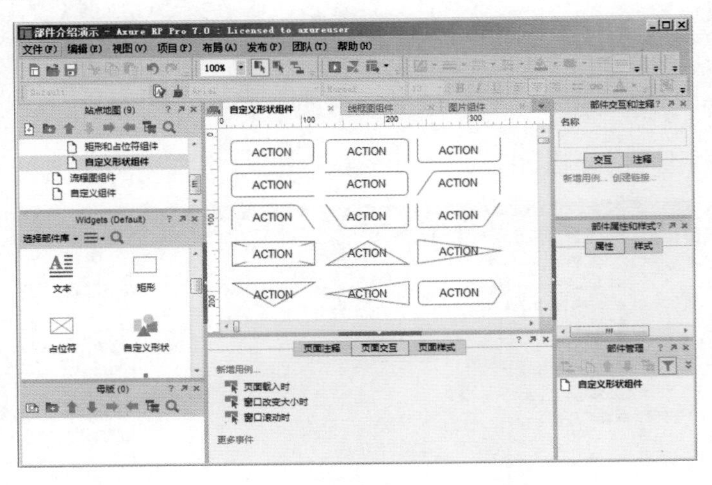

图1.46 自定义形状组件制作各种形状

组件六 水平线和垂直线组件：水平线和垂直线是很灵活的两个组件，用它们可以设置一条水平线或垂直线，也可以用它们分割一块区域，可以利用工具栏按钮编辑这两个组件，编辑水平线和垂直线的颜色、线框、线条样式和箭头方向等，如图1.47所示。

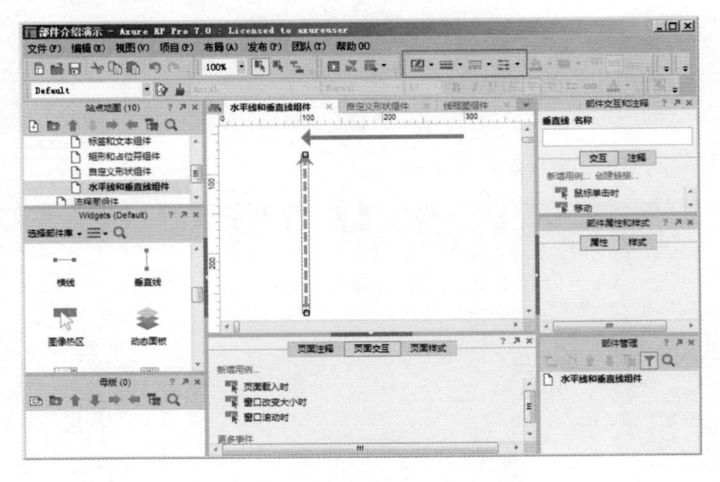

图1.47 编辑水平线和垂直线

组件七 图像热区组件：在购物网站上，经常可以看到组合装或者套装，如图1.48所示。如果想知道裤子或衣服的信息该怎么办呢，它现在是一体图片，单击图片触发的效果并不是我们想要的，我们只想知道其中一件的信息，这时图像热区可以解决这个问题，分别在衣服和裤子上加图像热区，也就是增加两个锚点，锚点链接到不同页面即可看到不同信息，操作如下。

（1）拖动一个图片组件到工作区域，双击替换为图1.48所示的图片，如图1.49所示。

图1.48　衣服裤子组合装

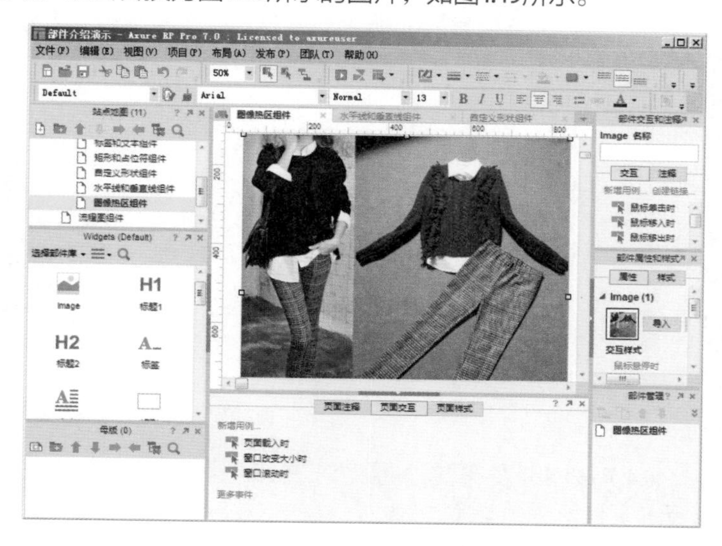

图1.49　引入图片到工作区域

（2）拖动两个图像热区组件分别放在衣服和裤子上，可以调整图像热区的大小，作为事件的触发锚点，如图1.50所示。

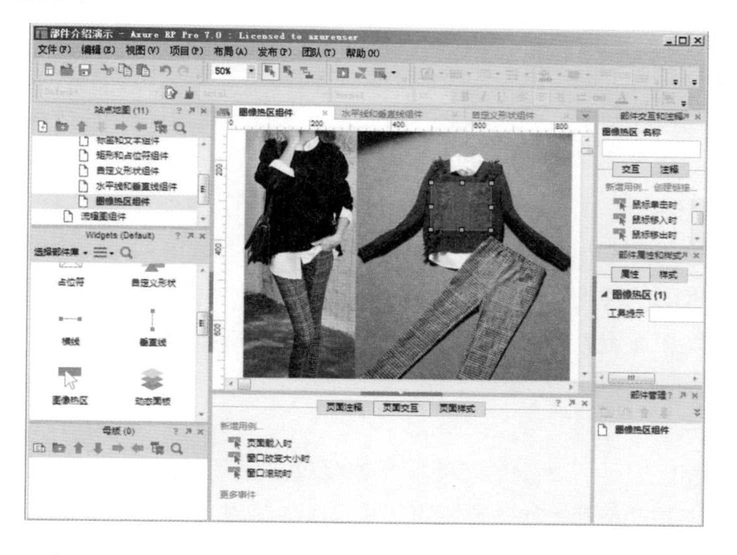

图1.50　给图片加入图像热区

（3）单击衣服上的图像热区，在右侧有“鼠标单击时”的交互操作，单击会弹出交互设置的页面，首先选择“打开链接”，在右侧选择第二个单选按钮，暂且给它一个百度网站http://www.baidu.com的链接，当单击图像热区时会跳到链接的页面。裤子上的热区也是同样的操作，它的链接可以设置为京东网站http://www.jd.com，如图1.51所示。

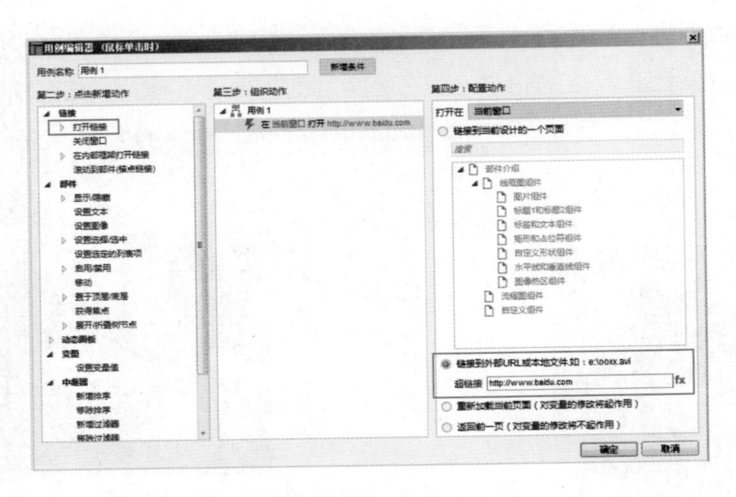

图1.51　图像热区加交互事件

（4）按F8键发布这个原型，在浏览器上单击衣服和裤子会跳到不同网站，获取不同的信息。

> **注　意**
>
> 图像热区的优点是可以随意在页面上加图像热区，这样交互动作更加丰富、灵活，同时也可以用于不容易单击到的区域，例如返回箭头，这时可以在返回箭头上添加一个图像热区组件，增大单击区域。

组件八　动态面板组件：动态面板组件从字面上来看就是让制作的原型与动态交互起来的一个组件，实现系统的高级交互效果。它能实现多种动态效果，包含多个状态（states），每个状态可以理解为一系列组件的容器。任何时候一个动态面板只能显示一种状态。

动态面板组件看起来是一个很神奇的组件，但它到底可以做什么呢？首先，利用它可以做到tab式页签的切换，操作如下。

（1）拖动四个矩形组件到工作区域，呈一字形排列，并重新命名为页签一、页签二、页签三、页签四，矩形的宽度设置为130，高度设置为50，如图1.52所示。

（2）拖动一个动态面板到矩形组件下面，调整动态面板组件的大小，宽度设置为580，高度设置为200，如图1.53所示。

（3）双击动态面板组件，弹出动态面板状态管理，填写动态面板组件的名称为页签效果演示。下面详细介绍一下与动态面板状态有关的一些操作按钮。

+：新增一个动态面板的状态，默认为State1状态，单击这个按钮，再新增三个动态面板的状态。

⧉：复制动态面板的状态。有时两个状态中的页面差别不是很大，这时即可使用这个按钮，首先选中要复制的状态，单击这个按钮即可进行复制状态。

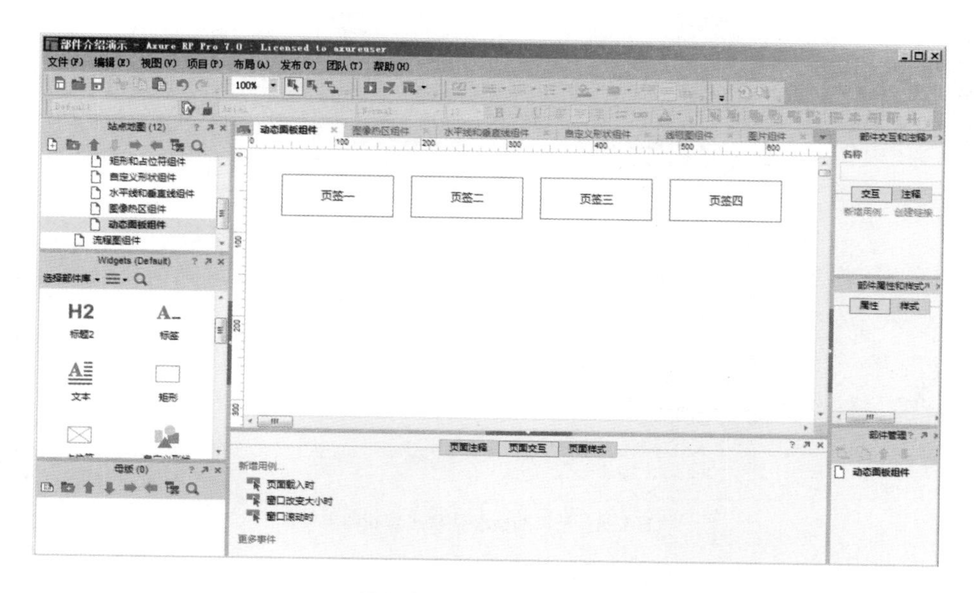

图1.52　拖动四个矩形组件

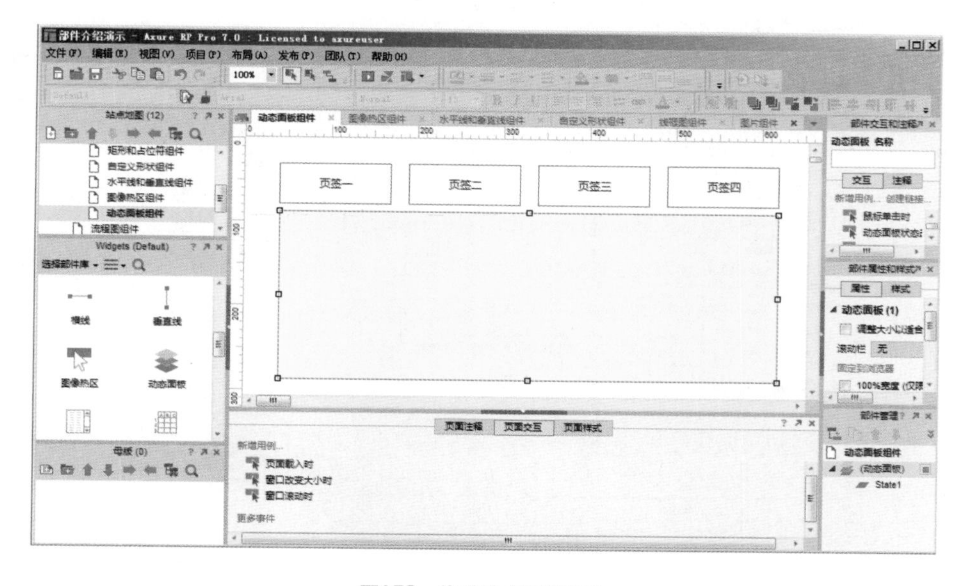

图1.53　拖动动态面板组件

：动态面板状态的上移操作。

：动态面板状态的下移操作。

：选中要编辑的状态，单击这个按钮会进入编辑页面，在这里可以拖动组件或者制作页面效果。

：编辑所有状态的操作，单击这个按钮，可以打开所有要编辑的状态页面。

：删除状态操作，可以删除选中的状态。

（4）对状态进行重新命名，在状态的名字上双击状态或者右击，分别重新命名为页签一效果、页签二效果、页签三效果、页签四效果，如果不在状态名字上双击，将会进入编辑状态，如图1.54所示。

图1.54　动态面板组件状态重新命名

添加完动态面板组件的各个状态后，会发现动态面板以及新增的状态会在部件管理区域显示，如图1.55所示。部件管理区域可以对动态面板以及其他部件进行管理，下面以管理动态面板组件为例进行相关管理操作。

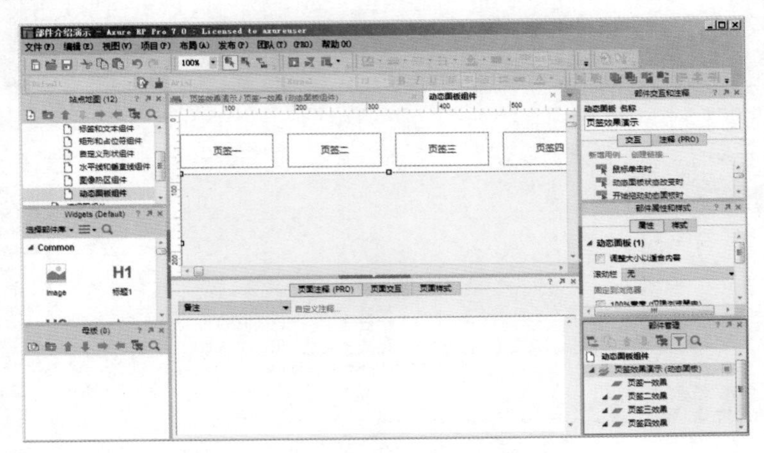

图1.55　部件管理区域

部件管理区域有一排功能条按钮，前五个按钮是与动态面板组件有关的操作按钮，分别是新增状态、复制状态、上移状态、下移状态以及删除状态。这五个按钮也是对动态面板有效的操作按钮，在其他组件上是灰色的，不可以进行操作。后面的两个按钮是部件过滤器和搜索按钮，这两个操作可以对所有组件进行操作。部件过滤器是根据条件显示管理区域显示的内容，而搜索是根据名称进行匹配显示下面的内容。功能条下面的显示区域是页面、动态面板和各种状态。

🗋：代表当前页面，在这个页面中可以添加各种组件以及为组件添加交互操作。

▱：代表动态面板组件，在这个组件中添加各种状态。

▱：代表动态面板组件下的各种状态。

（5）在部件管理区域单击各个状态，工作区域会显示单击状态的编辑区域，分别编辑动态面板组件各个状态下的内容，在页签一效果状态下放置标题1组件，并命名为“我是页签一效果状态下的显示内容”。并在部件交互和注释区域对组件命名为yeqian1，用同样的方法在另外三个状态下添加标题1组件，分别进行重新命名，并对组件进行命名。为了区分不同状态下的显示内容，分别对标题的字体设置不同的颜色，如图1.56～1.59所示。

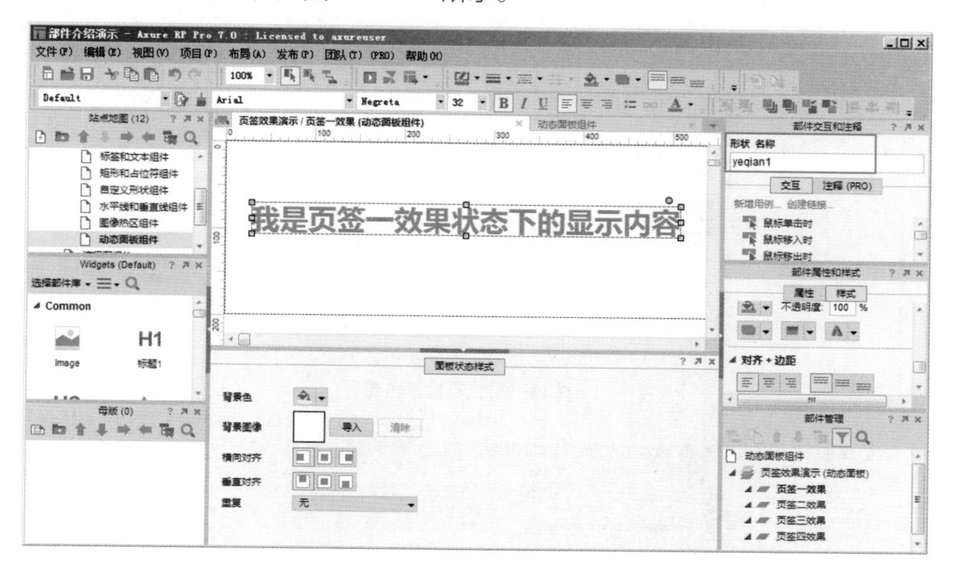

图1.56　页签一显示内容

注　意

要养成对部件进行命名的习惯，并且尽量用英文或者拼音进行命名，如果用中文进行命名会在发布时有影响。

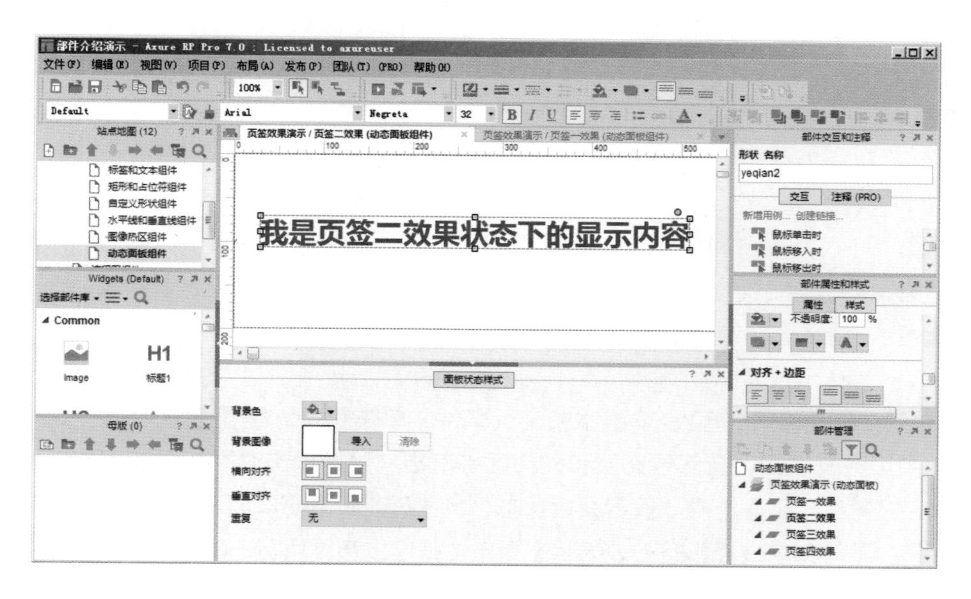

图1.57　页签二显示内容

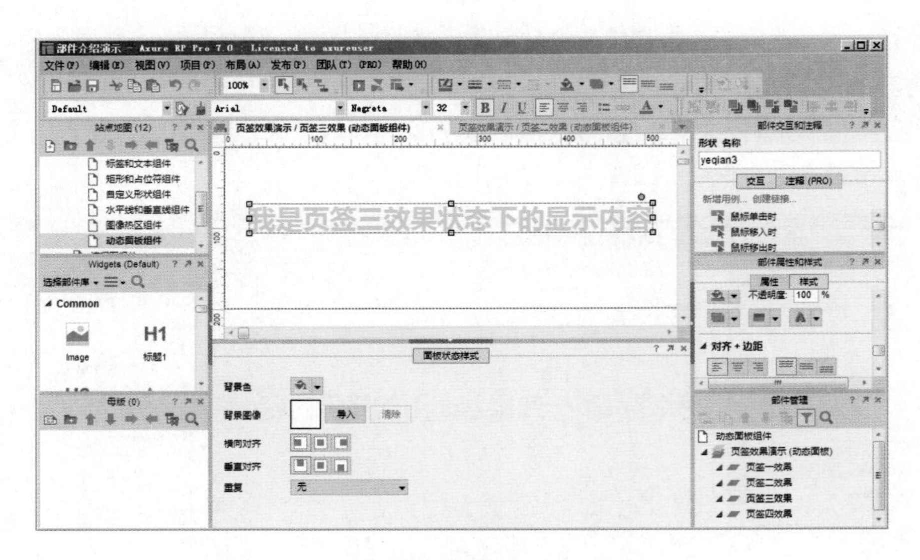

图1.58　页签三显示内容

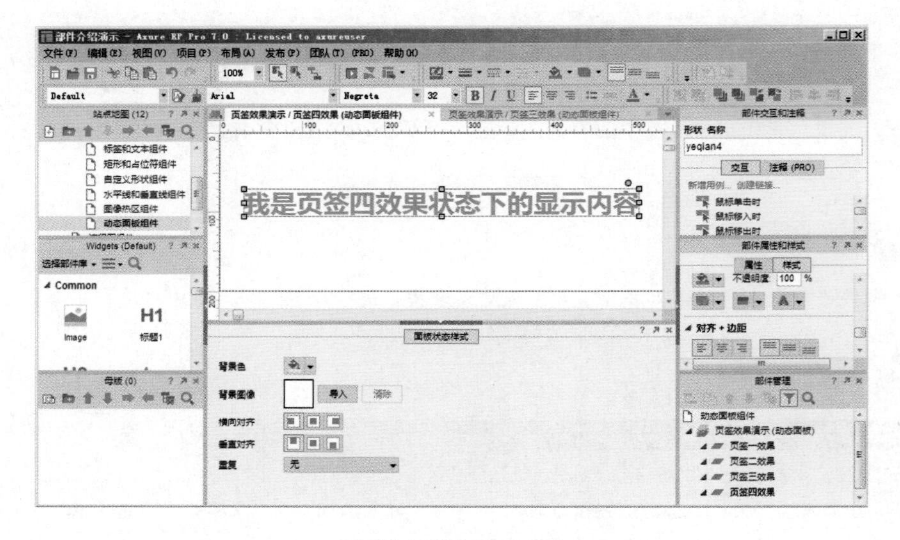

图1.59　页签四显示内容

注　意

动态面板组件默认显示的是第一个状态下的内容，如果想第一个显示其他状态下的内容，可以把其他组件调整为第一个状态。

（6）对矩形组件制作的页签按钮添加交互事件，单击页签一按钮显示页签一效果状态的内容。首先选中页签一按钮，在部件交互和注释区域单击“鼠标单击时”触发的事件，弹出用例编辑器对话框，在第二步下面选中“设置面板状态”，在第四步下面勾选设置页签效果显示复选框，在“选择状态”下拉菜单选择页签一效果状态，单击确定按钮，页签一的交互事件添加完成，用同样的方式添加其他三个页签的交互操作，如图1.60、图1.61所示。

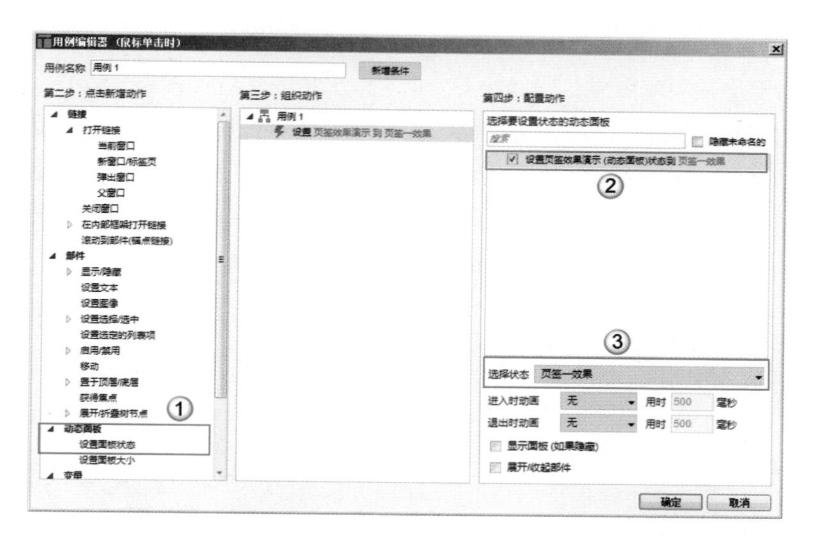

图1.60　页签一添加交互事件

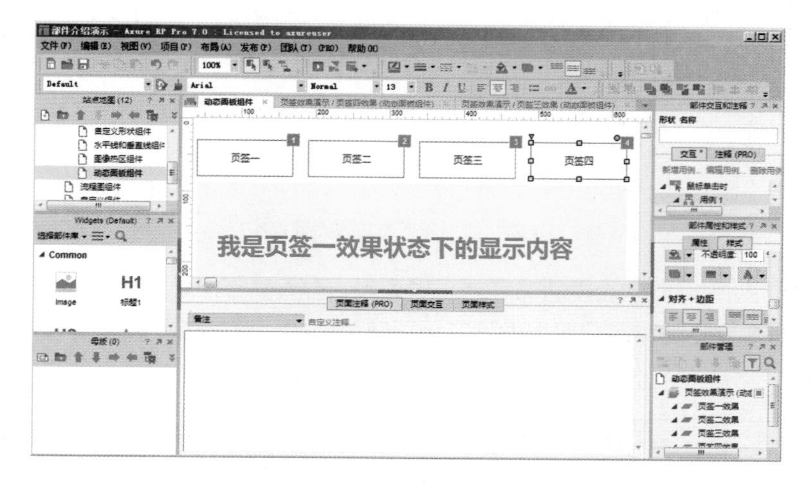

图1.61　交互事件添加完成

（7）按F8键进行发布原型，单击各个页签按钮即可实现内容的切换，如图1.62所示。

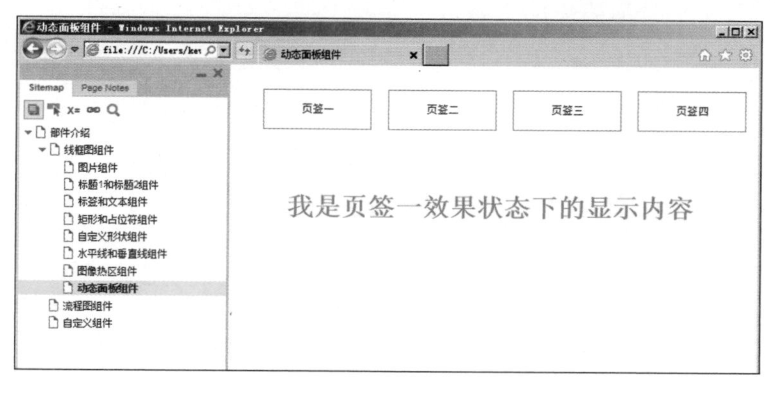

图1.62　原型发布结果

除了tab式页签的切换，在原型设计过程中，经常会碰到制作导航的下拉菜单效果，动态面板可以完美地制作导航下拉菜单效果，操作如下。

（1）拖动一个矩形到工作区域，重新命名为导航一，并在部件交互和注释区域给予组件命名为daohang1。拖动一个动态面板组件到工作区域，放置在矩形组件的下面，并调整宽度，使其与矩形组件的宽度一致，并在部件交互和注释区域给予组件命名为dynamicForOne，如图1.63所示。

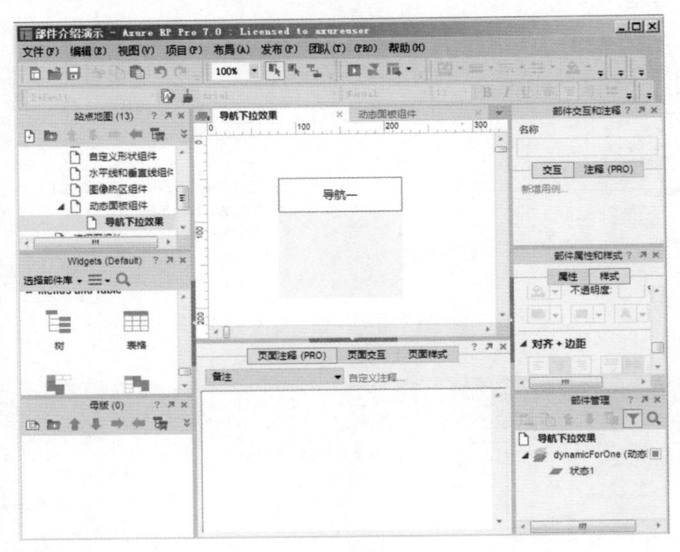

图1.63　添加矩形和动态面板组件

（2）把动态面板组件的状态重新命名为二级菜单，打开状态进行编辑，图1.64所示的红色线圈区域是纵向菜单组件，拖动纵向菜单组件到二级菜单页面中，调整菜单的宽度和高度，使其和动态面板大小一致。

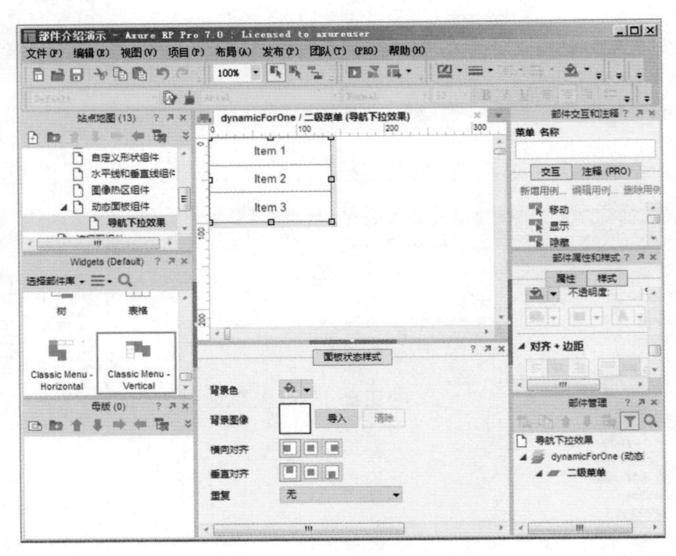

图1.64　编辑二级菜单

（3）二级菜单最初是不显示在页面上的，需要隐藏起来，当单击导航菜单，二级菜单才会出现，选中动态面板，单击工具栏隐藏复选框，如图1.65所示。

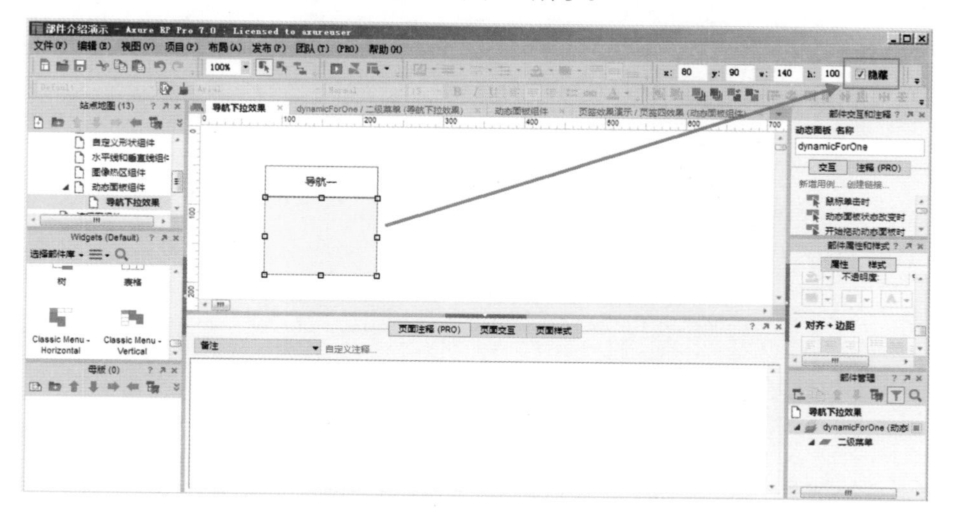

图1.65　隐藏动态面板组件

（4）给导航一添加交互操作，当单击导航一时，二级菜单从上面滑出。选中导航一组件，单击部件交互和注释区域的“鼠标单击时”触发事件，弹出用例编辑器对话框，在第二步的部件下面单击“显示/隐藏”操作。在第四步下面勾选动态面板复选框，然后在动画下拉菜单选择“向下滑动”菜单，单击确定按钮，如图1.66所示。

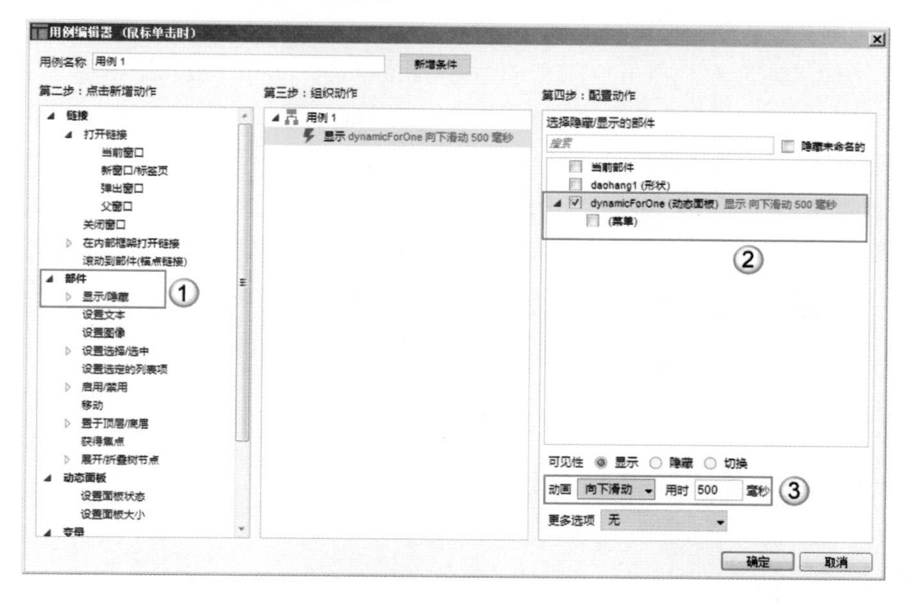

图1.66　显示动态面板

（5）按F8键发布制作的原型，在浏览器中单击导航一菜单，会发现二级菜单从上面滑出，如图1.67所示。

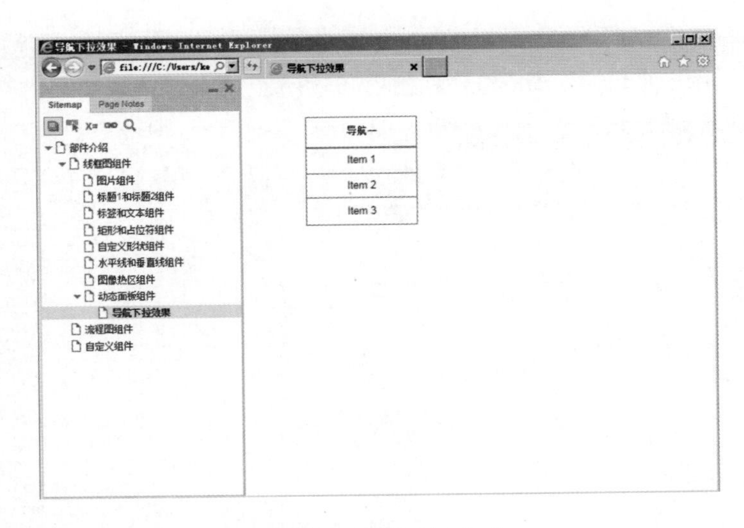

图1.67　下拉菜单发布效果

> **注　意**
>
> 在为组件添加交互动作时，先按步骤逐步完成，先不用管交互动作的具体细节，这些细节会在后面的章节中详细讲解。

动态面板组件除了应用到tab页签的切换效果和制作导航的二级菜单外，还可以利用它制作弹出对话框提示相关信息，例如，应用到验证表单填写时的提示，可以提示出表单填错的信息，模拟最真实的交互效果，提高客户的体验度。

组件九　内部框架组件：在html网页代码中有iframe标签，iframe元素会创建包含另外一个文档的内联框架，实现不同条件下嵌入不同的文档效果。在Axure中，利用内部框架组件完全可以达到iframe标签的框架效果。

（1）拖动两个组件到工作区域，宽度设置为140，高度设置为40，分别命名为百度、京东。拖动一个内部框架放置在矩形区域的下方，宽度设置为610，高度设置为220，如图1.68所示。

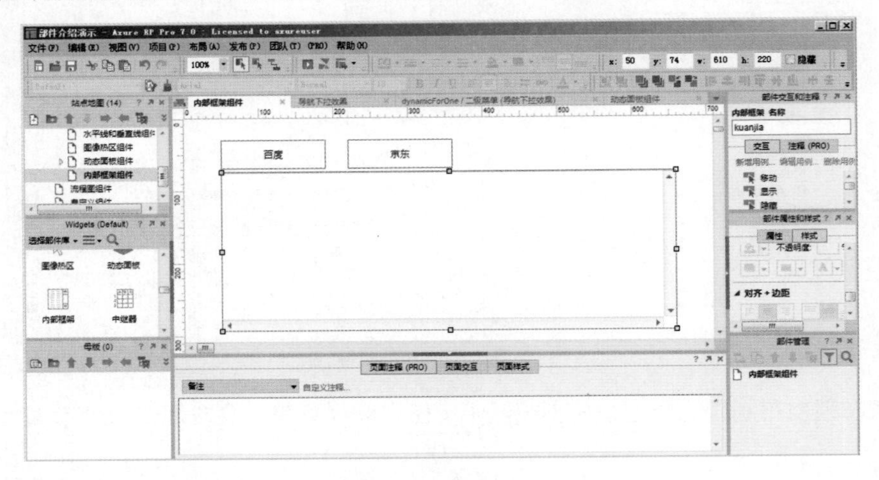

图1.68　引入内部框架

（2）给百度按钮添加交互事件，在部件交互和注释区域单击“鼠标单击时”触发事件，弹出用例编辑器对话框，在第二步下面单击“在内部框架打开链接”操作，在第四步下面勾选内部框架复选框。在第四步下面还有两个单选按钮，在内部框架可以打开一个页面或者打开一个网站。选择第二个单选按钮，输入http://www.baidu.com百度的网址。单击百度按钮时在内部框架中即可显示百度内容，如图1.69所示。

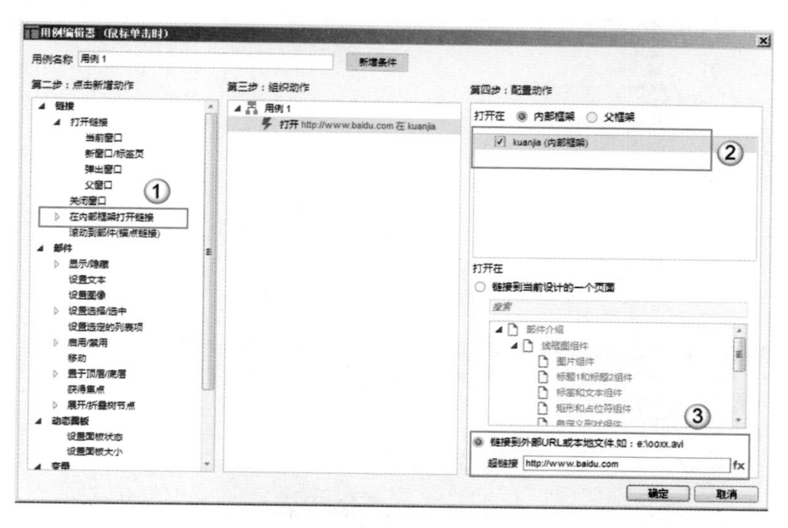

图1.69　给百度按钮添加交互操作

（3）用同样的方式给京东按钮添加交互操作，单击京东按钮时在内部框架中即可打开京东网站，如图1.70所示。

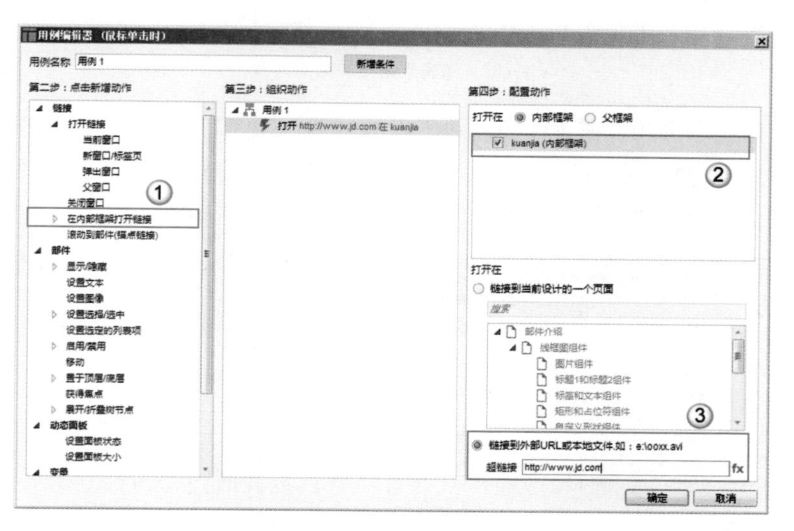

图1.70　给京东添加交互操作

（4）按F8键进行发布制作的原型，如图1.71所示。页面上只有两个按钮，没有其他内容，单击百度时会显示百度的内容，单击京东时会显示京东的内容，如图1.72所示。

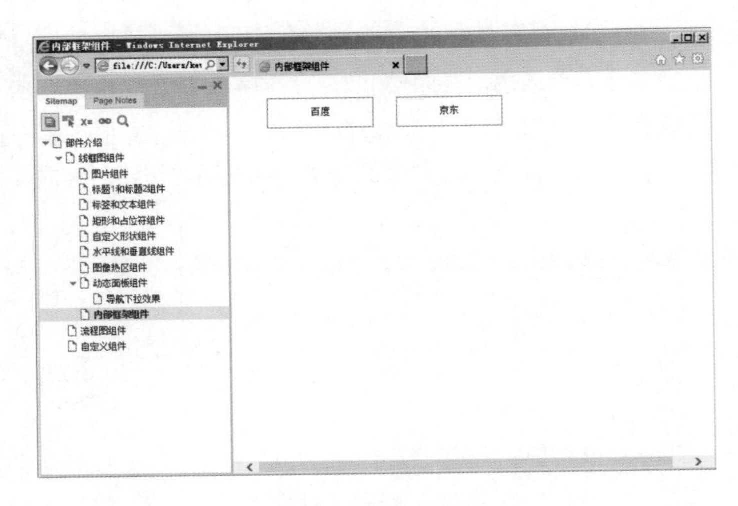

图1.71　内部框架组件发布效果

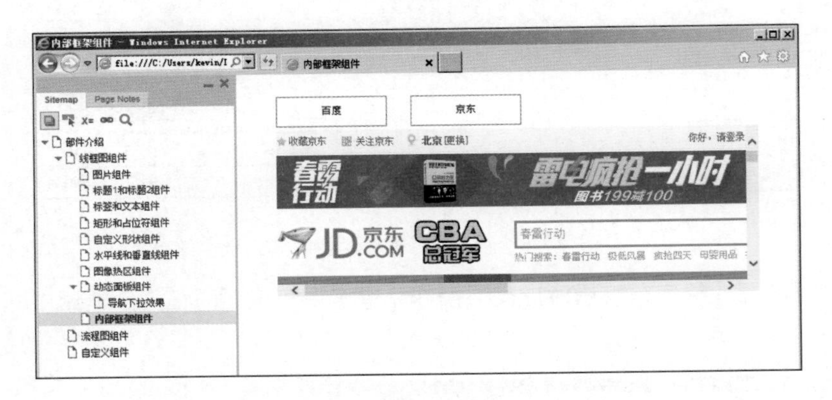

图1.72　单击京东按钮显示内容

（5）设置默认显示页面，在工作区域双击内部框架，如图1.73中圈1所示，弹出链接属性对话框，在这里同样可以添加页面或链接地址。选择第二个单选按钮，设置默认显示百度的内容，输入http://www.baidu.com网址，如图1.73中圈2所示。

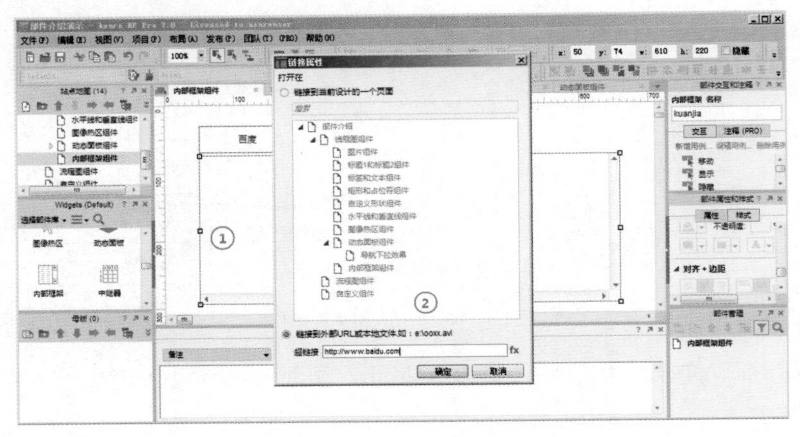

图1.73　设置默认显示页面

（6）对内部框架组件的边框进行设置，在内部框架上右击选择“显示/隐藏边框”，可根据需求进行给内部框架设置边框，如果给内部框架设置一个边框。按F8键发布，会发现发布结果的页面出现了边框，如图1.74所示。

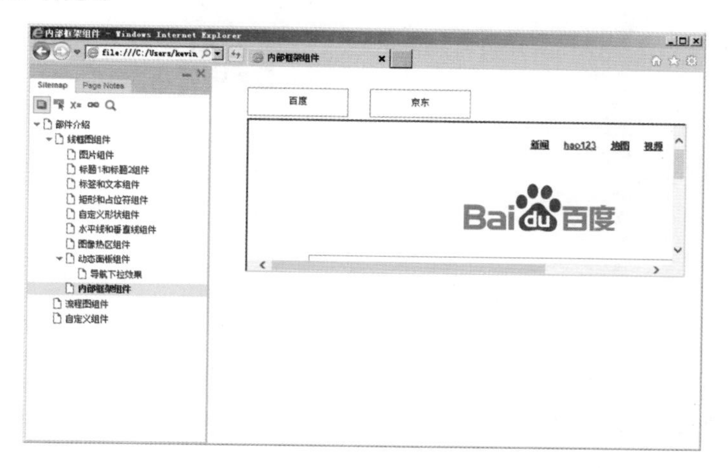

图1.74　设置内部框架边框

（7）对内部框架组件的滚动条进行设置，可以隐藏滚动条，页面显示区域只能显示内部框架大小的内容。如果不隐藏滚动条，嵌套的整个页面都会出现在内部框架组件中，可以拖动滚动条。在内部框架上右击选择“滚动栏”命令，之后会弹出一个新的命令框，这里包含三个命令，按照自己需求选取滚动条的设置，这里选择“从不显示横向和纵向滚动条”，如图1.75所示。

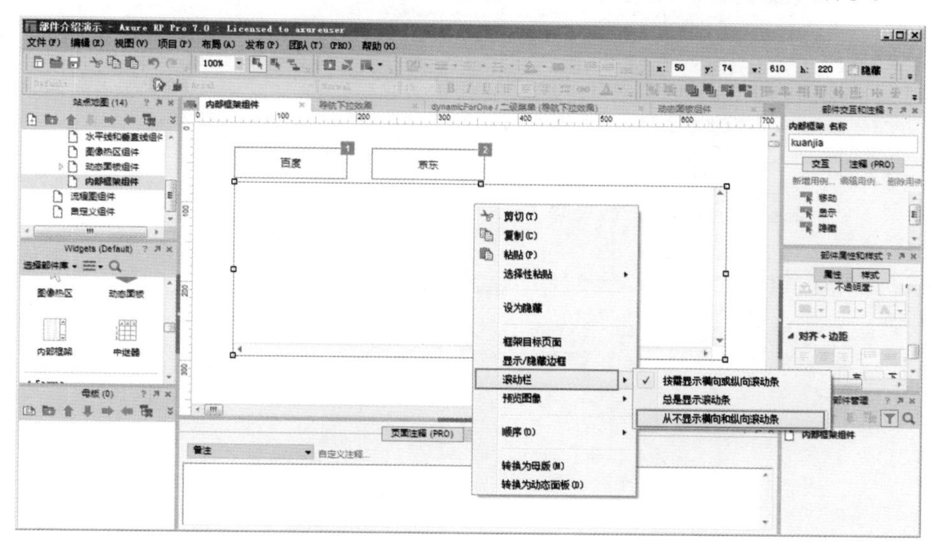

图1.75　滚动条设置

（8）按F8键发布制作的原型，会发现内部框架没有出现滚动条，显示区域也只能看到内部框架大小的区域，如图1.76所示。

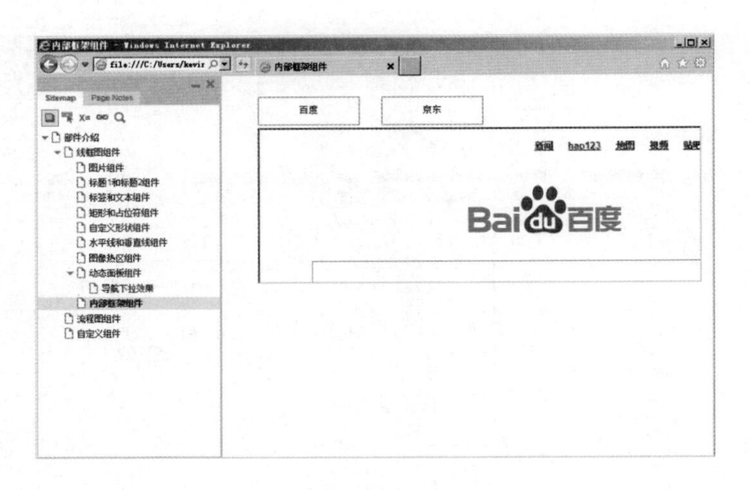

图1.76　原型发布结果

组件十　中继器组件：中继器组件是Axure RP 7.0版本新增加的组件，从中继器组件的功能特点来看，主要是用来动态的存储数据的元件，可以在原型上实现数据的增加、删除、修改、查询操作，进一步增强交互效果。下面通过演示注册功能，把注册信息存储起来，逐步了解中继器的功能，操作如下。

（1）制作一个表单注册页面，拖动一个矩形组件，作为表单的背景，并设置为灰色#CCCCCC。拖动两个标签组件，分别命名为用户名和密码。拖动两个文本框（单行）作为用户名的输入框和密码的输入框。最后在拖动一个HTML组件作为提交表单按钮，如图1.77所示。

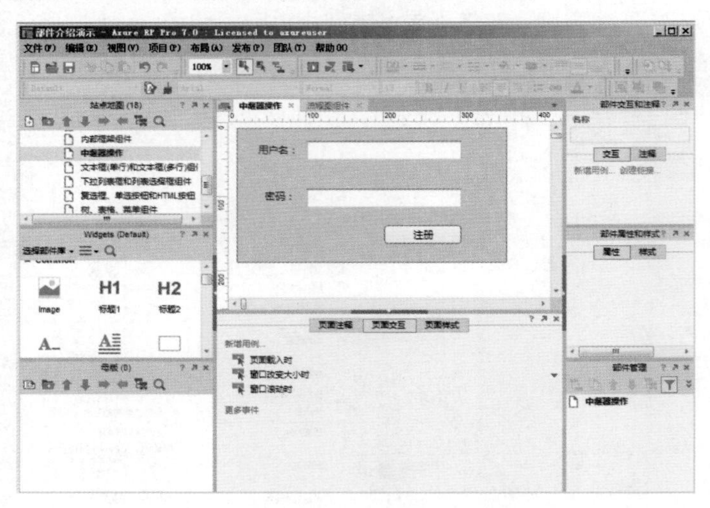

图1.77　制作注册页面表单

（2）拖动两个矩形组件，作为数据表格的标题行，分别命名为用户名和密码，并把矩形组件的背景色设置为#CCCCCC，如图1.78所示。

（3）拖动一个中继器组件到界面，双击进入中继器界面，会看到一个长方形，这个长方形可以直接删掉，在这里可以制作自己想要的页面。删除长方形，拖动两个矩形组件，宽度设置为200，高度设置为40，作为表格中的行，制作完表格的行后返回上一个页面，如图1.79所示。

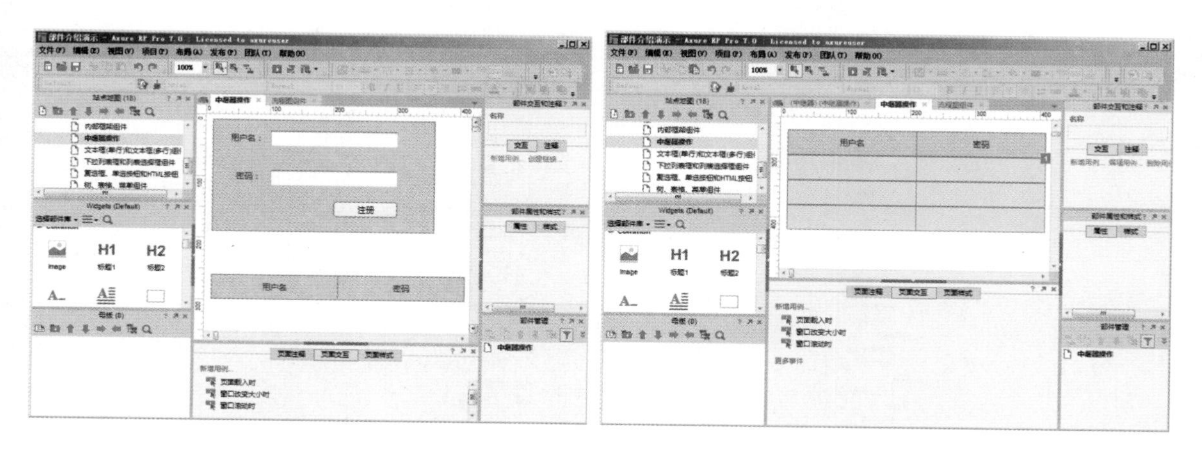

图1.78　制作表格的标题行　　　　图1.79　制作表格行

（4）在中继器中添加三条数据记录，双击中继器，进入中继器界面，包括三方面操作，中继器数据集、中继器项目交互、中继器样式。其中中继器数据集区域是对数据进行操作的区域，如图1.80所示的有两个红色线框，第一个线框是用来操作数据记录的，可以进行新增行、新增列以及删除列等操作，第二个红色线框是用来添加数据的，双击可以对数据的标题进行重新命名，以及新增数据。中继器项目交互是实现交互效果，中继器样式是调整数据放置的样式，包括横向和纵向。

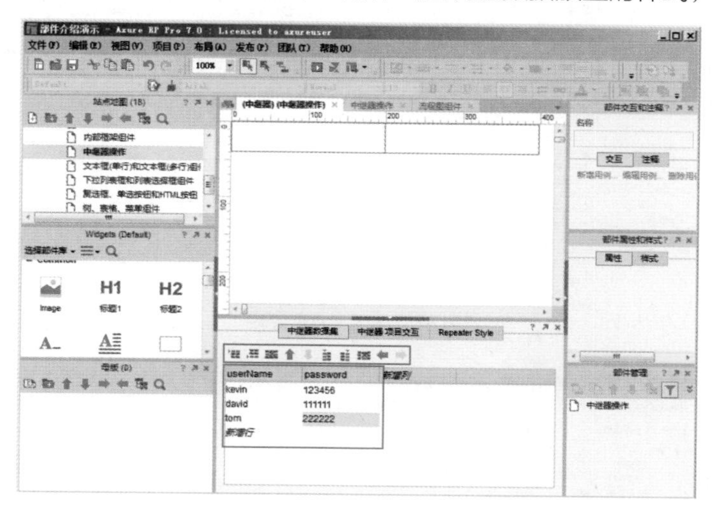

图1.80　增加三条数据

（5）将中继器数据集的数据绑定到中继器上，把数据记录显示出来。单击中继器交互项目切换按钮，双击每项加载时下面的Case 1，弹出用例编辑器。在第二步下面单击设置文本，在第四步下面勾选中继器的name复选框，如图1.81所示。

（6）单击fx按钮，弹出编辑文字对话框，单击“函数或运算符”，弹出命令框选择Item.userName，这样可以把用户名列数据项绑定到用户名矩形组件中。绑定完用户名列数据后，勾选pwt复选框，之后用同样的方式把密码列数据项绑定到密码矩形组件中。这样即可把数据集中的数据绑定到表格中，如图1.82、图1.83所示。

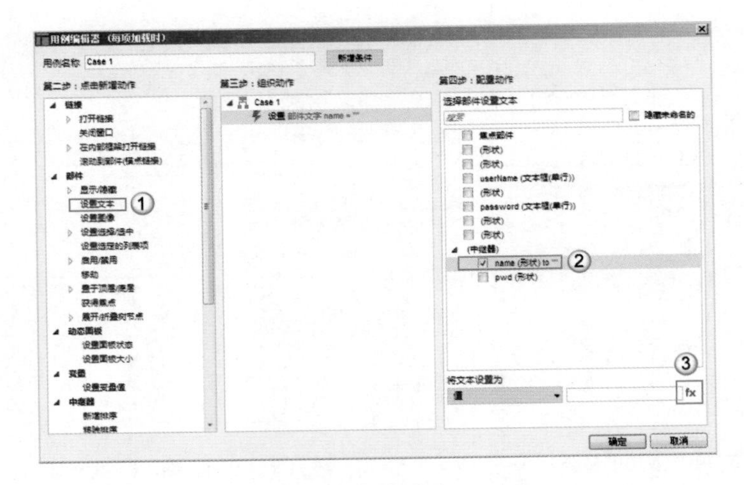

图1.81　设置绑定数据用例

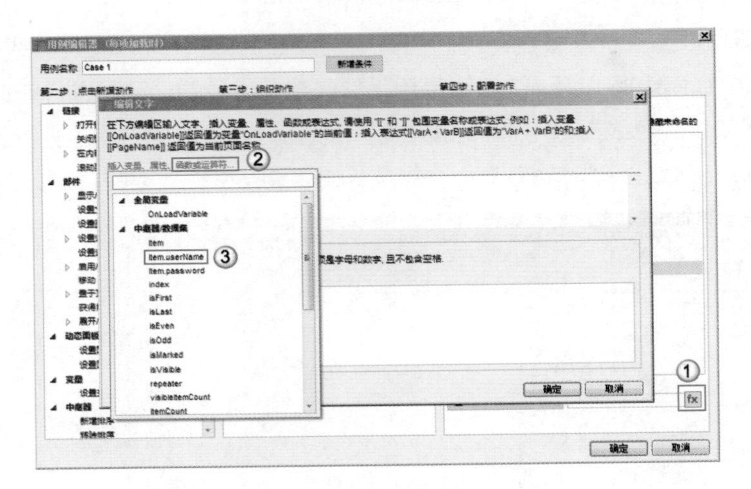

图1.82　绑定用户名操作

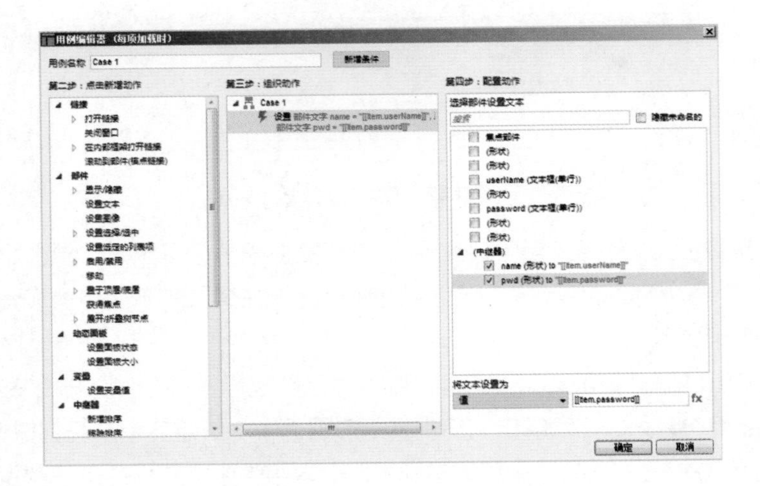

图1.83　绑定后的用户名和密码

（7）通过给注册按钮绑定增加行操作，动态添加一条数据到数据集中。在注册按钮上添加鼠标单击时触发事件。在第二步选择新增行，在第四步勾选中继器复选框，再单击新增行按钮，如图1.84所示。

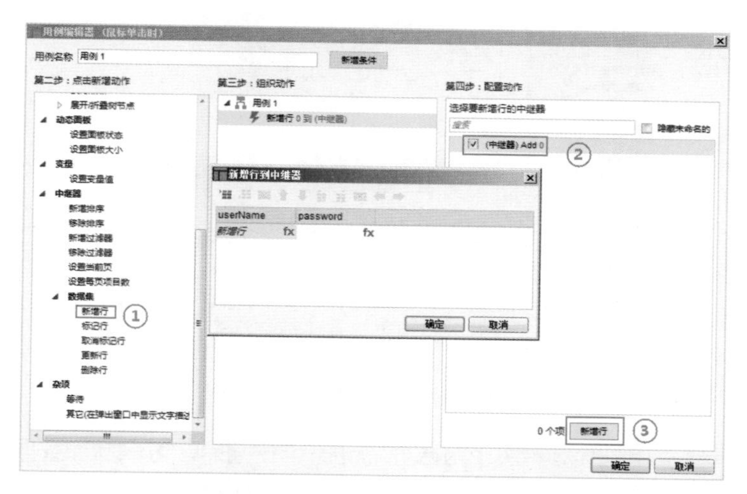

图1.84　注册按钮增加交互事件

（8）单击弹出框内userName的fx按钮，新增局部变量，选择userName文本框(单行)，新增完局部变量后，插入变量，选择局部变量插入。用同样的方式处理password的fx按钮，如图1.85所示。

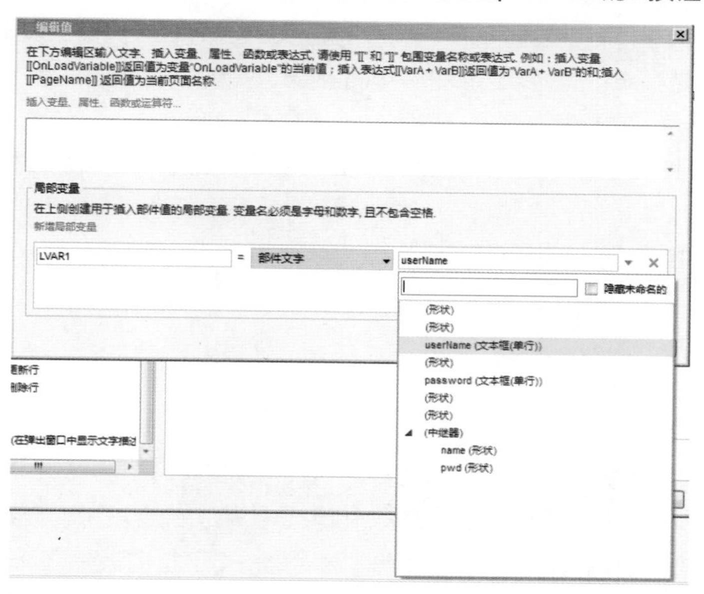

图1.85　用户名文本框和密码文本框绑定

（9）按F8键发布制作的原型，在用户名文本框中输入jack，密码输入123456，单击注册按钮，即可把数据增加到表格中，如图1.86所示。

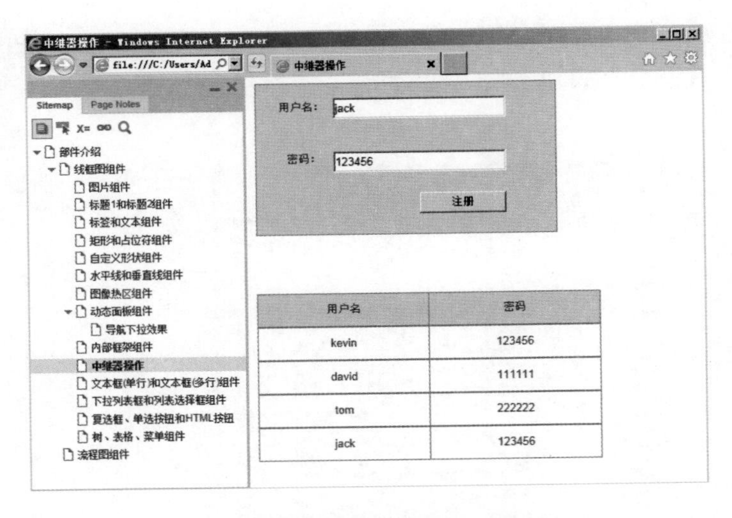

图1.86　添加新注册的用户名和密码

通过上面的演示会发现中继器解决了对数据的动态维护问题，可以增加数据记录，解决了以前不能对表格进行维护操作的问题。中继器不仅能增加数据，还可以删除数据、修改数据、查询数据等。完全模拟了对数据库的操作，交互效果更真实、体验度更好。

组件十一　文本框(单行)和文本框(多行)组件：文本框组件是经常用到的组件，分为单行文本框和多行文本框，在制作表单时经常会使用它们作为输入框。

组件十二　下拉列表框和列表选择框组件：下拉列表框是每次在页面上只显示一个下拉菜单，也只允许选中一个下拉菜单；而列表选择框在页面上显示所有的下拉菜单，并且可以选中多个下拉菜单，操作如下。

（1）制作下拉列表框，拖动一个下拉列表框组件到工作区域，双击下拉列表框弹出“编辑选项”对话框。

+：新增一个下拉列表。

⬆：调升某个下拉列表的位置。

⬇：降低某个下拉列表的位置。

×：删除选中的下拉列表。

!×：删除所有选中的下拉列表。

新增多个：同时新增多个下拉列表，每行算一个下拉列表。

单击新增多个按钮，分别输入中国、美国、俄罗斯，单击确定按钮，会看到新增的列表项，勾选要显示的下拉列表选择，如果不勾选会默认选择第一个下拉列表并显示在页面上，如图1.87所示。

（2）制作列表选择框，拖动一个列表选择框组件到工作区域，双击列表选择框会弹出“编辑选项”对话框，操作功能与下拉列表框一样，唯一的区别是可以同时勾选多个下拉列表显示在页面上。

单击新增多个按钮，每行分别输入中国、美国、俄罗斯，单击确定按钮，会看到新增的列表项，勾选所有下拉列表显示在页面上。会看到下拉列表框和列表选择框在页面上显示的方式有所不同，如图1.88所示。

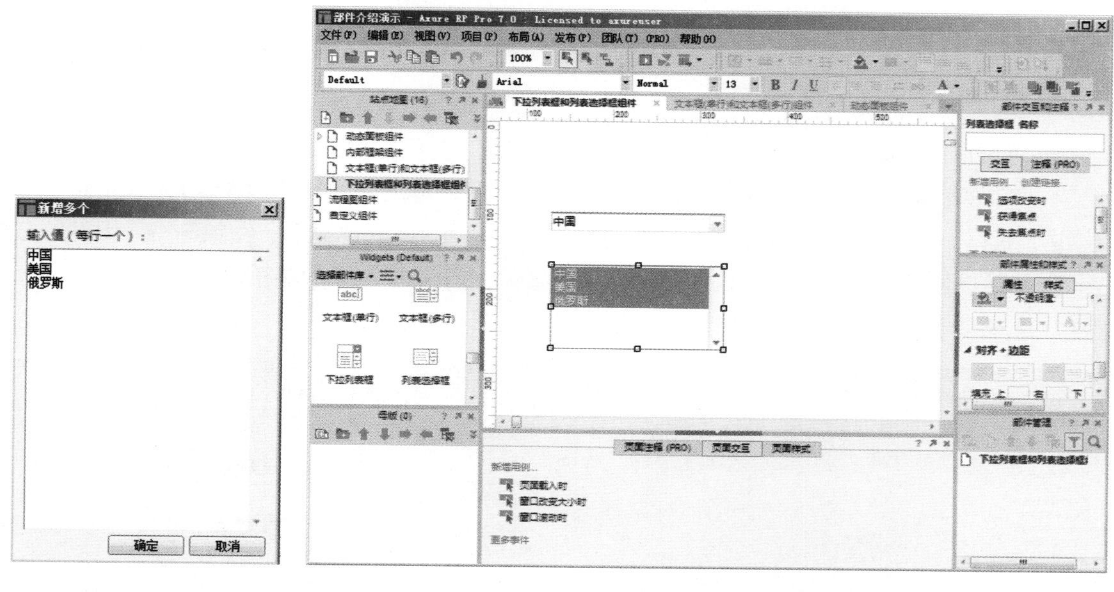

图1.87　新增下拉选项

图1.88　下拉列表框和列表选择框不同效果

组件十三　复选框、单选按钮和HTML按钮组件：复选框、单选按钮和HTML按钮是经常用到的组件，也是我们比较熟悉的组件。下面通过制作兴趣爱好调查表来演示组件的使用，如图1.89所示，操作如下。

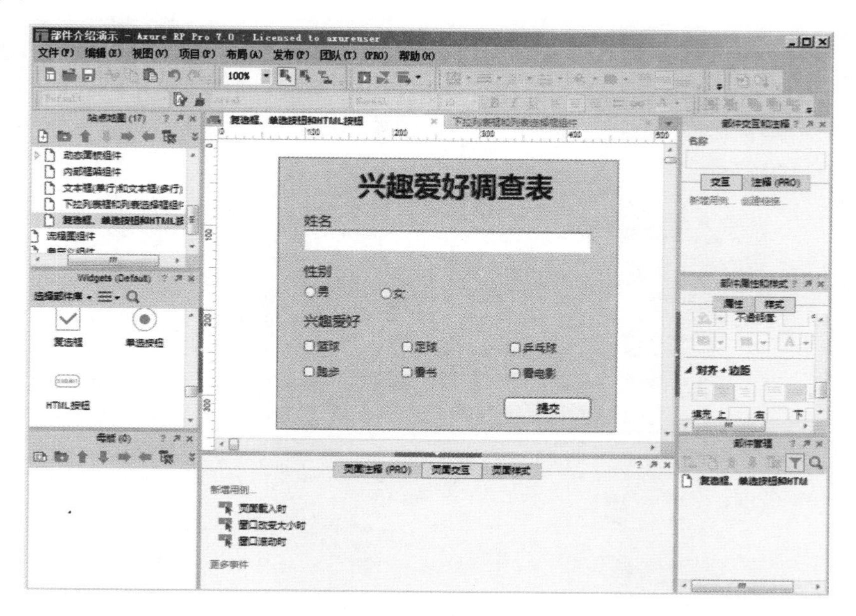

图1.89　制作兴趣爱好调查表

（1）拖动一个矩形组件到工作区域，制作调查表的背景。拖动标题1到工作区并重新命名为兴趣爱好调查表。

（2）拖动三个标签组件到工作区，重新命名为姓名、性别、兴趣爱好。拖动文本框(单行)组件到工作区，作为姓名的输入框。

（3）拖动两个单选按钮组件到工作区，并重新命名为男、女。

（4）拖动6个复选框组件到工作区，并重新命名为篮球、足球、乒乓球、跑步、看书、看电影。

（5）拖动HTML按钮组件到工作区，重新命名为提交，并作为提交按钮。

（6）按F8键发布兴趣爱好调查表的原型，选择男、女单选按钮，如图1.90所示。

（7）把男、女单选按钮设置为单选按钮组，按住Ctrl键，同时选中男、女单选按钮组件，右击选择“指定单选按钮组”命令，输入性别组作为组名称，把男、女单选按钮设置为单选按钮组，重新发布，单选按钮只能选择一个，如图1.91所示。

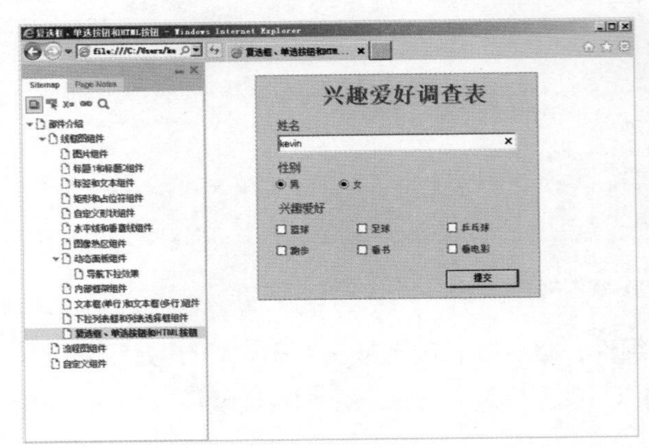

图1.90　发布兴趣爱好调查表

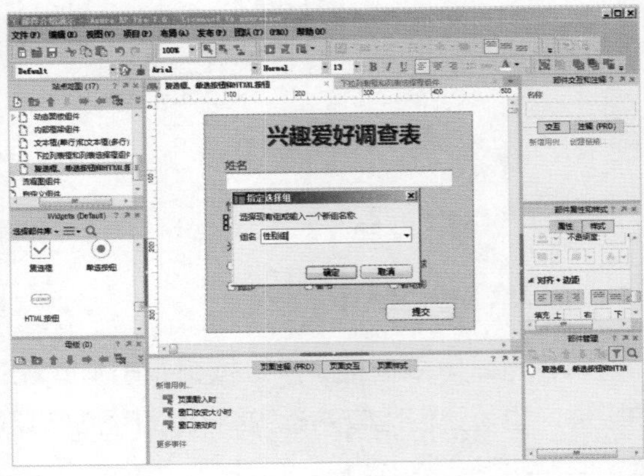

图1.91　设置性别组

组件十四　树、表格、菜单组件：树、表格、菜单组件是经常用到的组件，树经常用在表达部门结构，表格经常用在详情列表，菜单分为横向菜单和纵向菜单。这些组件能让我们快速表达出想要制作的原型，如图1.92所示。

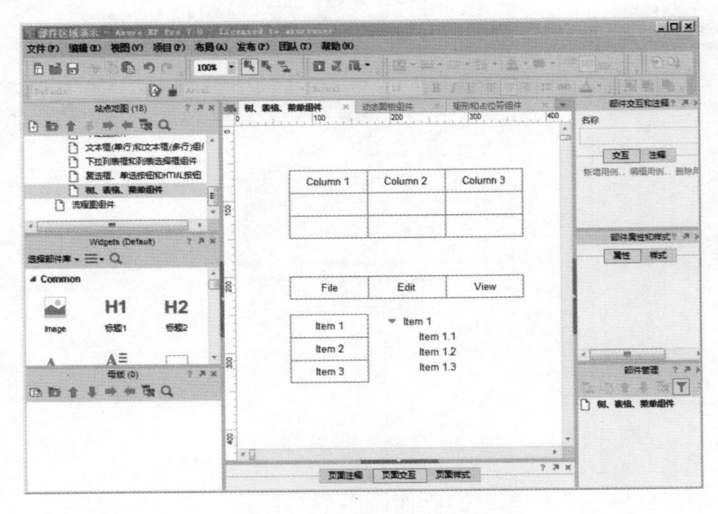

图1.92　表、树、菜单组件

2. 流程图组件

Axure RP 7.0原型设计软件默认内置了12种流程图组件，如图1.93所示。把这些组件分为两类，一类是图形、图片组件，另一类是文件、角色、数据组件。常用的图形、图片组件有矩形、叠放矩形、圆角矩形、叠放圆角矩形、斜角矩形、菱形、半圆、三角形、梯形、椭圆形、六边形、平行四边形。流程图中不同的图形代表着不同的意义，如果默认内置的图形不够用，可以用图片组件来代替。流程图的作用是用来表达各式各样的流程，用来辅助说明设计页面所需要达到的功能或过程。

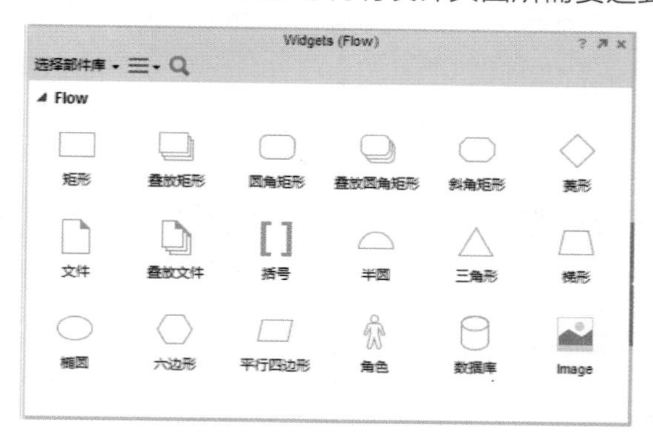

图1.93 流程图组件

在使用流程图组件绘制流程图之前，有必要知道常用组件所代表的意思，才能画出更完美、更规范的流程图。

- 矩形组件：代表要执行的处理动作，用作执行框使用。
- 圆角矩形组件：代表流程的开始或结束，用作起始框或结束框。
- 菱形组件：代表决策或者判断，用作判别框。
- 文件组件：代表一个文件，用作以文件方式输入或以文件方式输出。
- 括号组件：代表说明一个流程的操作或特殊行为。
- 平行四边形组件：代表数据的操作，用作数据的输入或输出操作。
- 角色组件：代表流程的执行角色，角色可以是人也可以是系统。
- 数据组件：代表系统的数据库。

流程图的操作方式和线框图的操作一致，可以直接从部件区域拖动流程图组件到工作区，下面通过绘制购物流程来演示流程图组件的使用方法，如图1.94所示。

（1）从流程图组件里拖动角色组件到工作区域，代表访问购物网站的用户。

（2）从流程图组件里拖动五个圆角矩形组件到工作区域，分别命名为访问网站、登录网站、检索商品、选择商品、结算，作为购物的五个步骤。

（3）从流程图组件里拖动两个菱形组件，分别命名为登录验证和是否购买，作为判断条件。

（4）使用工具栏上连接模式按钮连接两个组件，在其中一个组件上的连接点按住鼠标左键，拖动连接线到另一个组件上的连接点后释放鼠标，即可新增一条连接线，但是发现没有箭头方向，这时单击两个组件的连接线，选择工具栏上的箭头样式中的向右的箭头，用同样的方式连接其他两个组件，如图1.95、图1.96所示。

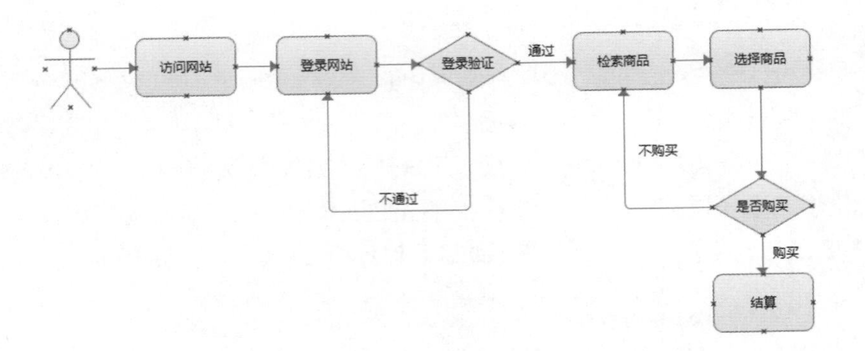

图1.94 购物流程图

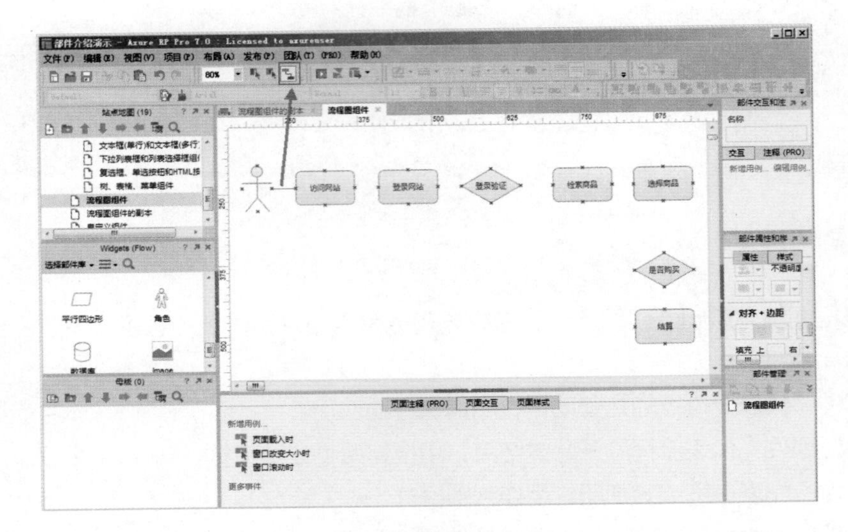

图1.95 连接两个组件

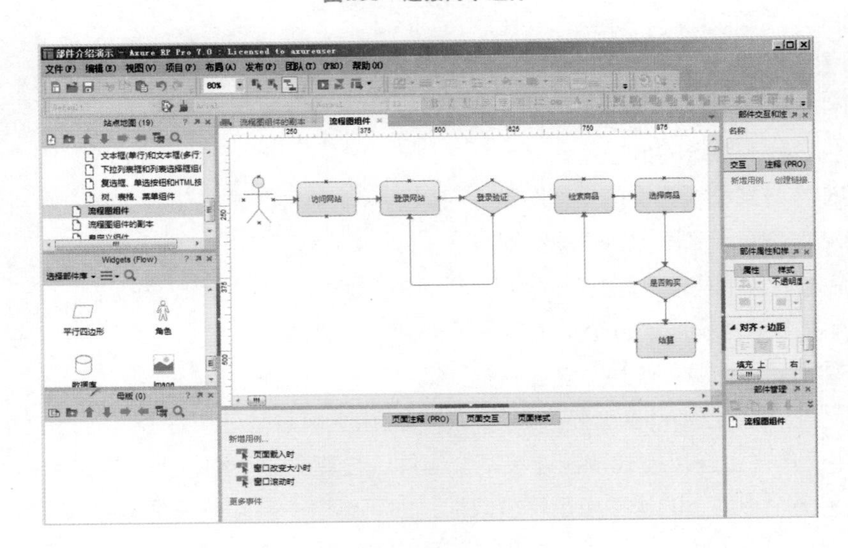

图1.96 所有组件连接起来

（5）在判断条件的连接线上添加标签组件，如图1.97所示。

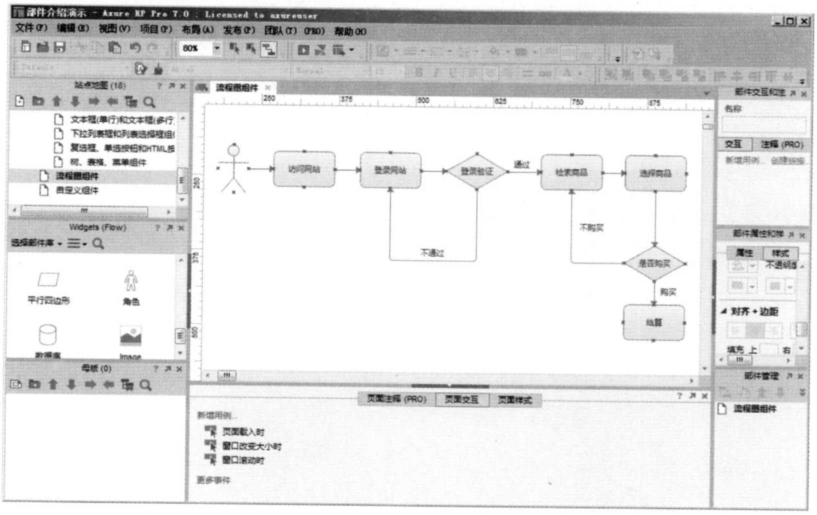

图1.97　添加判断条件

在Axure RP 7.0中绘制好的流程图可以生成图片或网页。

• 输出图片方式：首先选择文件，然后选择导出流程图组件作为图像的命令，即可把我们绘制的流程图生成图片，生成的图片即可供Powerpoint演示或Word文档使用，如图1.98所示。

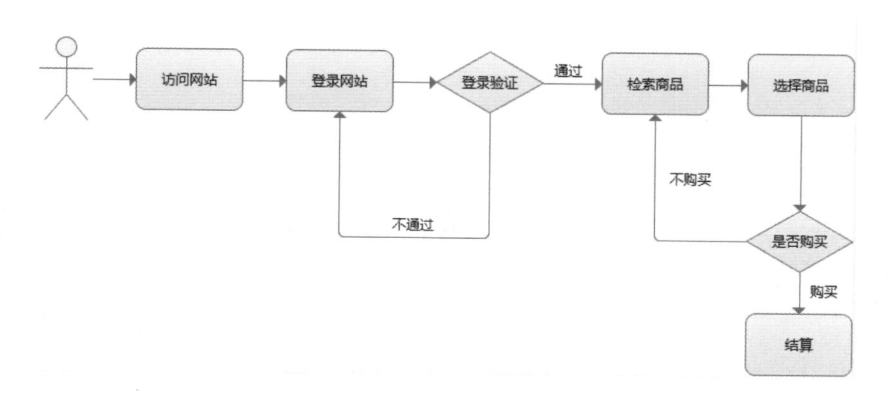

图1.98　生成流程图图片

• 输出网页形式：按F8键发布原型，可以看到生成的流程图，如图1.99所示。

部件管理区域除了提供线框图组件和流程图组件，还允许下载新的组件以供使用。Axure官方组件下载地址：http://www.axure.com/download-widget-libraries，从这里可以下载到制作原型需要到组件，例如，制作Android的部件库、制作iOS的部件库。

当下载好需要的组件库后，需要把这些组件载入Axure RP 7.0工具中以供使用。下面把下载好的Android部件库载入工具中，部件库都是以“.rplib”为后缀名。

（1）选择载入部件库命令，找到下载好的部件库，如图1.100所示。

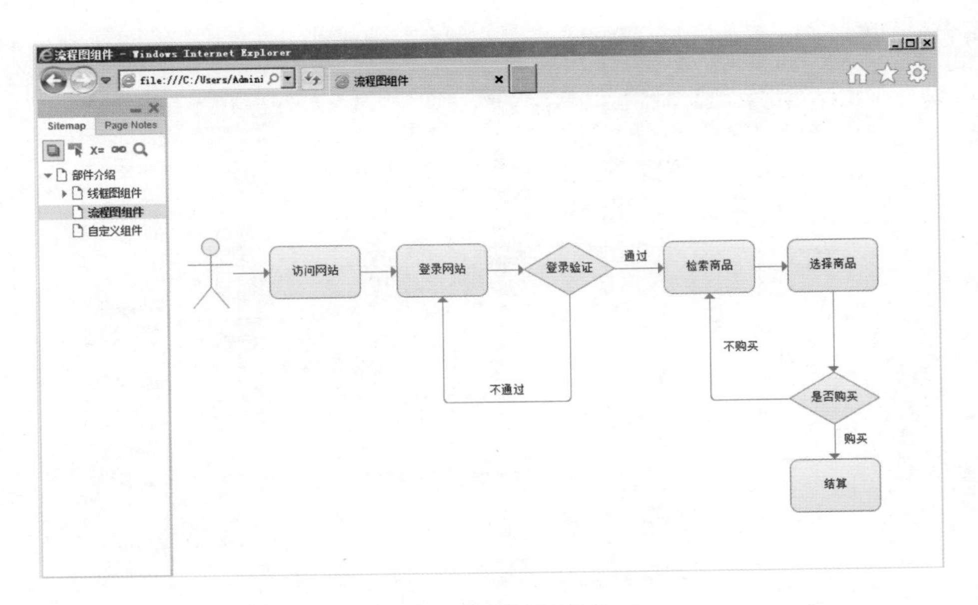

图1.99　生成流程图网页

（2）载入Axure RP 7.0原型工具中的Android部件库，如图1.101所示。

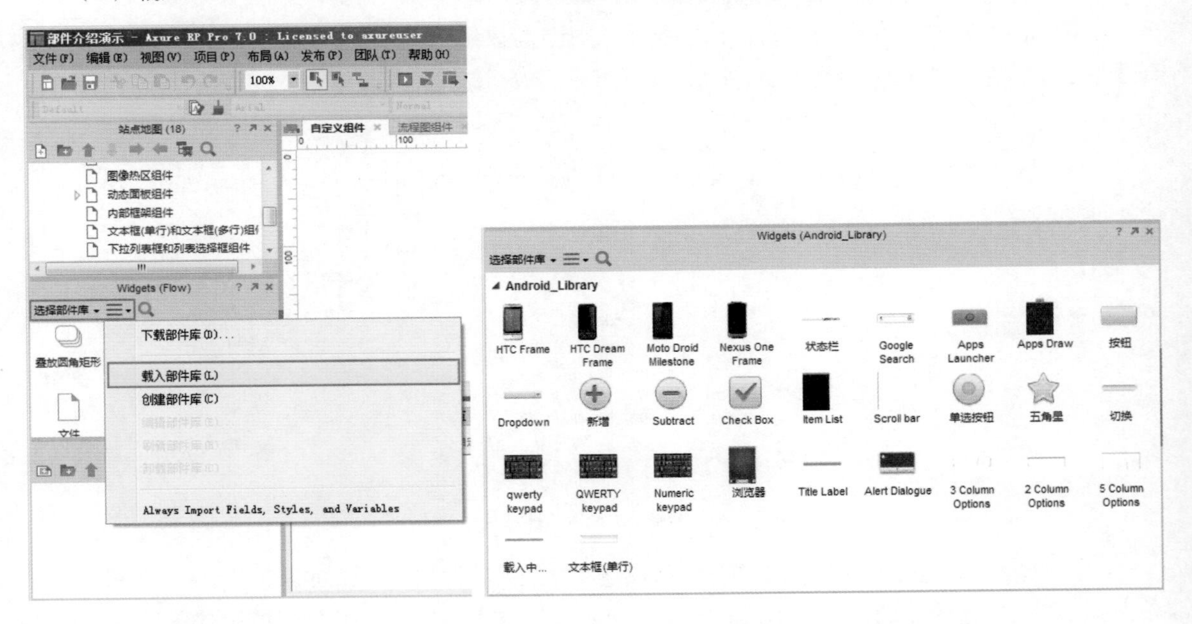

图1.100　载入部件库　　　　图1.101　Android部件库

（3）载入组件除了可以在Axure RP 7.0操作界面上进行载入，也可以把部件库直接放到“你的安装目录\Axure RP Pro 7.0\DefaultSettings\Libraries”中，重启工具，即可把部件库载入。

1.3.4　制作部件库

由于下载别人制作好的部件库并不能满足要求，往往需要自行制作部件库，以供使用，也可以把制作好的部件库放在互联网上，供其他人下载使用，下面开始制作一个自己的部件库，命名为mylib。

（1）单击创建部件库，选择创建的部件库存放的位置，并命名为mylib，如图1.102所示。

（2）制作一个搜索图标组件，在原站点地图区域上重新命名为搜索，拖动一个两个组件，一个组件编辑为圆形，另一个组件编辑为搜索图标的手柄，制作好组件单击保存后关闭制作组件的页面，如图1.103所示。

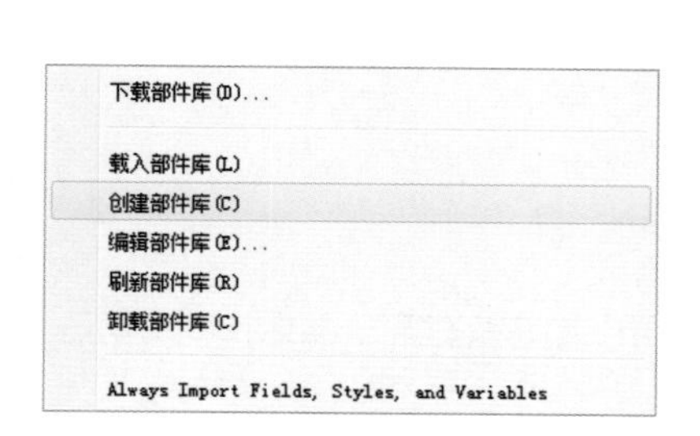

图1.102 创建mylib部件库

图1.103 制作搜索部件

（3）显示出制作好的搜索组件，单击图1.102菜单中的“刷新部件库”命令，即可显示出制作好的搜索组件。

除了载入下载好的部件库和自己制作的部件库以外，也可以进行编辑部件库、卸载部件库等操作。

1.3.5 将Axure页面管理起来

Axure页面管理主要分为页面样式、页面交互、页面注释三个部分，下面分别介绍这三个部分的功能与使用方法。

（1）设置页面样式，如图1.104所示。

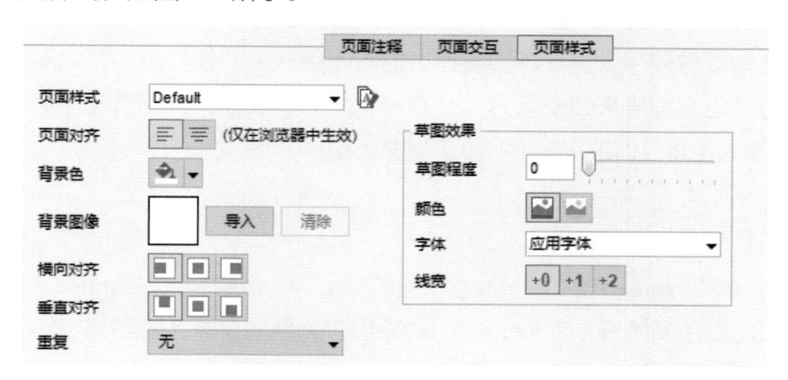

图1.104 页面样式

在页面样式中，默认提供的是Default页面样式，也可以自己定义一个页面样式。可以设置页面对齐，但是它仅在浏览器中生效；可以填充背景色、背景图像。有横向对齐和垂直对齐两种方式。还可以设置页面的草图效果，根据草图程度的不同可以设置不同的效果，同时可以设置颜色、字体、线宽等。

（2）页面交互中可以设置页面的一些交互效果，例如，页面载入时的交互效果、窗口改变大小时交互效果、窗口滚动时则交互效果，如图1.105所示。在更多的事件中，还有更多的交互效果，在后续的章节中会详细介绍这些交互效果的使用方法。

图1.105　交互效果

（3）页面注释中可以针对页面填写一些页面注释信息，也可以自定义注释，如图1.106所示。

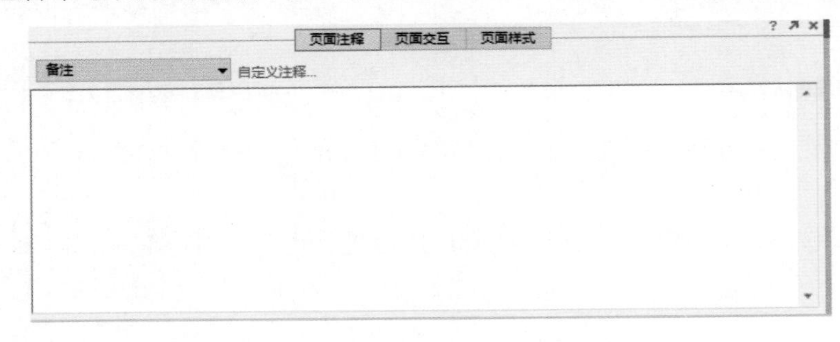

图1.106　交互效果

1.4　Axure RP 8.0与Axure RP 7.0的区别

Axure版本升到8.0版本以后，相对于以前版本界面的改动比较大，但界面越来越美观，也越来越友好，更多的是为软件使用人员考虑和设计，提高使用软件的体验度；在功能上还是遵循以前版本的功能，使用方式也保留原来的使用方式，并没有太大的改动，只不过又丰富了一些软件功能。本章主要对比一下Axure RP 7.0和Axure RP 8.0有哪些区别。

1.4.1　软件界面整体区别

软件Axure RP 7.0 和Axure RP 8.0在logo上发生了变化，Axure RP 7.0的logo采用翠绿、天蓝以及粉红三种颜色，并采用白色间隔开；而Axure RP 8.0采用了紫色的基调，添加两个字母RP在上面，RP是快速原型的缩写，强调可以更加快速制作原型的含义，如图1.107、图1.108所示。

图1.107　Axure RP7.0 logo

图1.108　Axure RP 8.0 logo

先来对比一下Axure RP 7.0 和Axure RP 8.0软件界面的区别，Axure RP 7.0软件界面大致可以分为十个区域：菜单栏区域、工具栏区域、部件区域、母版区域、工作区域、页面管理区域、部件交互区域、部件样式区域以及部件管理区域；而Axure RP 8.0软件界面大致可以分为八个区域：菜单栏区域、工具栏区域、站点地图区域、母版区域、工作区域、交互样式区域以及页面部件显示区域，Axure RP 7.0和Axure RP 8.0软件界面如图1.109、图1.110所示。

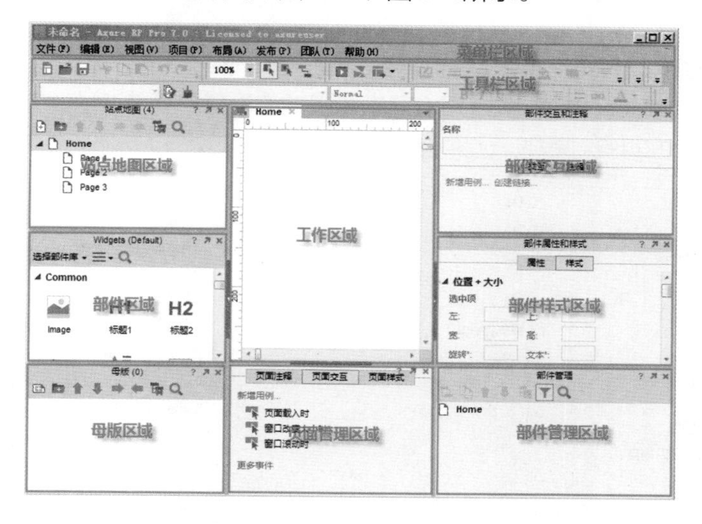

图1.109　Axure RP 7.0软件界面

图1.110　Axure RP 8.0软件界面

Axure RP 8.0将Auxre RP 7.0的页面管理区域、部件交互区域和部件样式区域放置在一个区域中，那就是交互样式区域，这是很合理的做法，把所有的交互都放置在这个区域中，包括页面交互和部件交互，统一在这里设置，同时在这个区域中可以设置部件样式和页面样式。

1.4.2 菜单栏区域区别

Axure RP 7.0提供了8个菜单项，而在Axure RP 8.0中提供了9个菜单项，多一个账户菜单，这个菜单可以登录自己的Axure账户和退出账户，同时可以设置代理服务器，如图1.111、图1.112所示。

文件(F) 编辑(E) 视图(V) 项目(P) 布局(A) 发布(P) 团队(T) 帮助(H)

图1.111 Axure RP 7.0软件菜单

文件 编辑 视图 项目 布局 发布 团队 帐户 帮助

图1.112 Axure RP 8.0软件菜单

在文件菜单下面，Axure RP 8.0多了一个“纸张尺寸与设置”菜单选项，并且将“Home”单词改为“index”，其他的没有什么区别，如图1.113、图1.114所示。

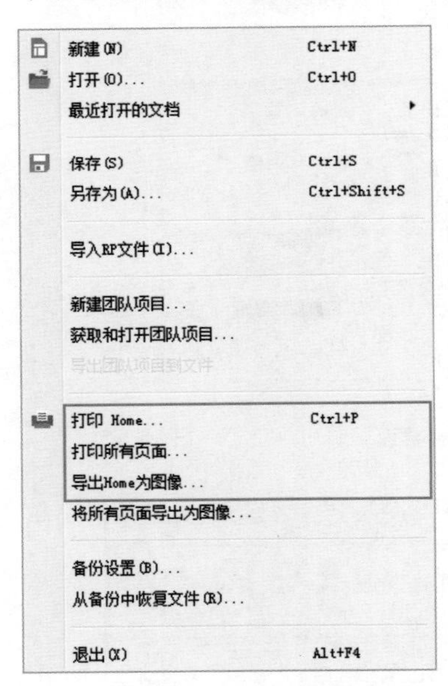

图1.113 Axure RP 7.0文件菜单

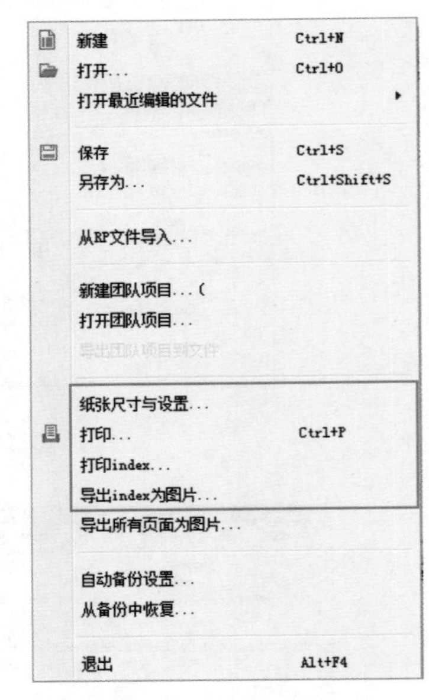

图1.114 Axure RP 8.0文件菜单

在视图菜单下的工具栏选项下，Axure RP 7.0对工具栏区域进行了更细致的分类，有常用操作、编辑器操作、团队操作、发布操作、布局操作、形状样式操作、文本格式操作、位置和大小操作；而Axure RP 8.0对工具栏分了两类，一类是基本工具栏，另一类是格式工具栏，但是它提供了自定义工具栏操作，可以自己定义工具栏上面显示了哪些操作和内容，更加自由、更加人性化。如图1.115、图1.116所示。

图1.115　Axure RP 7.0视图工具栏

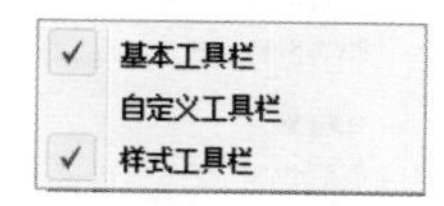

图1.116　Axure RP 8.0视图工具栏

在视图菜单的面板选项下可以控制软件界面显示哪些区域，Axure RP 7.0可以控制七个区域的显示与隐藏，Axure RP 8.0可以控制五个区域的显示与隐藏，因为把页面属性、部件交互和注释、部件属性和样式区域都归结为交互样式区域（检视），同时Axure RP 8.0提供了开关左侧的功能栏，可以把页面、元件库、母版区域显示或隐藏起来，开关右侧的功能栏，可以将检视、概要区域显示或隐藏起来，如图1.117、图1.118所示。

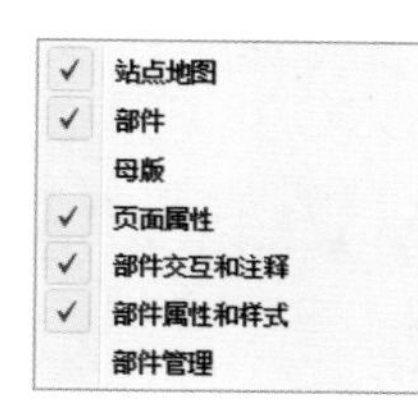

图1.117　Axure RP 7.0视图面板

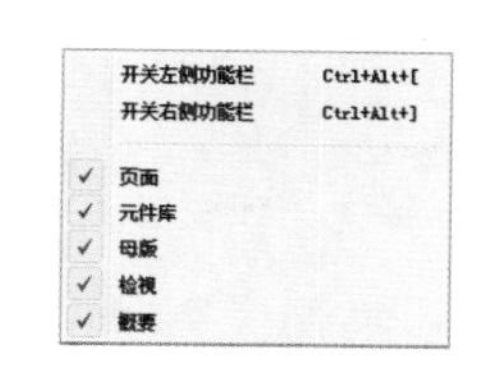

图1.118　Axure RP 8.0视图面板

在发布菜单的更多生成配置选项下，Axure RP 8.0版本除了可以生成HTML、Word、CSV外，还提供了打印功能，如图1.119、图1.120所示。

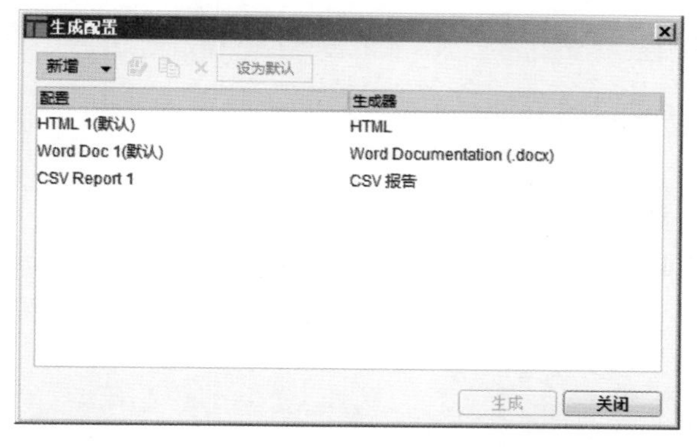

图1.119　Axure RP 7.0生成配置

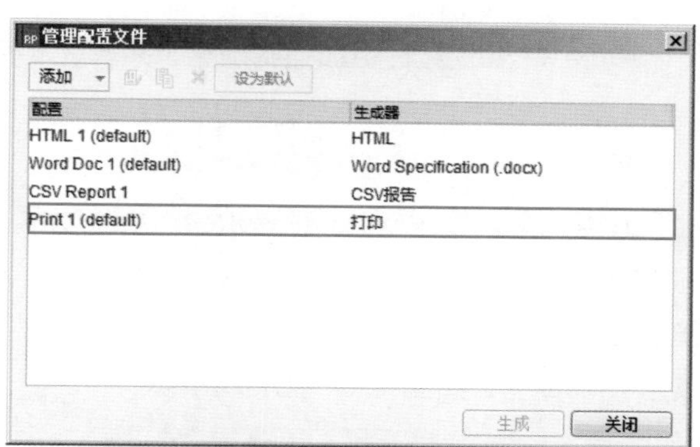

图1.120　Axure RP 8.0生成配置

在帮助菜单下，Axure RP 8.0新增了开始演示动画选项和试用企业版本选项，在开始演示动画中提供了16个步骤来演示软件的使用方法，试用企业版本选项可以试用一下企业版的Axure RP 8.0软件，如图1.121、图1.122所示。

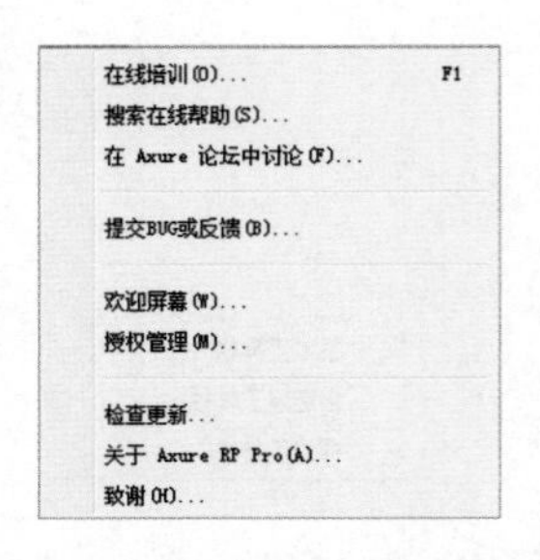

图1.121　Axure RP 7.0帮助

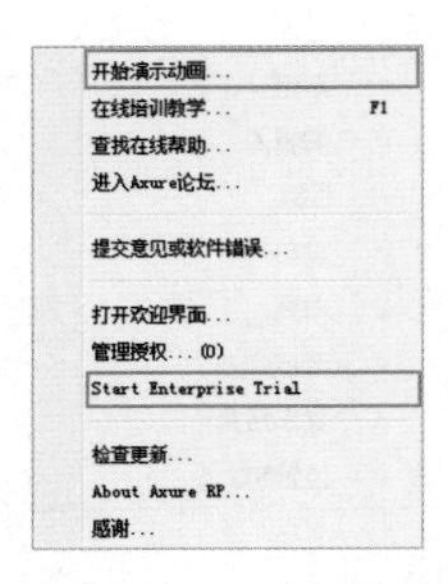

图1.122　Axure RP 8.0帮助

1.4.3　工具栏区域区别

Axure RP 7.0和Axure RP 8.0两个版本的工具栏的功能并没有什么改变，只不过对原有的内容重新进行规划、分组显示以及调整放置位置，把原来平铺展现出来的快捷按钮，通过折叠选项的方式收缩起来，这样让页面更加整洁，但是也存在操作时没那么方便的问题，需要通过下拉选项进行选择，如图1.123、图1.124所示。

图1.123　Axure RP 7.0工具栏

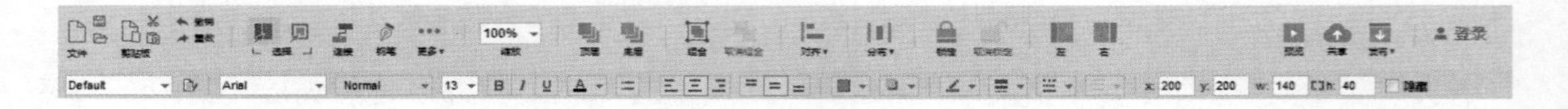

图1.124　Axure RP 8.0工具栏

Axure RP 8.0工具栏更加强调预览、共享、发布和登录按钮的显示，把相关的内容放在一组中。

1.4.4　站点地图区域区别

站点地图区域在Axure RP 8.0版本中被称为页面管理区域，它是针对页面进行管理的一个区域，同时将功能条的功能去掉了，只保留添加页面、添加文件夹、检索页面三个快捷按钮，其余的快捷按钮全部去掉，只通过右键的菜单选项操作功能条上的快捷按钮功能；并且将“Home”页面名称改为“index”，如图1.125、图1.126所示。

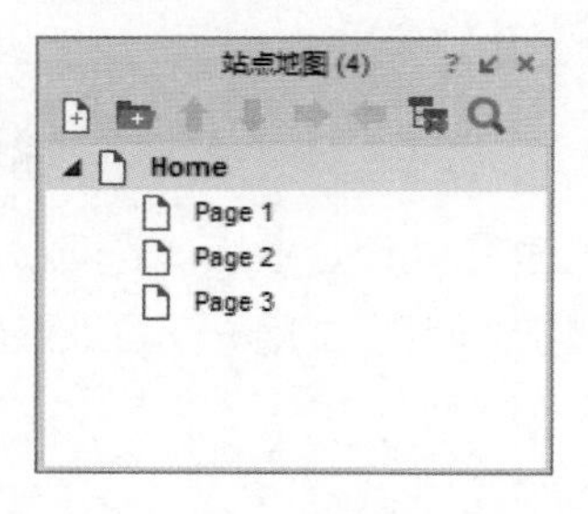

图1.125　Axure RP 7.0站点地图

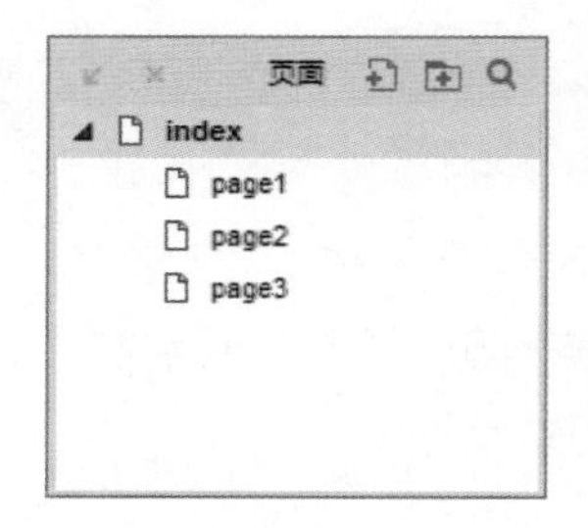

图1.126　Axure RP 8.0站点地图

注　意

去掉站点地图的功能条，只保留了其中的三个快捷按钮，通过鼠标右键操作其他功能，这无疑增加了软件使用的复杂性。

1.4.5　部件区域区别

部件区域在Axure RP 8.0版本中被称为元件库区域，它提供了更加丰富的组件，在基本元件比Axure RP 7.0多7个组件，有矩形2、矩形3、椭圆形、按钮、主要按钮、链接按钮以及三级标题，并且调整了部件库切换和管理的位置，如图1.127、图1.128所示。

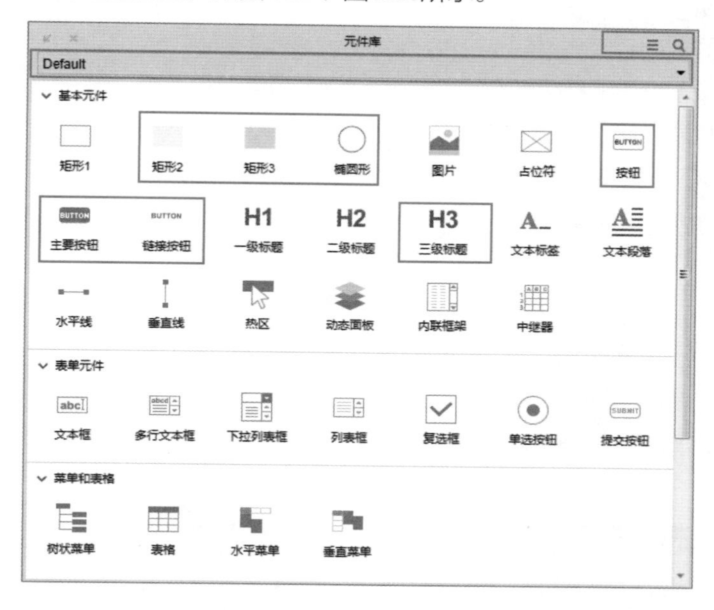

图1.127　Axure RP 8.0元件库

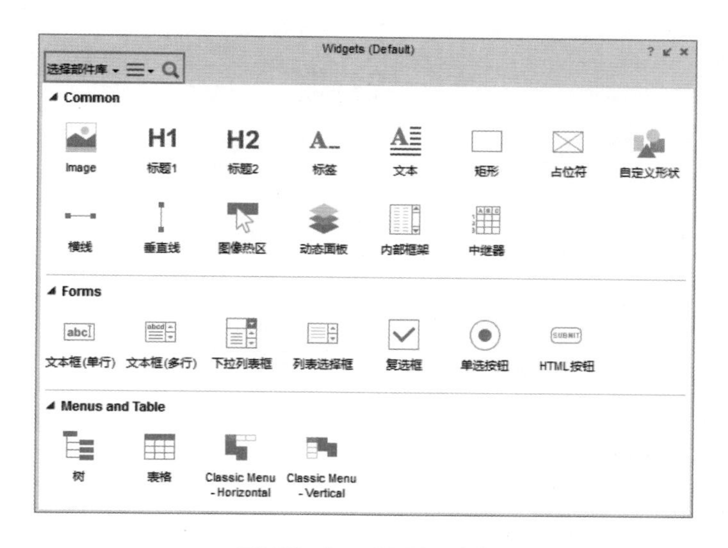

图1.128　Axure RP 7.0元件库

注　意

在Axure RP 8.0部件库中把矩形组件拆分为三个矩形组件，这样更便于使用，同时把常用的椭圆形以及常用的按钮都放置在部件库中以供使用。

Axure RP 8.0版本中的元件库又新增了一类标记元件，在Axure RP 7.0版本中是没有的，新增页面快照组件、水平箭头组件、垂直箭头组件、便签1组件、便签2组件、便签3组件、便签4组件、圆形标记组件、水滴标记组件，如图1.129所示。

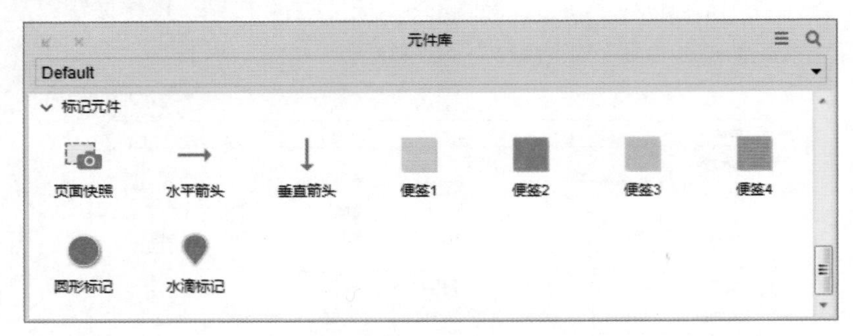

图1.129　标记元件

页面快照组件是把页面通过快照的方式完整地在页面中显示出来，比如在index页面中，拖动标题1、标题2、标题3组件，然后在page1页面中拖动页面快照组件，双击这个组件，然后引用index页面，可以看到页面快照组件中显示的是index页面的内容，并且可以调整显示的大小，如图1.130所示。

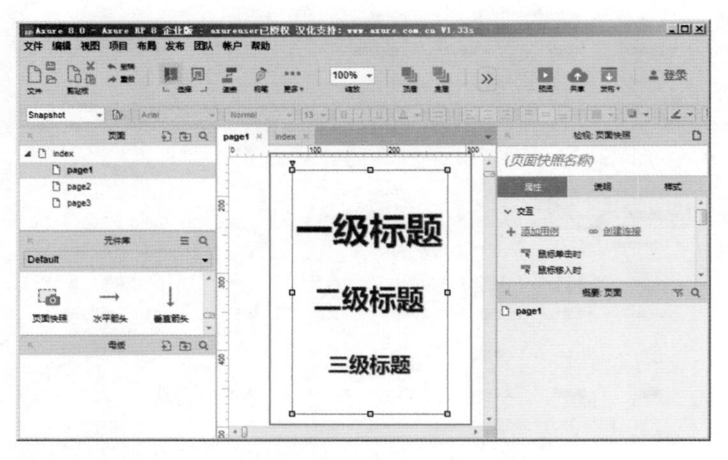

图1.130　页面快照组件

注　意

页面快照组件引用的页面不能包含页面快照组件，否则它不会引用。

1.4.6　交互样式区域区别

在Axure RP 8.0版本中，交互样式区域被称为检视区域，它将Axure RP 7.0版本中的页面管理区域、部件交互区域、部件样式区域融合在一个区域里，称为检视区域。Axure交互分为部件交互和页面交互，在Axure RP 7.0版本中分为两个区域来管理，而在新的版本中放置在了一个区域，并且将部件交互和部件样式也都存放在检视区域，如图1.131~图1.134所示。

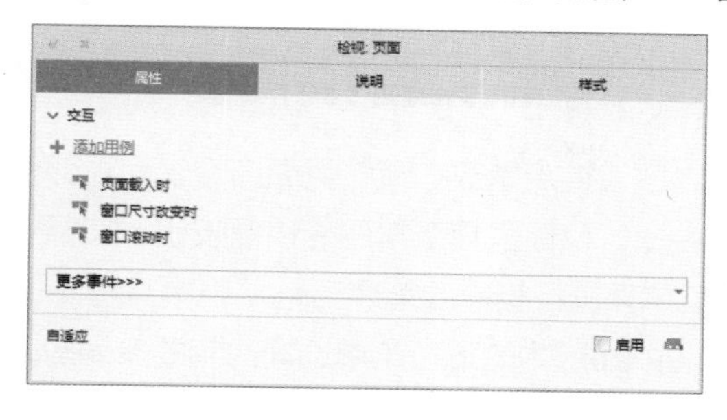

图1.131　Axure RP 8.0检视区域

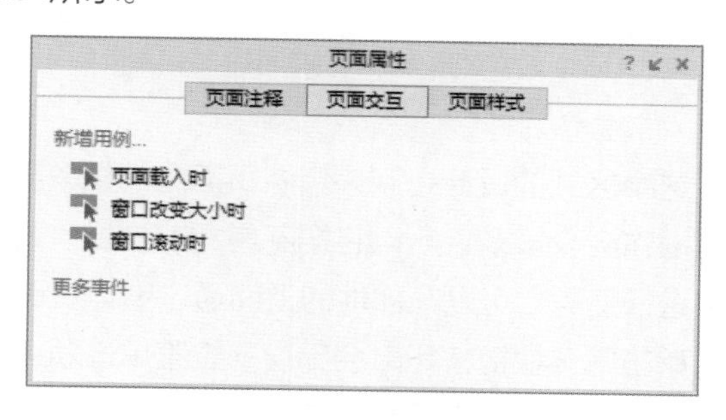

图1.132　Axure RP 7.0页面管理区域

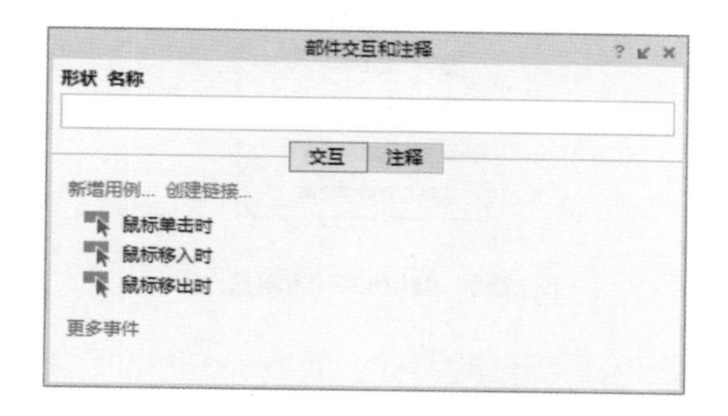

图1.133　Axure RP 7.0部件交互区域

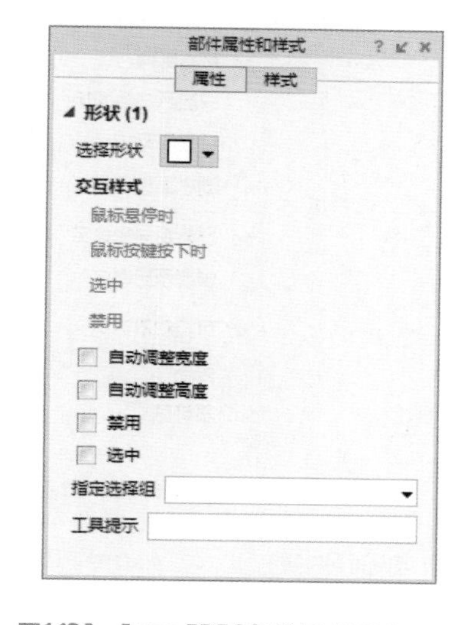

图1.134　Axure RP 7.0部件样式区域

注　意

检视区域内容会随着在工作区域选中的组件或页面发生变化，但是它的使用方法和Axure RP 7.0版本的一致。

1.4.7　部件管理区域区别

部件管理区域在Axure RP 8.0版本中被称为概要区域，它可以管理页面上的所有组件，但是它去掉了部件管理上面的功能条，只保留了排序、筛选和查找快捷按钮，并且排序和筛选是通过下拉菜单提供相关操作。如图1.135、图1.136所示。

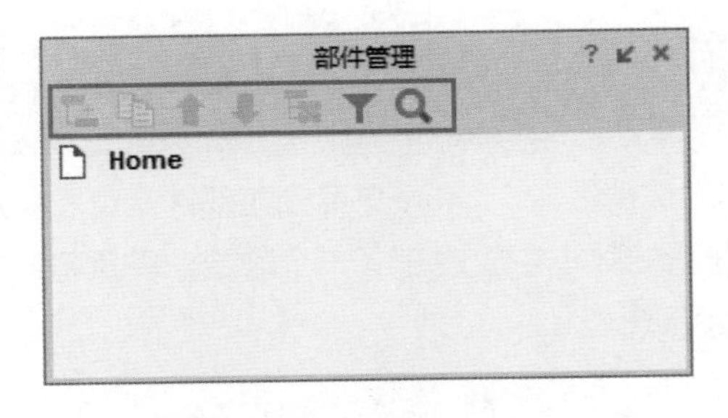

图1.135　Axure RP 7.0部件管理

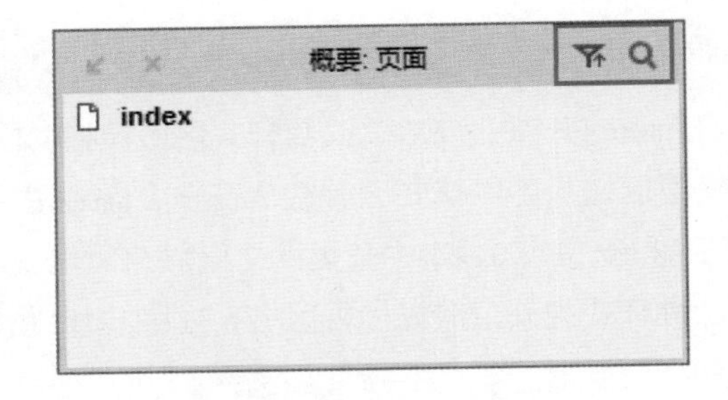

图1.136　Axure RP 8.0部件管理

这个区域的设计是用来查看页面上的相关组件及内容，重点是放在查看页面内容，而对部件的管理操作会少很多，所以它把不常用的快捷功能按钮去掉，只保留几个常用的快捷按钮，如果想对部件进行管理，可以在部件的上面通过鼠标右键选择菜单项进行相应的管理。

单击筛选快捷按钮时会出现下拉菜单选项，Axure RP 8.0版本的下拉菜单选项内容要多一些，它把排序的功能放置在下拉菜单选项的下方，其他选项功能几乎没变，只是在文字上做了修改，如图1.137、图1.138所示。

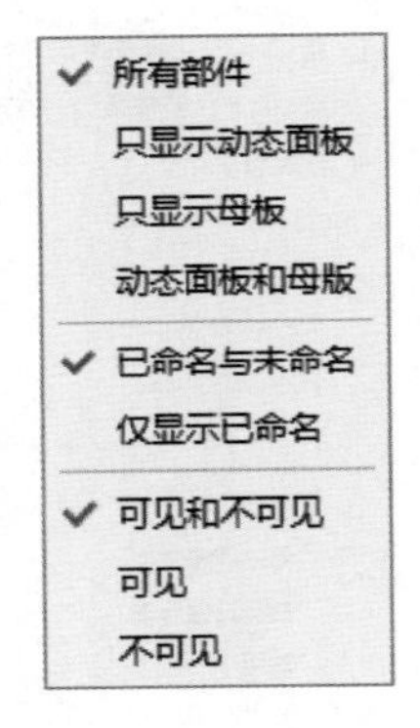

图1.137　Axure RP 7.0筛选

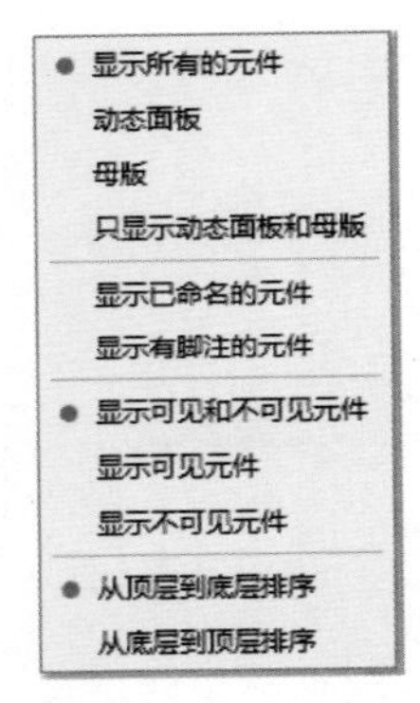

图1.138　Axure RP 8.0筛选

对于页面中的组件显示，Axure RP 8.0可以显示出所有组件的图标，而Axure RP 7.0版本只能显示出部分组件的图标，比如动态面板组件，它会显示出相应的图标，而其他组件不会显示图标，这样很难知道页面中使用什么组件，而Axure RP 8.0版本不仅显示出图标，同时会在括号内标注出组件的名称，如图1.139、图1.140所示。

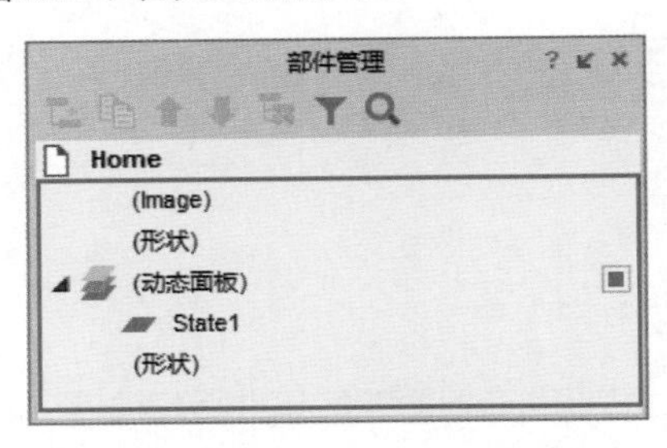

图1.139　Axure RP 7.0页面显示

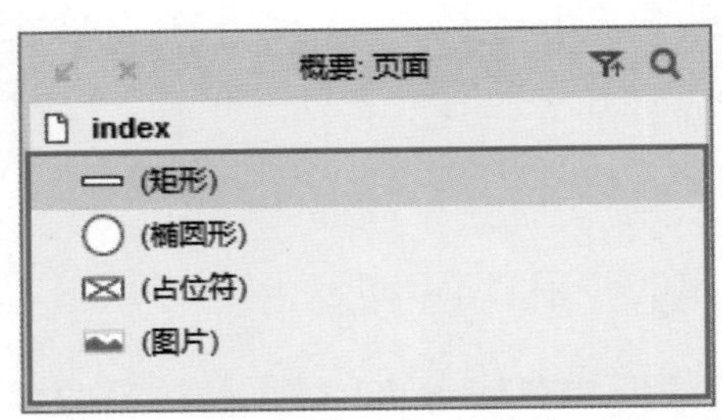

图1.140　Axure RP 8.0页面显示

1.4.8　用例编辑、发布设置、发布页面区别

用例编辑分为三个步骤：添加动作、组织动作、配置动作，Axure RP 8.0主要变化放在了添加动作这一步骤，其余的两个步骤几乎没有变化。在添加动作步骤中，链接动作新增了一个“设置自适应视图”动作；将“部件”改为“元件”，将动态面板的动作放置在元件下面来设置动态面板以及它的尺寸，不仅可以设置动态面板的尺寸，也可以设置其他组件的尺寸；在元件下面添加了旋转动作和设置不透明动作；在杂项下面添加触发事件动作，如图1.141、图1.142所示。

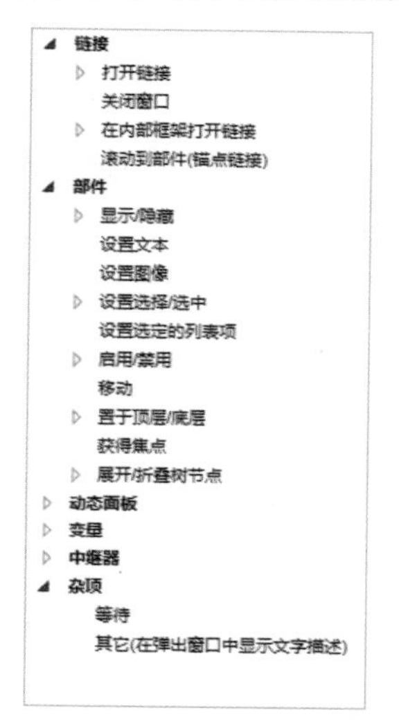

图1.141　Axure RP 7.0添加动作

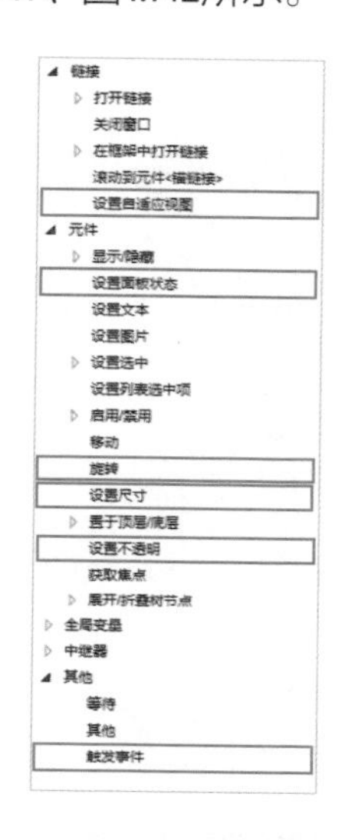

图1.142　Axure RP 8.0添加动作

除了“添加动作”步骤发生了变化，发布设置和发布页面也有所区别；下面以8.0版本下的动作演示来讲解一下以上的变化与区别。

（1）在元件库中拖动一个矩形1组件和主要按钮组件，分别命名为“我是矩形1”、“我是按钮”，选中按钮组件，给它添加鼠标单击时触发事件，如图1.143所示。

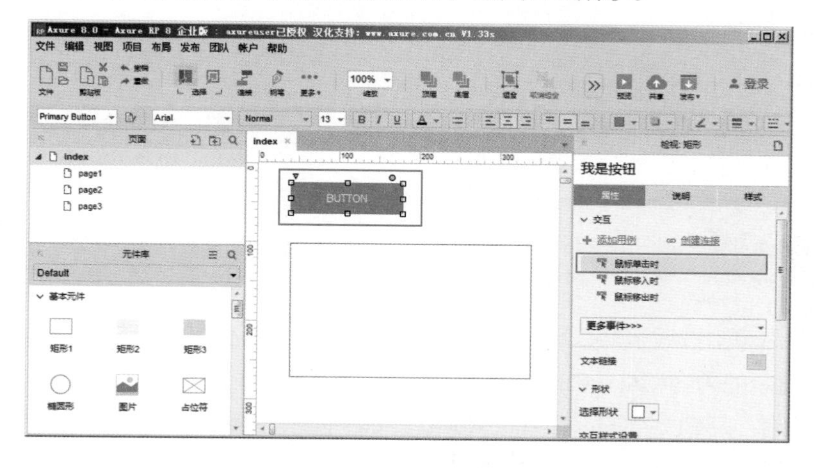

图1.143　添加鼠标单击时触发事件

（2）在用例编辑对话框中单击旋转动作，在配置动作下面勾选我是矩形1复选框，可以添加旋

转位置，是相对位置旋转还是绝对位置旋转，自定义旋转角度，设置旋转方向是顺时针旋转还是逆时针旋转；旋转的锚点是以什么方式旋转，是按中心位置旋转还是其他位置旋转；可以设置旋转偏移量以及动画效果，如图1.144所示。

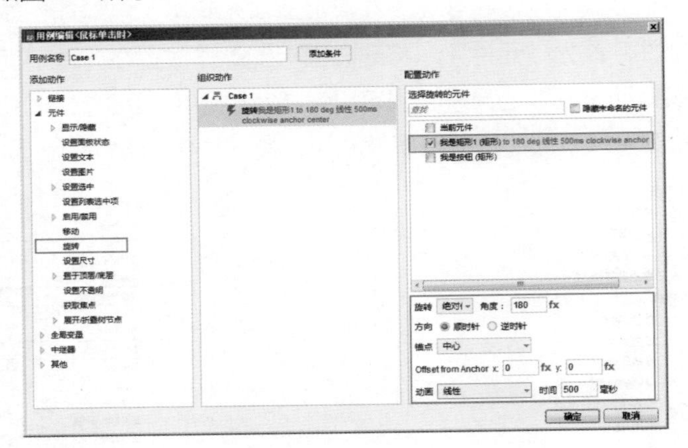

图1.144　旋转动作

（3）单击发布菜单下的预览选项并进行设置，Axure RP 8.0和Axure RP 7.0两个版本是有区别的，在Axure RP 7.0版本中，站点地图可以设置为带站点地图、带最小化的站点地图、不带站点地图；而在Axure RP 8.0版本中，工具栏可以设置为开启页面列表、关闭页面列表、最小化工具栏、不加载工具栏，如图1.145、图1.146所示。

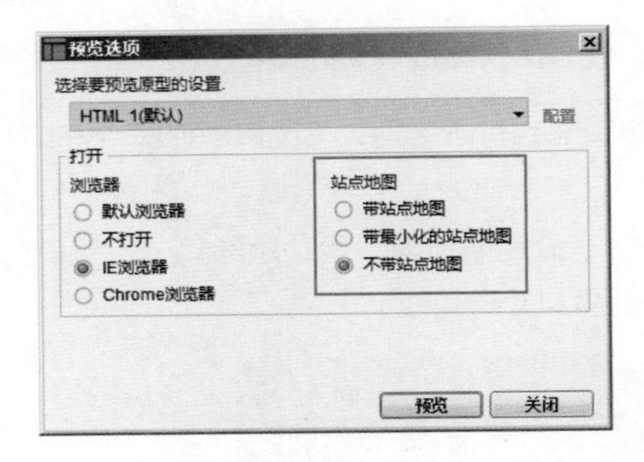

图1.145　Axure RP 7.0预览选项

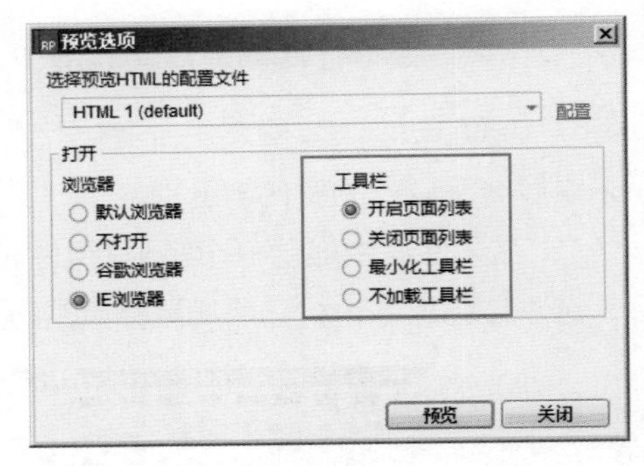

图1.146　Axure RP 8.0预览选项

注　意

工具栏可以理解为站点地图，只是增加了页面列表这个内容，其他的使用没有变化。

（4）发布之后单击按钮组件，可以看到矩形组件发生180度旋转，旋转动作效果发挥作用。同时可以看到左侧显示的内容和Axure RP 7.0版本显示的内容有所不同，Sitemap和PAGES展示的内容相同，都是展示页面的内容，只不过名称不同；Page Notes和Notes相同，都是用来显示注释的地方；Axure RP 8.0多了一个CONSOLE菜单，这个菜单可以查看添加的触发事件，这是Axure RP 7.0所不具有的功能，如图1.147~图1.149所示。

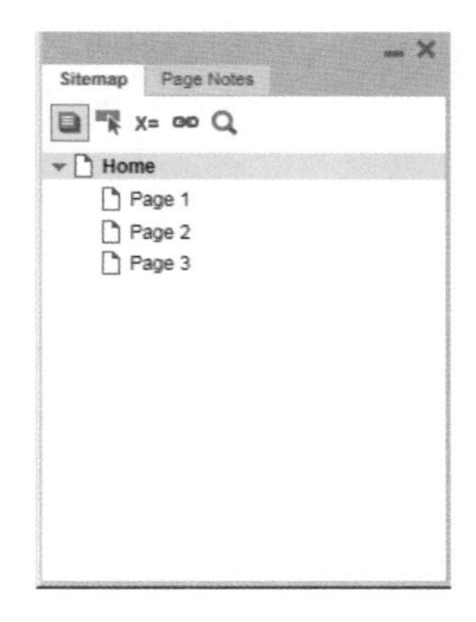

图1.147　Axure RP 7.0发布页面

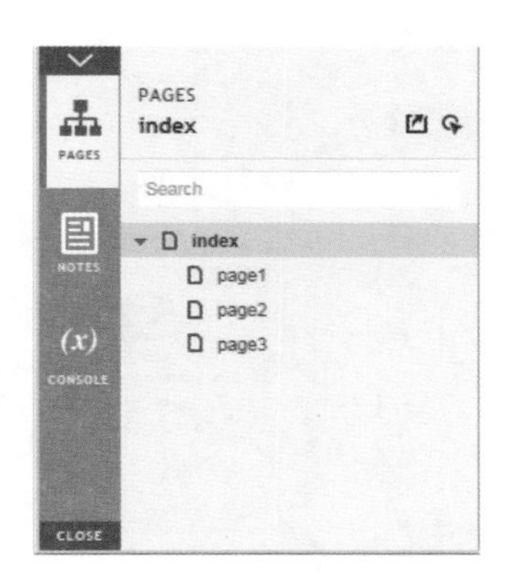

图1.148　Axure RP 8.0发布页面

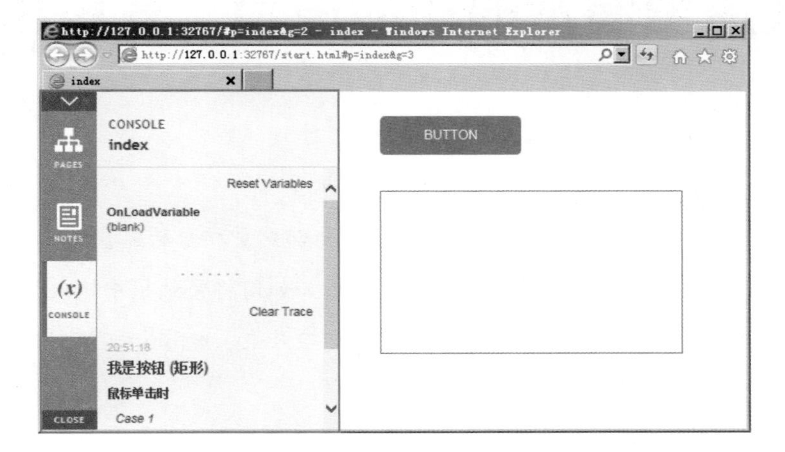

图1.149　CONSOLE功能

第 2 章

实现原型演示的功能逻辑：变量和函数

Axure中的变量是经常会用到的一个功能，它分为局部变量和全局变量，在制作原型过程中，经常需要进行很多条件判断或者在页面间进行参数传递，比如如何将登录框中输入的用户名带到首页中显示，使用全局变量即可解决问题，同时丰富了原型的交互效果。Axure RP原型设计工具不仅有变量的使用，同时也内置了很多函数在原型工具中供我们选择。

本章主要涉及的知识点有：

- 全局、局部变量使用；
- 部件和页面函数的使用；
- 窗口和鼠标函数的使用；
- 数字和字符串函数的使用；
- 数学和日期函数的使用；
- 利用变量和函数制作简易计算器原型。

2.1 不可缺少的全局变量和局部变量

变量常用于页面间数据的传递以及存储数据，例如在京东商城购物网站的时候，会动态地把登录页面中输入的用户名在首页中显示出来，这时就需要一个全局变量来存储用户名。Axure中创建的变量可以用来存储数据，使其能够从一个页面到另一个页面传递变量值。

（1）全局变量：在整个原型设计过程中都可以使用，但是作为全局变量也可以被修改掉，所以在使用的过程中需要注意，全局变量是在单击项目菜单下的全局变量选项，弹出全局变量设置对话框，如图2.1所示。

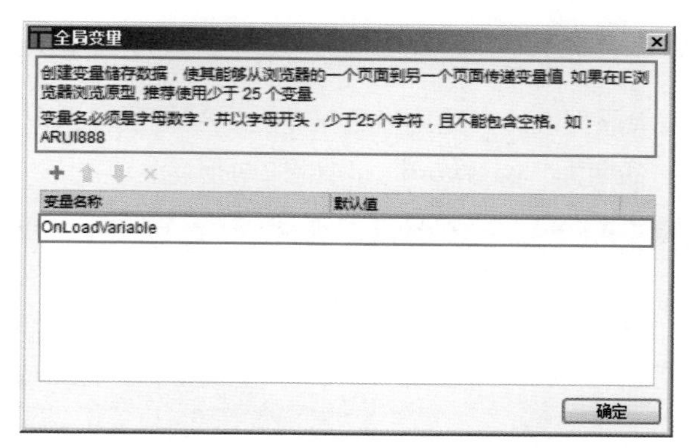

图2.1　全局变量设置

注　意

变量设置规则：变量名必须是字母或者是数字，并以字母开头，少于25个字符，且不能包含空格，Axure会默认一个变量叫作“OnLoadVariable”。

（2）局部变量：只在某个触发事件内部使用，其他触发事件不可以共享这个变量，如图2.2所示。

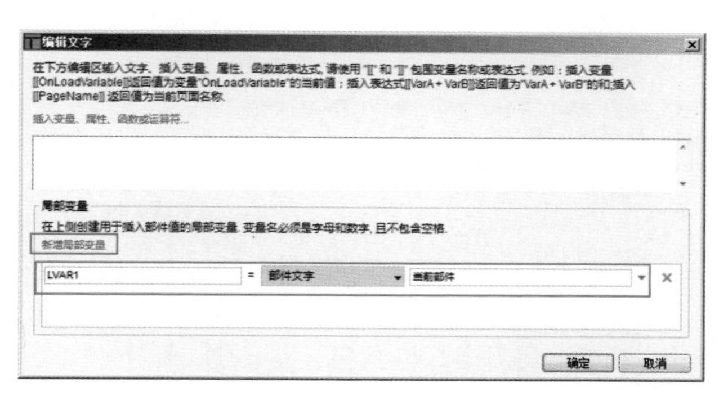

图2.2　局部变量设置

本书附录中讲解了京东登录表单的原型设计（读者可扫描封底二维码下载获得），借助于这个原型，完成输入的用户名可以传递给首页，如图2.3、图2.4所示。

图2.3　京东登录表单　　　　图2.4　京东首页

（1）打开京东登录表单原型设计，给用户名文本框进行标签命名，命名为“username”，给密码文本框进行标签命名，命名为“password”，如图2.5所示。

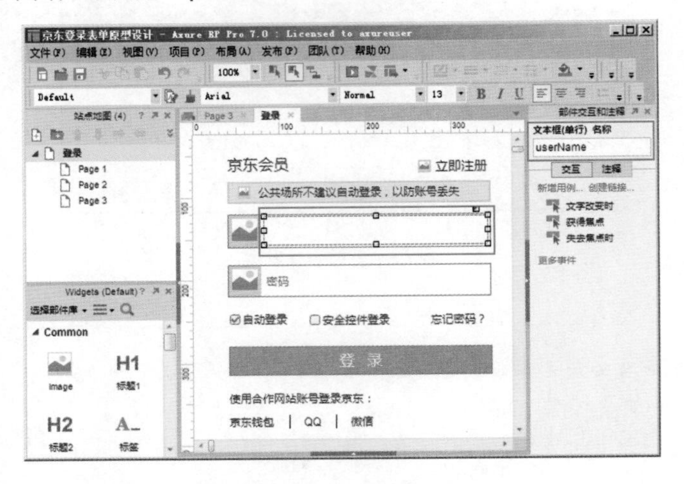

图2.5　用户名、密码标签命名

（2）新建一个页面为“首页”，拖动一个矩形组件，用来显示登录后传递过来的用户名和密码，把标签命名为content，如图2.6所示。

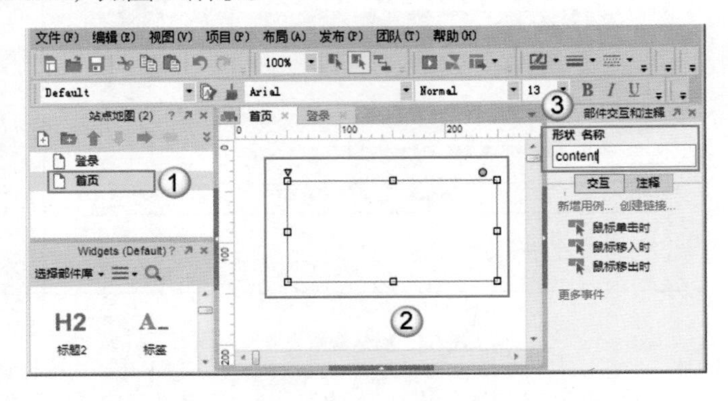

图2.6　首页设计

（3）新增两个全局变量，用来保存输入的用户名和密码，单击项目菜单，选择全局变量，把它重新命名为“name”，再新增一个全局变量，把它重新命名为“pwd”，如图2.7所示。

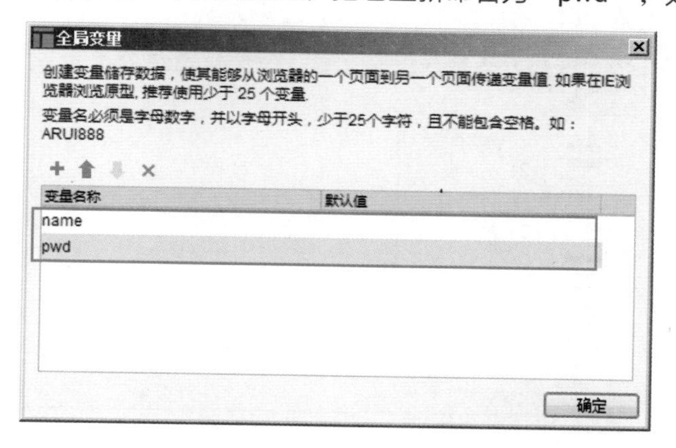

图2.7　新增全局变量

（4）选中登录按钮，添加鼠标单击时触发事件。首先单击设置变量值动作，给全局变量name赋值，然后勾选name复选框，最后单击fx，如图2.8所示。

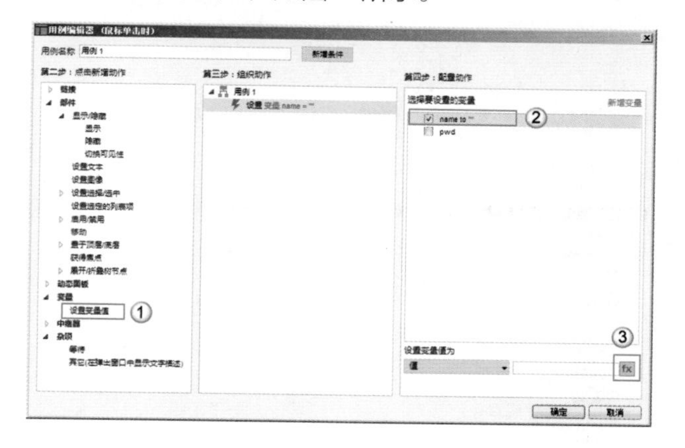

图2.8　为全局变量name赋值

（5）把用户名文本框输入框中的信息赋值给全局变量，这时要新增一个局部变量，单击新增局部变量，选择部件文字，它是指把部件上的文字赋值给这个局部变量，需要把用户名输入框中的信息赋值给这个局部变量，选择userName文本框，如图2.9所示。

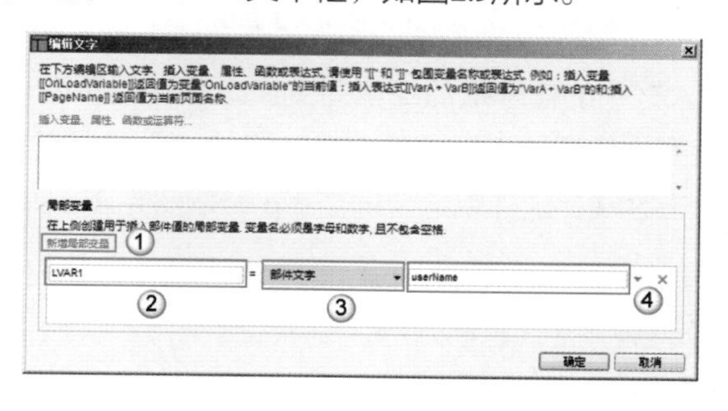

图2.9　新增局部变量

（6）单击插入变量，将LVAR1局部变量插入内容的编辑区域，这样就给全局变量name赋值完毕，如图2.10所示。

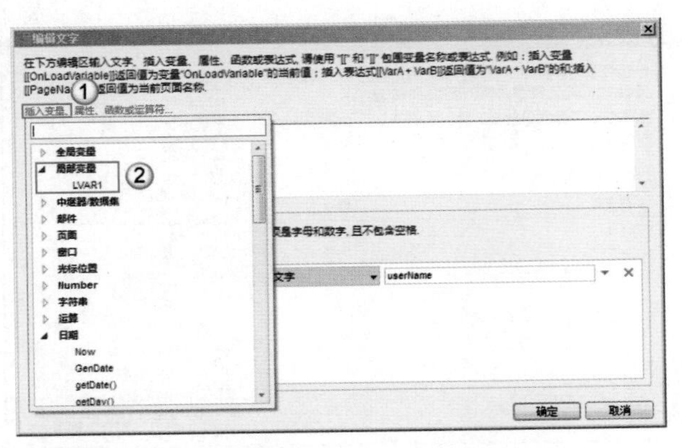

图2.10　插入局部变量

注　意

全局变量赋值的过程是先把用户名输入框中的信息赋值给一个局部变量，然后局部变量把这个值又赋值给全局变量，这样输入的用户名信息就保存在全局变量中。

（7）用同样的方式将密码输入框中的信息保存到全局变量pwd中。首先单击设置变量值动作，然后勾选pwd复选框，最后单击fx，如图2.11所示。

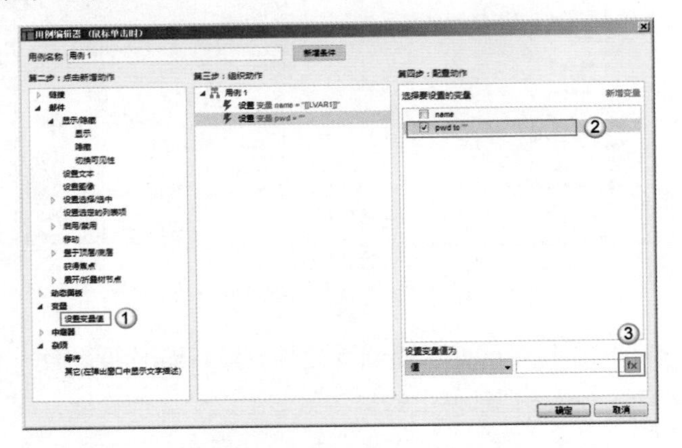

图2.11　pwd全局变量赋值

（8）把密码文本框输入框中的信息赋值给全局变量，这时要新增一个局部变量，单击新增局部变量，选择部件文字，需要把密码输入框中的信息赋值给这个局部变量，选择passowrd文本框，然后将局部变量插入内容编辑区域，这样就给全局变量pwd赋值完毕，如图2.12所示。

注　意

局部变量LVAR1的名称可以重新命名，也可以使用它的默认名称，因为是局部变量，所以局部变量间不会受到干扰，可以使用它的默认名称。

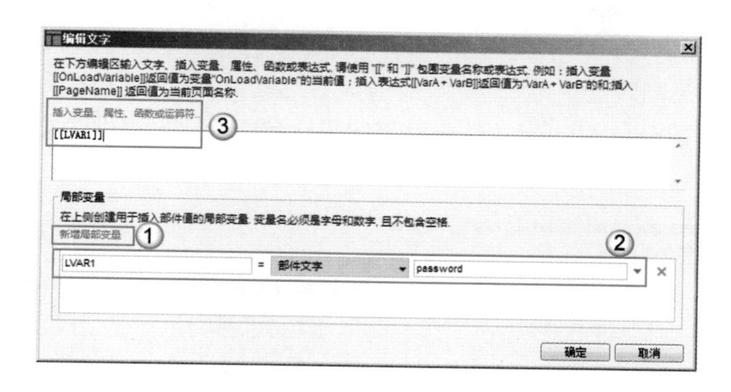

图2.12 插入局部变量

（9）登录成功后会跳转到首页。首先单击打开链接，然后链接到首页中，最后单击确定按钮，如图2.13所示。

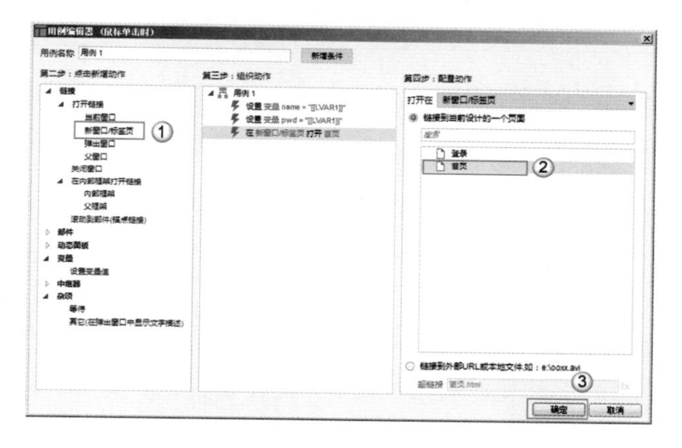

图2.13 进入首页

（10）登录成功进入首页，会把用户名和密码带到首页中，而首页在载入时，会把用户名和密码显示出来。需要添加一个页面载入时的触发事件，页面载入时会把用户名和密码显示出来，如图2.14所示。

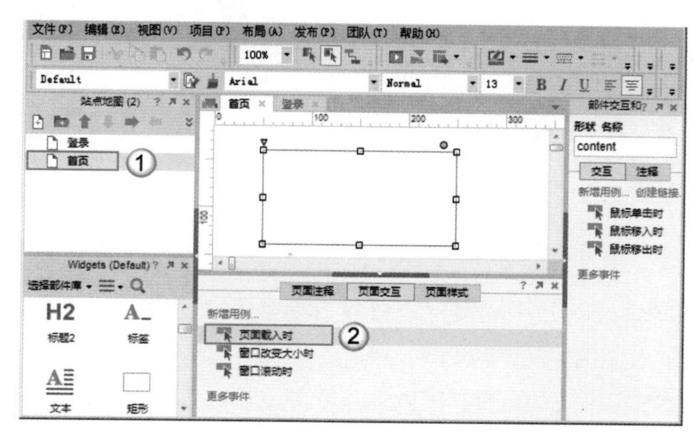

图2.14 添加页面载入时的触发事件

（11）单击页面载入时的触发事件。首先单击设置文本，然后勾选content复选框，最后单击fx，给content赋值，如图2.15所示。

（12）插入全局变量name和pwd，单击确定按钮，完成给矩形组件的文本内容赋值，如图2.16所示。

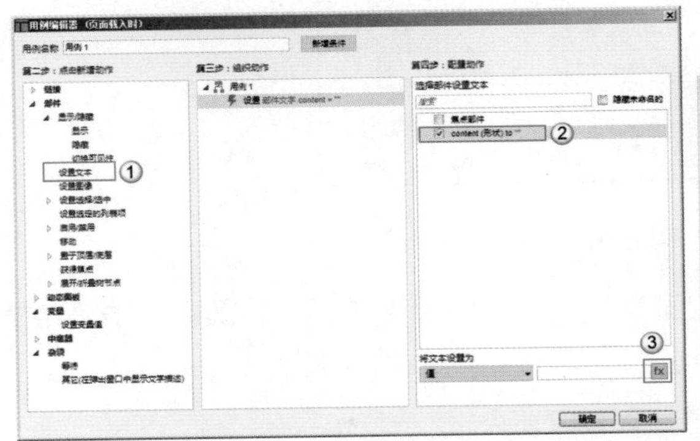

图2.15　对矩形组件content进行赋值

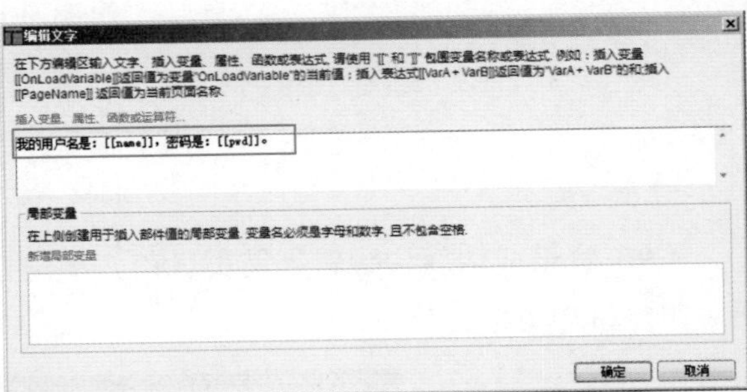

图2.16　插入全局变量name和pwd

注　意

部件的触发事件和页面的触发事件的区别在于，一个是针对部件的触发事件，一个是针对页面的触发事件，两者载体不同。

（13）按F8键发布看一下效果，输入用户名kevin，密码为123456，单击登录，可以看到把用户名和密码都带到首页中，用户名和密码随着输入框中的内容变化而变化，从而能给用户带来一种真实的体验效果，如图2.17、图2.18所示。

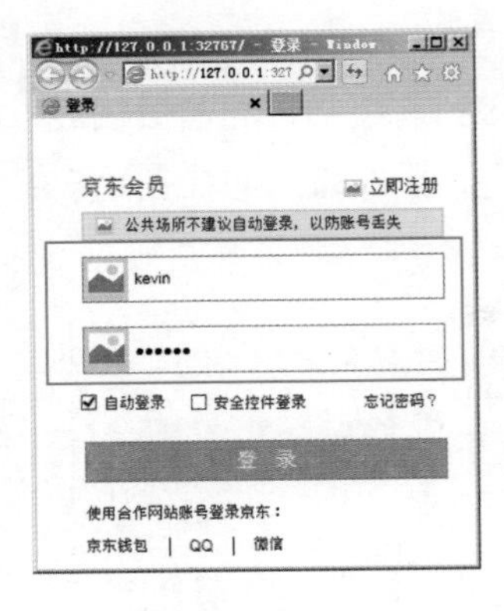

图2.17　登录页面

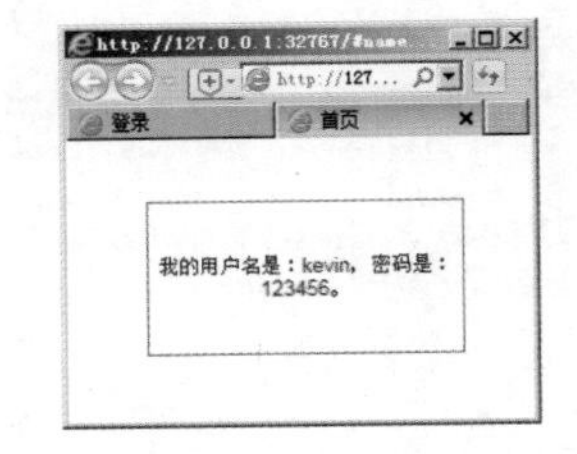

图2.18　用户名及密码

除了变量值在页面间传递的使用场景，还有以下场景可以使用到变量值。

- 变量之间的运算，例如制作计算器。
- Tab页签的选中状态和未选中状态的切换。
- 统计文本输入字符串的长度。
- 下拉列表的联动使用。

这些场景都可以使用到变量，使用变量会使页面的交互效果丰富起来。

2.2　丰富的部件和页面

Axure RP原型设计工具内置了丰富的部件函数和页面函数，本节来详细介绍它们。

2.2.1　部件函数

部件函数包括：

- This：当前组件的名称，操作方式[[This]]。
- Target：目标组件的名称，操作方式[[Target]]。
- x：获取组件的左上角x轴坐标值，操作方式[[This. x]]。
- y：获取组件的左上角y轴坐标值，操作方式[[This. y]]。
- width：获取组件的宽度，操作方式[[This. width]]。
- height：获取组件的高度，操作方式[[This. height]]。
- scrollX：使用这个函数可以获取组件X轴滚动的当前坐标值，操作方式[[This.scrollX]]。
- scrollY：使用这个函数可以获取组件Y轴滚动的当前坐标值；操作方式[[This.scrollY]]。
- text：当前组件的文本值，操作方式[[This.text]]。
- name：当前组件的命名，操作方式[[This.name]]。
- top：获取组件上边界到x轴的距离，操作方式[[This. top]]。
- left：获取组件左边界到y轴的距离，操作方式[[This. left]]。
- right：获取组件右边界到y轴的距离，操作方式[[This. right]]。
- bottom：获取组件下边界到x轴的距离，操作方式[[This. bottom]]。

下面演示一下这些部件函数的使用方法。

（1）拖动两个矩形组件，文本内容分别命名为“部件函数应用”、“部件函数结果”，标签分别命名为“应用”、“结果”，如图2.19所示。

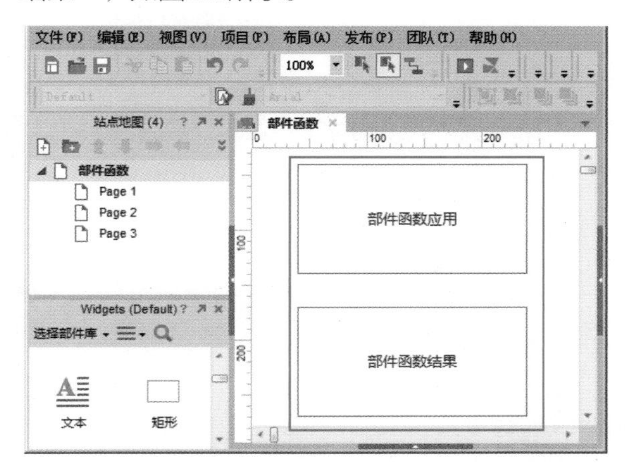

图2.19　放置两个矩形

（2）选中“部件函数应用”矩形组件，为它添加鼠标单击时触发事件，弹出用例编辑器对话框。首先单击设置文本，然后勾选拖动结果，最后单击fx，如图2.20所示。

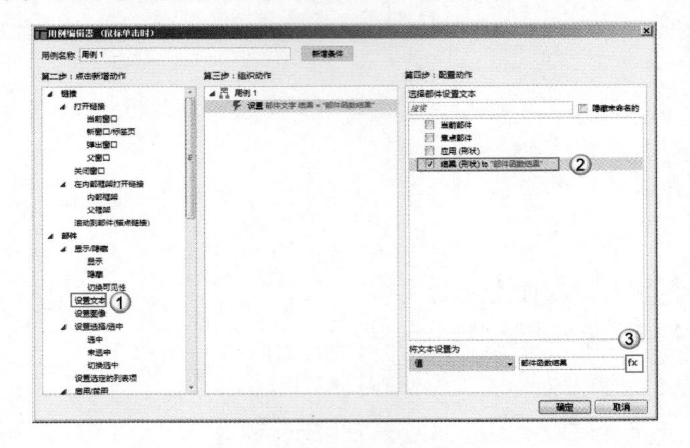

图2.20　添加鼠标单击时触发事件

（3）选中部件函数结果，单击插入变量，如图2.21所示。

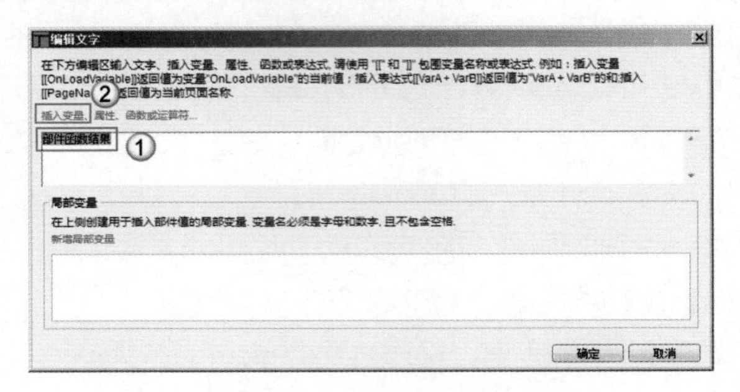

图2.21　单击插入变量

（4）在弹出的内置函数和变量的对话框中单击部件函数的This，将This插入进来，并在前面添加“This=”，如图2.22、图2.23所示。

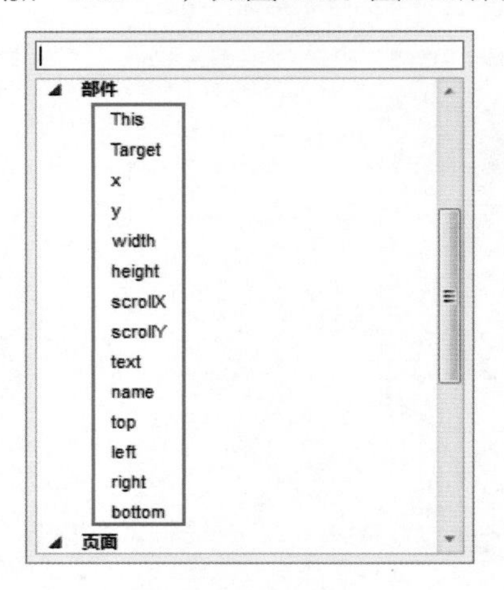

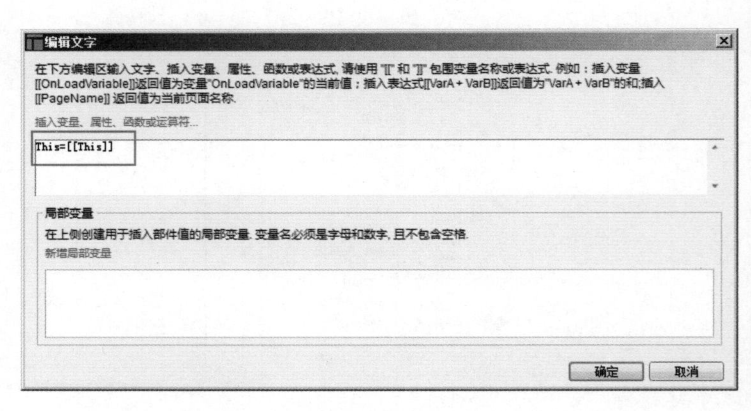

图2.22　部件函数　　　　图2.23　插入结果

（5）运用同样的方式把部件中的其他函数全部插入进来，如图2.24所示。

（6）把“结果”这个矩形的高度设置为300，让它可以把部件函数的结果能完全地显示出来，如图2.25所示。

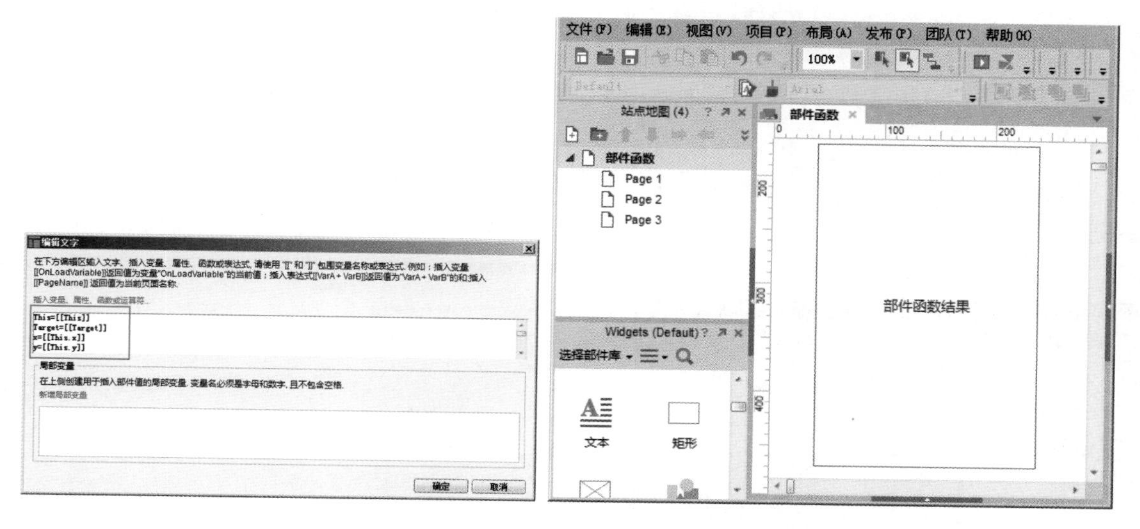

图2.24　插入全部函数

图2.25　设置矩形高度

（7）按F5键发布看一下结果，单击“部件函数应用”这个矩形，会看到“部件函数结果”这个矩形，如图2.26、图2.27所示。

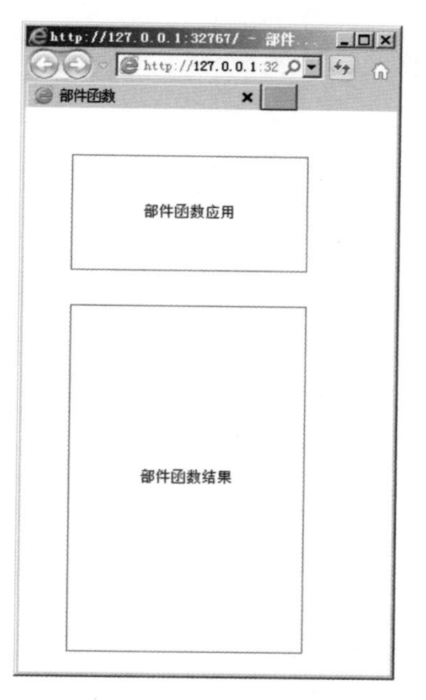

图2.26　单击前

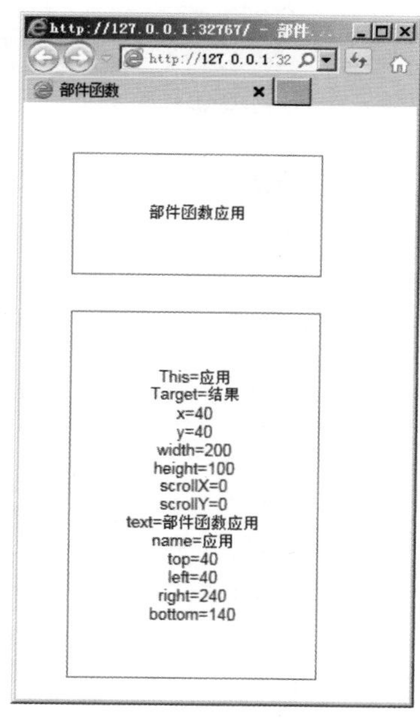

图2.27　单击后

2.2.2 页面函数

页面函数包括：

PageName：获取当前部件所在页面的名称，也就是站点地图页面上的名称。

下面演示一下页面函数的使用方法。

（1）把站点地图区域的页面命名为“页面函数”，拖动一个矩形组件到工作区域，标签命名为“结果”，如图2.28所示。

（2）给“结果”矩形组件添加鼠标单击时触发事件。首先单击设置文本，然后勾选结果，最后单击fx，如图2.29所示。

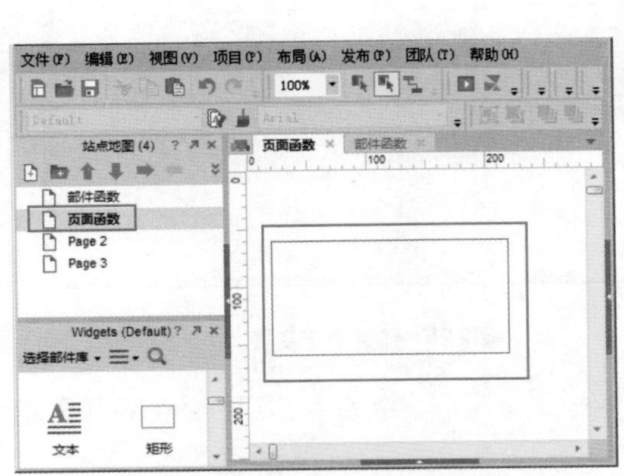

图2.28 页面命名及添加矩形组件

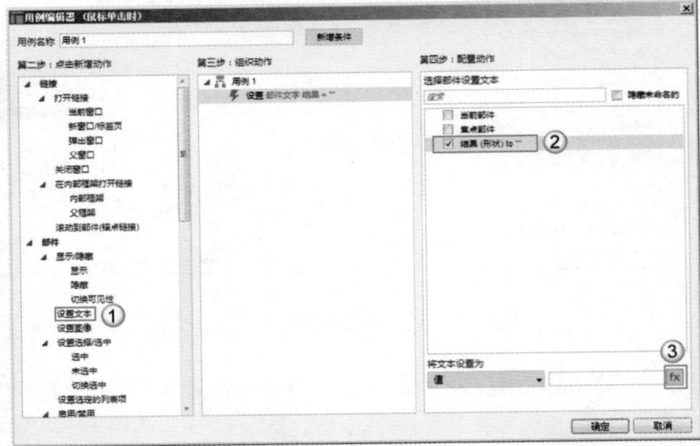

图2.29 矩形组件添加单击时触发事件

（3）在弹出的对话框中单击插入变量，在页面函数下单击PageName，如图2.30所示。

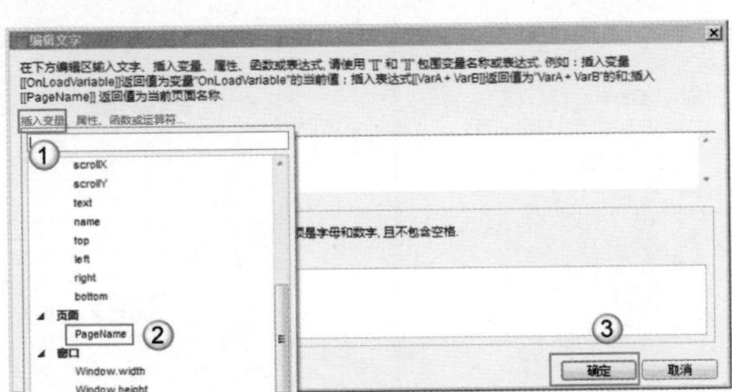

图2.30 插入PageName函数

（4）单击确定按钮可以看到矩形组件添加完成了鼠标单击时触发事件，如图2.31所示。

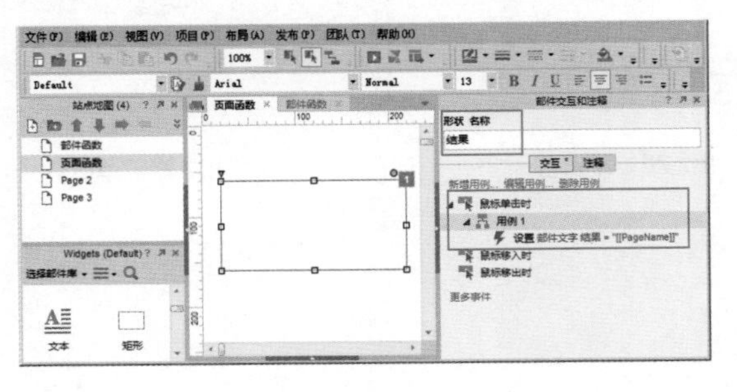

图2.31 矩形组件添加完成触发事件

（5）按F5键发布看一下效果，单击矩形组件，可以看到矩形组件中显示的是页面的名称，如图2.32所示。

2.3　灵活的窗口和鼠标

2.3.1　窗口函数

窗口函数如下：

- Window.width：使用这个函数可以获取窗口宽度，操作方式[[Window.width]]。
- Window.height：使用这个函数可以获取窗口高度，操作方式[[Window. height]]。
- Window.ScrollX：使用这个函数可以获取窗口x轴滚动的当前坐标值，操作方式[[Window. ScrollX]]。
- Window.ScrollY：使用这个函数可以获取窗口y轴滚动的当前坐标值；操作方式[[Window. ScrollY]]。

下面演示一下窗口函数的使用方法。

（1）在站点地图上将页面命名为“窗口函数”，拖动两个矩形组件，将标签分别命名为“窗口大小结果”、“窗口滚动结果”，用于显示窗口大小和滚动时的结果，将文本内容分别命名为“我是用来显示窗口宽度和高度”、“我是用来显示窗口滚动的x和y的坐标值”如图2.33所示。

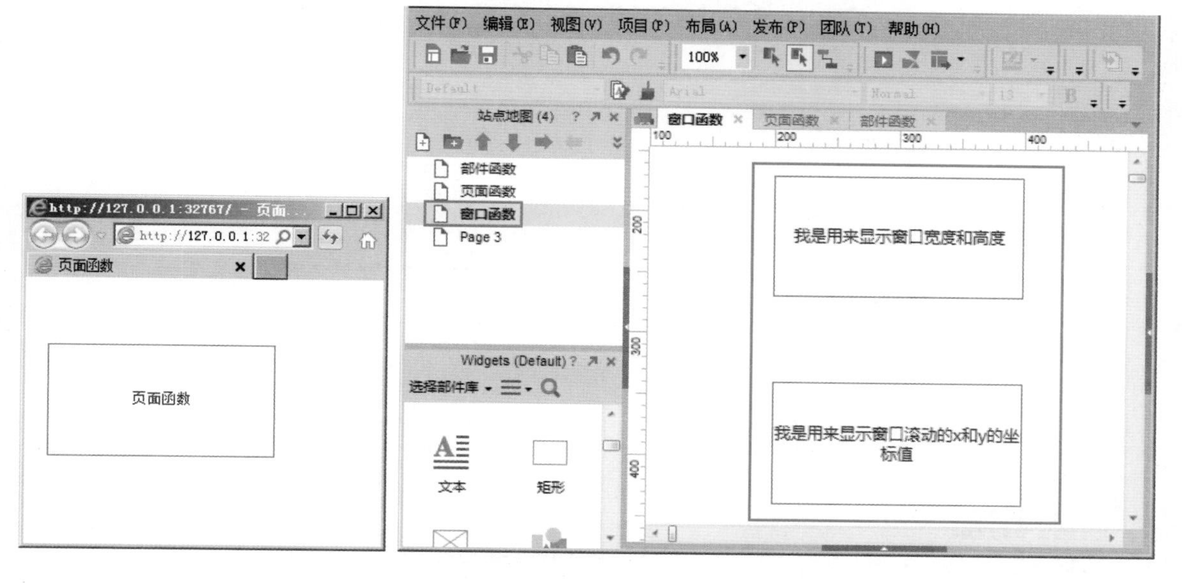

图2.32　发布原型

图2.33　页面命名以及添加矩形组件

（2）在页面交互事件中，单击窗口改变大小时触发事件，如图2.34所示。

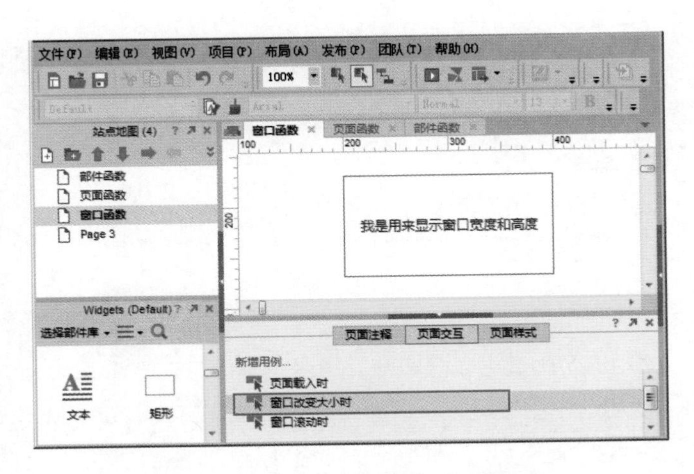

图2.34 添加窗口改变大小时触发事件

（3）在弹出的用例编辑器对话框中，首先单击设置文本，然后勾选窗口大小结果复选框，最后单击fx，如图2.35所示。

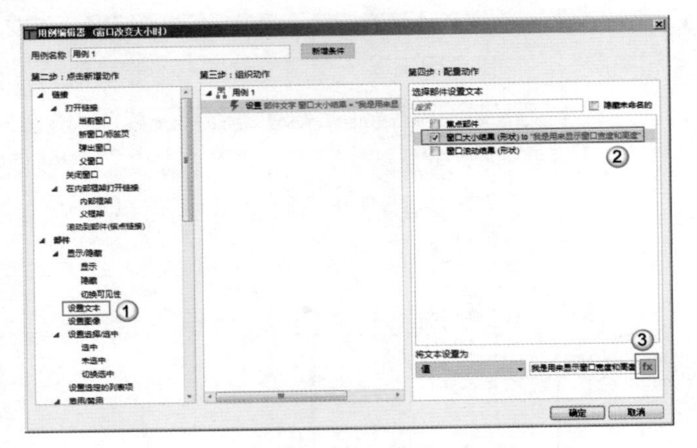

图2.35 设置文本动作

（4）单击插入变量，分别插入Window.width和Window.height函数，如图2.36、图2.37所示。

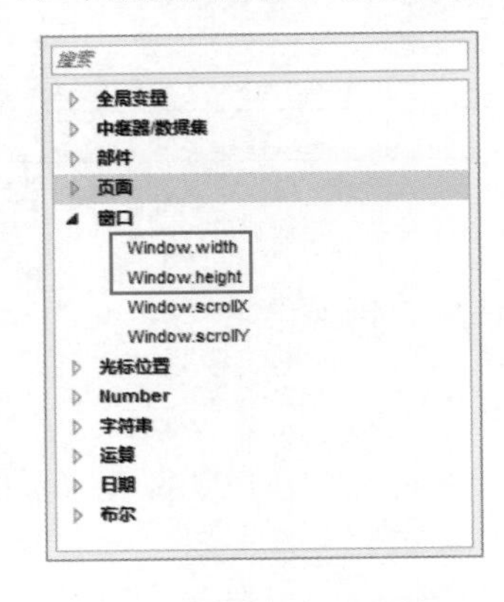

图2.36 窗口函数

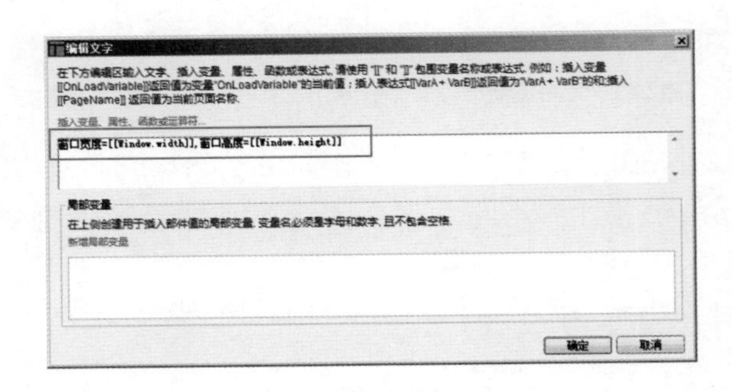

图2.37 插入结果

（5）在页面交互事件中，单击窗口滚动时触发事件，如图2.38所示。

（6）在弹出的用例编辑器对话框中，首先单击设置文本，然后勾选窗口滚动结果复选框，最后单击fx，如图2.39所示。

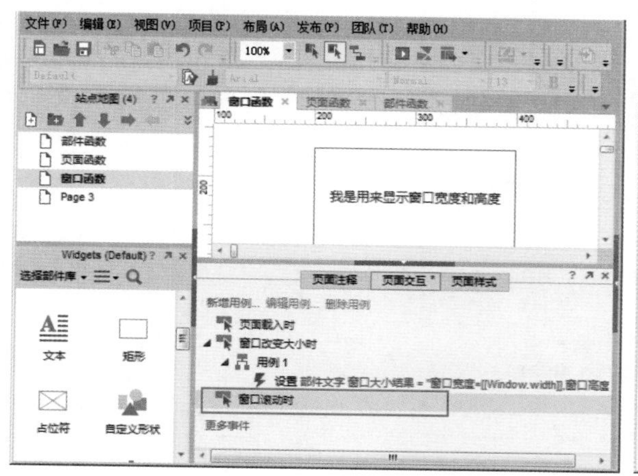

图2.38 添加窗口滚动时触发事件

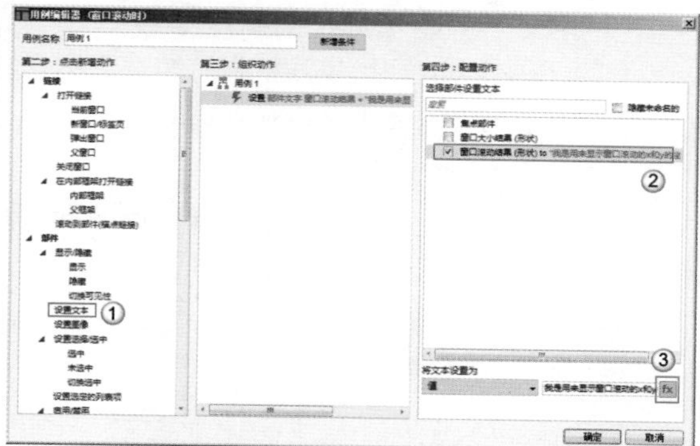

图2.39 设置文本动作

（7）单击插入变量，分别插入Window.scrollX和Window.scrollY函数，如图2.40、图2.41所示。

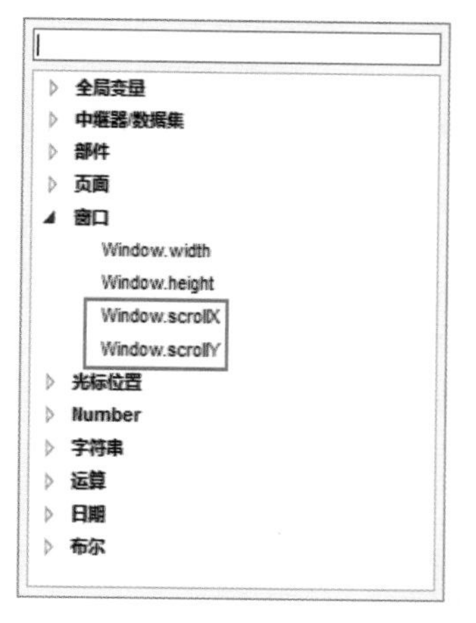

图2.40 窗口函数

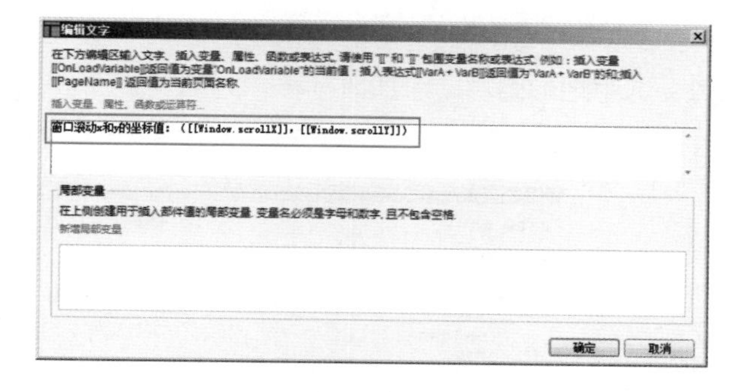

图2.41 插入结果

（8）按F5键发布看一下效果，可以看到随着浏览器窗口大小的改变和滚动，两个矩形组件的值在不断发生变化，如图2.42所示。

注 意

窗口的宽度、高度和窗口滚动的坐标值都是针对于浏览器窗口，这四个函数经常用于判断浏览器窗口大小是否发生变化，会执行什么动作，或者窗口滚动时会执行什么动作。

2.3.2 鼠标函数

鼠标函数包括：

- Cursor.X：获取光标x轴坐标值，操作方式[[Cursor.X]]。
- Cursor.Y：获取光标y轴坐标值，操作方式[[Cursor.Y]]。

下面演示一下鼠标函数的使用方法。

（1）在站点地图上将页面命名为“鼠标函数”，拖动一个矩形组件，将标签命名为“显示结果”，将文本内容命名为“我是用来显示鼠标的x和y的坐标值”如图2.43所示。

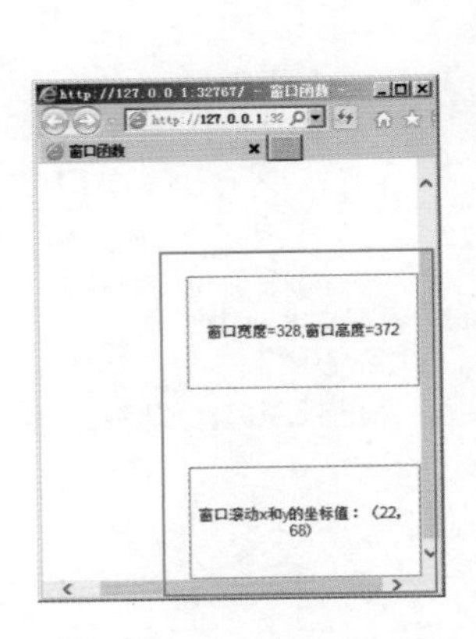

图2.42 发布原型

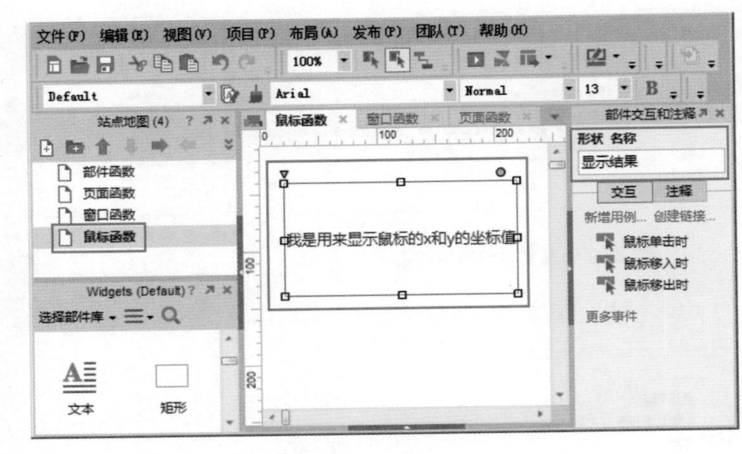

图2.43 页面命名以及添加矩形组件

（2）选中矩形组件，添加鼠标移入时触发事件。在弹出的用例编辑器对话框中，首先单击设置文本，然后勾选窗口大小结果复选框，最后单击fx，如图2.44所示。

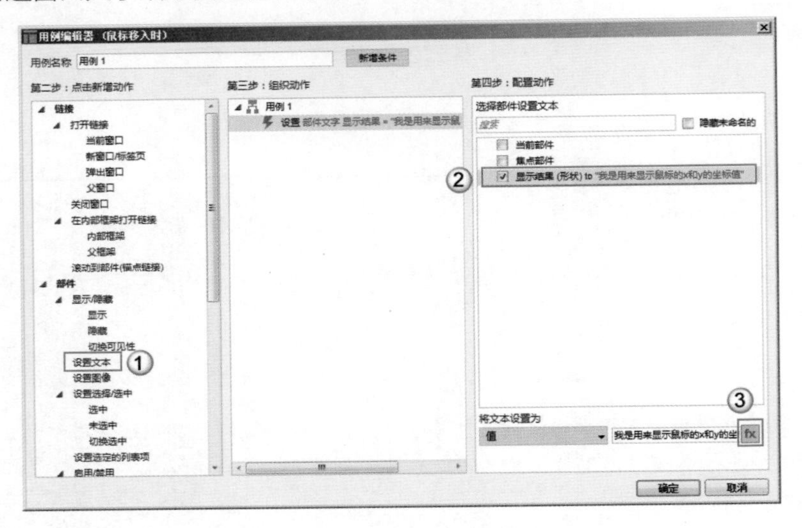

图2.44 设置文本动作

（3）单击插入变量，分别插入Cursor.x和Cursor.y函数，如图2.45、图2.46所示。

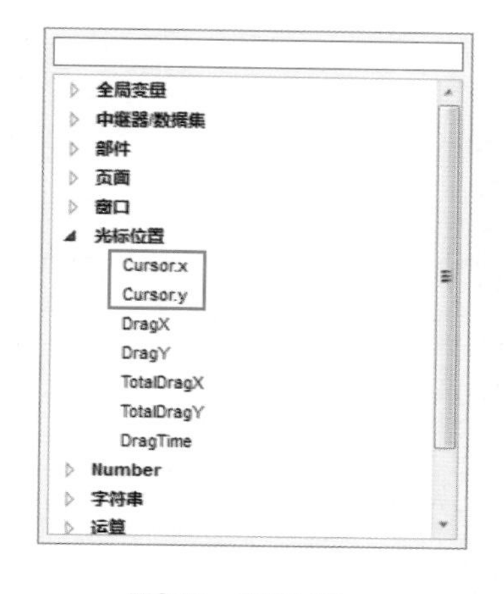

图2.45　鼠标函数

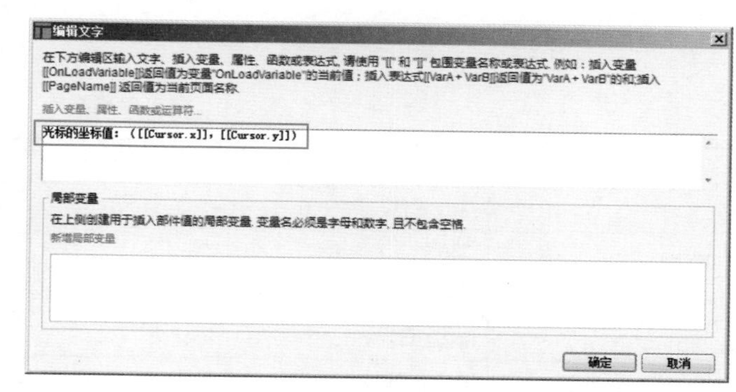

图2.46　插入结果

（4）按F5键发布看一下效果，可以看到鼠标移入时，光标的坐标值发生变化，如图2.47所示。

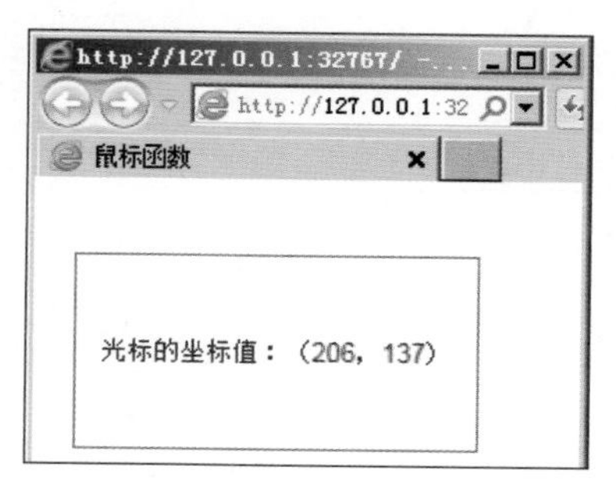

图2.47　发布原型

注　意

Cursor.x和Cursor.y是鼠标函数经常用到的两个函数，根据鼠标的坐标位置执行不同的动作。

2.4　多变的数字和字符串

2.4.1　数字函数

数字函数包括（如图2.48所示）：

- toExponential：可以将参数的数值转换为指数计数，操作方式[[n. toExponential (参数)]]。
- toFixed：保留某数字的小数点位数，如果数值为value=5.12345，保留两位小数，使用[[value.toFixed(3)]]，结果为5.123。
- toPrecision：可以把数值指定为固定长度，例如想把value=100.21111指定为长度为5，则可以使用[[value. toPrecision(5)]]，结果为100.11。

2.4.2 字符串函数

字符串函数（如图2.49）的功能与操作方式如表2-1所示。

表2-1 字符串函数

名称	功能	操作方式
Length	获取字符串的长度	[[LVAR.length]]
charAt(index)	获取某字符串指定位置的字符	[[LVAR.charAt(index)]]
charCodeAt(index)	获取某字符串指定位置字符的编码（Unicode）	[[LVAR.charCodeAt (index)]]
concat(‘string’)	将LVAR和string的字符串拼接起来	[[LVAR.concat(‘string’)]]
indexOf(‘searchValue’)	用于判断某个字符串是否包含某个字符或字符串，包含返回0，不包含返回-1	[[LVAR.indexOf(‘searchValue’)]]
lastIndexOf(‘searchvalue’, start)	从后面开始判断是否包含某个字符串或字符	[[LVAR.lastIndexOf(‘searchvalue’,start)]]
replace(‘searchvalue’,’ newvalue’)	将字符串中的某个字符串替换为另一个字符串	[[LVAR.replace(‘searchvalue’,’ newvalue’)]]
slice(start,end)	提取某段字符串，返回一个新字符串	[[LVAR.slice(start,end)]]
split(‘separator’,limit)	将字符串进行切割分组	[[LVAR.split(‘separator’,limit)]]
substr(start,length)	从索引号开始截取字符串中指定数目的字符	[[LVAR. Substr (start, length)]]
substring(from,to)	截取字符串从某个位置到另一个位置之间的字符串	[[LVAR.substring (from,to)]]
toLowerCase()	将字符串变为小写	[[LVAR.toLowerCase()]]
toUpperCase()	将字符串变为大写	[[LVAR.toUpperCase()]]
trim()]	去除字符串两端的空格	[[LVAR.trim()]]
toString()	转换为字符串	[[LVAR.toString()]]

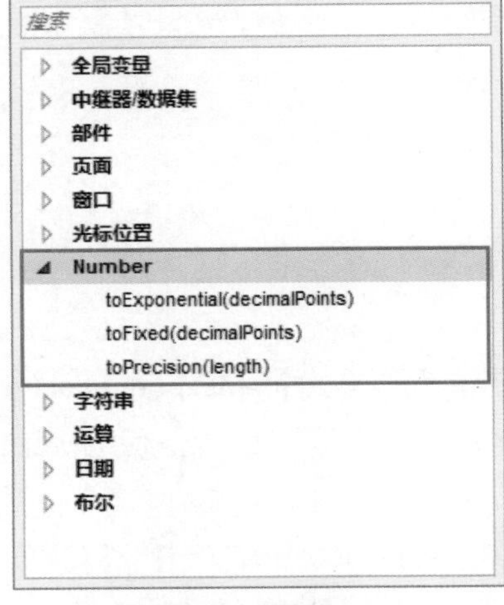

图2.48 数字函数

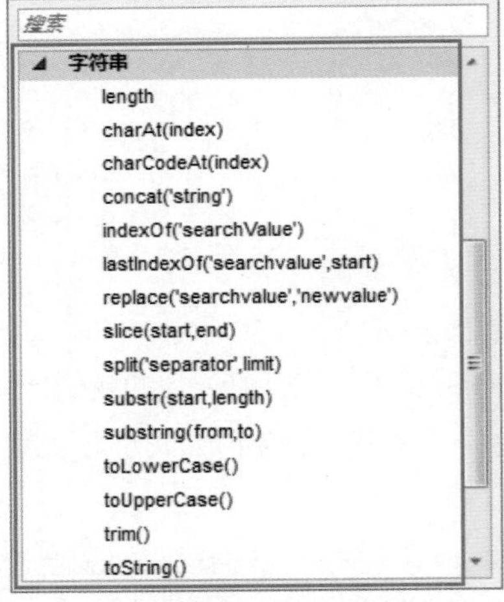

图2.49 字符串函数

2.5　种类繁多的数学和日期

2.5.1　数学函数

数学函数（如图2.50）的功能与操作方式如表2-2所示。

表2-2　数字函数

名称	功能	操作方式
abs(x)	获取x的绝对值	[[Math.abs(x)]]
acos(x)	获取x的反余弦值	[[Math.acos(x)]]
asin(x)	获取x的反正弦值	[[Math.asin(x)]]
atan(x)	获取x的正切值	[[Math.atan(x)]]
atan2(y,x)	获取从x轴到点（x,y）的角度	[[Math.atan2(y,x)]]
ceil(x)	获取x的上舍入值	[[Math.ceil(x)]]
cos(x)	获取x的余弦值	[[Math.cos(x)]]
exp(x)	获取x的e指数	[[Math.exp(x)]]
floor(x)	获取x的下舍入值	[[Math.floor(x)]]
log(x)	获取x的自然对数	[[Math.log(x)]]
max(x,y)	获取x和y中的最大值	[[Math.max(x,y)]]
min(x,y)	获取x和y中的最小值	[[Math.min(x,y)]]
pow(x,y)	获取x的y次幂	[[Math.pow(x,y)]]
random()	获取0到1的随机数	[[Math.random()]]
sin(x)	获取x的正弦值	[[Math.sin(x)]]
sqrt(x)	获取x的平方根	[[Math.sqrt(x)]]
tan(x)	获取x的正切值	[[Math.tan(x)]]

2.5.2　日期函数

日期函数（如图2.51）的功能与操作方式如表2-3所示。

表2-3　日期函数

名称	功能	操作方式
Now	根据计算机系统时间获得日期和时间值	[[Now]]
GenDate	原型生成的日期和时间值	[[GenDate]]
getDate()	返回一个月中的某一天	[[Now.getDate()]]
getDay()	返回一周中的某一天	[[Now.getDay()]]
getDayOfWeek()	返回系统时间的时间周	[[Now.getDayOfWeek()]]
getFullYear()	获得年份，四位数字	[[Now.getFullYear()]]
getHours()	获得小时	[[Now.getHours()]]
getMilliseconds()	获得毫秒	[[Now.getMilliseconds()]]
getMinutes()	获得分钟	[[Now.getMinutes()]]
getSeconds()	获得秒数	[[Now.getSeconds()]]

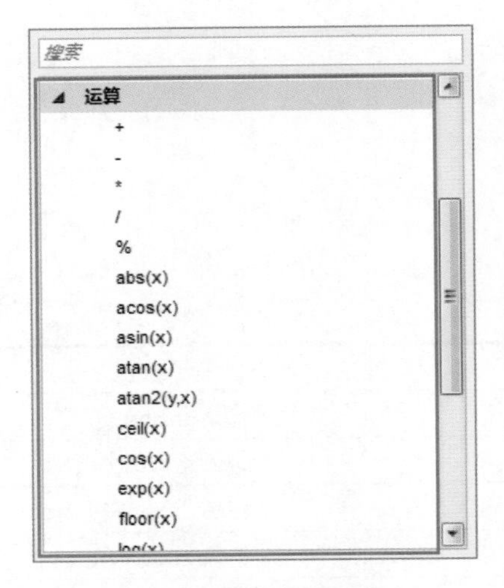

图2.50　数学函数

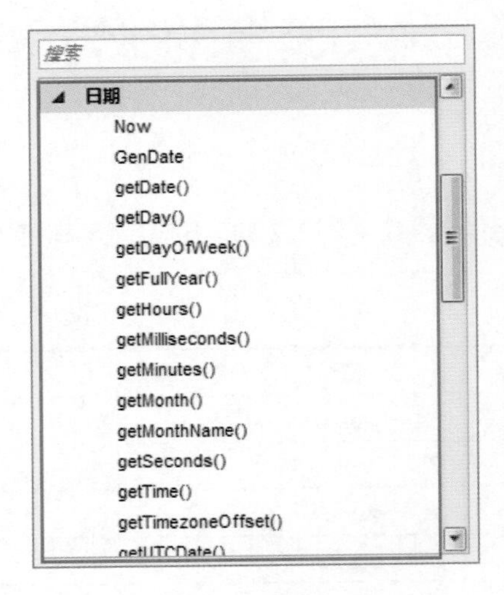

图2.51　日期函数

注　意

这里只是对常用的日期函数进行说明。

第3章

Axure交互

Axure原型设计工具不仅可以设计出低保真原型，也可以设计出高保真原型，这也是为什么Axure会成为很多设计师、产品经理首选设计工具的原因；低保真原型或高保真原型不仅在界面上能表达出用户的需求，同时也能表达出用户使用软件的真实操作过程，而这些操作效果的实现，要借助于Axure的交互设计。Axure交互的触发事件包括部件触发事件和页面触发事件，不同类型的触发事件模拟用户不同的操作方式；Axure交互可以设置不同的条件，以实现不同的交互动作，Axure提供了丰富的交互动作，有链接交互动作，有部件交互动作，有神奇的动态面板，有类数据库操作的中继器；通过这些触发事件、条件设置和交互动作完美呈现了Axure设计的高级交互效果。

本章主要涉及的知识点有：

- 触发事件的使用；
- 交互条件的设置；
- 交互动作的使用；
- 动态面板的介绍与使用；
- 中继器的介绍与使用。

3.1 Axure触发事件

本节主要讲解Axure的触发事件，触发事件可以理解为发起一个动作的起始操作，像单击、双击这些都可以作为触发事件，触发事件也分为部件触发事件和页面触发事件。充分了解触发事件及其使用场合，才能完美地发起交互动作，实现高级交互效果。

3.1.1 部件触发事件

首先打开Axure RP 7.0原型设计工具，在右侧有一块部件交互和注释区域，图3.1所示的红色线框内的区域就是一部分部件触发事件，部件触发事件从字面意思来看，它是针对部件的一些触发事件，不同的部件有不同的触发事件。

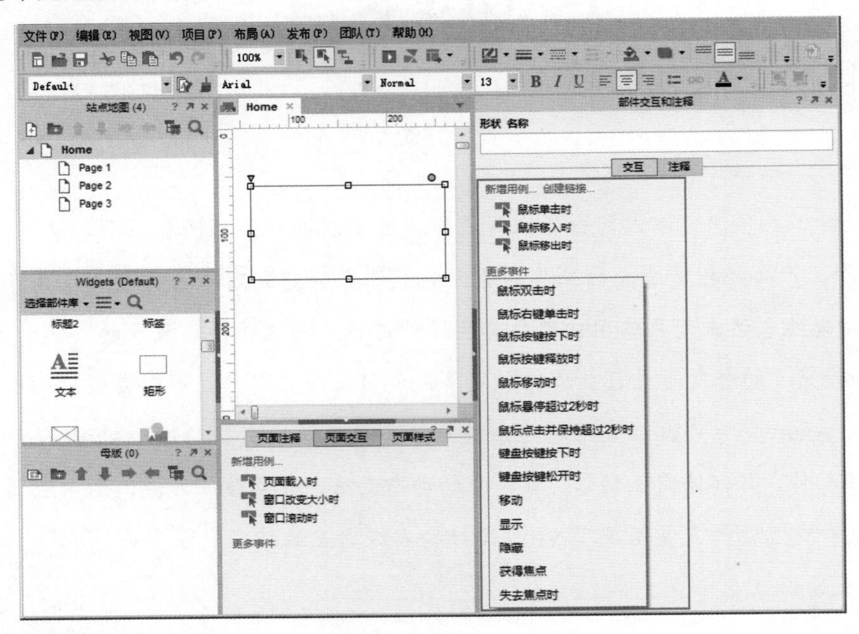

图3.1 部件触发事件

选择某个部件后，在部件交互和注释区域可以设置不同的触发事件，有些触发事件是所有部件共有的，有些部件是针对某个部件独有的，这些部件触发事件的中英文名称与触发事件说明如表3-1所示。

表3-1 触发事件

触发事件英文名称	触发事件中文名称	触发事件说明
OnClick	鼠标单击时	不包括该触发事件：内部框架部件、中继器部件
OnMouseEnter	鼠标移入时	不包括该触发事件：水平线、垂直线、内部框架部件、中继器部件、提交按钮部件、树、表格、菜单部件
OnMouseOut	鼠标移出时	不包括该触发事件：水平线、垂直线、内部框架部件、中继器部件、提交按钮部件、树、表格、菜单部件
OnDoubleClick	鼠标双击时	不包括该触发事件：内部框架部件、中继器部件、提交按钮部件、树、表格、菜单部件

续表

触发事件英文名称	触发事件中文名称	触发事件说明
OnContextMenu	鼠标右击时	不包括该触发事件：水平线、垂直线、内部框架部件、中继器部件、提交按钮部件、树、表格、菜单部件
OnMouseDown	鼠标按键按下时	不包括该触发事件：水平线、垂直线、内部框架部件、中继器部件、提交按钮部件、树、表格、菜单部件
OnMouseUp	鼠标按键释放时	不包括该触发事件：水平线、垂直线、内部框架部件、中继器部件、提交按钮部件、树、表格、菜单部件
OnMouseMove	鼠标移动时	不包括该触发事件：水平线、垂直线、内部框架部件、中继器部件、提交按钮部件、树、表格、菜单部件
OnMouseHover	鼠标悬停超过2秒时	不包括该触发事件：水平线、垂直线、内部框架部件、中继器部件
OnLongClick	鼠标单击并保持超过2秒时	不包括该触发事件：除水平线、垂直线、内部框架部件、中继器部件
OnKeyDown	键盘按键按下时	不包括该触发事件：水平线、垂直线、内部框架部件、中继器部件、提交按钮部件、树、表格、菜单部件
OnKeyUp	键盘按键松开时	不包括该触发事件：水平线、垂直线、内部框架部件、中继器部件、提交按钮部件、树、表格、菜单部件
OnMove	移动	不包括该触发事件：中继器、树、表格、菜单部件
OnShow	显示	不包括该触发事件：中继器、树、表格、菜单部件
OnHide	隐藏	不包括该触发事件：中继器、树、表格、菜单部件
OnFocus	获得焦点	不包括该触发事件：中继器、提交按钮、内部框架部件
OnLostFocus	失去焦点时	不包括该触发事件：中继器、提交按钮、内部框架部件
OnTextChange	文字改变时	包括该触发事件：文本框单行部件和文本框多行部件
OnSelectionChange	选项改变时	包括该触发事件：下拉列表框和列表选择框部件
OnCheckedChange	选中状态改变时	包括该触发事件：复选框和单选按钮部件
OnPanelStateChange	动态面板状态改变时	包括该触发事件：动态面板部件
OnDragStart	开始拖动动态面板时	包括该触发事件：动态面板部件
OnDrag	拖动动态面板时	包括该触发事件：动态面板部件
OnDragDrop	结束拖放动态面板时	包括该触发事件：动态面板部件
OnSwipeLeft	向左滑动时	包括该触发事件：动态面板部件
OnSwipeRight	向右滑动时	包括该触发事件：动态面板部件
OnSwipeUp	向上滑动时	包括该触发事件：动态面板部件
OnSwipeDown	向下滑动时	包括该触发事件：动态面板部件
OnLoad	载入时	包括该触发事件：动态面板部件和中继器部件
OnScroll	滚动时	包括该触发事件：动态面板部件；动态面板部件发生水平或者垂直滚动时触发事件
OnResize	改变大小时	包括该触发事件：动态面板部件；通过设置动态面板的大小，或者设置为自适应内容属性的动态面板部件更换状态导致尺寸改变时发生

注　意

某些触发事件并不是对所有部件都能使用，某些触发事件只能被某些部件使用，例如文字改变时触发事件，只能应用于文本框单行部件和文本框多行部件。

3.1.2　页面触发事件

在Axure RP 7.0界面的下方有一块页面管理区域，图3.2所示的红色线框内的区域就是页面触发事件，页面触发事件从字面意思来看，它是针对页面的一些触发事件。

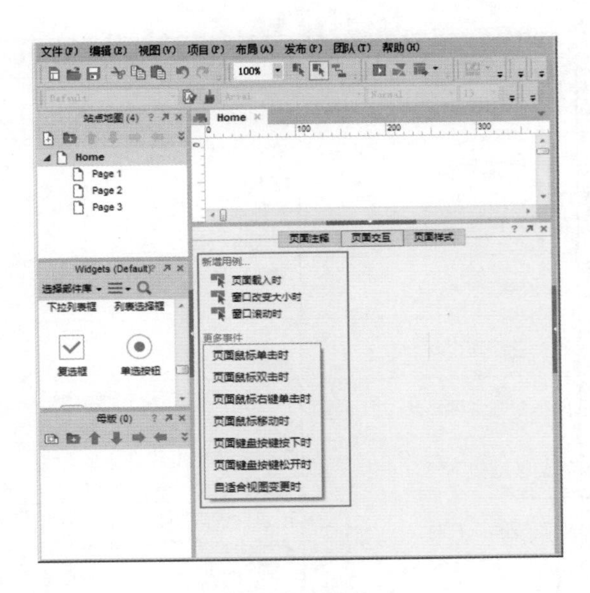

图3.2　页面触发事件

在页面管理区域，可设置某个页面的所有页面触发事件，这些页面触发事件的中英文名称及说明如表3-2所示。

表3-2　所有页面触发事件

触发事件英文名称	触发事件中文名称	触发事件说明
OnPageLoad	页面载入时	在页面载入时触发的事件
OnWindowResize	窗口改变大小时	浏览器窗口改变大小时触发的事件，调整浏览器窗口时发生，可多次发生该事件
OnWindowScroll	窗口滚动时	浏览器窗口的滚动条滚动时触发的事件
OnPageClick	页面鼠标单击时	在页面空白区域或者在没有添加鼠标单击时触发事件的部件上进行页面单击时发生该事件
OnPageDoubleClick	页面鼠标双击时	在页面空白区域或者在没有添加鼠标双击时触发事件的部件上进行页面双击时发生该事件
OnPageContextMenu	页面鼠标右击时	在页面空白区域或者在没有添加鼠标右击时触发事件的部件上，进行右击操作发生该事件
OnPageMouseMove	页面鼠标移动时	在页面空白区域或者在没有添加鼠标移动时触发事件的部件上，进行鼠标移动时发生该事件
OnPageKeyDown	页面键盘按键按下时	在页面空白区域或者在没有添加键盘按下时触发事件的部件上，进行键盘按下操作发生该事件
OnPageKeyUp	页面键盘按键释放时	在页面空白区域或者在没有添加键盘按下时触发事件的部件上，进行键盘释放时发生该事件
OnAdaptiveViewChange	自适合视图变更时	当切换到另一个视图时，发生一次该触发事件，可以多次发生该触发事件

注　意

部件触发事件只能应用于部件之上，页面触发事件只能应用于页面之上，不可以混用，注意它们使用的场景。

3.2　Axure交互条件设置

我们都遇到过这样的场景：（1）如果今天下雨，我们会带伞出门。（2）如果今天阳光明媚，晴空万里，我们会戴墨镜出门。（3）如果今天比较冷，我们会多穿衣服出门。在Axure中即可实现设置不同条件，做不同的事，这就是Axure交互条件的设置。一种触发事件可以设置多个交互条件，执行多种行为操作，以到达多种执行效果。

下面我们来实现上面的场景，看看如何设置Axure的交互条件。

（1）拖动一个下拉列表框组件，添加三个选项："下雨天"、"晴天"、"冷天"，标签命名为"天气"，如图3.3所示。

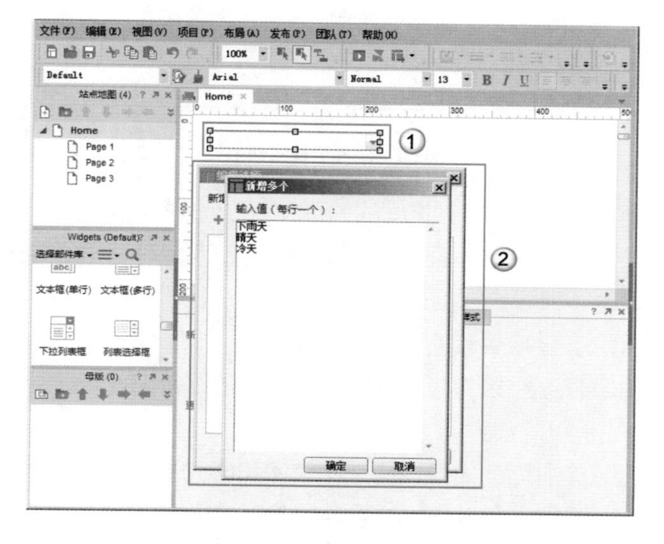

图3.3　添加下拉列表框组件

（2）拖动一个矩形组件，作为结果的显示，标签命名为"show"，如图3.4所示。

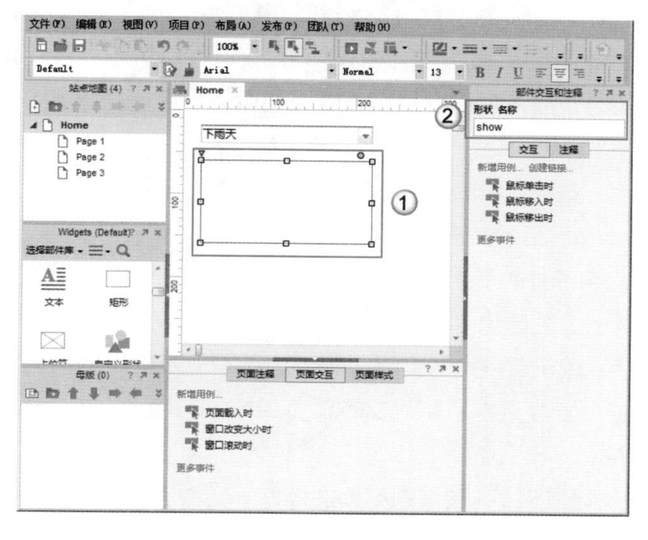

图3.4　添加矩形组件

（3）选中下拉列表框组件，在部件交互和注释区域单击“选项改变时”触发事件，进入用例编辑器对话框，单击“新增条件”操作，进入条件生成对话框，如图3.5所示。

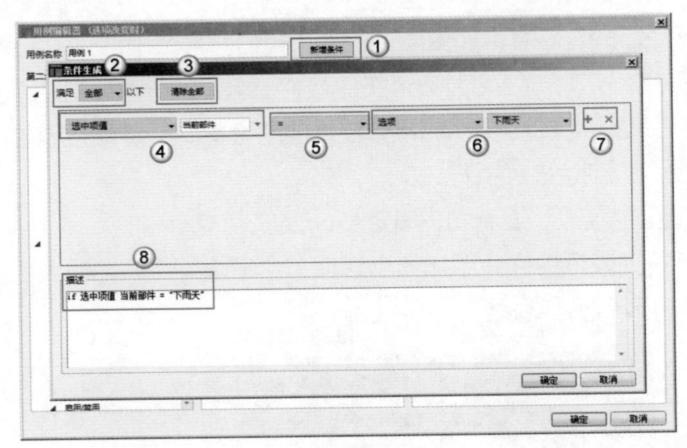

图3.5 条件生成对话框

在图3.5所示的②中可以设置多个条件之间的关系，下拉列表有两种选型：“全部”和“任意”。当选择“全部”时，多个条件是并集关系，当设置的条件都满足时，执行相关动作；选择“任意”时，多个条件有一个满足时，即可执行相关动作。

在图3.5所示的③是用来新建条件和清除全部条件。

在⑦中，如果想单独删除某个条件，可以在条件行单击红色x号，删除当前行条件；单击绿色+号，可以新增一行条件。

条件设置可以理解为三个方面的内容，用来比较④和⑥的关系，⑤是运算符，是比较方式。随着④选择，⑥也随之变化。最终设置条件的结果会在⑧中描述出来。

Axure中内置了一些条件设置：

- 值：可以是字母、数字、汉字、符号、函数、公式；可以直接输入，或者单击fx进入编辑。可以设置等于、不等于、大于、包含、是、不是等条件。
- 变量值：变量值是在全局变量中进行设置，Axure软件自带了一个变量，可以自行添加新的变量，在进行变量值比较时，插入变量名即可，变量值可以是字母、数字、特殊字符和汉字或者是它们的任意组合。
- 变量值长度：变量值长度是用来判断变量值的字符个数，在Axure中，一个中文汉字的长度是1，变量长度的值可以通过Axure自带函数进行获取。
- 部件文字：部件文字条件的使用前提是部件上面可以进行编辑相关文字。不能编辑文字的部件不能使用，例如动态面板、图像热区、横线、垂直线、内部框架、下拉列表框和列表选择框。
- 焦点部件上的文字：单击部件上的文字，例如，文本框获取焦点时，光标在文本框内闪动。
- 部件值长度：部件值长度只能应用到文本框（单行）组件、文本框（多行）组件、下拉列表框和列表选择框。
- 选中项值：只能应用到下拉列表框和列表选择框，获取元件当前值才能确定选中状态。
- 选中状态值：选中状态值只能应用到单选按钮组件和复选框组件，选中状态时值为“真”，未选中状态时值为“假”。

- 动态面板状态：当获取事件触发时动态面板的状态作为条件，从名字上来看，也只能应用到动态面板组件中。
- 部件可见性：以部件的显示或者隐藏作为判断条件。
- 键按下：把键按下时作为条件。
- 光标：以光标是否进入某个部件范围内作为条件。
- 部件范围：部件覆盖的范围，以是否接触到指定部件作为条件。
- 自适应视图：以自适应视图作为条件。

（4）首先选择“选中项值”，部件选择“天气”，让它等于“下雨天”，如图3.6所示。

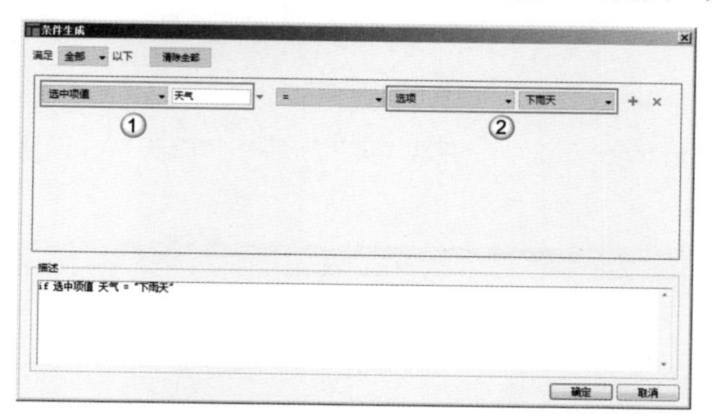

图3.6 设置天气等于下雨天

（5）单击“设置文本”，勾选“show”复选框，输入文本值为“记得带伞哦”，单击“确定”按钮，如图3.7所示。

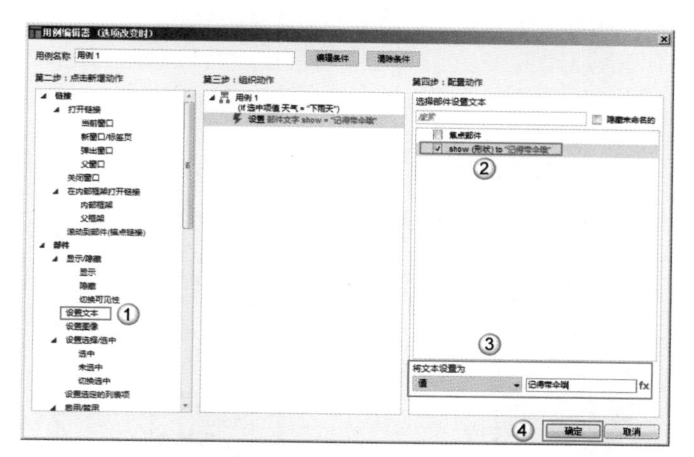

图3.7 矩形组件显示结果

（6）新增条件后，在“选项改变时”触发事件下多了一条用例，如图3.8所示。

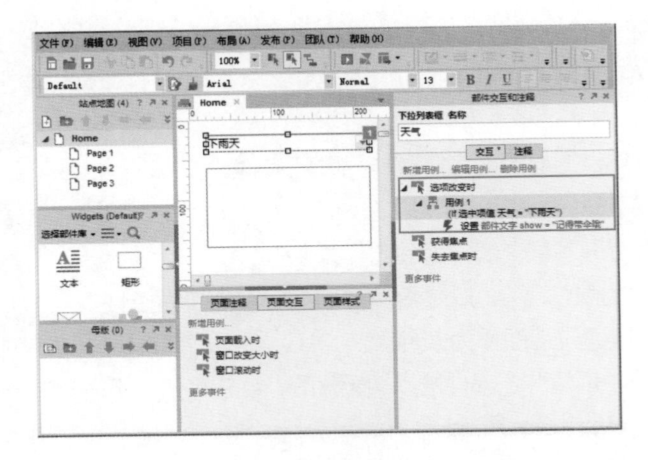

图3.8 显示用例1

（7）用同样的方式继续新增条件，如果“天气”等于“晴天”，设置文本内容为“可以戴墨镜哦”，如图3.9所示。

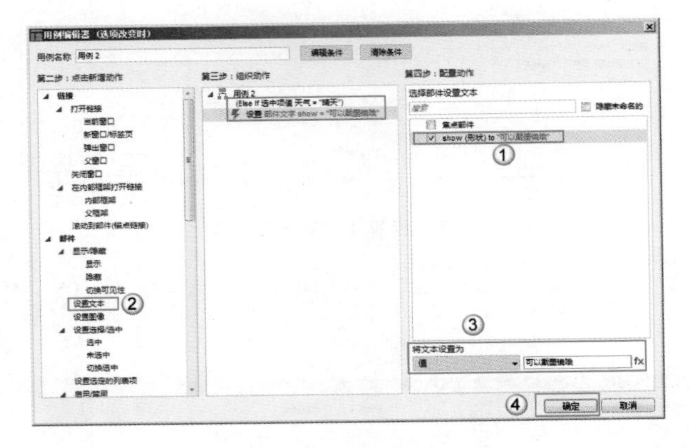

图3.9 矩形组件显示结果

（8）新增条件后，在“选项改变时”触发事件下多了一条用例，如图3.10所示。

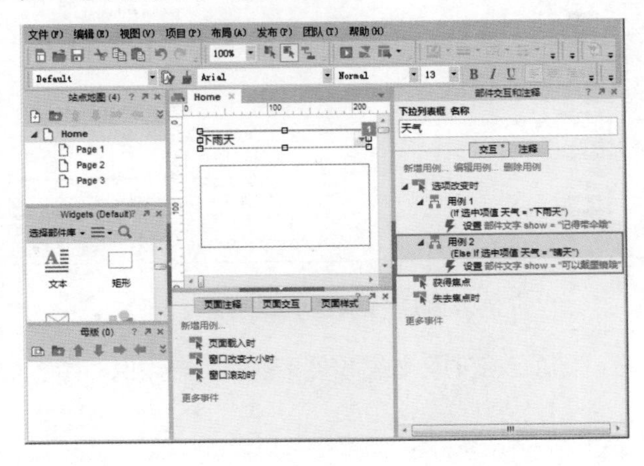

图3.10 显示用例2

（9）用同样的方式继续新增条件，如果“天气”等于“冷天”，设置文本内容为“记得多穿衣服哦”，操作步骤如图3.11所示。

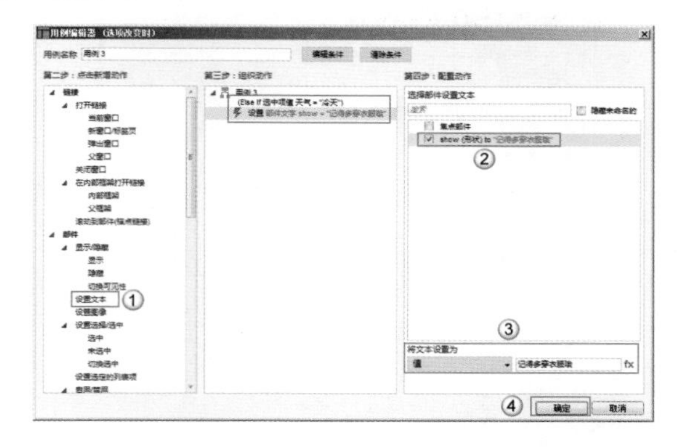

图3.11　矩形组件显示结果

（10）新增条件后，在“选项改变时”触发事件下多了一条用例，如图3.12所示。

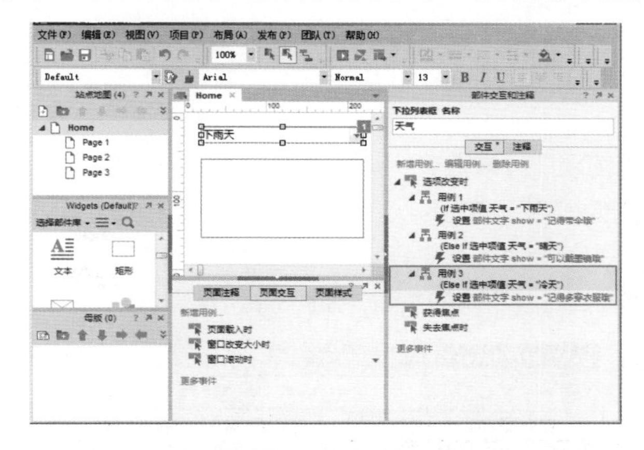

图3.12　显示用例3

注　意

在一个触发事件下可以设置多个交互条件，根据条件执行不同的用例，以实现不同的交互效果。

（11）发布后可以看一下效果，选择不同的天气，在矩形框中显示不同的内容，如图3.13～图3.15所示。

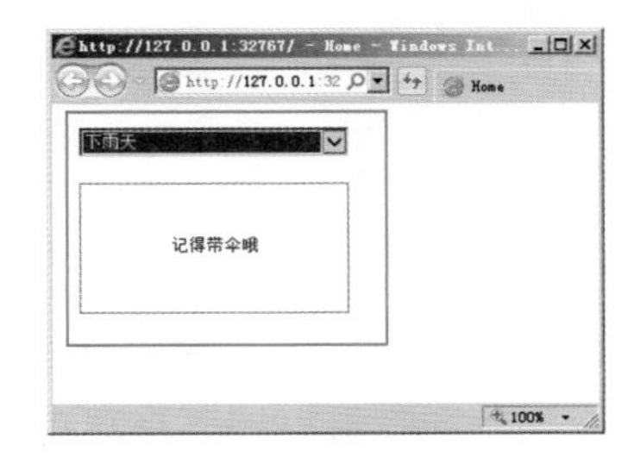

图3.13　下雨天

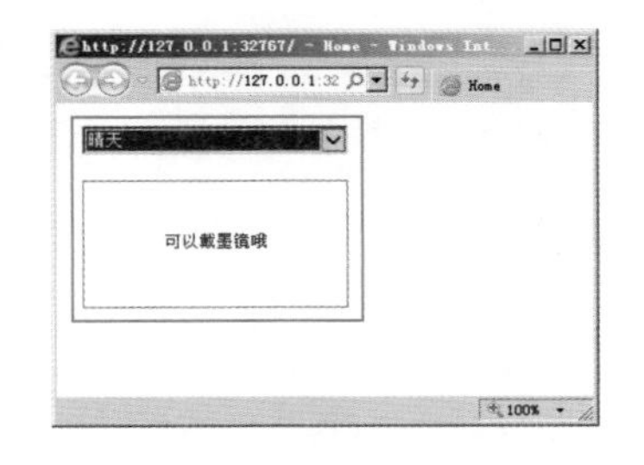

图3.14　晴天

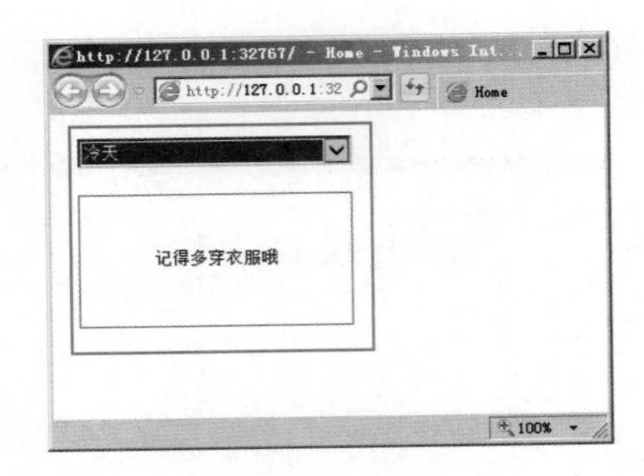

图3.15　冷天

3.3　展示丰富的交互动作

交互条件讲完了，下面我们来展示丰富的交互动作，在本小节中将向读者详细介绍并演示链接交互动作和部件交互动作。

3.3.1　链接交互动作

链接交互动作包括当前窗口打开链接、新窗口/标签页打开链接、弹出窗口打开链接、父窗口打开链接、关闭窗口、内部框架打开链接、父框架打开链接以及滚动到部件（锚点链接）。这些交互动作都是针对浏览器产生的交互效果，在访问网站时，可能在同一个浏览器窗口打开不同的页面，也可以在不同浏览器窗口打开不同的页面，如图3.16所示。

图3.16　不同窗口打开页面

下面演示一下各个链接交互动作如何使用。

1. 当前窗口打开链接、新窗口/标签页打开链接、弹出窗口打开链接、关闭窗口

具体操作步骤如下：

（1）在站点地图上，新建一个“导航”页面，拖动四个矩形组件，将文本内容分别命名为“当前窗口打开链接”、“新窗口/标签页打开链接”、“弹出窗口打开链接”、“关闭窗口”，矩

形组件背景颜色设置为灰色（666666），字体颜色设置为白色（FFFFFF），如图3.17所示。

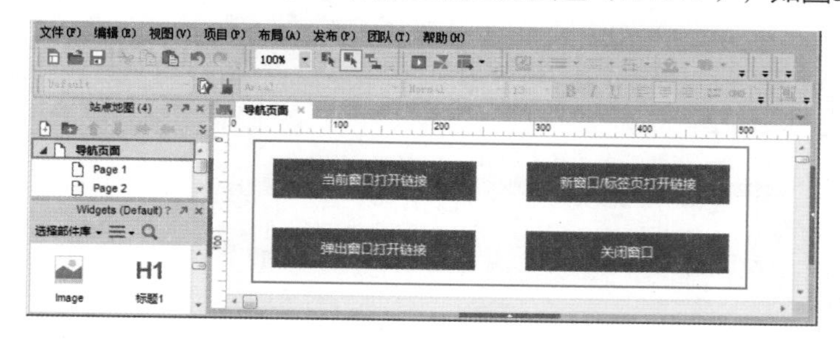

图3.17 设计导航页面

（2）在站点地图上新建一个“新页面”，拖动一个矩形组件，将文本内容命名为“我是新页面的内容哦！”，矩形组件背景颜色设置为绿色（009900），字体颜色设置为白色（FFFFFF）、加粗、18号字，如图3.18所示。

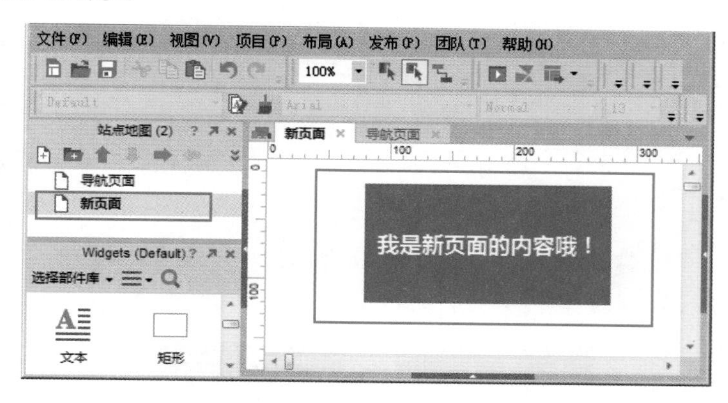

图3.18 设计新页面

（3）进入“导航页面”，选中“当前窗口打开链接”矩形组件，添加鼠标单击时触发事件。首先单击“当前窗口”，然后选中“新页面”，这样即可在当前浏览器窗口打开“新页面”，操作步骤如图3.19所示。

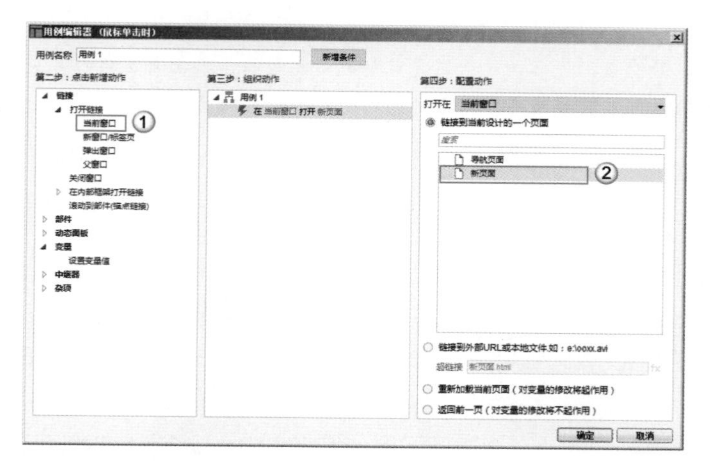

图3.19 当前浏览器窗口打开页面

（4）运用同样的方法给“新窗口/标签页打开链接”、“弹出窗口打开链接”矩形组件，添加鼠标单击时触发事件，分别执行在新窗口和弹出窗口打开页面的交互动作。

（5）选中“关闭窗口”矩形组件，添加鼠标单击时触发事件。单击“关闭窗口”，关闭当前页面，如图3.20所示。

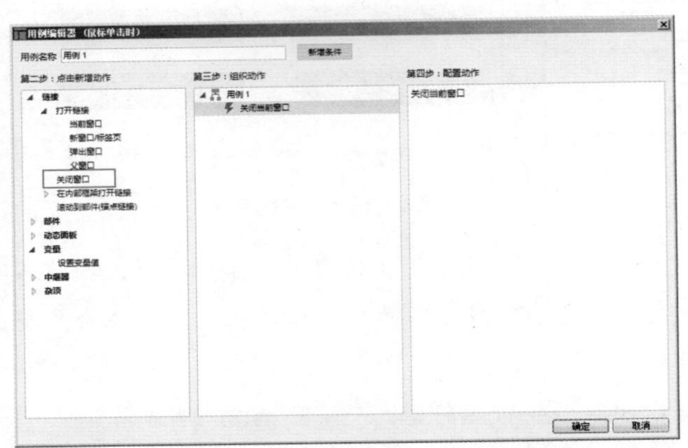

图3.20 关闭当前页面

（6）按F5键发布看一下效果，单击不同的矩形组件，可以看到执行不同的交互效果，如图3.21所示。

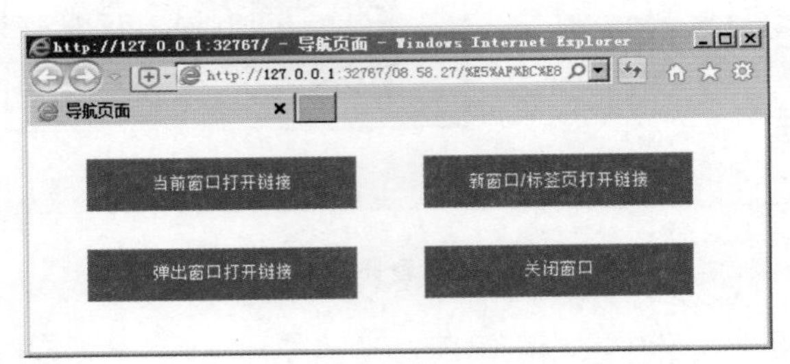

图3.21 发布原型

注　意

在新窗口打开页面，只能在浏览器的一个新窗口加载新的页面，单击新窗口打开页面后，再单击弹出窗口打开页面，可以看到没有弹出一个新窗口，而是在原来的新窗口打开页面。

2. 父窗口打开链接

具体操作步骤如下：

（1）在站点地图上新建一个“子页面”，拖动一个矩形组件，将文本内容命名为“我是子页面”，矩形组件背景颜色设置为红色（FF0000），字体颜色设置为白色（FFFFFF）、加粗、18号字，如图3.22所示。

（2）打开“新页面”，拖动一个矩形组件，将文本内容命名为“父窗口打开链接”，矩形组件背景颜色设置为灰色（666666），字体颜色设置为白色（FFFFFF），如图3.23所示。

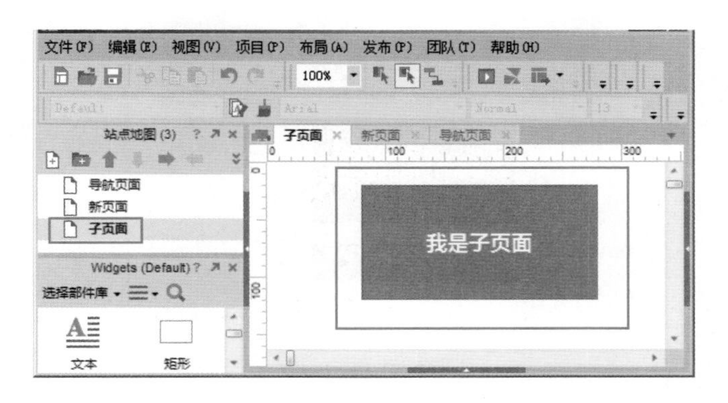

图3.22　子页面

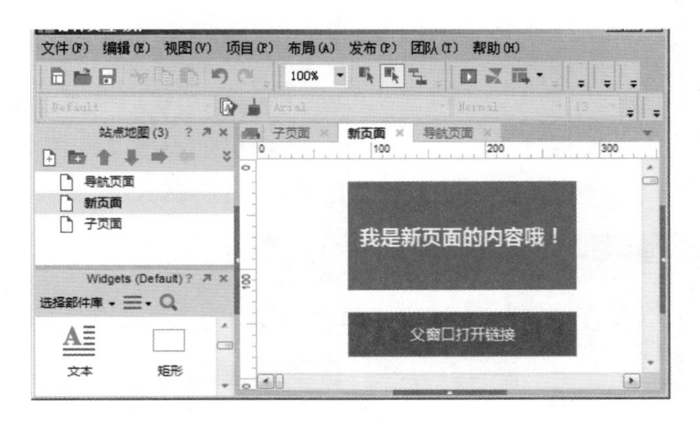

图3.23　添加父窗口打开链接按钮

（3）选中“父窗口打开链接”按钮，添加鼠标单击时触发事件。首先单击“父窗口”，然后选择“子页面”，如图3.24所示。

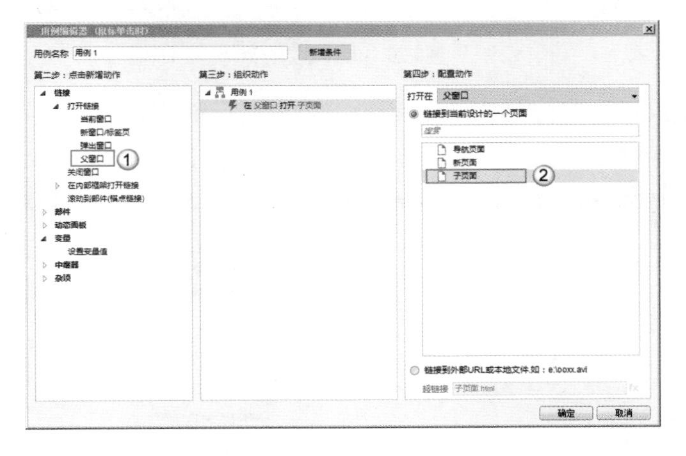

图3.24　父窗口打开子页面

（4）按F8键发布原型看一下效果，先单击新窗口打开链接，进入新页面后再单击父窗口打开链接，可以看到在父窗口中显示子页面的内容，如图3.25所示。

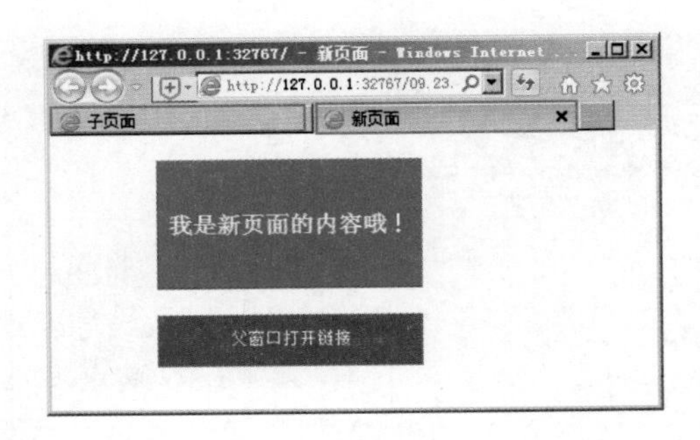

图3.25　发布原型

3. 内部框架、父框架打开链接

具体操作步骤如下：

（1）在站点地图上新建一个“内部框架”页面，拖动两个矩形组件，将文本内容分别命名为“内部框架打开链接”、“父框架打开链接”，矩形组件背景颜色设置为灰色（666666），字体颜色设置为白色（FFFFFF），拖动一个内部框架组件到工作区域，将组件命名为“iframe”，如图3.26所示。

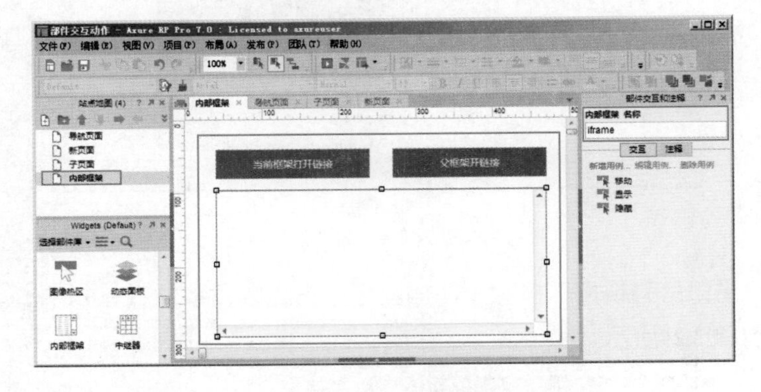

图3.26　内部框架页面

（2）选中“内部框架打开链接”矩形组件，添加鼠标单击时触发事件。首先单击“内部框架”，然后选中“iframe内部框架”，最后选中“新页面”，如图3.27所示。

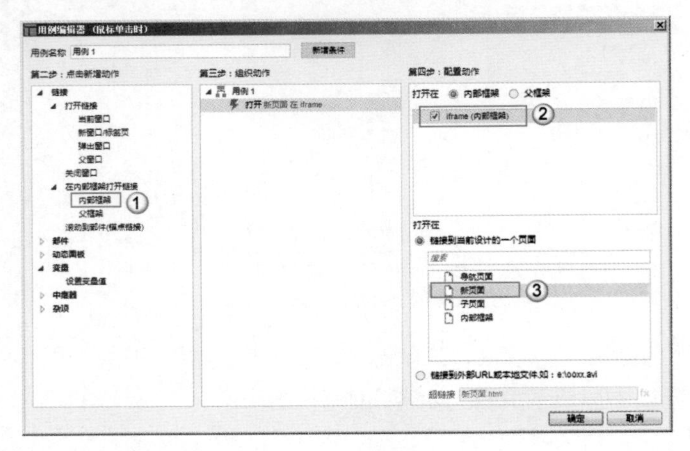

图3.27　内部框架打开页面

（3）选中“父框架打开链接”矩形组件，添加鼠标单击时触发事件。首先单击“父框架”，然后选中“子页面”，如图3.28所示。

（4）按F5键发布可以看一下效果，单击“内部框架打开链接”可以在内部框架打开页面，单击“父框架打开链接”，可以在父框架打开链接，如图3.29所示。

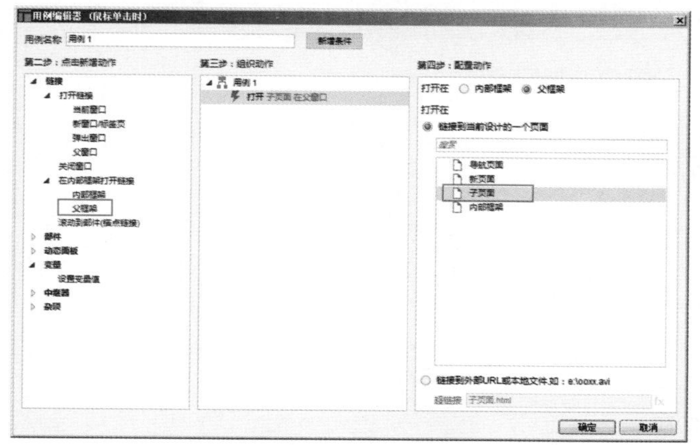

图3.28 父框架打开页面

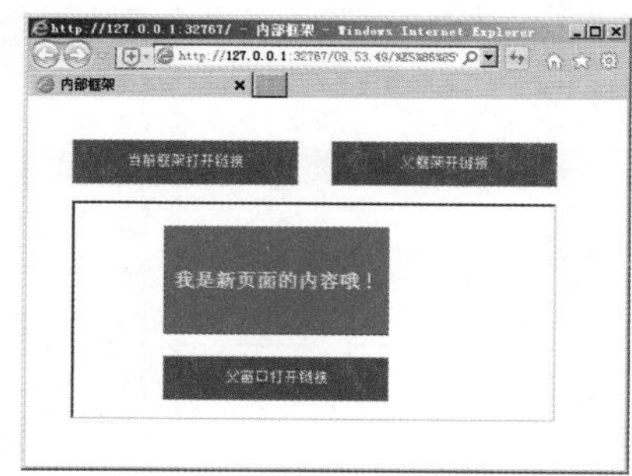

图3.29 发布原型

4．滚动到部件（锚点链接）

在访问某些全球购网站时，经常会接触到这样的页面，如图3.30所示。在右侧会悬浮一块区域，单击悬浮区域中的链接，页面会滚动到链接指定位置，利用滚动到部件交互动作，同样可以实现这样的交互效果。

图3.30 蜜桃全球购首页

具体操作步骤如下：

（1）在站点地图上新建一个“滚动到部件”页面，拖动一个图片组件，用顶部导航图片替换图片组件，将标签命名为“顶部导航”，如图3.31所示。

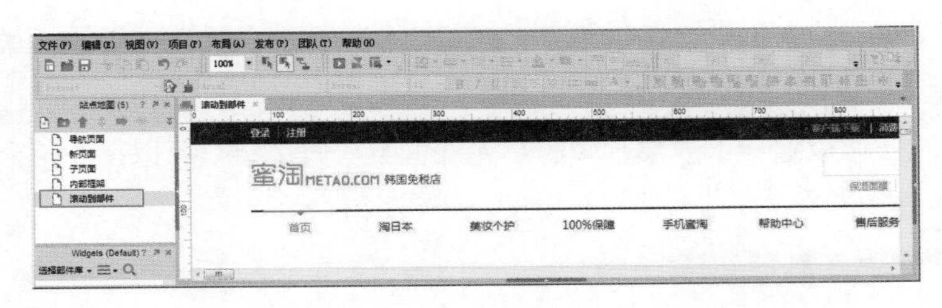

图3.31　顶部导航

（2）拖动一个图片组件，用版权信息图片替换图片组件，y值高度设置为1 000，标签命名为“版权信息”，如图3.32所示。

图3.32　版权信息

（3）拖动一个图片组件，用右侧悬浮图片替换图片组件，右击把图片转换为动态面板，如图3.33所示。

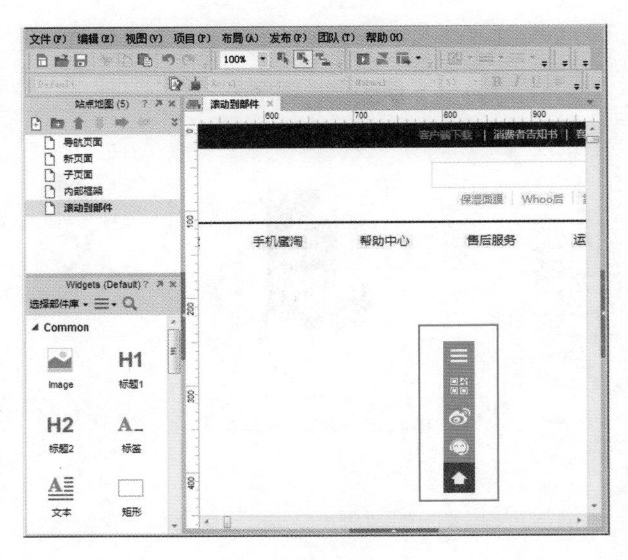

图3.33　悬浮图片

注 意

把图片组件转换为动态面板，是为了把图片组件悬浮在浏览器中，它不会随着滚动条的滚动而滚动，这是动态面板的一个功能。

（4）在悬浮的动态面板上右击，选择固定到浏览器选项，设置固定到浏览器窗口，如图3.34所示。

（5）选中悬浮的动态面板，给它添加鼠标单击时触发事件，单击使其返回浏览器顶部，如图3.35所示。

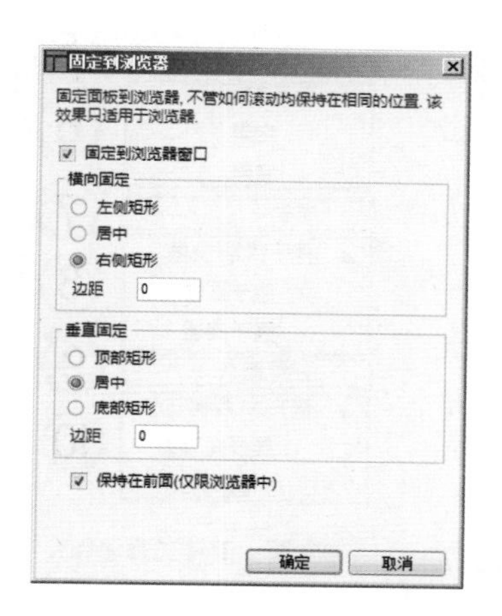

图3.34 动态面板固定到浏览器

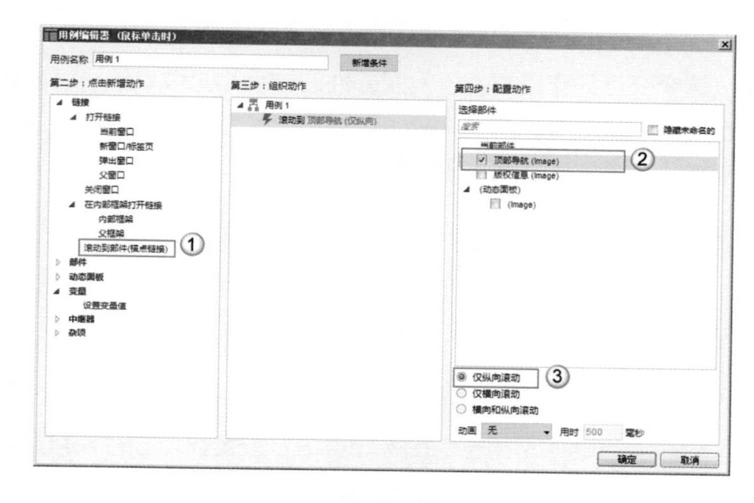

图3.35 滚动到顶部设置

（6）按F5键发布原型看一下效果，因为页面很长，所以出现滚动条，可以向下滚动，但是发现右侧悬浮的图片一直处在浏览器右侧居中显示，当浏览到版权信息时，单击右侧悬浮图片，可以返回顶部，如图3.36所示。

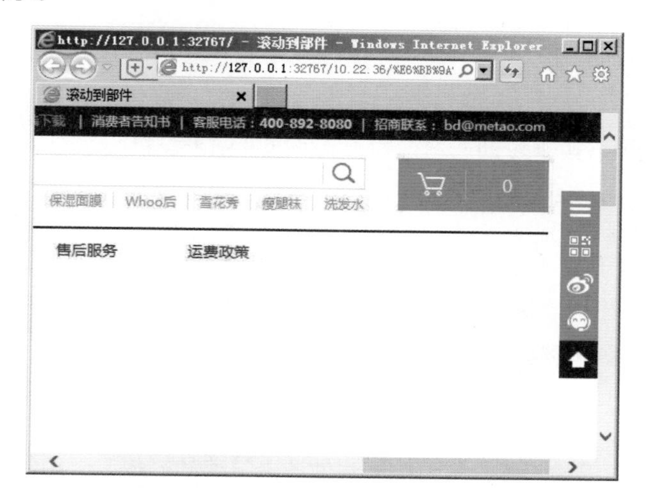

图3.36 发布原型

3.3.2 部件交互动作

部件交互动作是经常会用到的交互动作，它分为部件的显示/隐藏动作、设置部件文本动作、设置部件图像动作、设置部件选择/选中动作、设置部件选定的列表项动作、设置部件启用/禁用动作，设置部件移动动作，设置部件置于顶层/底层动作、设置部件获得焦点动作、设置部件展开/折叠树节点动作，Axure提供了丰富的交互动作，这样制作出来的原型交互效果体验度越真实，如图3.37所示。

图3.37 部件交互动作

1. 部件的显示/隐藏动作

这个交互动作用常用于设置部件的显示和隐藏效果，可以单独设置部件的显示或者隐藏动作，也可以通过给部件设置切换可见性，让部件在显示与隐藏之间进行切换显示。

2. 设置文本

这个交互动作常用于标题组件、标签组件、矩形组件等，可以设置这些组件的文本内容并进行赋值。

3. 设置图像

这个交互动作常用于给图像组件进行设置显示图片，可以设置默认显示的图片，也可以设置鼠标悬停时、鼠标按键按下时、选中时、禁用时显示的图片，根据不同的触发事件可以设置不同显示的图片。

4. 设置选择/选中

这个交互动作常用于复选框、单选按钮组件，用来设置它们的选中效果和不选中效果，以及设置它们的切换效果。

5. 设置选定的列表项

这个交互动作常用于设置下拉列表框和列表选择框，用来设置选定的下拉菜单选项。

6. 设置启用/禁用

这个交互动作常用于文本框（单行）、文本框（多行）、下拉列表框、复选框、单选按钮、HTML按钮等组件的设置启用或者禁用效果，在默认的情况下拖动到工作区域中的组件是启用的，但有的时候需要禁用一些组件。例如，复选框在某些情况下是灰色的不能勾选。

7. 移动

这个交互动作常用于移动部件，可以按相对位置进行移动，也可以按绝对位置进行移动，同时可以控制移动方向，沿x轴进行移动或者沿y轴进行移动，还可以设置动画效果和移动时间。

8. 置于顶层/置于底层

这个交互动作常用于将部件置于顶层或者置于底层，将要显示的部件移动顶层，将暂时不想显示的部件置于底层。

9. 获得焦点

这个交互动作常用于文本框（单行）、文本框（多行）获得焦点。

10. 展开/折叠树节点

这个交互动作常用于折叠或者展开树形结构，可以控制它们全部展开或者全部折叠效果。

3.4　神奇的动态面板

动态面板组件是制作动态效果的一个组件，动态面板相当于一个“容器”，它可以包含多个状态，每个状态都可以理解为一系列组件的页面。任何时候一个动态面板只能显示顶层状态的内容，并且动态面板至少有一种状态，通过将不同的状态置于顶层，以达到动态显示的效果，掌握动态面板组件的使用，可以制作出高仿真的交互效果。

3.4.1　认识动态面板

在上高中的时候，为了高考，每位同学桌子上面都会放一摞书本，我们只能看到最上面的是哪一本书。这一摞书可以理解为动态面板，每本书就是动态面板中的一个状态，只有最上面的一个状态是可见的，其他状态都是隐藏的，如图3.38所示。

下面来学习动态面板的使用情况。

（1）打开Axure软件，将工程保存起来，命名为“动态面板演示操作”，拖动一个动态面板到工作区域，如图3.39所示。

图3.38　动态面板图标

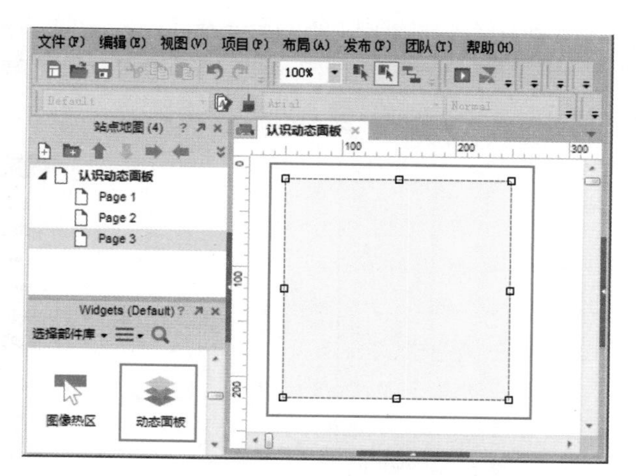

图3.39　拖动动态面板

（2）双击动态面板，可以输入动态面板的名称“一摞书本”，其下就是面板的状态，它会默认一种状态，就像一摞书本中至少有一本书，一个动态面板至少有一种状态。如图3.40所示。

＋：新增一个动态面板的状态，默认为State1状态。

复制按钮：复制动态面板的状态。有时两个状态中的页面相差不是很大，我们不想再重新做一遍，这时即可使用这个按钮，首先选中要复制的状态，单击这个按钮进行复制状态。

上移按钮：动态面板状态的上移操作。

下移按钮：动态面板状态的下移操作。

编辑按钮：编辑当前选中状态进行操作，选中要编辑的状态，单击这个按钮会进入编辑页面，可以拖动组件或者制作页面效果。

编辑所有按钮：编辑所有状态的操作，单击这个按钮，可以打开所有要编辑的状态页面。

×：删除状态操作，可以删除选中的状态。

（3）新增一个动态面板的状态，单击即可对状态重新命名，把状态分别命名为数学书、语文书，如图3.41所示。

图3.40　动态面板名称

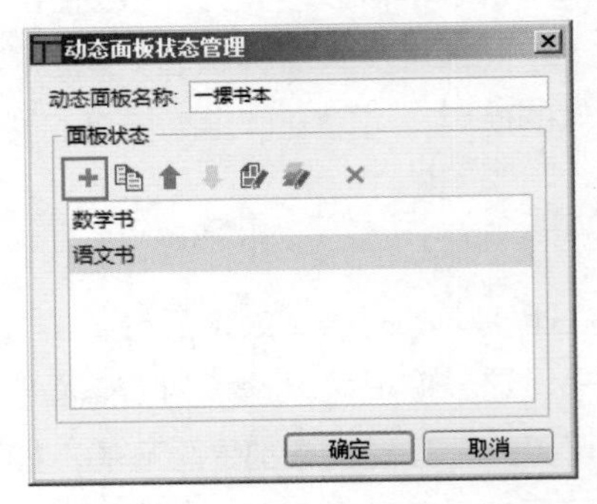

图3.41　新增动态面板状态

（4）如果两个状态的内容差不多，可以在一个状态内容的基础上进行修改，先复制出一个状态。选中语文书状态，单击复制按钮，复制出一本英语书，如图3.42所示。

（5）如果想把语文书放置在最上面，首先选中要移动的状态，单击向上移动按钮，使用这个操作即可向上移动，一直移动到第一层，如图3.43所示。

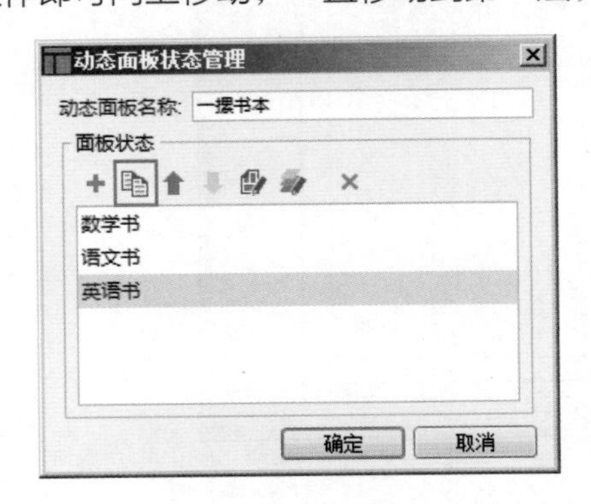

图3.42　复制动态面板状态

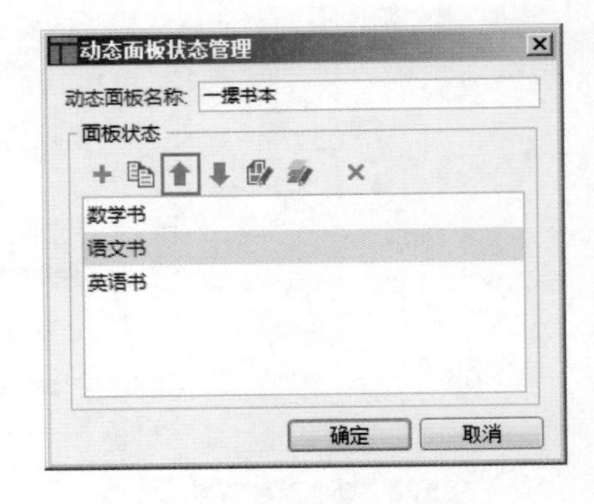

图3.43　向上移动操作

（6）如果想把数学书放置在最下面，可以使用下移这个操作，一直可以移动到最下面，如图3.44所示。

（7）如何编辑状态来修改书本中的内容，有两个按钮可以进行状态的编辑，一个是编辑状态，可以编辑选中的状态，另一个是编辑全部状态，可以打开所有要编辑的状态页面，也可以双击要编辑的状态，进入编辑状态的页面，如图3.45、图3.46所示。

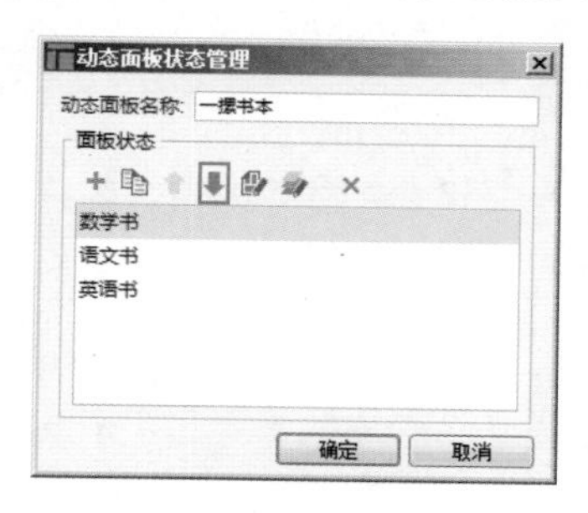

图3.44　向下移动操作

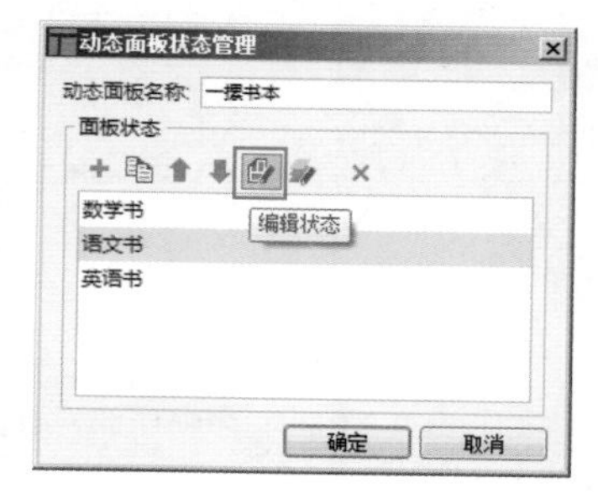

图3.45　编辑状态

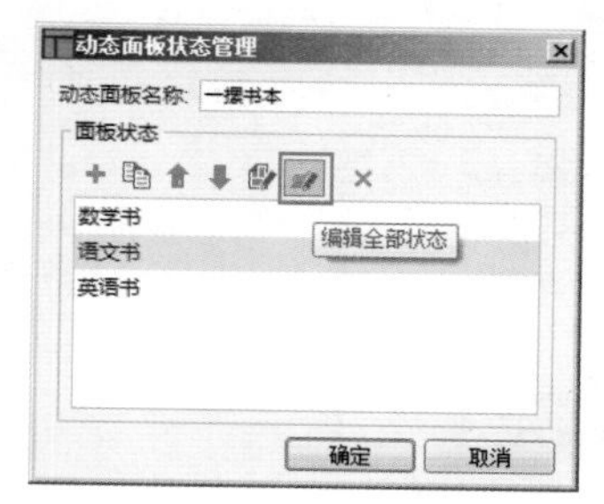

图3.46　编辑全部状态

（8）进入编辑状态之后，可以看到蓝色的虚线框，它代表内容的显示区域，在蓝色虚线框中的内容可以显示出来，超出这个区域，将被隐藏起来，先添加一个不超出显示区域的内容，拖动一个占位符组件，将文本内容重新命名为“我是数学书”，如图3.47、图3.48所示。

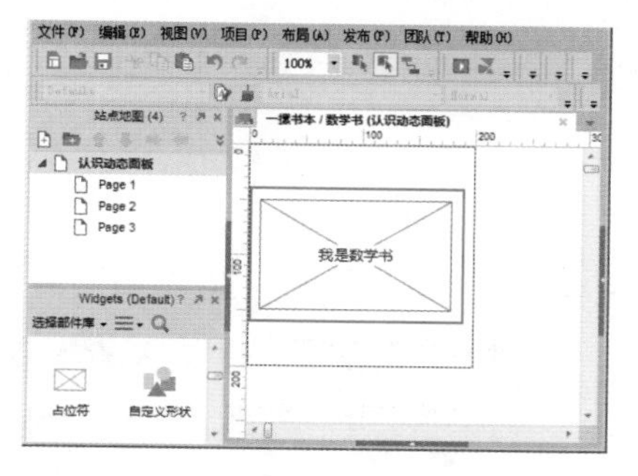

图3.47　拖动占位符组件

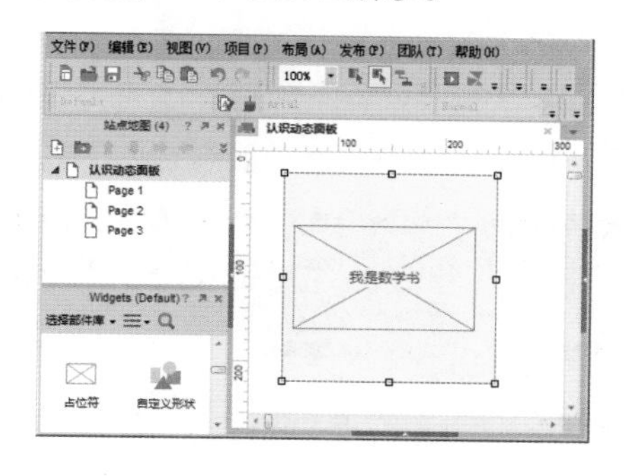

图3.48　完全显示出来

（9）双击动态面板，打开对话框，编辑语文书的状态，使用编辑全部状态，单击编辑全部状态，会发现所有的状态都会打开，找到语文书的状态，同样拖动一个占位符组件，把部分内容超出显示区域，将文本内容重新命名为“我是语文书”，如图3.49、图3.50所示。

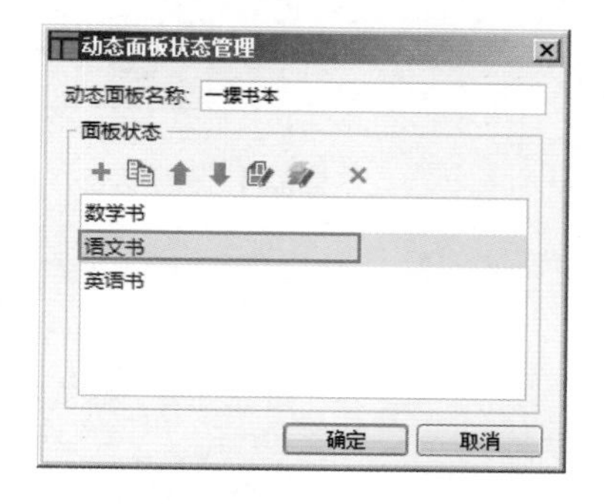

图3.49　选中语文书状态

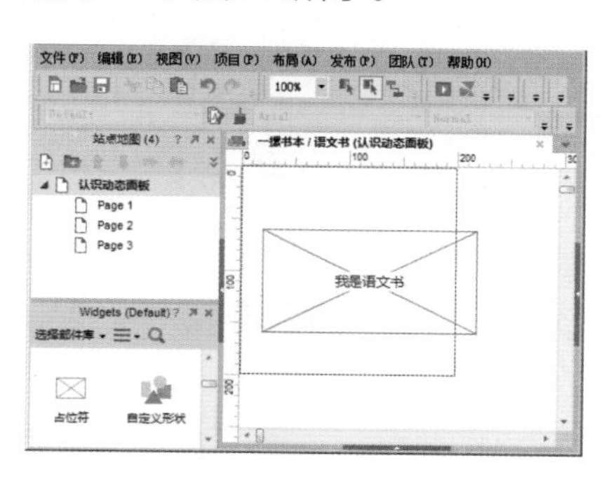

图3.50　拖动占位符组件

（10）返回动态面板所在页面，看到没有语文书，仍然显示的是数学书，如图3.51所示。

（11）双击动态面板组件，选中语文书，单击向上移动按钮，将它移动到第一个位置，单击确定按钮，会发现这次显示的是小刚的作业本的内容，并且超出显示区域的内容，没有显示出来，如图3.52所示。

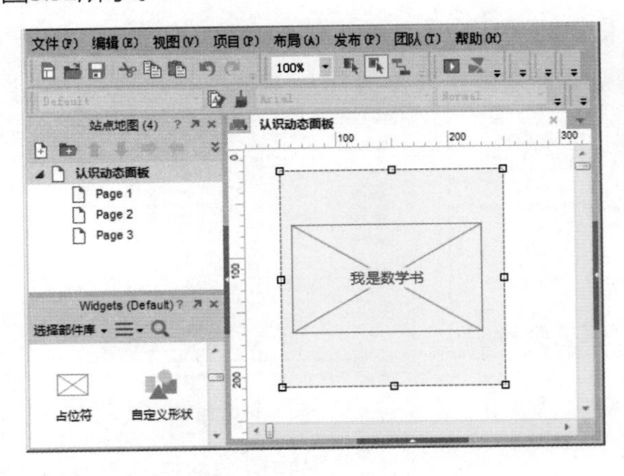

图3.51 数学书

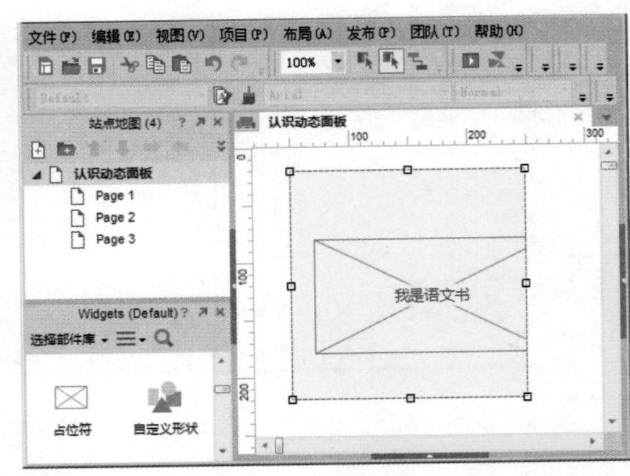

图3.52 语文书状态

（12）选中动态面板，通过拖动的方式可以调整动态面板的大小，也可以让内容完全显示出来，如图3.53所示。

（13）可以删掉一些不常用的状态，双击动态面板组件，其中有一个红色的叉号，代表删除状态，可以删除选中的状态，现在选中的是英语书，即可将这个状态删除掉，如图3.54所示。

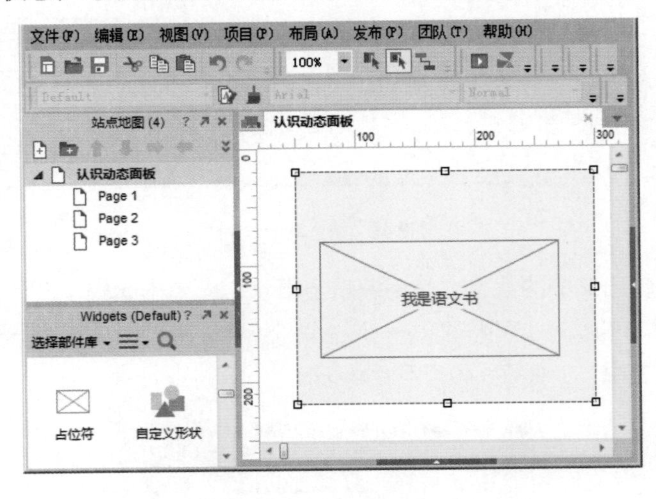

图3.53 完全显示出来

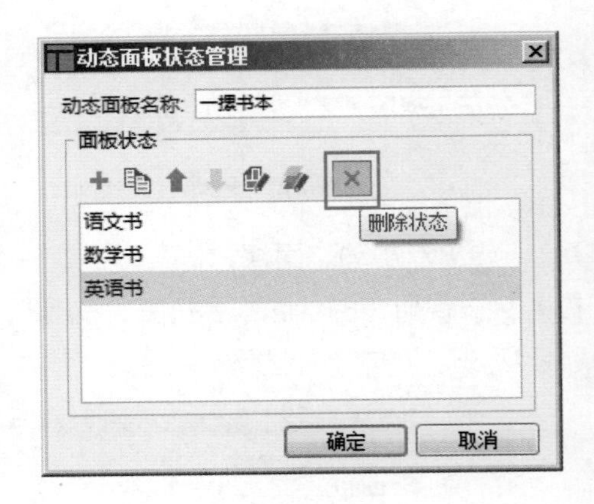

图3.54 删除状态

这些就是动态面板的基本应用，要学会并掌握动态面板的应用，动态面板组件是一个使用很频繁的组件，也是制作交互效果用到最多的软件。

3.4.2 动态面板的显示与隐藏效果

像其他组件一样，动态面板可以设置部件的显示与隐藏效果，通过显示与隐藏效果的切换，完成动态的交互效果。它会使页面变得更有生气，能给用户带来一种真实的体验，而不是静态的示范。

3.4.3 调整动态面板的大小以适合内容

根据内容的大小进行自动调整动态面板，让内容完全显示出来。

在动态面板上，右击可以看到调整大小以适合内容选项，当动态面板设置完这一选项后，可以让动态面板调整大小以适合内容，不会浪费空间，跟着状态中的内容调整动态面板的大小，也不用担心超出动态面板的显示区域将会被隐藏起来的问题。

3.4.4 动态面板的滚动栏设置

动态面板的滚动栏设置是可以让动态面板出现滚动栏，显示横向滚动栏或者纵向滚动栏，可以让内容完全展现出来。

使用这个功能时，在动态面板上右击，可以看到滚动栏选项，可以设置动态面板的滚动栏，有四种方式设置，如图3.55所示。

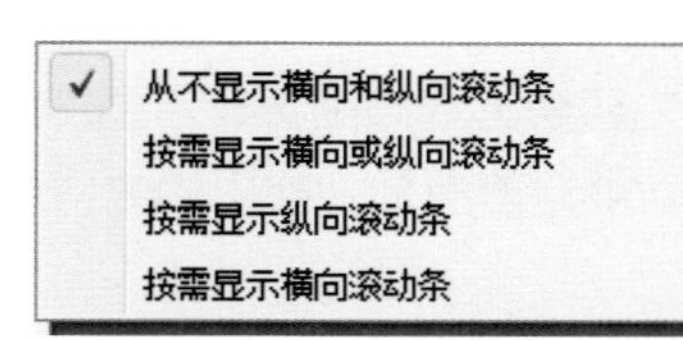

图3.55 动态面板滚动栏设置

3.4.5 动态面板固定到浏览器

动态面板固定到浏览器这个功能很常见，例如，访问新浪首页，可以看到它的网站内容很多，页面非常长，但是在浏览器的右侧会发现某个区域一直在页面中显示，就像悬浮在页面上方，可以进行随时点击，它不会跟随页面内容的移动而移动，而会一直显示，可以放置某个通知一直悬浮展示，或者是一个向上的箭头或者是一个向下的箭头，通过点击箭头可以直接到达页面的顶部或者尾部。

使用这个功能也是通过在动态面板上右击，出现固定到浏览器这个选项，单击这个选项，可以设置某个区域固定到浏览器，不管如何滚动均保持在相同的位置，设置横向和纵向固定的方式，如图3.56所示。

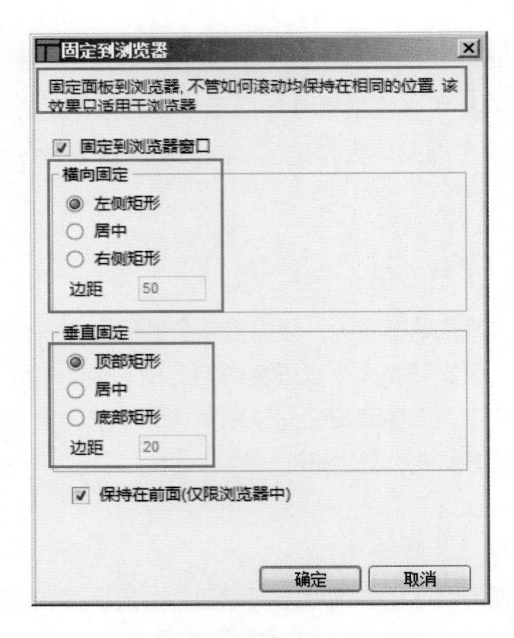

图3.56 固定到浏览器设置

3.4.6 100%宽度

100%宽度即为当动态面板的状态内容超出动态面板显示的区域，超出的内容不会被显示出来，这时可以在动态面板上右击键，单击100%宽度选项，超出的内容就会被显示出来。

3.4.7 从动态面板脱离

动态面板可以有很多状态，当动态面板的某个状态想独立出来，不想成为动态面板的一种状态，可以在动态面板上右击，选择从动态面板脱离选项，可以将动态面板最上面的状态独立出来，最上面的状态容变为普通组件，同时状态会在动态面板中消失，动态面板会显示下面的状态。如果动态面板只有一种状态，当使用从动态面板脱离这一功能时，动态面板将会消失。

3.4.8 转换为母版

动态面板可以转换为母版，大家可能不知道什么是母版，可以将它理解为可重用的组件，例如导航菜单，每个页面都会使用，即可将其做成母版，其他页面即可直接引用，而不需要重新去做导航菜单。

3.4.9 转换为动态面板

动态面板的状态可以脱离动态面板，转换为普通的组件，当然普通的组件或者某个页面的内容也可以转换为动态面板，选中要转换的组件，在组件上右击选择转换为动态面板，即可将这些组件转换为动态面板。实现普通组件和动态面板之间的相互转换。

3.5 类数据库操作：中继器

中继器非常强大，因为它可以模拟数据库增、删、改、查操作，就像操纵数据库一样，可以新增数据、删除数据、修改数据、查找数据等，从而带给用户最真实的体验。

3.5.1 认识中继器

中继器是用来显示重复的文本、图片、链接，大家注意一下，它是用来显示重复的、有规律可循的文本、图表并动态地管理它们。经常会使用中继器来显示商品列表信息、联系人信息、用户信息、学生成绩等。

中继器图标很形象，像一个数据库表，如图3.57所示。

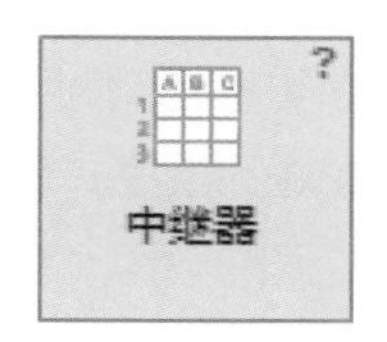

图3.57 中继器图标

中继器由两部分组成：中继器数据集和中继器的项。下面通过学生成绩信息来认识一下中继器以及它的使用方法，具体操作步骤如下。

（1）拖动一个中继器组件，默认会出现三行数据，标签命名为“学生成绩信息”，如图3.58所示。

图3.58 拖动中继器

（2）在中继器上面双击进入中继器，首先会看到中继器默认的项是一个矩形组件，中继器的项是设计的重复元素，它不仅可以是矩形，还可以是其他任何内容，但只是作为重复元素的基础。中继器数据集有点像数据库的表，可以设置列名，但要注意一点，不可以以中文命名，如果命名是中文会提示列名无效。新增几列id、name、sex、subject、score，如图3.59所示。

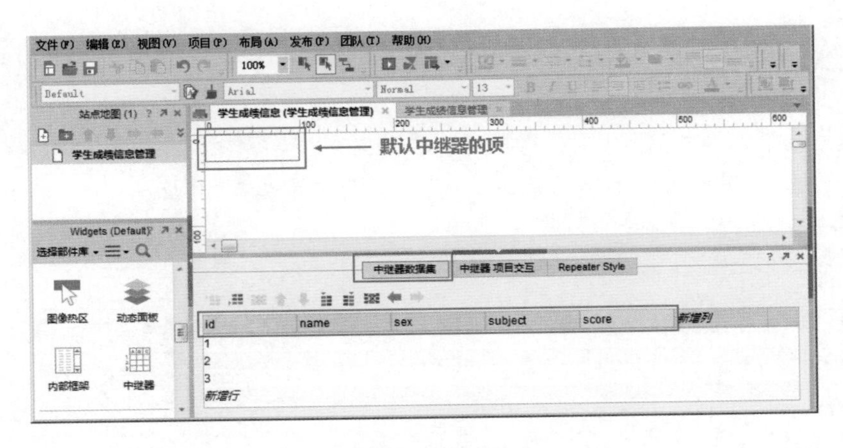

图3.59　中继器数据集

在列名的上方有一排中继器数据集的操作按钮，使用方式如下：

：这个操作按钮可以在当前选中行数据的上面，新增一行插入数据的地方。

：这个操作按钮可以在当前选中行数据的下面，新增一行插入数据的地方。

：这个操作按钮可以删除当前选中的行数据，起到删除数据的作用。

：这个操作按钮可以将当前选中的行数据向上移动，调整行数据之间的顺序关系。

：这个操作按钮可以将当前选中的行数据向下移动，调整行数据之间的顺序关系。

：这个操作按钮可以在当前选中列的左方，新增一列。

：这个操作按钮可以在当前选中列的右方，新增一列。

：这个操作按钮可以删除当前选中的列。

：这个操作按钮可以将当前选中的列向左移动，调整列之间的前后关系。

：这个操作按钮可以将当前选中的列向右移动，调整列之间的前后关系。

这些就是中继器数据集的一些基本操作，中继器数据集提供数据源，通过将数据集绑定到中继器组件上将数据集中的数据显示出来。

3.5.2　中继器数据绑定操作

中继器数据集就像数据库表一样，存放要显示的数据，下面就在中继器数据集中存放一些数据，然后将数据绑定到中继器中，具体操作步骤如下。

（1）新增6行数据，列名分别代表序号、姓名、性别、科目、分数，如图3.60所示。

（2）将矩形组件删除，拖动一个表格组件到工作区域，默认表格会有三行，删掉两行；然后右击表格，在右侧插入4列。在剩余一行的第一列中拖动一个复选框组件，复选框组件的内容为“选中”，复选框标签命名为“行内复选框”，如图3.61所示。

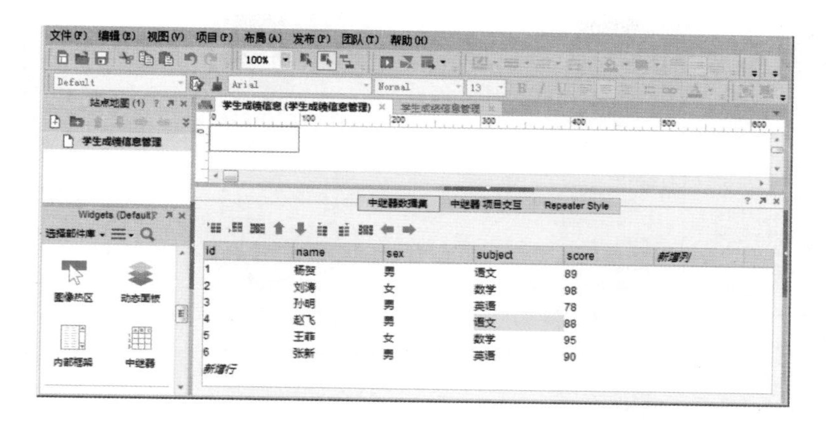

图3.60 编辑数据

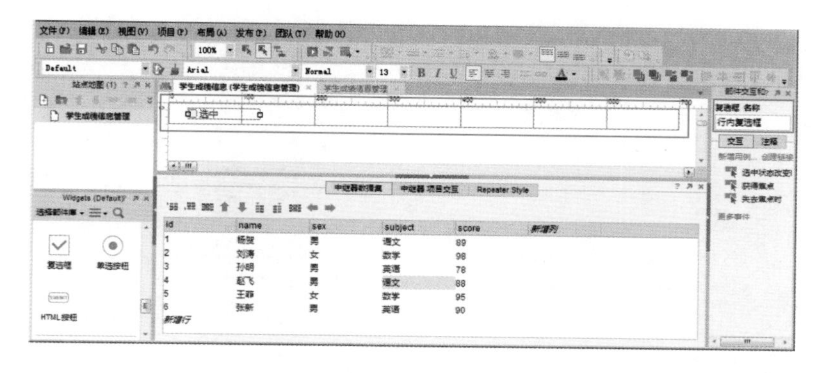

图3.61 编辑中继器的项

（3）拖动两个标签组件到表格的最后一列，将文本内容重新命名为“修改”、“删除”，设置为蓝色#0000FF，将每一列的标签分别命名为“复选框列”、“id列”、“姓名列”、“性别列”、“科目列”、“分数列”、“操作列”，如图3.62所示。

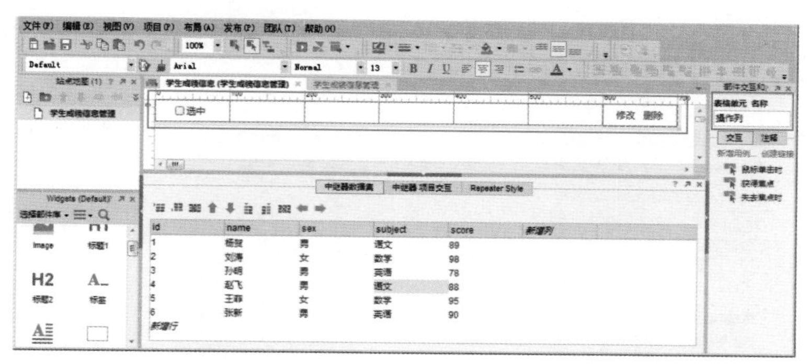

图3.62 编辑项的列名

（4）将中继器数据集中的数据绑定到中继器，单击中继器项目交互按钮，添加每项加载时触发事件，将Case 1进行用例编辑，如图3.63所示。

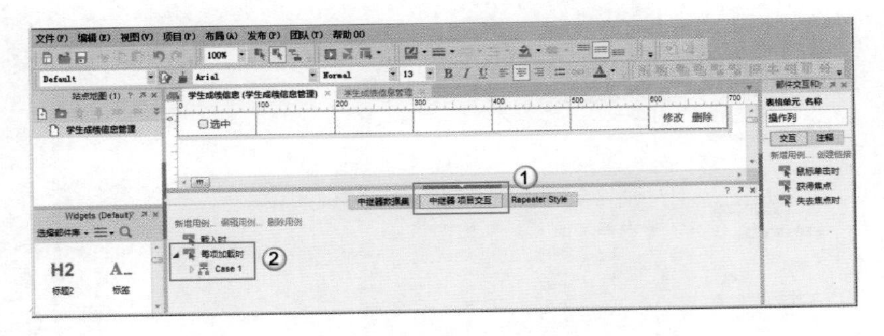

图3.63　编辑中继器交互

（5）在弹出的用例编辑器对话框中编辑Case 1用例，然后勾选id列复选框，最后单击fx按钮，如图3.64所示。

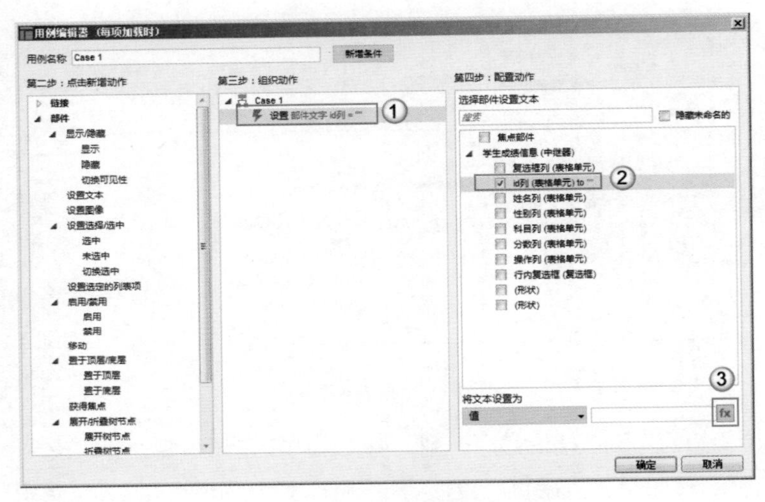

图3.64　设置id列

（6）在弹出的编辑文字对话框中单击插入变量，在中继器/数据集下单击“[[Item.id]]”，id列数据绑定完毕，如图3.65所示。

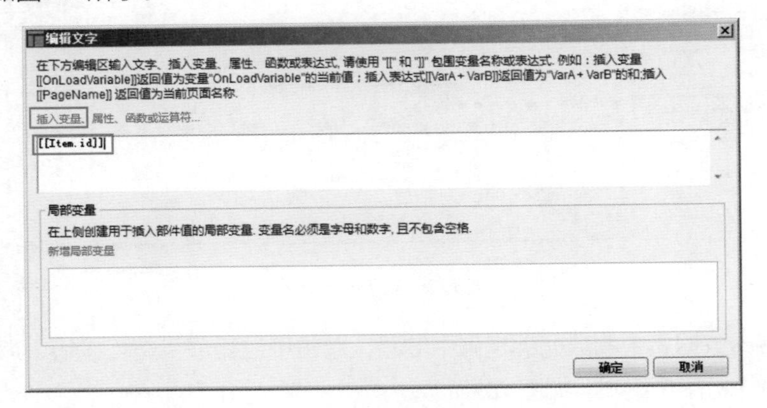

图3.65　绑定id列数据

（7）运用同样的方法将姓名列、性别列、科目列、分数列数据进行绑定，如图3.66所示。

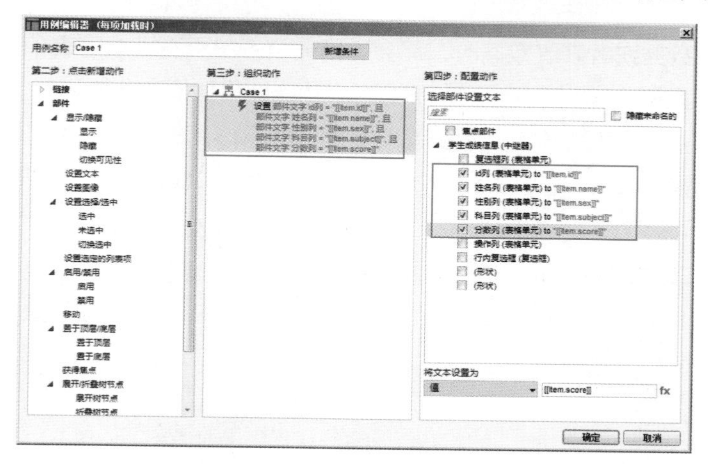

图3.66　绑定其他列数据

（8）在站点地图上单击“学生成绩信息管理”页面，发现数据已经绑定到中继器中，如图3.67所示。

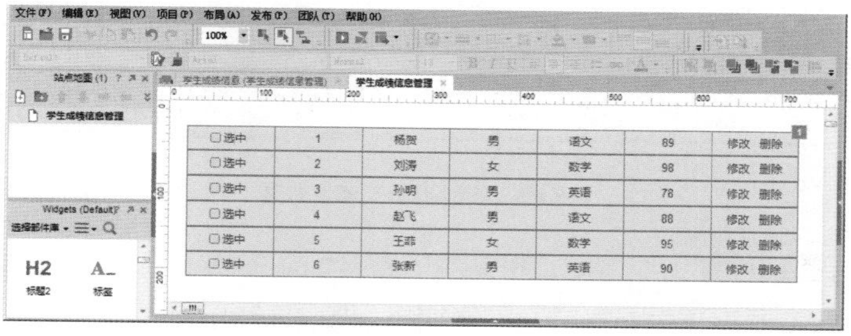

图3.67　显示已绑定的数据

（9）在中继器的上面添加一列标题，拖动一个横向菜单，在最后面的菜单上右击，在之后新增菜单项命令新增三个同样的菜单，清空菜单内容，拖动一个复选框组件到第一个菜单中，文本内容为“全选”，标签内容为“外置复选框”，剩下的菜单内容重新命名为“序号”、“姓名”、“性别”、“科目”、“分数”、“操作”，文本内容加粗，将菜单背景色设置为灰色#CCCCCC，如图3.68所示。

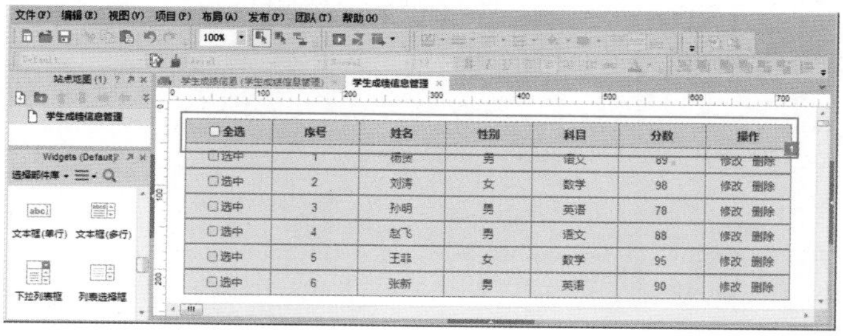

图3.68　添加标题行

3.5.3 中继器新增数据弹出框设计

通常在操作新增数据或者修改数据时，都会弹出一个表单页面，填写表单信息即可进行新增数据或者修改数据；下面通过一小实例介绍一下这两个功能，具体操作步骤如下。

（1）在站点地图上新建“新增/修改页面”页面，既可以新增数据，也可以修改数据，拖动一个矩形组件，宽度设置为400，高度设置为400，填充为灰色（CCCCCC）作为表单的背景，如图3.69所示。

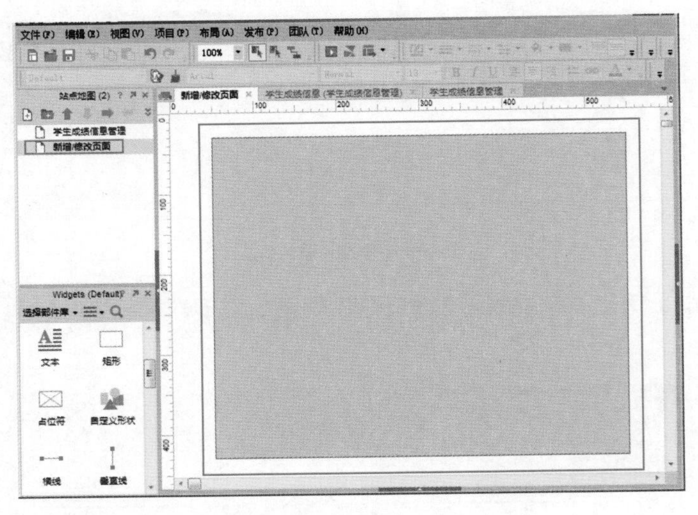

图3.69　新增页面及表单背景

（2）拖动四个标签组件到工作区域，将文本内容分别命名为“学号”、“姓名”、“性别”、“科目”、“分数”，字号设置为16号字，字体加粗，如图3.70所示。

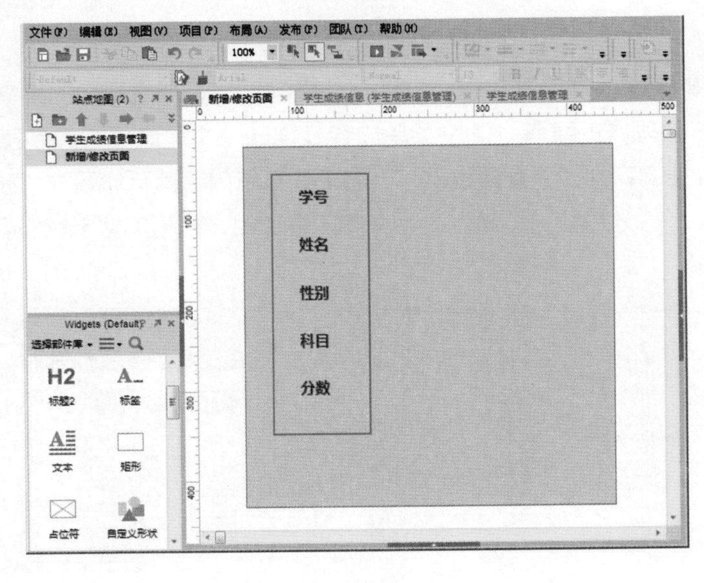

图3.70　表单标签

（3）拖动三个文本框单行组件，作为学号、姓名、分数的输入框，将标签分别命名为“idInput”、“userNameInput”、“scoreInput”，调整一下大小和位置，如图3.71所示。

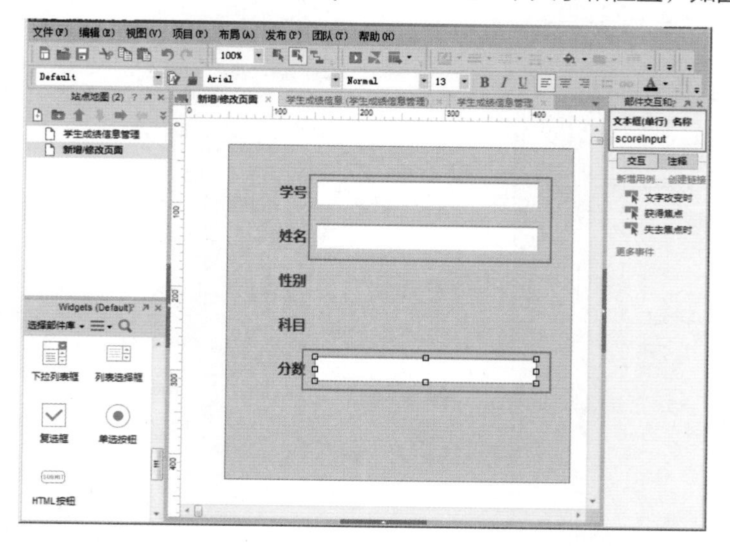

图3.71　设计文本输入框

（4）拖动两个单选按钮组件，将文本内容改为“男”、“女”，标签分别命名为“men”、“women”，同时选中两个单选按钮，右击选择指定单选按钮组，组名为“sex”，默认选中“男”，如图3.72所示。

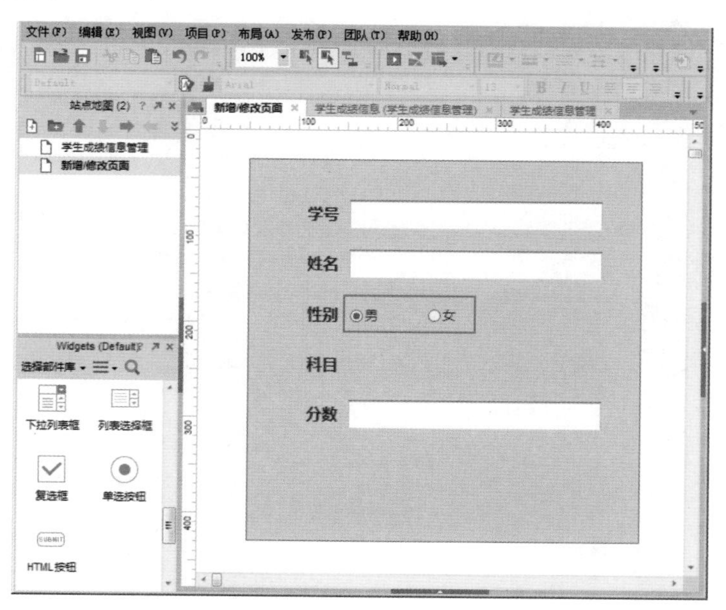

图3.72　设计性别

（5）拖动一个下拉列表框组件，将标签命名为“subjectInput”，双击下拉列表框组件，添加科目选项，默认勾选的是“请选择”复选框，如图3.73所示。

（6）拖动两个自定义形状按钮组件到工作区域，按钮填充为蓝色（0099FF），将文本内容分别命名为“保存”、“关闭”，字体颜色设置为白色（FFFFFF），字号设置为16号字，加粗，去掉自定义形状的边框，如图3.74所示。

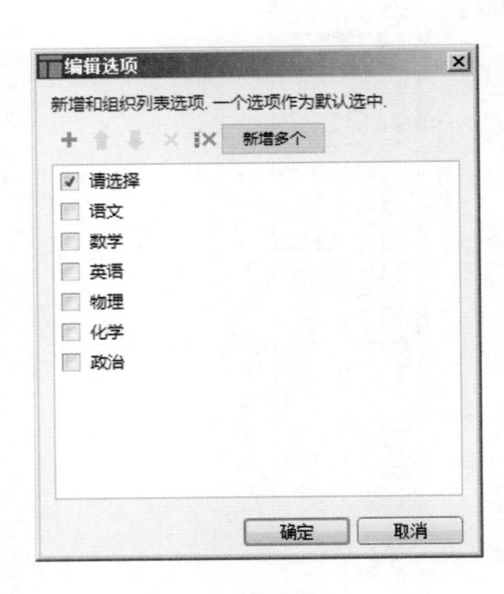

图3.73　设计科目

图3.74　保存按钮

3.5.4　中继器新增数据操作

中继器新增数据操作可以模拟数据库增加数据操作，下面通过弹出框来进行中继器新增数据的操作。

（1）新增一个全局变量，命名为“flag”，默认值为0，代表新增操作，如果值为1，代表修改操作，如图3.75所示。

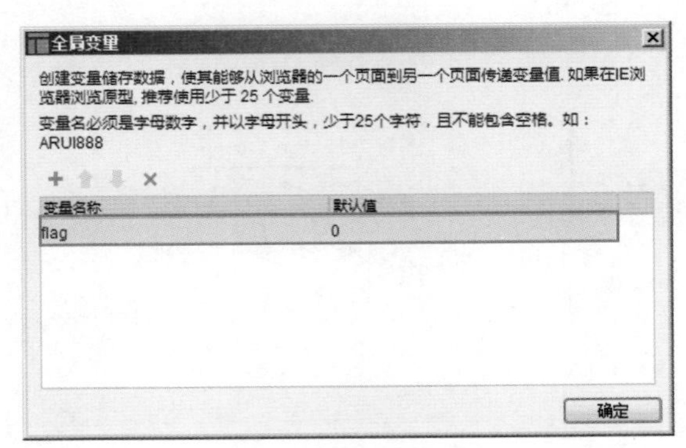

图3.75　新增全局变量

（2）进入“学生成绩信息管理”页面，拖动三个自定义形状组件，默认是圆角矩形，将文本内容分别重新命名为“搜索”、“新增”、“删除”，矩形背景设置为蓝色（009DD9），矩形线宽设置为无，字体颜色设置为白色（FFFFFF），字号设置为16号字，加粗，如图3.76所示。

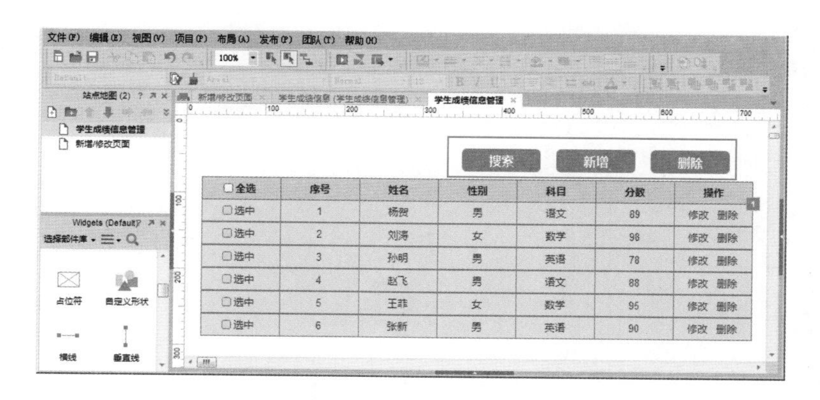

图3.76　新增操作按钮

（3）选中“新增”按钮，在部件交互和注释区域添加鼠标单击时触发事件，弹出用例编辑器对话框，在第二步下单击弹出窗口，在第四步下单击“新增/修改页面”，在弹出属性中设置在屏幕中央弹出，如图3.77所示。

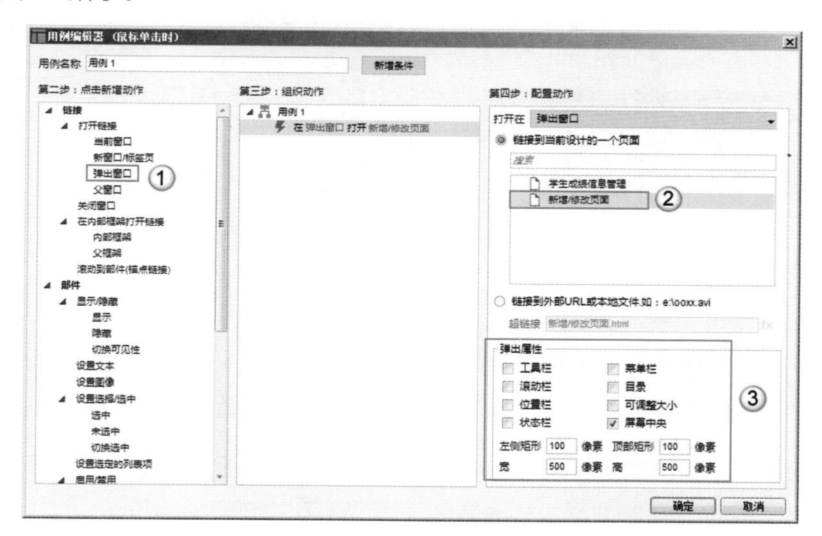

图3.77　显示弹出框

（4）按F8键进行原型发布，单击“新增”按钮，表单页面弹出，如图3.78所示。

（5）进入“新增/修改页面”页面，选中关闭按钮，单击关闭弹出框，添加鼠标单击时触发事件，弹出用例编辑器对话框，在第二步下单击关闭窗口，如图3.79所示。

（6）单击保存按钮，在部件交互和注释区域单击鼠标单击时触发事件，弹出用例编辑器对话框。单击“新增条件”按钮，弹出条件生成对话框，添加变量值flag等于0条件，如图3.80所示。

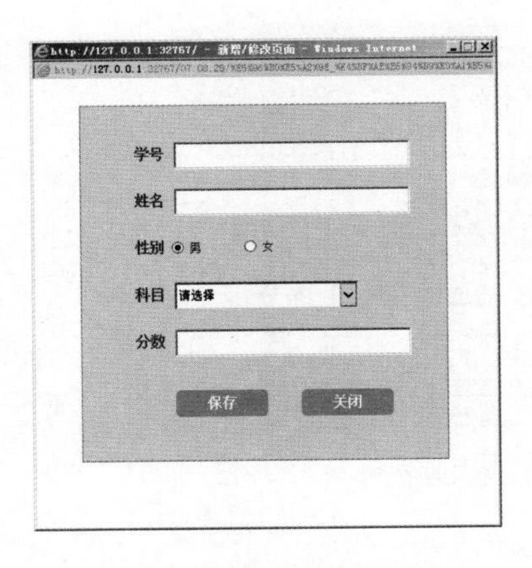

图3.78　新增修改表单页面

图3.79　关闭窗口

（7）在用例编辑器上，第二步下单击中继器新增行操作，在第四步下发现没有可用的中继器，说明只能在同一页面才会出现中继器，现在的中继器页面和弹出框页面是两个页面，如图3.81所示。

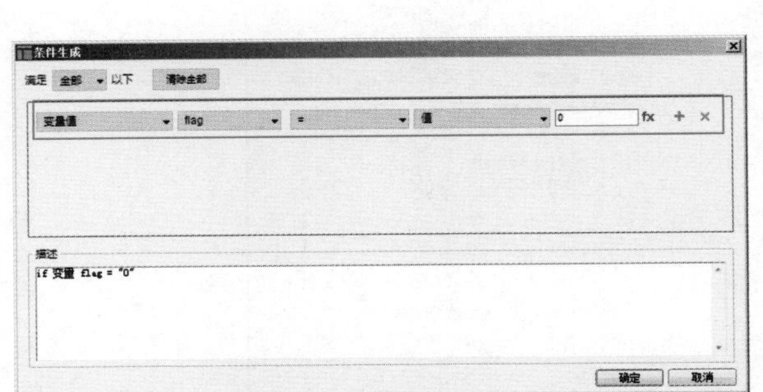

图3.80　加入判断条件

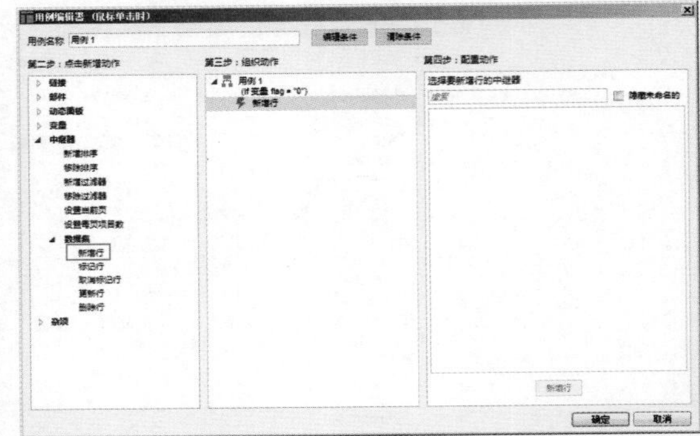

图3.81　没有可用中继器

（8）选中新增修改页面的所有表单内容，右击转换为动态面板，将动态面板命名为“新增修改表单”，然后将动态面板复制“学生成绩信息管理”页面，如图3.82所示。

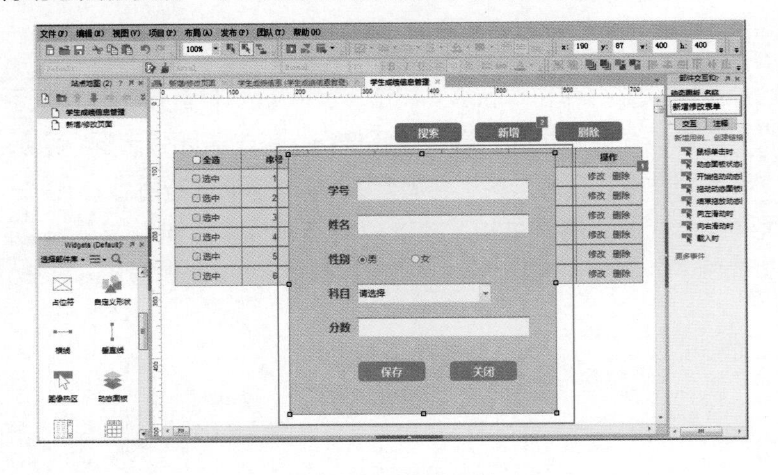

图3.82　复制动态面板

（9）删除“新增/修改页面”，进入“新增修改表单”动态面板，将状态命名为“表单”，选中关闭按钮，重新编辑触发动作，单击这个按钮，清空表单内容，把它隐藏起来置于底层，如图3.83所示。

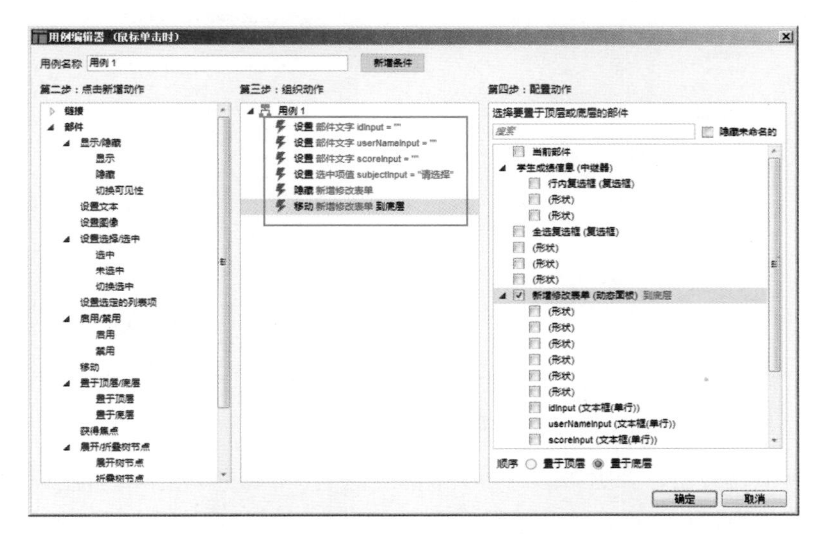

图3.83　修改关闭按钮触发动作

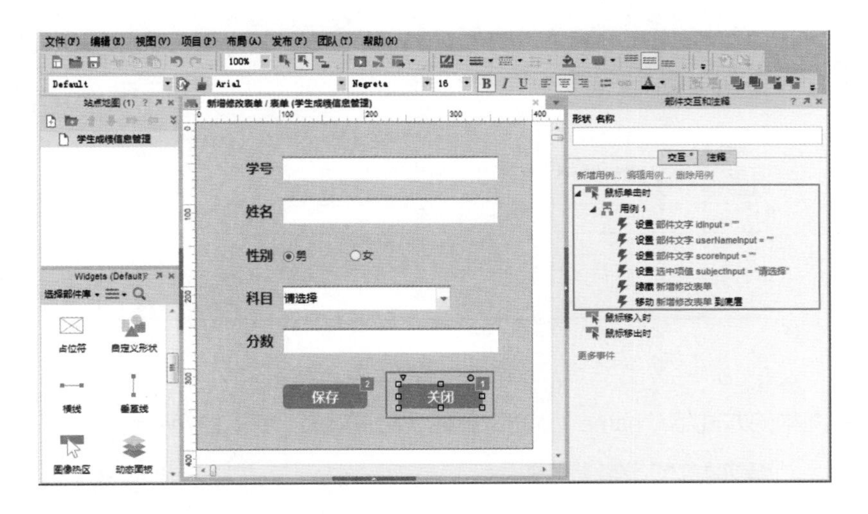

图3.84　关闭按钮触发事件

注　意

将文本输入框设置为空值和将选择框设置为默认值，目的是为了防止将上一次的表单内容重新显示出来。

（10）选中“保存”按钮，重新编辑触发动作。在用例编辑器对话框中首先单击“新增行”，然后勾选“学生成绩信息”复选框，最后单击新增行按钮，如图3.85所示。

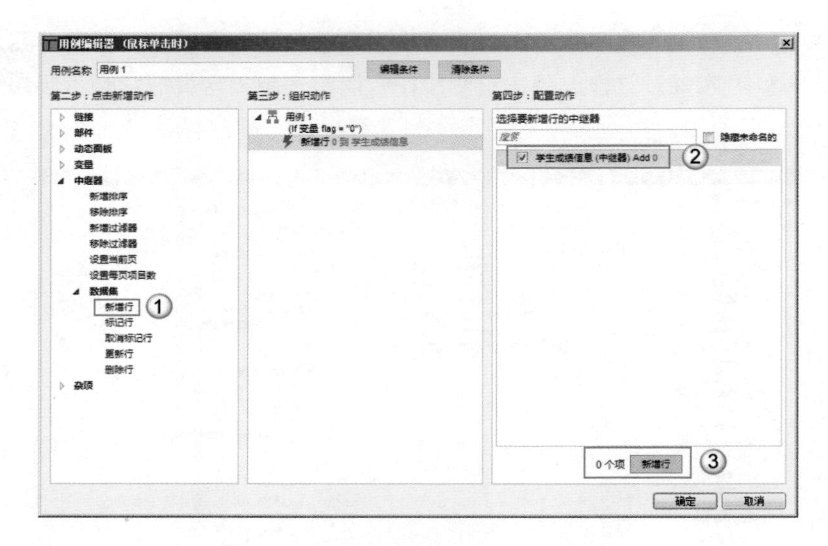

图3.85　新增行动作

（11）单击新增行按钮，弹出新增行到中继器对话框，在id列单击fx，弹出编辑值对话框，新增局部变量，变量值为idInput输入框中的值，再插入局部变量，如图3.86所示。

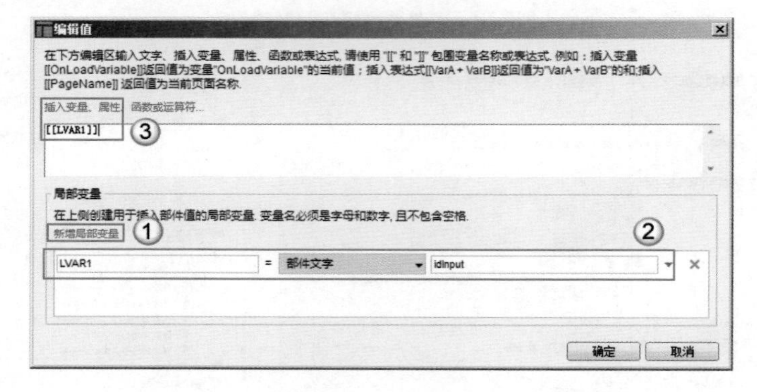

图3.86　id列赋值

（12）运用同样的方式给“name”、“score”两列赋值，如图3.87所示。

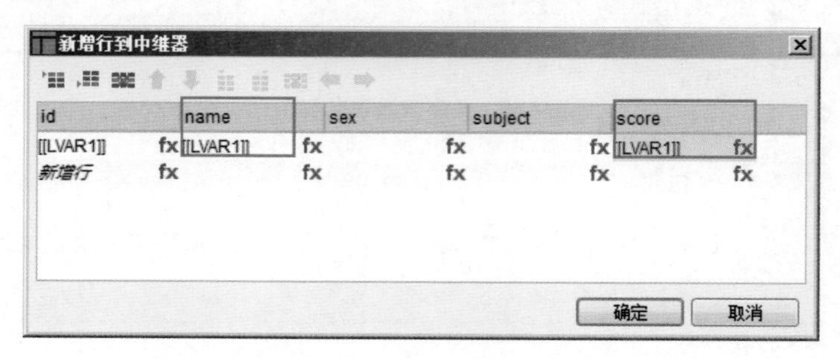

图3.87　给“name”、“score”两列赋值

（13）在subject列单击fx，弹出编辑值对话框，新增局部变量，变量值为subjectInput选择框中的值，再插入局部变量，如图3.88所示。

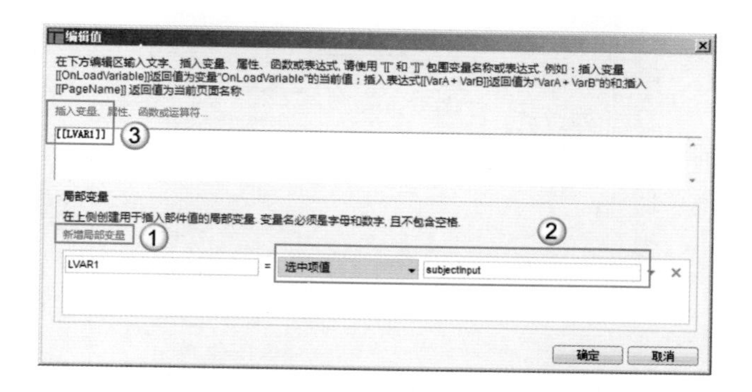

图3.88 给“subject”列赋值

（14）sex性别列因为使用的是单选按钮组件，无法像id、subject赋值，需要新增一个全局变量，用来存储性别的值，单击“确定”按钮，如图3.89所示。

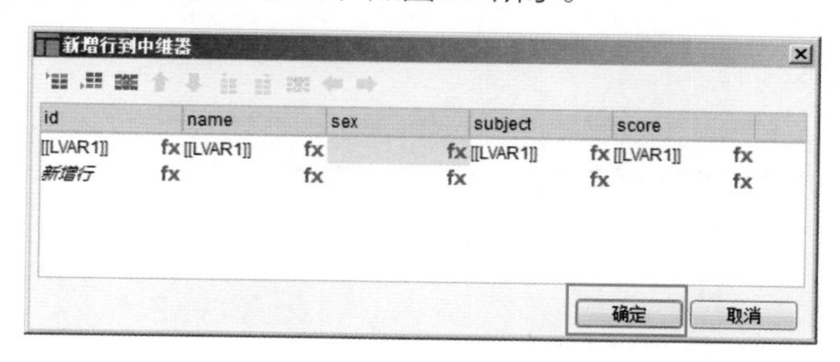

图3.89 保存编辑结果

（15）新增一个全局变量“sex”，默认值为“男”，选中男单选按钮组件，为其添加选项改变时触发事件，设置变量“sex”的值为“男”，运用同样的方式给女单选按钮组件添加选项改变时触发事件，设置变量“sex”的值为“女”，如图3.90所示。

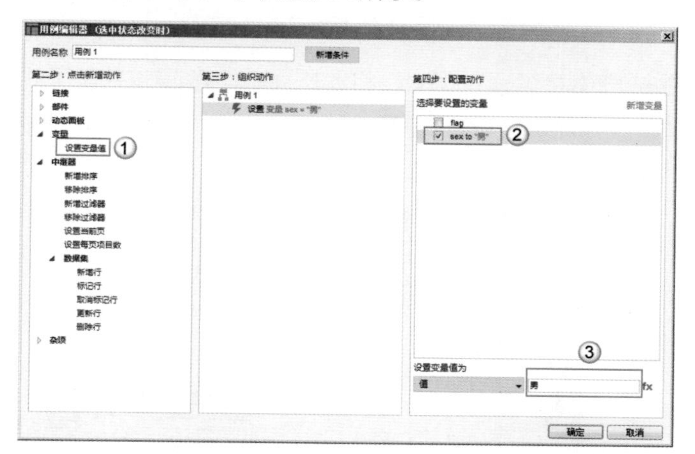

图3.90 全局变量sex赋值

（16）选中保存按钮修改用例，默认值为“男”，选中男单选按钮组件，给它添加选项改变时触发事件，设置变量“sex”的值为“男”，运用同样的方式给女单选按钮组件添加选项改变时触发事件，设置变量“sex”的值为“女”，如图3.91所示。

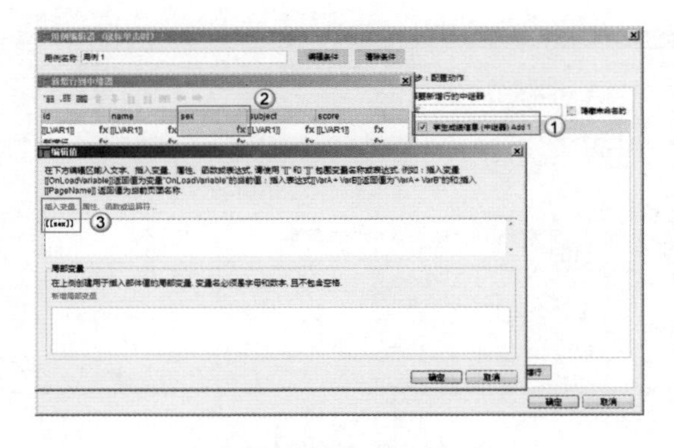

图3.91　sex列赋值

（17）在用例编辑器上的第二步下单击隐藏，在第四步下单击新增修改表单这个动态面板，再次在第二步下单击置于底层，在第四步下单击新增修改表单动态面板。将新增修改表单隐藏起来并置于底层，如图3.92所示。

图3.92　编辑用例

（18）返回“学生成绩信息管理”页面，将动态面板隐藏起来并置于底层；选中“新增”按钮，编辑用例，删除关闭窗口动作，设置变量flag值为0，同时将“新增修改表单”动态面板显示出来，置于顶层，如图3.93所示。

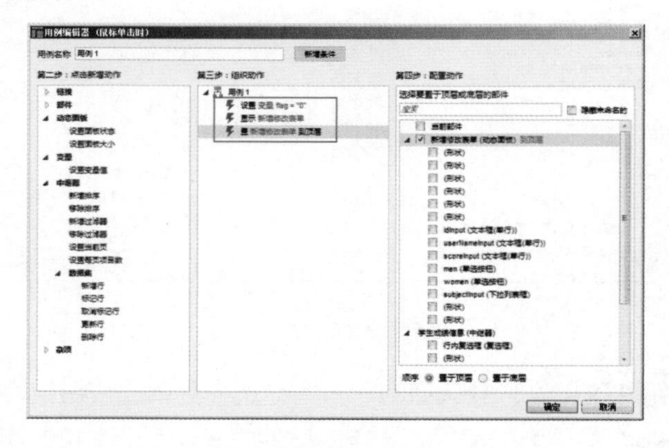

图3.93　修改新增按钮用例

（19）按F8键发布原型，新增一条数据，实现中继器新增数据操作，如图3.94所示。

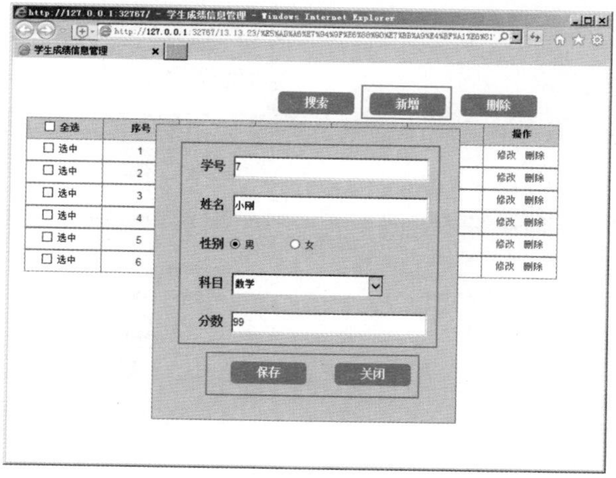

图3.94　新增数据

注　意

当单击新增按钮时，把变量值flag设置为0，因为当flag等于0，执行新增操作，当flag等于1，执行修改操作。

（20）单击保存按钮时，可以插入一条数据，但当再次单击新增按钮，可以看到会把上次填写的内容显示出来，这并不是想要的，需要修改保存用例。

（21）返回Axure工程中，选中保存按钮，编辑用例，将学号、姓名、分数的输入框置为空，性别选中men，下拉菜单指定列表项为请选择，这样就不会把上次的值显示出来，如图3.95所示。

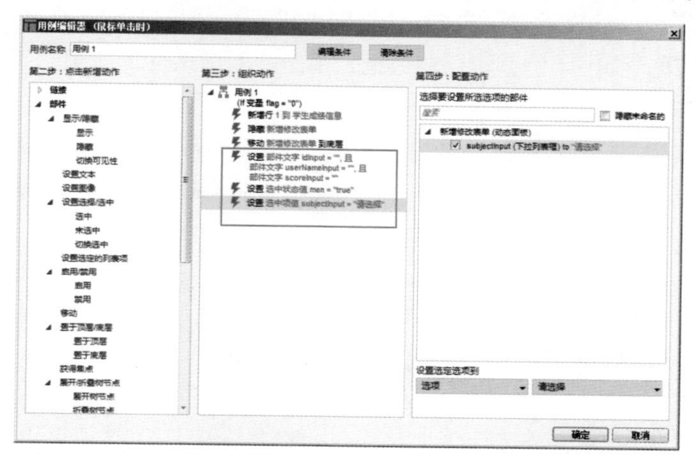

图3.95　设置表单默认值

3.5.5　中继器删除数据操作

中继器删除数据，可以进行行内删除数据或者通过选中某几行进行全局删除数据。

1. 行内删除数据操作

具体操作步骤如下：

（1）双击“学生成绩信息”中继器，进入中继器编辑区，选中删除按钮，在部件交互和注释区域单击鼠标单击时，弹出用例编辑器对话框，在第二步下单击删除行，在第四步下勾选学生成绩信息复选框，如图3.96所示。

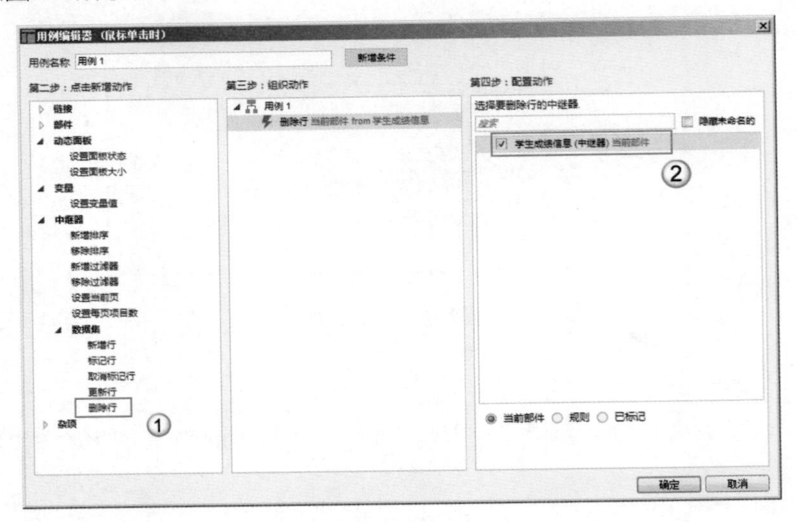

图3.96　添加删除动作

（2）按F8键发布制作的原型，单击行内删除按钮，可以删除数据记录，如图3.97所示。

2. 全局删除数据操作

（1）返回“学生成绩信息管理”页面，单击页面中的全选复选框，在部件交互和注释区域单击选中状态改变时按钮，弹出用例编辑器对话框，单击“新增条件”按钮，新增选中状态为true时的条件，如图3.98所示。

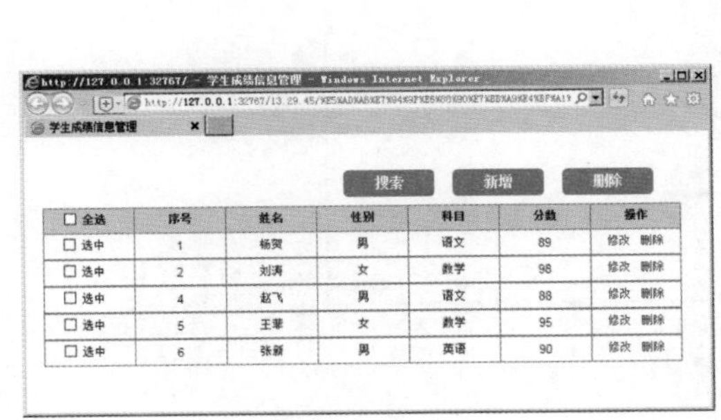

全选	序号	姓名	性别	科目	分数	操作
选中	1	杨贺	男	语文	89	修改 删除
选中	2	刘涛	女	数学	98	修改 删除
选中	4	赵飞	男	语文	88	修改 删除
选中	5	王菲	女	数学	95	修改 删除
选中	6	张新	男	英语	90	修改 删除

图3.97　删除序号3

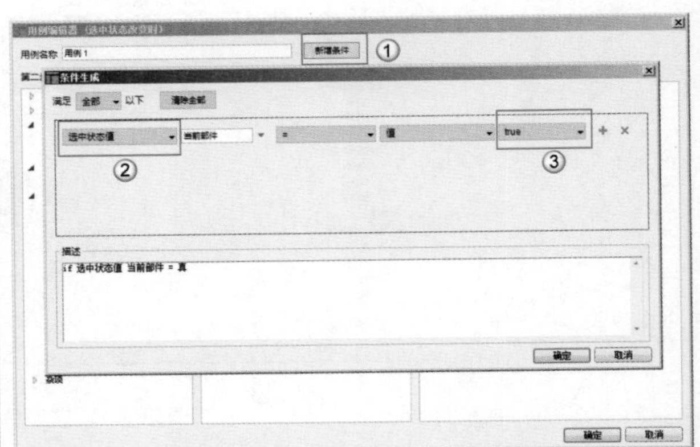

图3.98　新增选中状态为true时的条件

（2）在用例编辑器对话框中首先单击“选中”，然后勾选行内复选框，如图3.99所示。

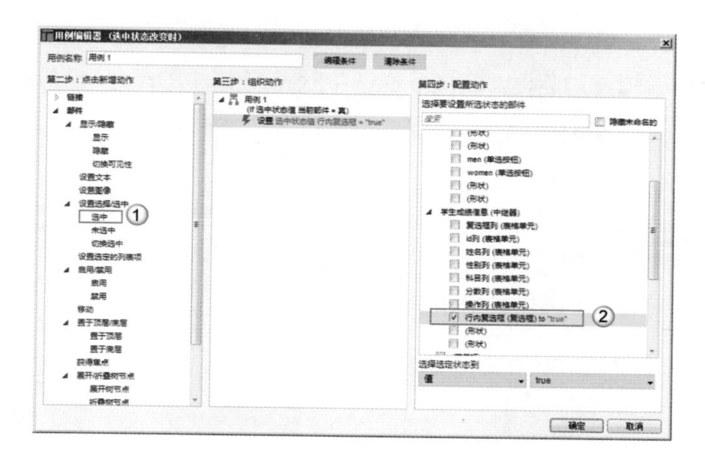

图3.99 选中行内复选框

（3）全选复选框再新增一个用例，选中状态为false条件，如图3.100所示。

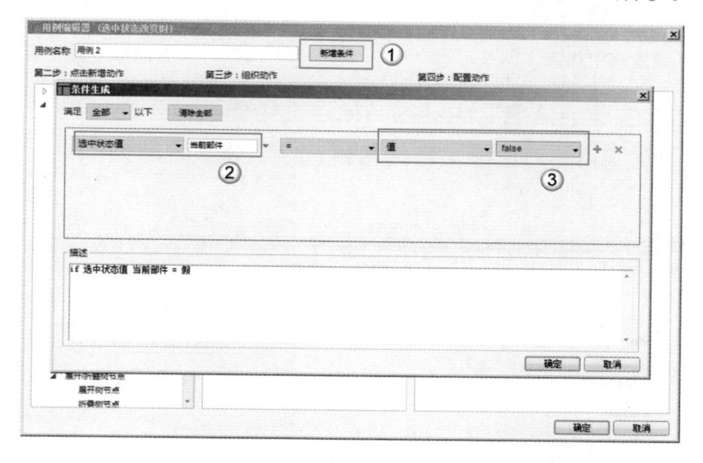

图3.100 新增选中状态为false条件

（4）设置行内复选框为未选中状态，如图3.101所示。

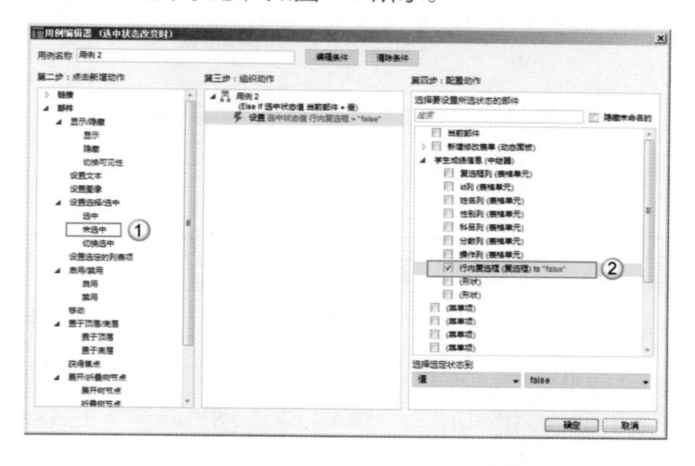

图3.101 设置行内复选框为未选中状态

（5）双击进入“学生成绩信息”中继器，单击选中复选框，在部件交互和注释区域单击选中状态改变时，弹出用例编辑器对话框。新增条件选中状态改变时为true，如图3.102所示。

（6）在用例编辑器对话框中，首先单击“标记行”，然后勾选用户信息复选框，如图3.103所示。

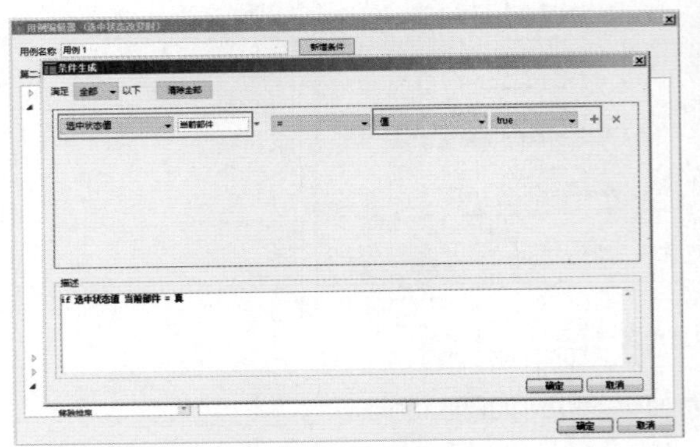

图3.102　设置选中状态

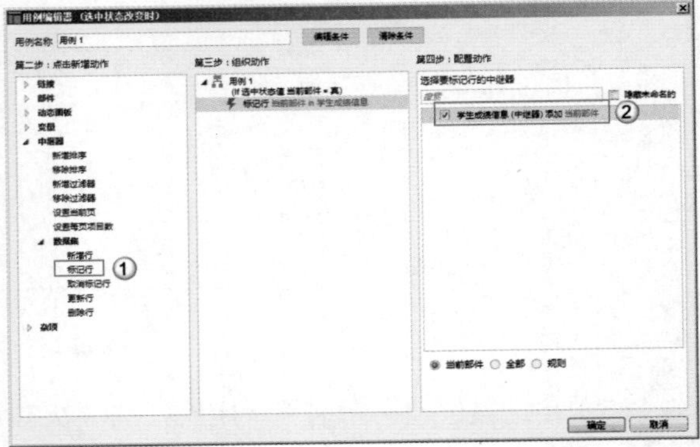

图3.103　标记当前行

（7）双击进入“学生成绩信息”中继器，单击选中复选框，在部件交互和注释区域单击选中状态改变时，弹出用例编辑器对话框。新增条件选中状态改变时为false，取消标记当前行，如图3.104所示。

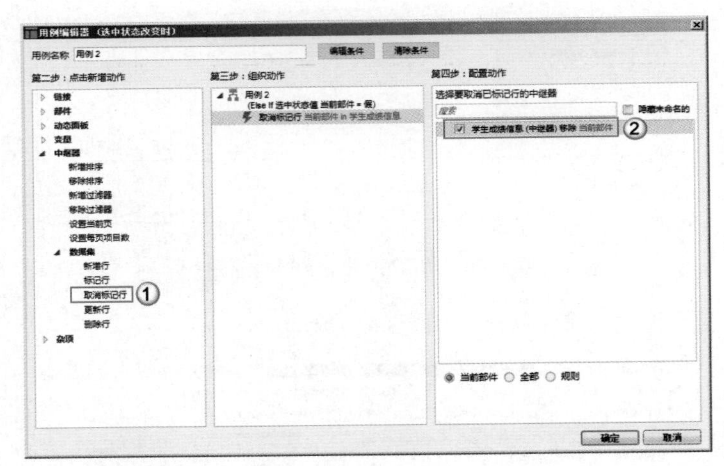

图3.104　取消标记行

注　意

标记行常用于标记要操作的行数据，可以标记要删除和修改的行数据。

（8）返回“学生成绩信息管理”页面，单击删除按钮，在部件交互和注释区域单击鼠标单击时按钮，弹出用例编辑器对话框。首先单击“删除行”，然后勾选学生成绩信息复选框，最后选中“已标记”单选按钮，如图3.105所示。

（9）按F8键发布制作的原型，单击复选框，可以选中要删除的行数据，单击“删除”按钮，可以删除选中的行数据，如图3.106所示。

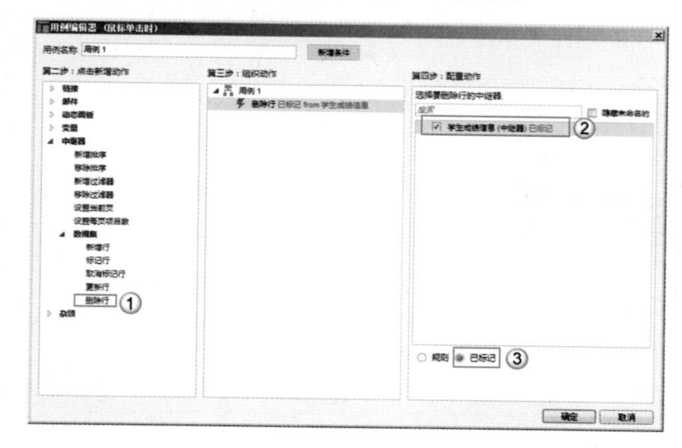

图3.105　添加删除用例

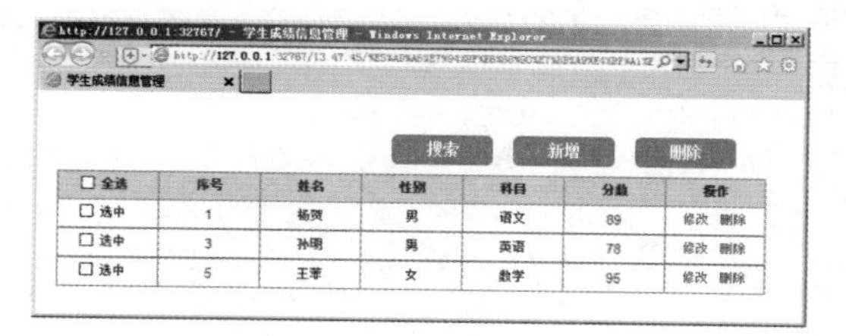

图3.106　全局删除数据

这样即可实现行内删除数据或利用复选框选中要删除的数据，进行全局删除数据。

3.5.6　中继器修改数据操作

利用中继器进行数据修改来模拟数据库的修改操作，具体操作步骤如下。

（1）双击进入“学生成绩信息”中继器，选中“修改”按钮，添加鼠标单击时触发事件，弹出用例编辑器对话框，新增条件，判断当前要修改的学生信息的性别是“男”，通过值的方式插入中继器中的“[[item.sex]]”，如图3.107所示。

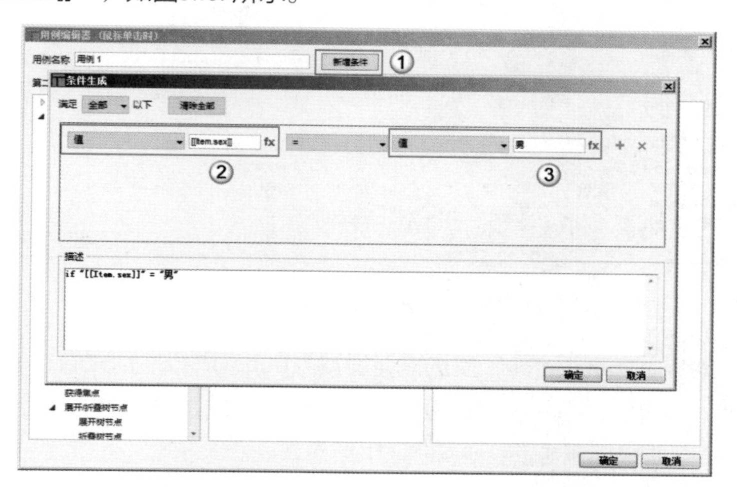

图3.107　插入中继器里性别的值

（2）设置变量值flag等于1，并且把“新增修改表单”显示出来，置于顶层，把中继器中的值显示到表单中，单击设置文本，勾选idInput复选框，单击fx，插入中继器中的“[[item.id]]”值，如图3.108、图3.109所示。

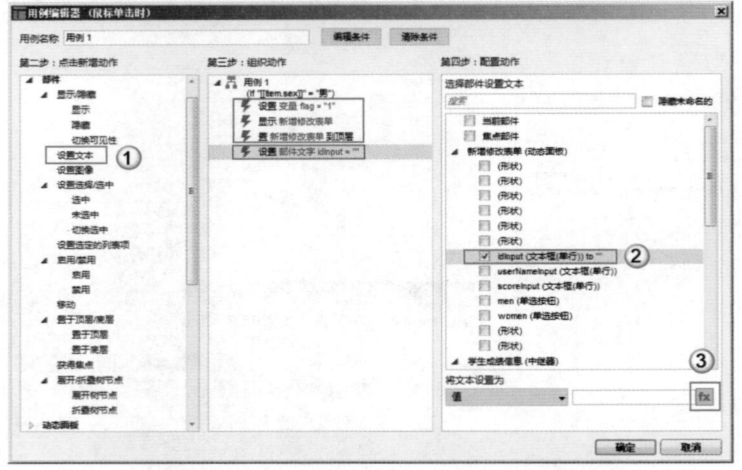

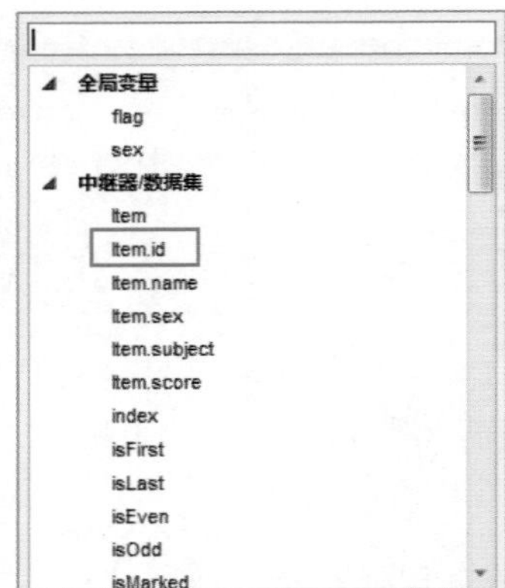

图3.108　显示新增修改表单　　　　图3.109　显示序号值

（3）运用同样的方法给表单中的“姓名”、“分数”输入框进行赋值，如图3.110所示。

图3.110　给姓名、分数输入框赋值

（4）单击选中动作，勾选“men”复选框，设置为true，进行性别赋值；单击选定的列表项，勾选“subjectInput”复选框，插入中继器里的“[[item.subject]]”值，进行科目赋值，设置变量值sex等于“男”，在中继器里标记当前行，如图3.111所示。

（5）再新增一个用例，这次判断性别为女，除了设置选中状态值“women”等于true，设置变量值sex等于“女”，其他设置和上面一样，如图3.112所示。

（6）进入“新增修改表单”状态，选中“保存”按钮，添加鼠标单击时触发事件，再新增一个用例，判断变量值flag等于1，首先单击“更新行”，然后勾选学生成绩信息复选框，最后单选按钮选择“已标记”，如图3.113所示。

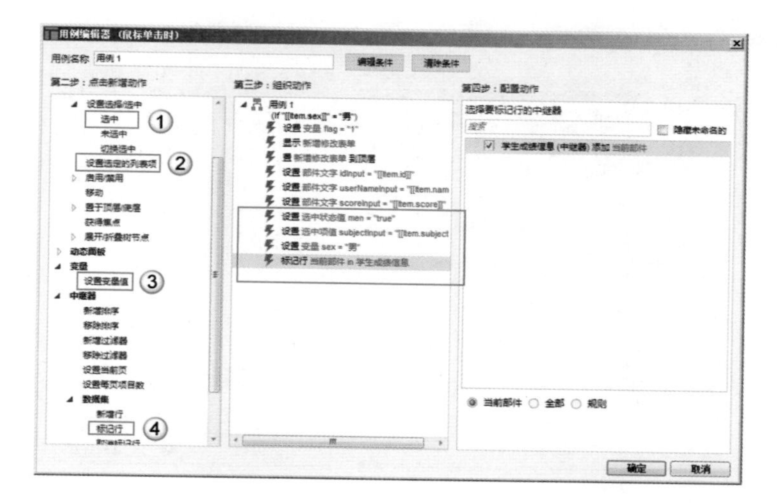

图3.111　性别、科目赋值

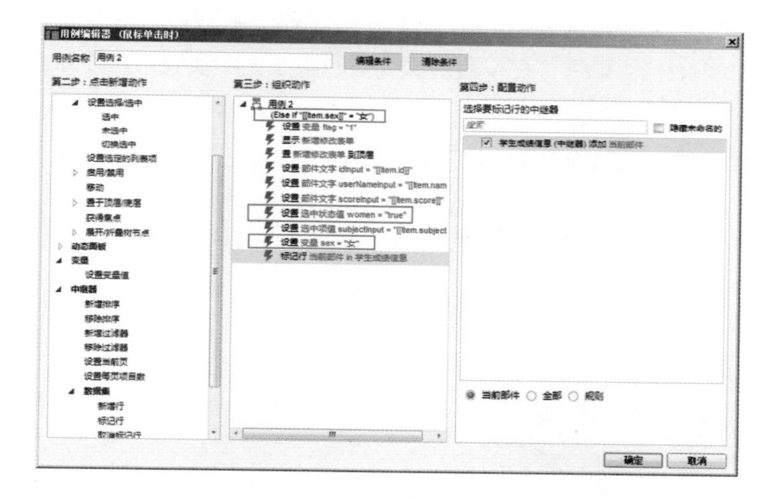

图3.112　修改女学生的信息

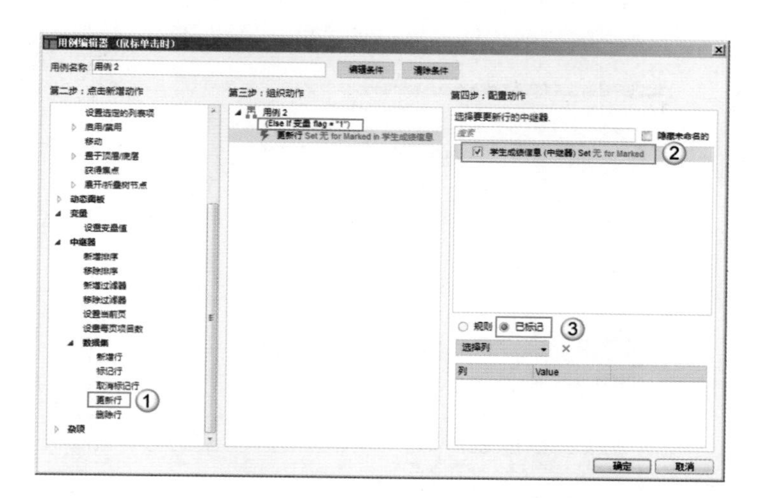

图3.113　设置更新行

（7）在选择列下拉框中选择id值，单击fx，将id输入框中的值保存到中继器中，如图3.114所示。

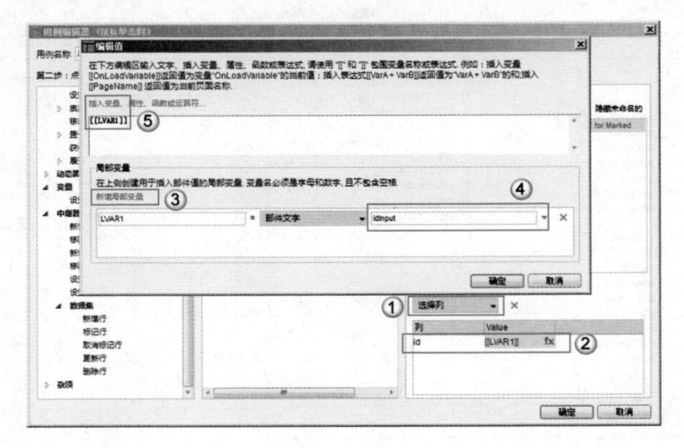

图3.114　保存id值

（8）运用同样的方法把name和score的值保存到中继器中，对于sex性别的值，通过全局变量sex进行赋值，对于subject科目赋值，在设置局部变量时应该选中项值，如图3.115所示。

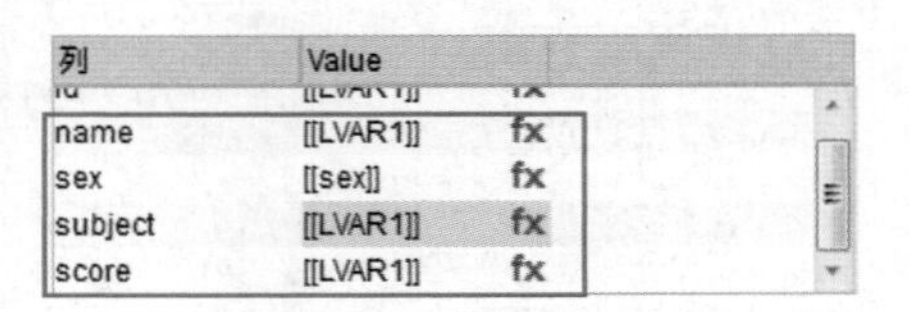

列	Value	
name	[[LVAR1]]	fx
sex	[[sex]]	fx
subject	[[LVAR1]]	fx
score	[[LVAR1]]	fx

图3.115　name、sex、subject、score列赋值

注　意

id、name、score都是通过文本输入框进行赋值，而sex是单选按钮，需要借助于全局变量，subject是下拉菜单赋值。

（9）将“新增修改表单”隐藏起来，置于底层，取消标记行，将变量值flag设置为0，如图3.116所示。

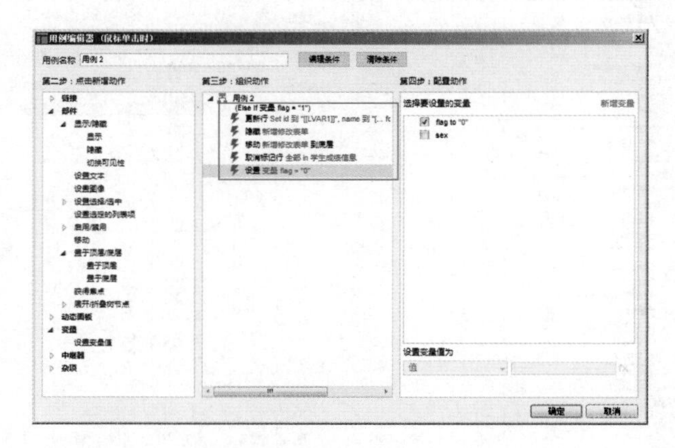

图3.116　隐藏表单

（10）选中关闭按钮，修改用例1，设置变量值flag等于0，取消标记行，如图3.117所示。

图3.117 设置变量值和取消标记行

（11）按F8键发布看一下效果，单击修改，可以看到将要修改的数据显示出来，修改表单的数据，如图3.118所示。

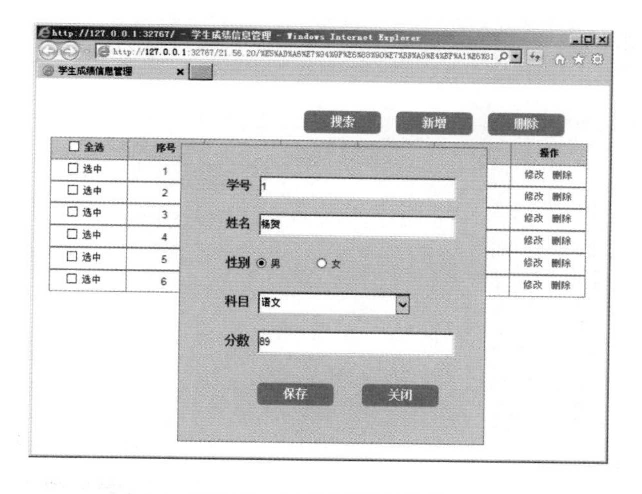

图3.118 加载要修改的数据

注 意

这里的修改数据操作，并没有把中继器数据集中的数据修改掉，当刷新浏览器时，可以看到加载的数据还是原来的数据，并不是修改的数据。

3.5.7 中继器搜索及排序操作

中继器除了可以进行新增、修改、删除数据等操作，还可以按某个字段进行搜索和排序。

1. 中继器搜索操作

具体操作步骤如下：

（1）拖动一个文本框单行组件，将标签命名为“search”，提示文字为“请输入姓名”，字体颜色设置为灰色（999999），如图3.119所示。

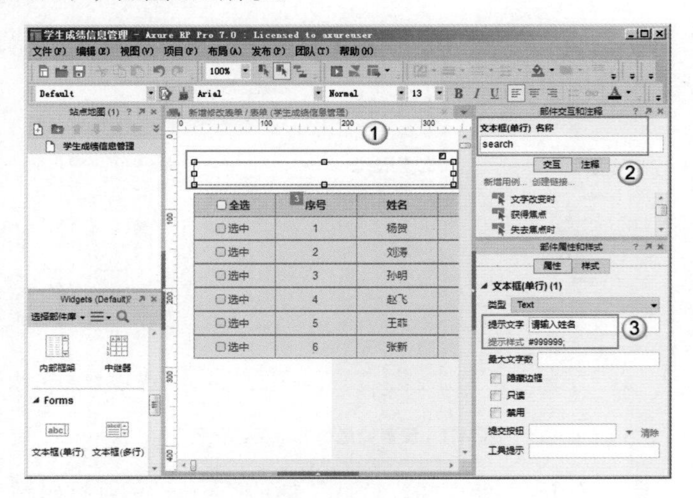

图3.119　添加搜索框

（2）选中搜索按钮，添加鼠标单击时触发事件。首先单击“新增过滤器”，然后勾选用户信息复选框，最后单击fx按钮，如图3.120所示。

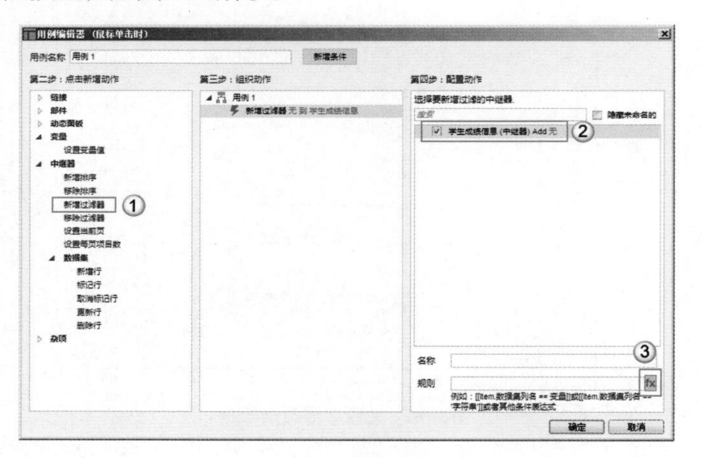

图3.120　新增过滤器

（3）设置规则，如果搜索框中的值等于中继器姓名这一列的值，将会被检索出来，如图3.121所示。

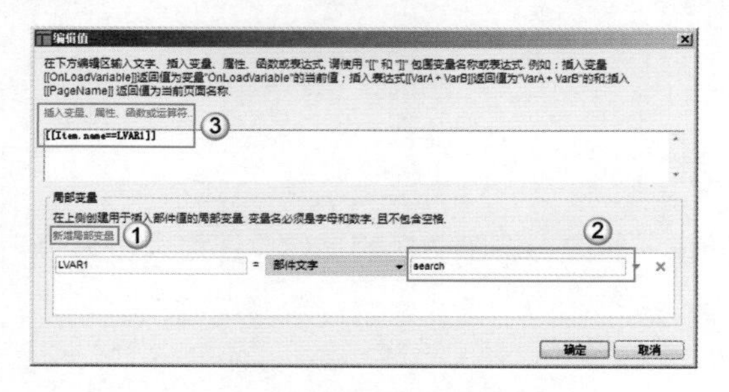

图3.121　设置搜索规则

（4）按F8键发布原型看一下效果，在搜索框中输入“刘涛”，单击搜索按钮，可以把符合条件的数据检索出来，如图3.122所示。

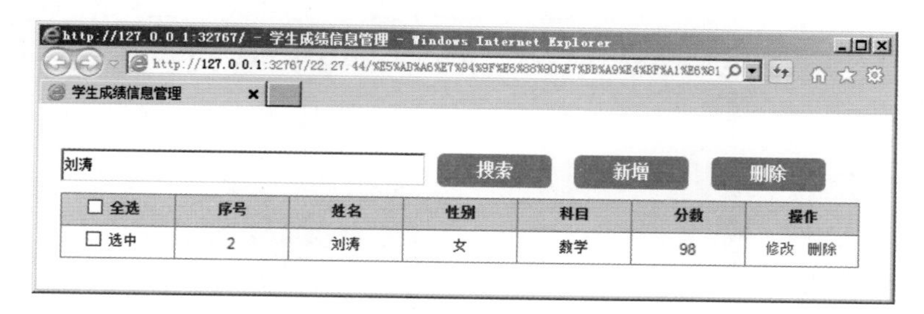

图3.122 检索数据

注 意

在设置检索规则时，设置输入框中的值等于列名值，才会被检索出来；也可以设置中继器的某一列的值包含搜索框中的值，需要借助于字符串函数。

2. 中继器排序操作

具体操作步骤如下：

（1）拖动一个矩形组件，形状调整为下三角形，代表此列可以排序，再拖动一个图像热区组件覆盖在其上，增加单击的区域，如图3.123所示。

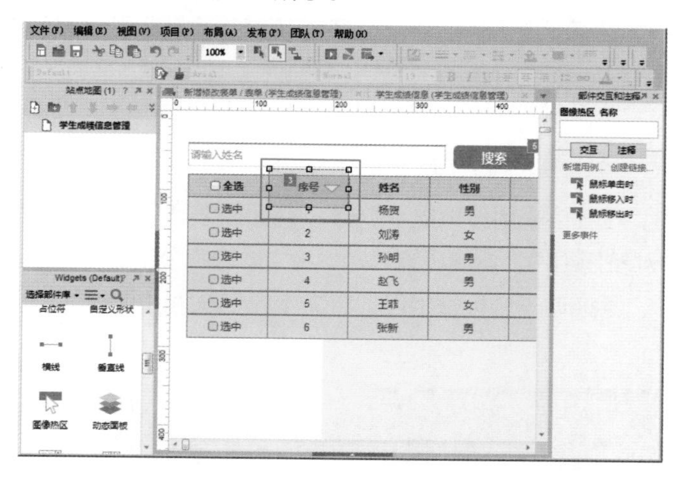

图3.123 排序图标

（2）选中图像热区组件，添加鼠标单击时触发事件。首先单击“新增排序”，然后勾选学生成绩信息复选框，按id这一列进行切换排序，如图3.124所示。

（3）按F8键发布看一下效果，单击“序号”标题，可以看到按升序或者降序进行排列，如图3.125所示。

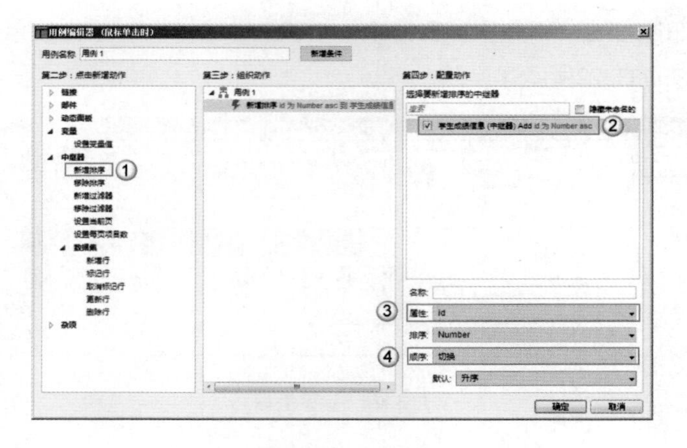

图3.124　设置排序

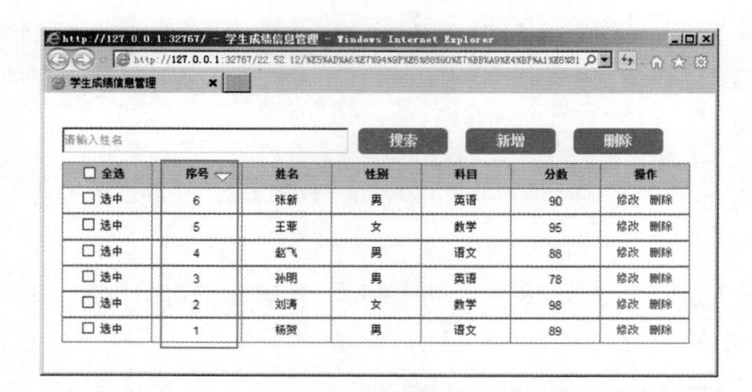

全选	序号	姓名	性别	科目	分数	操作
选中	6	张新	男	英语	90	修改 删除
选中	5	王菲	女	数学	95	修改 删除
选中	4	赵飞	男	语文	88	修改 删除
选中	3	孙明	男	英语	78	修改 删除
选中	2	刘涛	女	数学	98	修改 删除
选中	1	杨贺	男	语文	89	修改 删除

图3.125　发布原型

3.5.8　中继器分页功能

当列表条数较多时，往往会采用分页显示数据，中继器同样可以进行分页操作。

（1）拖动四个HTML按钮组件，宽度设置为70，将文本内容分别命名为“首页”、“上一页”、“下一页”、“尾页”，再拖动一个标签组件，将文本内容改为“页码”，标签命名为“页码”，如图3.126所示。

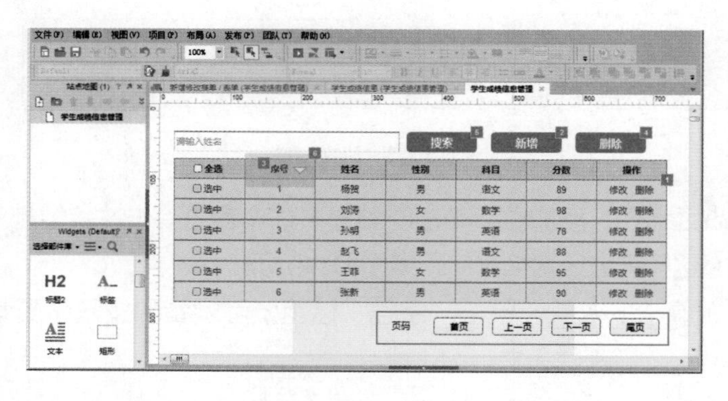

图3.126　翻页按钮及页码

（2）双击进入“学生成绩信息”中继器，单击“Repeater Style”按钮，设置每页显示五条数据，从第一页开始，如图3.127所示。

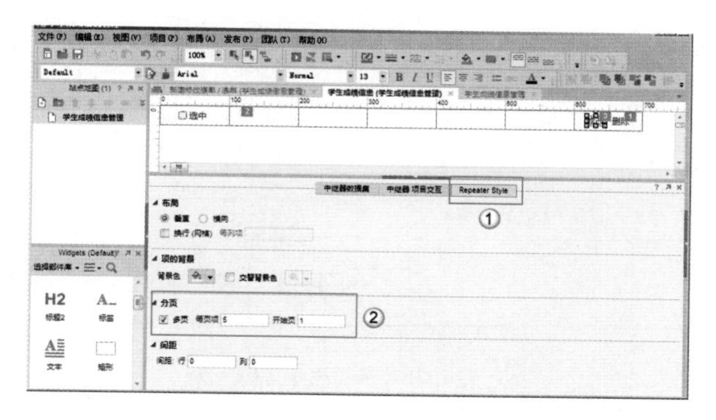

图3.127　设置每页显示五条数据

（3）单击“中继器项目交互”按钮，添加每项加载时触发事件，双击Case 1，进入用例编辑器对话框。首先单击“设置文本”，然后勾选页码复选框，如图3.128所示。

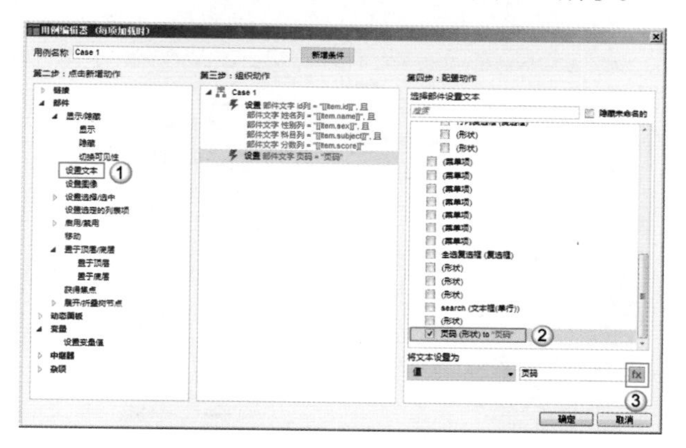

图3.128　设置页码显示

（4）单击fx，进入编辑文字对话框，单击插入变量，插入当前页码、总页数以及总条数，如图3.129所示。

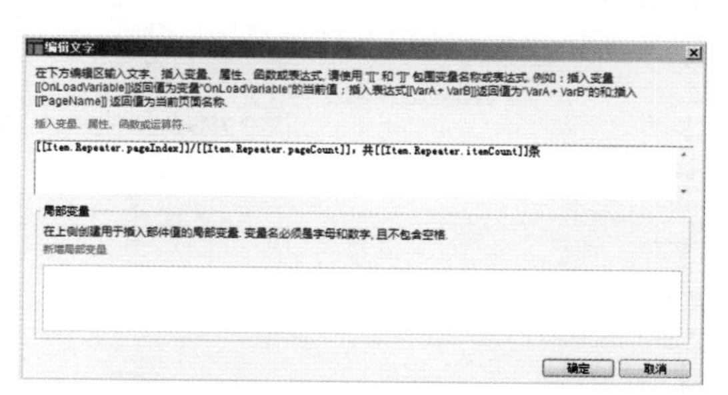

图3.129　插入页码

（5）按F8键发布制作的原型，可以看到每页显示五条数据，页码显示当前页、总页数以及总条数，如图3.130所示。

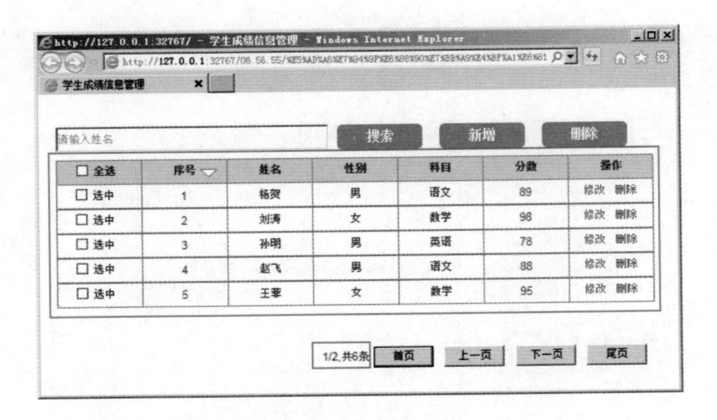

图3.130 分页显示数据

（6）给“首页”、“上一页”、“下一页”、“尾页”按钮添加交互行为。返回“学生成绩信息管理”页面，单击“首页”按钮，在部件交互和注释区域单击鼠标单击时按钮，设置当前页为1页。运用同样的方法设置“上一页”、“下一页”、“尾页”按钮交互动作，如图3.131~图3.134所示。

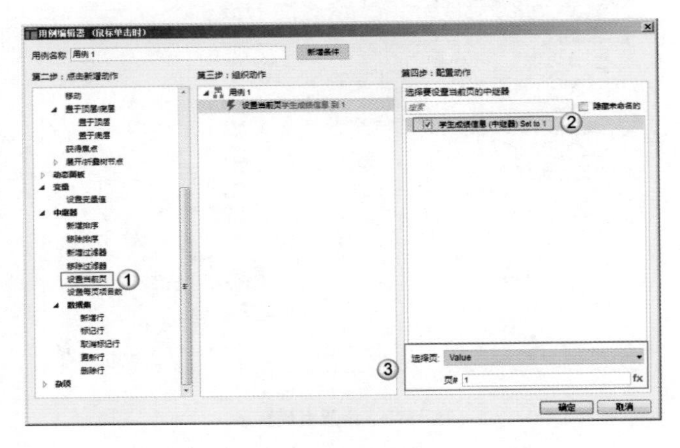

图3.131 设置“首页”按钮

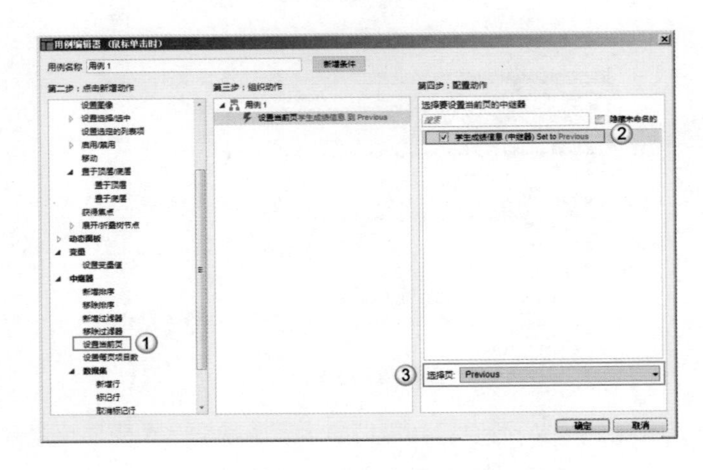

图3.132 设置“上一页”按钮

图3.133 设置“下一页”按钮

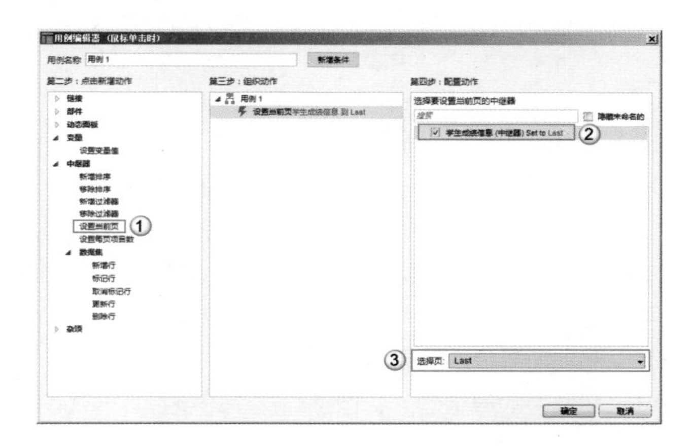

图3.134 设置“尾页”按钮

（7）按F8键发布制作的原型，单击翻页按钮，可以进行分页查看数据，如图3.135所示。

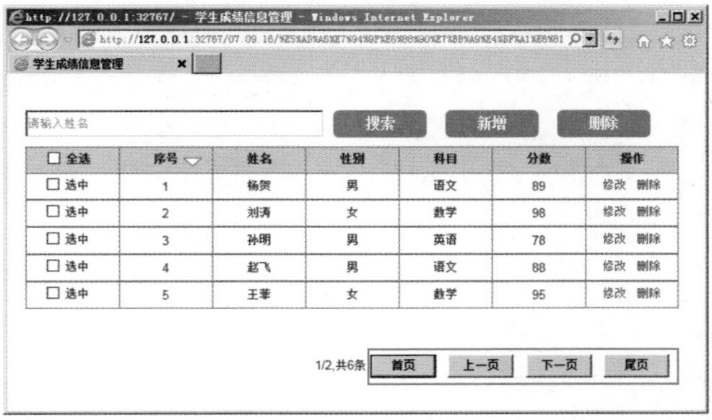

全选	序号	姓名	性别	科目	分数	操作
选中	1	杨贺	男	语文	89	修改 删除
选中	2	刘涛	女	数学	98	修改 删除
选中	3	孙明	男	英语	78	修改 删除
选中	4	赵飞	男	语文	88	修改 删除
选中	5	王華	女	数学	95	修改 删除

1/2,共6条 首页 上一页 下一页 尾页

图3.135 发布原型

这样就很完整的学习了中继器的使用，应该知道中继器是模拟数据库的操作，它可以进行增加数据、修改数据、删除数据以及查询数据操作，利用中继器还可以进行搜索数据以及分页功能，通过中继器的使用，可以让原型的交互效果更加丰富，用户体验更加真实。

3.6 Axure母版一次制作，终身受益

Axure的母版区域是一个非常实用且能大幅减少工作量的功能。在制作原型的过程中，会发现所要制作的原型的页首、页尾、导航菜单甚至一些图标，在很多页面都需要用到相同的内容，这时即可把这些内容制作成母版，可以达到一次制作，多次使用的效果。

如果没有母版功能模块，在制作原型的过程中，需要重复制作相同的内容，增加了很多工作量，降低了原型的制作效率。

3.6.1 创建母版的两种方式

打开Axure RP软件之后，在左下角可以看到母版的操作区域，有一排功能操作按钮和母版显示区域，如图3.136所示。

1. 母版功能条使用

：单击新增母版按钮可以实现新增一个母版。

：单击新增文件夹按钮可以实现新增一个文件夹，可以用来管理母版，对母版进行分类放置。

：单击向上移动按钮可以把选中的母版上移一个位置，提高母版的排序。

：单击向下移动按钮可以把选中的母版下移一个位置，降低母版的排序。

：单击降级按钮可以把当前母版降级为上一个母版的子母版。

：单击升级按钮可以把当前母版从子母版升级为母版。

：单击删除按钮可以把选中的母版删除，但是当这个母版在其他页面有引用时，无法删除当前母版，如图3.137所示。

删除的母版下面有子母版时，删除母版会有警告对话框弹出，提示会删除与母版相关的母版和文件夹。

：单击搜索按钮，可以根据母版名称，筛选出搜索的母版。

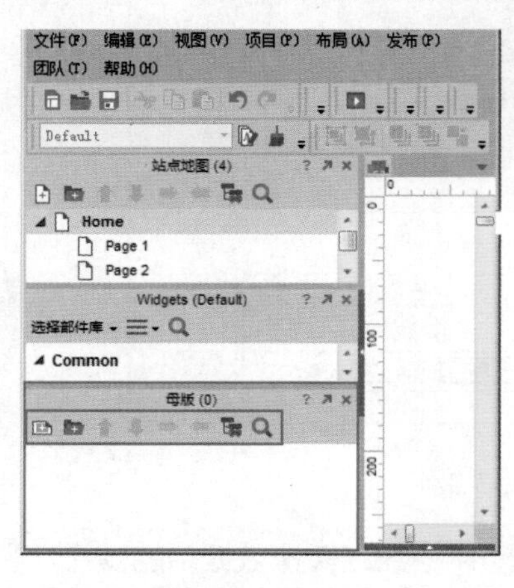

图3.136 母版区域

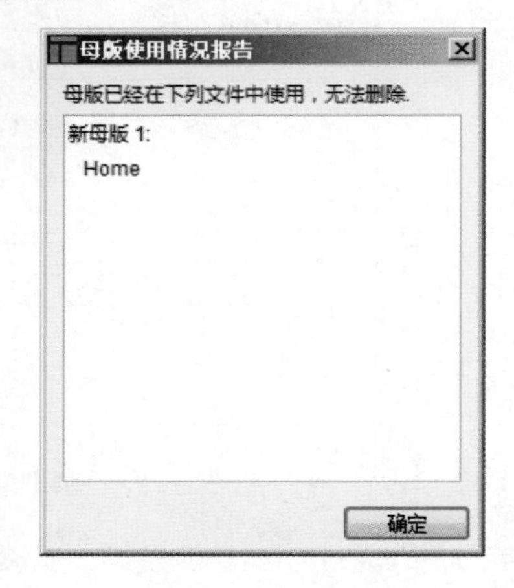

图3.137 无法删除母版

制作母版有两种方式，一种是通过组件的方式来转换为母版；另一种是通过母版区域新建母版。

2. 母版区域新建母版

具体操作步骤如下：

（1）在母版区域新建一个母版“导航菜单”，进入导航菜单母版，拖动一个横向菜单组件，设置四个菜单“首页”、“公司介绍”、“招贤纳士”、“联系我们”，如图3.138所示。

注 意

母版区域新建母版后，单击该母版进入母版页面，进行母版的编辑，如果没有进入母版页面，所处的页面还是站点地图的页面，非常容易弄混。

（2）编辑完母版之后，可以将母版引用到相关页面使用，在“导航菜单”母版上右击，选择新增页面选项，设置将母版引用到的页面，引入Home页面，如图3.139所示。

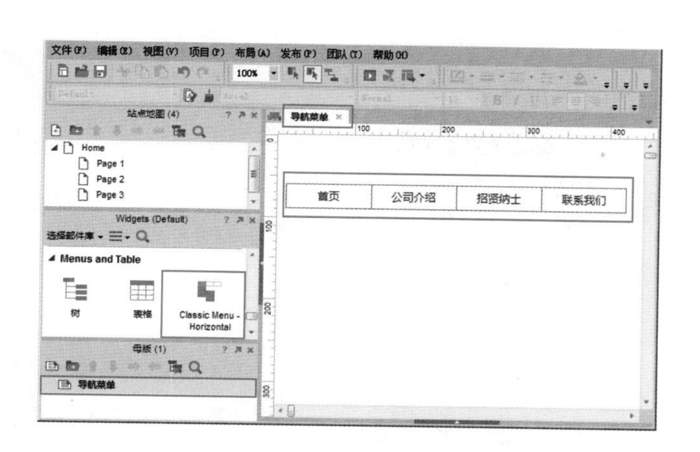

图3.138　新建母版

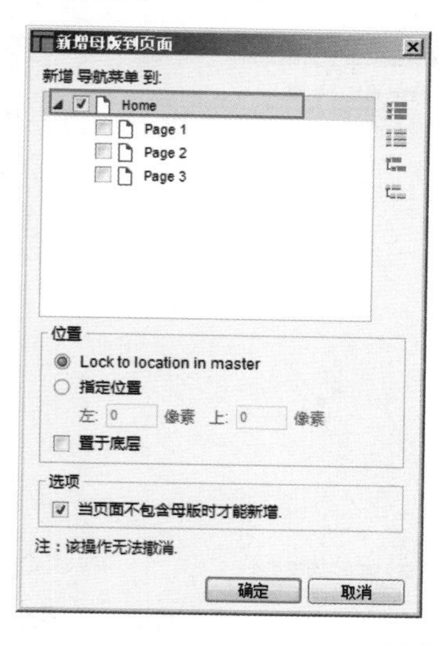

图3.139　母版引用到页面

（3）进入Home页面，可以看到引用的导航菜单母版，有其他页面也需要导航菜单，可以直接引用进去使用，如果当前页不想使用该母版，可以利用快捷键Ctrl+X剪切，如图3.140所示。

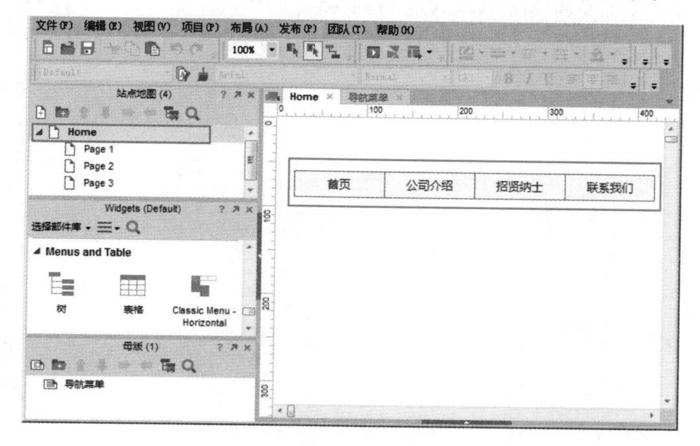

图3.140　Home页面

（4）除了在页面上利用快捷键删除引用的母版，也可以选中“导航菜单”母版，右击选择从页面删除选项，勾选要删除母版的页面，即可将引用的母版删除，如图3.141所示。

这种方式就是先创建一个母版，然后在各个页面引用，但有时并不是很清楚哪些地方需要制作成母版，在制作过程中会发现某个区域重复，这时可以通过组件的方式转换为母版，然后在其他页面直接引用。

3. 组件方式转换母版

具体操作步骤如下：

（1）进入Home页面，拖动一个矩形组件，将文本内容命名为“我是版权信息”，在制作原型过程中会发现很多页面也有版权信息，这时选中矩形组件，右击选择转换为母版选项，输入母版的名称为“版权信息”，如图3.142所示。

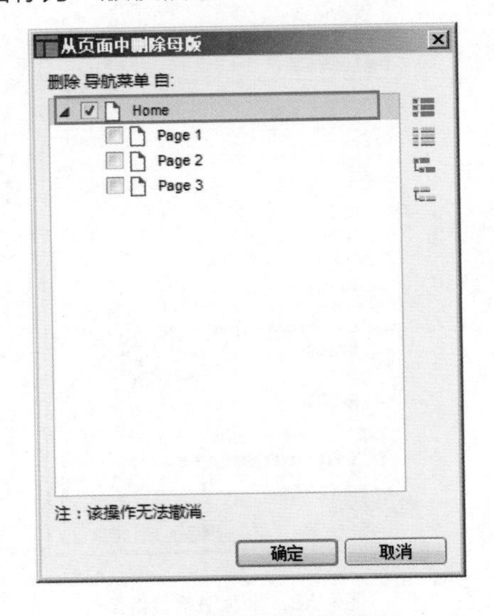

图3.141 页面删除引用母版

图3.142 组件转换为母版

（2）在母版区域可以看到多了“版权信息”母版，同时组件也变为红色背景，如图3.143所示。

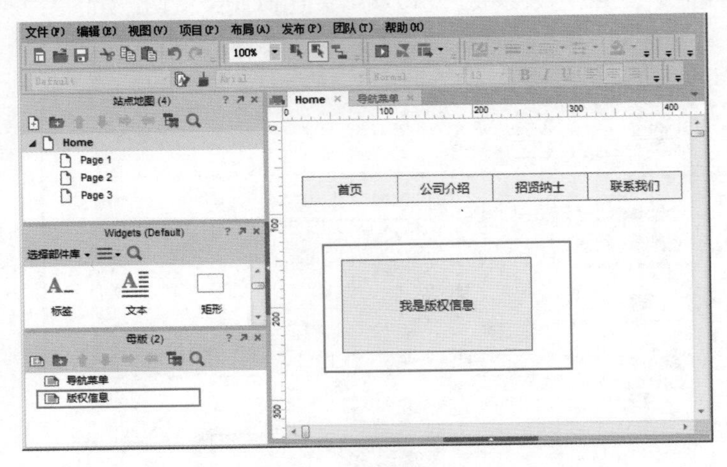

图3.143 版权信息母版

创建母版有两种方式，一种是在母版区域新建母版，另一种是通过组件转换为母版，每种都有其适用的场合，可以根据需要选择创建母版的方式。

3.6.2　母版的三种拖放行为

母版有三种拖放行为：任何位置、锁定到母版中的位置、从母版脱离。在页面使用母版时，可以根据三种拖放行为来选择指定母版。

1. 任何位置

该行为是指母版在引用的页面可以被移动，放置在页面中的任何位置，对母版所做的修改会在所有引用母版的页面同时更新，具体操作步骤如下。

（1）把Page 1页面重新命名为“任何位置页面”，拖动一个横向菜单组件到工作区域，选中横向菜单组件，右击转换为母版命令，填写新母版名称为“任何位置”，选中任何位置单选按钮，如图3.144所示。

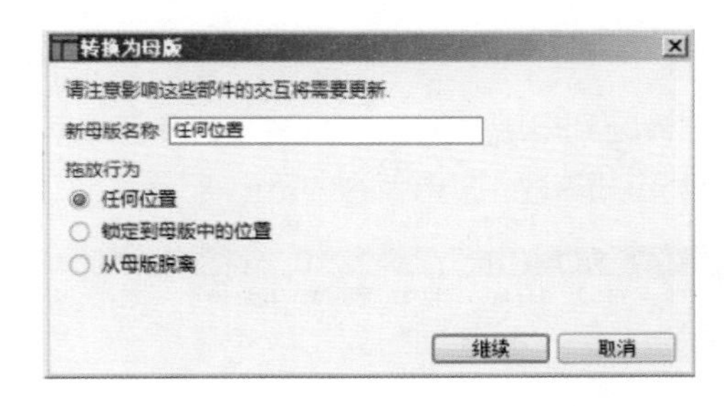

图3.144　新增任何位置母版

（2）单击站点地图的“任何位置页面”页面，在工作区域中会看到母版已经引用到页面上。在“任何位置页面”上选中引用的母版，发现无法移动，右击去掉锁定在母版中的位置命令。

（3）拖动“任何位置页面”页面上的菜单，发现可以随意放置，这就是母版任意位置的拖放行为，如图3.145所示。

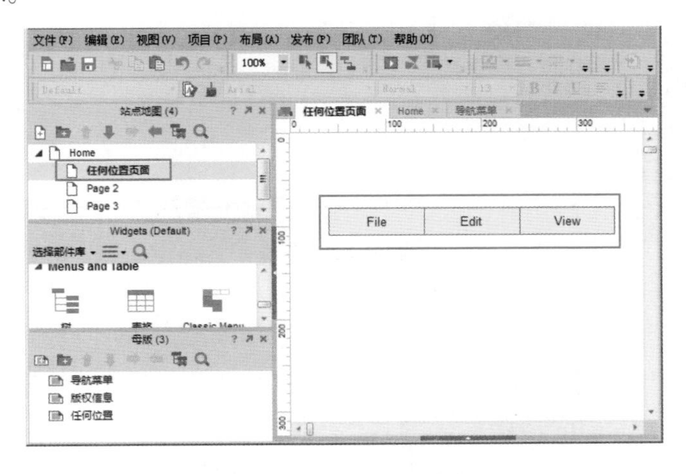

图3.145　任何位置母版随意移动

2. 锁定到母版中的位置

该行为是指母版在引用的页面会处于最底层并被锁定，对母版所做的修改会在所有引用母版的页面同时更新，页面引用母版中的控件位置与母版中的位置相同，这种拖放行为常用于布局和底板，具体操作步骤如下。

（1）把Page 2页面重新命名为“锁定到母版中的位置页面”，拖动一个纵向菜单组件到工作区域，右击转换为母版，重新命名为“锁定到母版中的位置”，如图3.146所示。

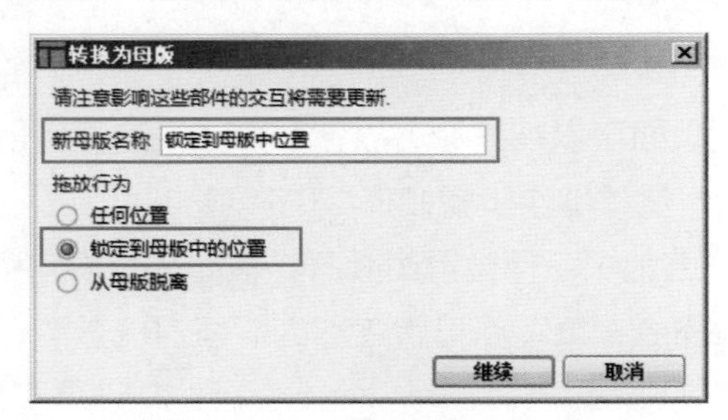

图3.146 新增锁定到母版中的位置

（2）单击站点地图中的“锁定到母版中的位置页面”，在工作区域上看到母版已经引用到页面上。拖动页面上的纵向菜单组件无法移动，该母版的位置已被锁定，如图3.147所示。

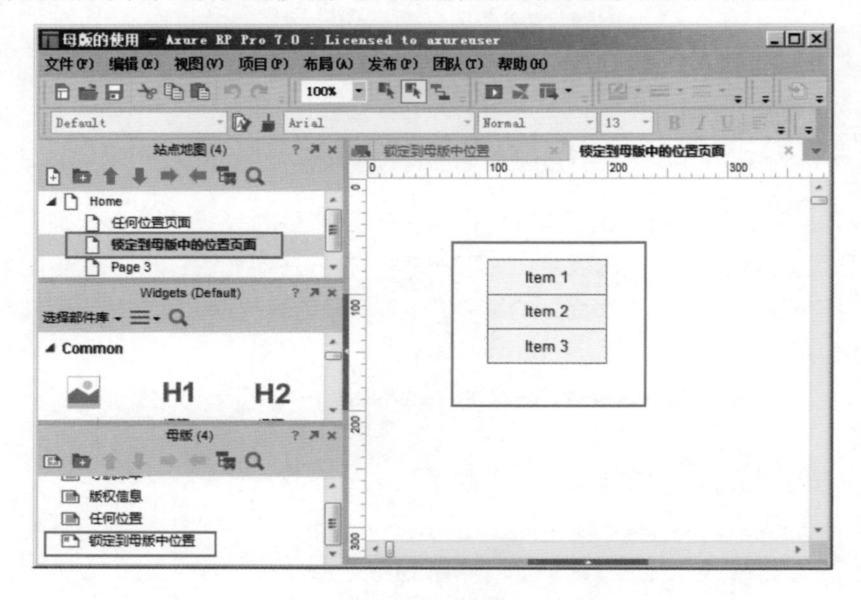

图3.147 无法移动

3. 从母版脱离

该行为是指页面引用的母版与原母版失去联系，页面引用的母版组件可以像一般组件进行编辑，常用于创建具有自定义组件的组合，具体操作步骤如下。

（1）把Page 3页面重新命名为“从母版脱离页面”，从部件区域拖动一个表格组件到工作区域，右击转换为母版，重新命名为“从母版脱离”，如图3.148所示。

（2）单击站点地图的“从母版脱离页面”，拖动表格组件，发现可以随意放置以及对表格进行编辑，如图3.149所示。

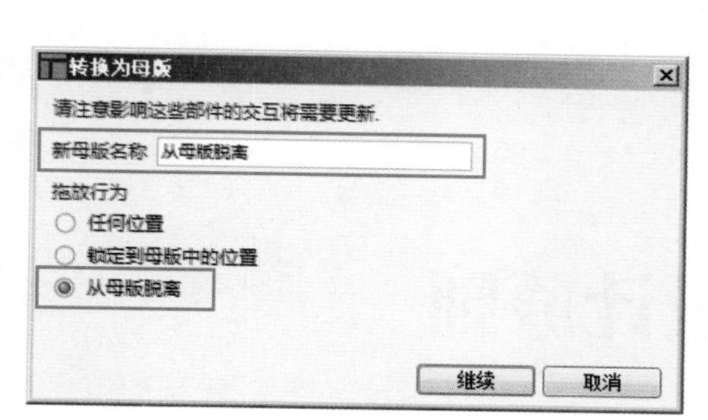

图3.148　从母版脱离

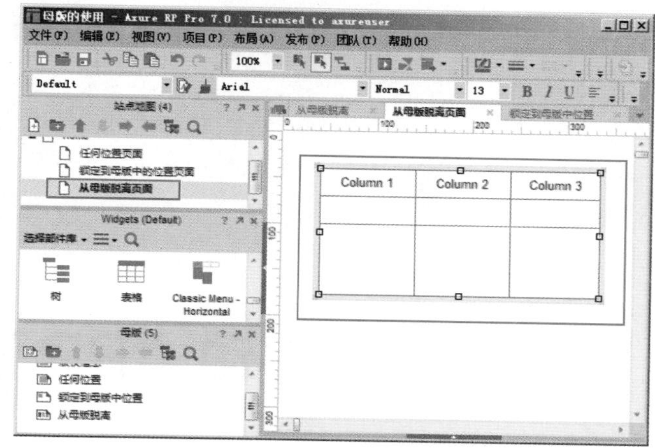

图3.149　随意编辑母版脱离组件

以上就是母版的三种拖放行为，如果只想改变母版的位置，可以把母版设置为任何位置的拖放行为；如果不想移动母版位置，可以把母版设置为锁定到母版中的位置；如果想把母版独立出来，作为普通的组件，可以设置为从母版脱离。

第4章

移动APP设计原则

随着智能手机的推广，人们对智能手机的使用时间越来越长，移动互联网的发展越来越迅猛，越来越多的PC端产品开始把注意力集中转移到智能手机上，设计一款移动APP软件似乎很容易，但是如果想设计得成功却不是一件简单的事，APP软件是否能满足用户最真实的需求，抓住用户的痛点，用极简合理的方式展现信息，瞬间让用户抓到重点，同时要考虑用户的使用场景，遵循一些设计原则。利用Axure可以进行移动APP建模，有模拟情景建模和真实情景建模，设计APP时要考虑好导航的布局，快速引导用户熟悉APP的使用。

本章主要涉及的知识点有：

- 移动APP的设计原则；
- 移动APP建模方式；
- 导航布局设计。

4.1 设计原则

目前移动APP软件越来越多，从电脑端到移动端的转换更加方便人们的生活，对人们的生活、工作越来越重要，那么如何设计一款受欢迎的APP软件呢？因为APP软件同质化问题很严重，一款APP软件随时可能会被另一款APP软件取代，为了能在交互设计和用户体验上做出比竞品更优秀的移动APP产品，下面我们看一下有哪些设计原则可以遵循。

4.1.1 原则1：抓住用户的心，满足用户最真实的需求

现在APP软件同质化问题非常严重，同样的功能可能有很多款APP都能实现，比如常用的社交软件，QQ、微信、陌陌等问题，这些APP软件做得很成功，积累了大量的用户，得到了广大用户的认可，它们为什么可以成功？因为它们抓到用户的痛点，抓住用户的心，QQ让使用它的人成为一种习惯，微信主打基调是孤独寂寞时可以进行心与心的沟通，而陌陌是让陌生人可以相互沟通，它们都拥有自己独特的属性，满足用户最真实的需求。

4.1.2 原则2：用合适的方式展示信息

移动端都有一个局限性，就是屏幕空间有限，在设计移动APP软件时要充分利用屏幕的空间，界面布局应以内容为核心，用最合适的方式展示用户想要看到的内容，让用户快速理解移动APP所提供的内容。将主流用户最常用的20%的功能进行突出显示，其他进行适度的隐藏，越不常用的功能，隐藏的层级越深。例如：微信的扫描本机二维码。核心功能就是突出主业务流程设计，即用户的刚性需求。核心功能包括主流程上用户需求和业务需求的对接、用户逻辑顺畅、业务逻辑清晰等原则，做到用户操作流程简单。特别是遇到复杂移动场景下的核心功能应该如何设计。比如在没有网络的情况下，该用户信息能否保存。在错误的情况下，是否有友好的提示，用户能否继续操作。这些不仅是保证核心功能设计的原则，也是突出核心功能的设计。

4.1.3 原则3：考虑移动互联网设备的特殊性

移动平台的设计就像是带着枷锁跳舞，束缚不仅来自于各个平台系统的控件规范，最大的问题就是屏幕空间有限。

如何在有限的屏幕中展现更多信息，主要有以下三个方面：

（1）巧妙利用工具栏与toolbar的隐藏与浮出，最大程度地展示主题，同时快速做出交互动作。

（2）合理放置控件布局：尽量把最重要的交互按钮和信息放置在第一屏幕中，这点在PC端网页设计中也同样适用。

（3）有针对性地移植：现在有越来越多的客户端应用都来自于成熟的网站产品的转移，但网页所能承载的信息与交互，远远大于客户端。需要高度解理产品的核心功能与精神理念，提取最重要的信息模块，进行客户端的转化移植。

4.1.4　原则4：不要让用户寻找

用户在使用APP软件时，尽量做到不让用户寻找，APP软件所展现的内容就是用户一眼能看到的内容，不要让用户想、不要让用户看、不要让用户找，做到所见即所得。不要让用户想，用户一旦开始不理解页面的信息架构时，就会开始思考。开始思考就会觉得APP软件不好用，必定会使用户流失。不要让用户看是不要让用户看到过多的文字信息，过多的文字信息会误导用户进行浏览和操作。因为解释越多，用户越难理解。用户没有时间和耐心去看这些文字，所以在展示上可以忽略掉用户不想知道的东西。不要让用户找。用户一旦开始找某个按钮或者功能，那就是产品不到位。千万不要让主要的功能放到边缘化的位置，如果用户开始寻找，说明产品存在问题。

4.1.5　原则5：考虑用户的使用场景

要考虑目标用户使用手机的方式，是双手握还是单手握，单手握时又要考虑是右手操作还是左手操作，操作时用户习惯于用哪个手指进行操作，考虑到这些，APP软件就会用得很方便，同时借助于用户的使用习惯，在设计时避开手指的触碰盲区。

在做调研或者获取需求时，弄明白APP软件是在什么时间，什么地点，什么环境下使用，要切实进入用户场景，这样设计出的APP软件才能更接地气，更能从用户的角度去设计APP软件，假如用户经常在嘈杂的环境中使用产品，像在地铁或者饭店这样的环境，干扰源就是噪声，产品设计时应避免使用语音技术；用户经常在拥挤的环境中使用产品，像在挤公交这样的环境，产品在设计时应避免用户过多地进行输入操作；用户经常在地铁等网络环境不好的场所使用产品，产品应该自动保存用户的信息，防止信息的丢失；美团大众点评都是基于地理位置推荐附近的商家。那些离得较远的商家不是我们需要的。可以过滤掉非必需的信息。充分考虑用户的使用场景，这样做出的APP软件会更加人性化，更容易受到欢迎。

4.1.6　原则6：用户简单易学

APP软件如何做到用户简单易学易操作呢？听上去都以为很简单，实际上却是最难的。比如拥有大型网站的产品，如何在移动端体现出完整的业务就是很大的考验。以淘宝为例，它的APP已经不算是简单的了。

在设计APP时，需要充分考虑，在业务主流程保障通畅的情况下，页面展示上不必加入过多的其他分支流程，做到极简，这样用户在使用APP软件时就不会迷茫，能用简单的选择，就不用输入框，能点选就不要长按，提示设计上简单明了，让用户明白。在流程设计上尽量多跳转页面，不要让页面展示信息架构过多而使用户陷入迷茫。

让用户快速学会使用，尽量不要让他们查看帮助文档。界面架构简单明了，导航设计清晰易理解，操作简单可见，通过界面元素的表意的和界面提供，让用户清晰地知道操作方式。只有这样的设计，才能让用户轻松学习使用，并不是通过帮助系统来教会用户操作。

4.1.7 原则7：如何“抄袭”竞品

在原型设计过程中，难免会借鉴或者抄袭竞品，如果只是抄袭竞品的界面与功能，只会产生更多的垃圾产品，最终被用户抛弃，被行业淘汰。但是通过用心的思考和设计，尝试竞品的所有操作，截取竞品的截图，根据截图绘制竞品的流程图，推导出产品的需求。调研用户的看法，更好地满足用户的需求，这样来“抄袭”竞品，相信最后的结果并不会比竞品差。

4.2 导航布局设计

确定需求和设计完流程之后，即可开始设计APP的原型，采用何种导航，对于APP的布局有重要的影响，良好的APP导航设计对整个APP的核心体验起到至关重要的作用。

4.2.1 标签导航

标签导航位于页面底部，通常包含五个左右的标签，最好不要超过五个标签，这种导航非常常见，如果APP需要用户频繁切换页面，可以采用这种导航，它的缺点就是会在底部占用一定的高度空间，像微信APP、支付宝APP等都是采用这种设计方式，如图4.1所示。

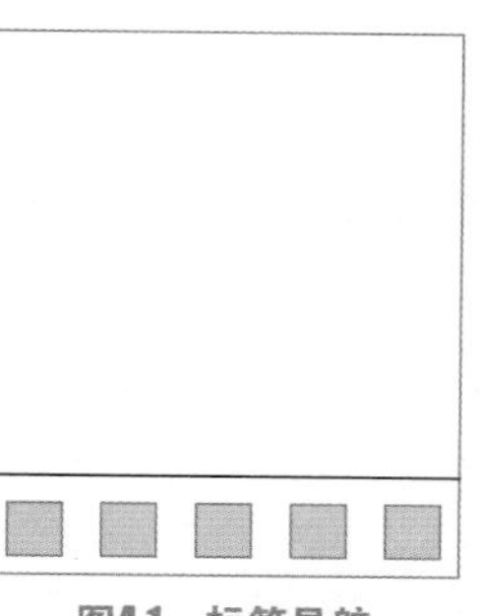
图4.1 标签导航

4.2.2 顶部导航

顶部导航和标签导航意义差不多，把菜单放在顶部，可以遵循由上至下的阅读习惯，米聊就是采用顶部导航设计方式，缺点是不能单手操作。如图4.2所示。

4.2.3 抽屉式导航

抽屉式导航是将菜单隐藏在当前页面后，单击抽屉式导航菜单就可以像拉抽屉一样拉出菜单，这种导航的优点是节省页面展示空间，让用户将更多的注意力聚集到当前页面。比较适合于不太需要频繁切换内容的应用，例如，对设置、关于等内容的隐藏。这种导航设计需要注意的是一定要提供菜单滑出的过渡动画，如图4.3所示。

4.2.4 九宫格导航

九宫格导航将主要入口全部聚合在页面中，让用户自己选择，进入相应的模块，这种方式只能根据菜单的名称来选择进入相应的模块，用户在第一时间看不到内容，选择压力较大，采用这种导航的应用已经越来越少，作为一系列工具入口的聚合，像猿题库APP一样，它的科目显示就是采用的九宫格导航这种方式，如图4.4所示。

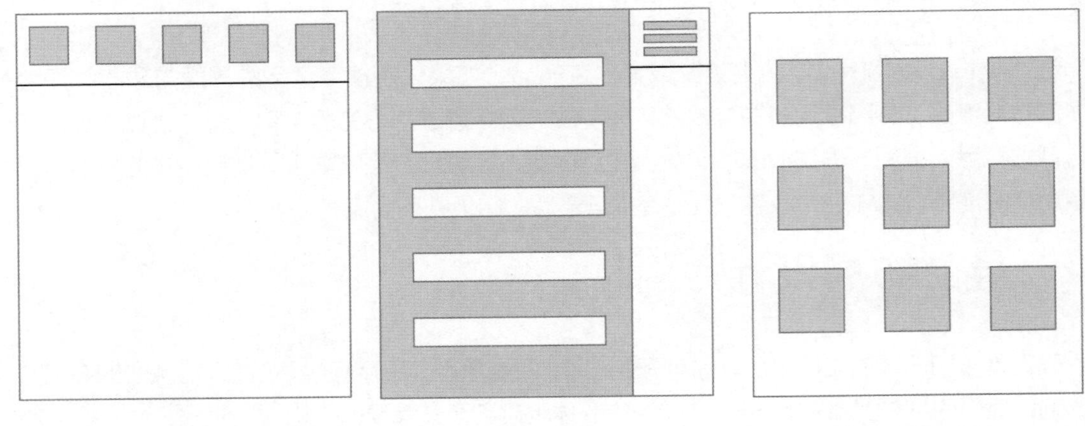

图4.2　顶部导航　　图4.3　抽屉式导航　　图4.4　九宫格导航

4.2.5　列表式导航

列表式导航是在APP设计过程中不可缺少的导航方式，列表式导航通常用于二级页，由于它与九宫格导航一样，不会默认展示任何实质内容，所以APP通常不会在首页使用它。这种导航结构清晰，易于理解，简洁高效，能够帮助用户快速定位到对应的页面。列表项目可以通过间距、标题等进行分组，如图4.5所示。

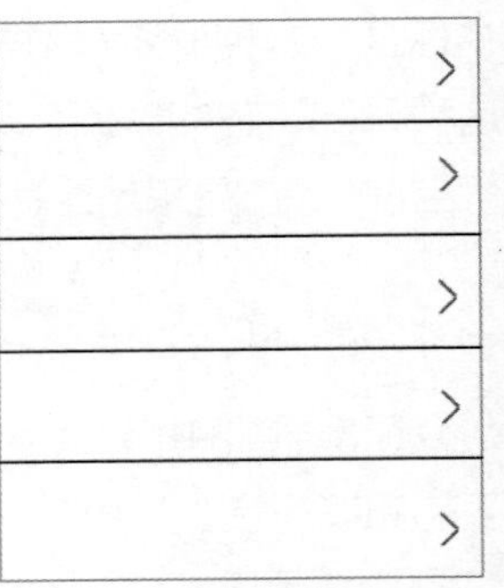

图4.5　列表式导航

4.2.6　tab页签导航

tab页签导航是APP软件中常用的导航方式，在一个页面中又分出几个种类或者几个模块，如果想在一个页面中切换显示出来，可以采用tab页签导航，像猫眼电影APP软件一样，在下面是标签导航，在“电影”模块中又分为热映电影、待映电影。使用tab页签导航是最好的选择，如图4.6所示。

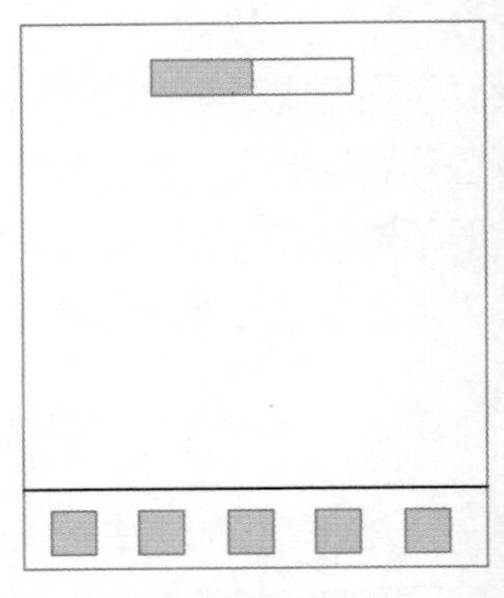

图4.6　tab页签导航

4.2.7　混合组合导航

当用户需要聚焦内容，同时又需要一些快捷入口能够连接到某些页面时，即可采用组合导航。在组合导航上方用九宫格形式展现快捷入口，与标签导航不同的是，这些九宫格入口之间不需要是平级的关系，也不必包含整个层级的内容，可以将它理解为一种图形化的文字链。这种导航比较灵活，能够适应架构的快速调整，如图4.7所示。

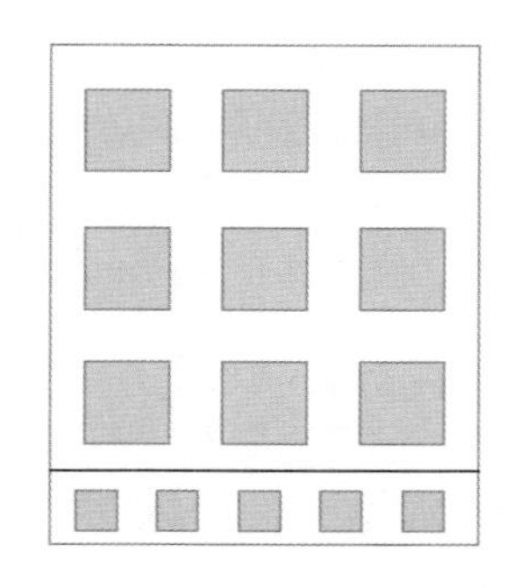

图4.7　混合组合导航

4.3　移动APP建模

移动APP建模主要分为两种方式，一种是模拟情景建模，另一种是真实情景建模。模拟情景建模使用得比较多，但有时也需要使用真实情景建模。

4.3.1　模拟情景建模

模拟情景建模是使用得较多的一种方式，利用Axure制作软件原型时，先制作一个和移动设备屏幕尺寸相同或者等比例的背景，很多部件库都会提供这样的背景部件，然后在背景图上绘制软件原型，这样看起来就像在移动设备上运行软件一样，如图4.8所示。

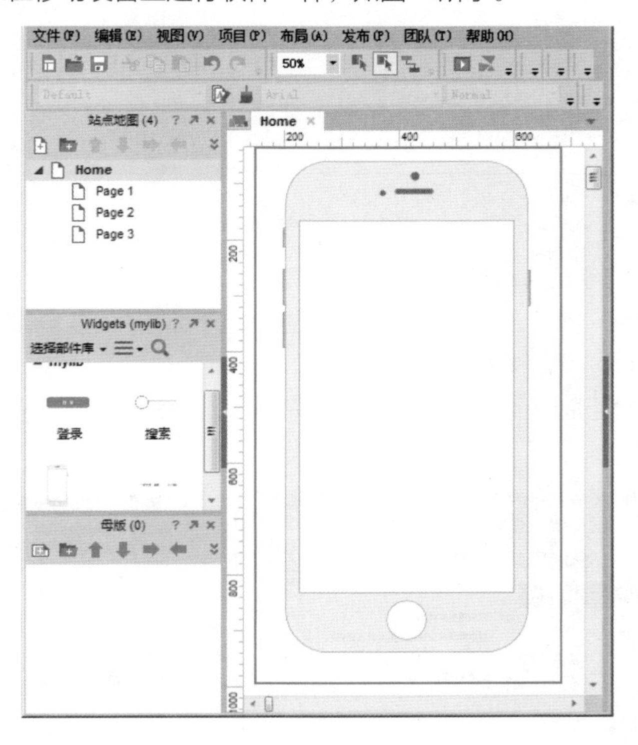

图4.8　手机背景图

这样的背景图可以通过加装别人分享的部件库，也可以自己设计，只不过在设计时要注意设备的尺寸，遵循设备原来的尺寸，如果按照移动设备原来的尺寸制作，背景图就会太大，这时可以按等比例大小的方式设计，可以设计成原来尺寸的二分之一或者四分之一，等比例即可。

4.3.2　真实情景建模

真实情景建模不同于模拟情景建模，它不需要制作移动设备背景图，只需要在Axure中按照相同的移动屏幕尺寸或者等比例的大小绘制原型，如图4.9所示。

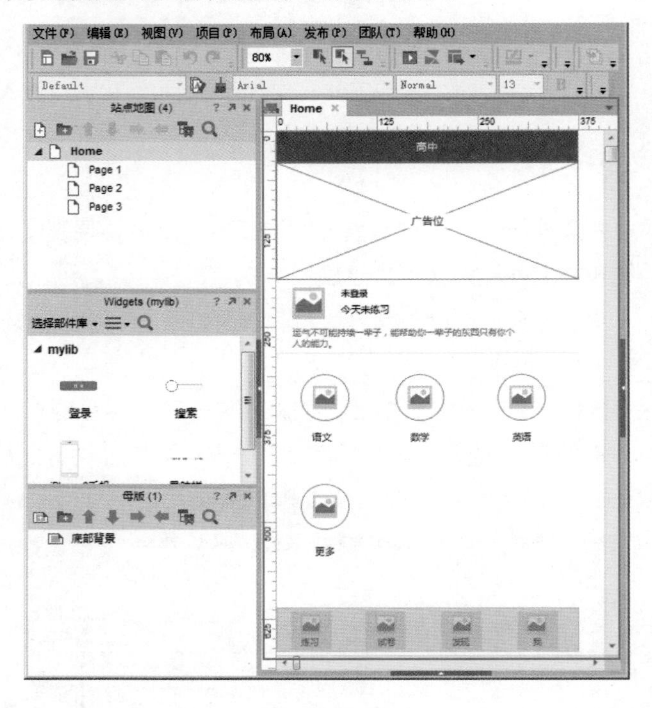

图4.9　移动APP建模

那么，如何让原型在手机移动终端中运行起来呢?

（1）制作原型之后，要想在移动终端中运行制作的原型，需要设置参数，这些参数会影响原型在手机终端的体验效果，如图4.10所示。

（2）在预览选项对话框中，设置用IE浏览器打开原型，单击“配置”按钮，进行参数设置，如图4.11所示。

图4.10　预览选项

图4.11　预览选项设置

（3）单击“手机/移动设备”选项，宽度可以设置为移动终端屏幕的宽度，高度可以不设置，让其自适应，需要导入一张主屏幕图标，作为APP的图标，如图4.12所示。

（4）将原型发布到AxShare上，如果没有账号，注册一个即可，有账号直接填写发布即可，如图4.13所示。

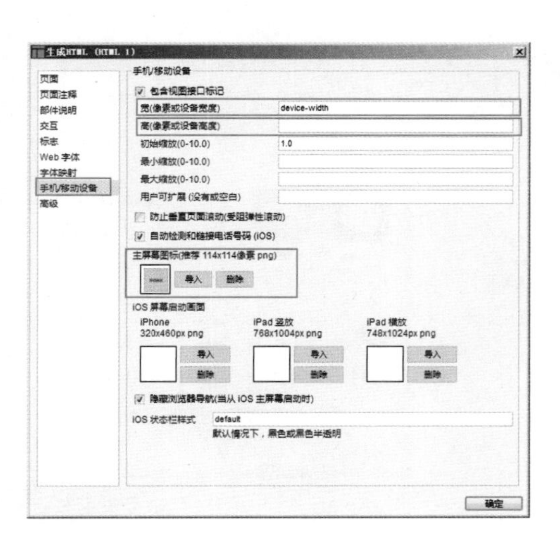

图4.12　参数设置

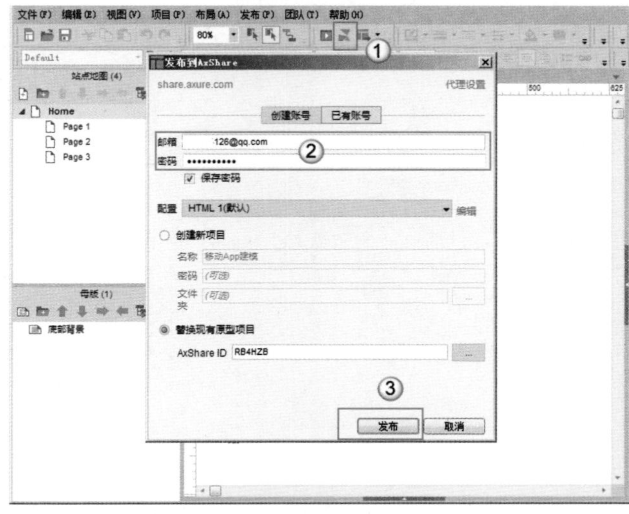

图4.13　发布到AxShare

注　意

AxShare运行相对较慢，需要等一会儿，如果原型文件很大，耗时会更长一些，所以应在本地把原型测试好，都没有问题后再发布到AxShare上。

（5）发布到AxShare之后，会提供一个工程地址，单击地址即可在浏览器中打开原型文件，如图4.14所示。

（6）在浏览器中会看到发布的原型，单击链接图标，在弹出框中选中不带站点地图的单选按钮，然后将输入框中的路径复制到iPhone手机的Safair浏览器中，用它即可打开这个地址，如图4.15、图4.16所示。

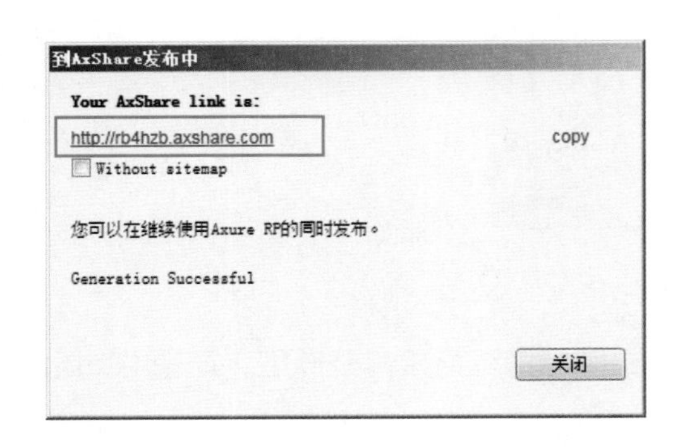

图4.14　原型发布的地址

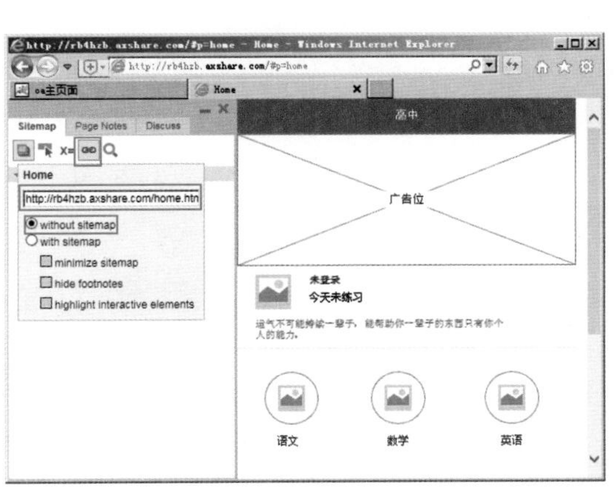

图4.15　网页浏览器中显示原型

（7）单击箭头向上的图标，将这个原型添加到主屏幕中，如图4.17、图4.18所示。

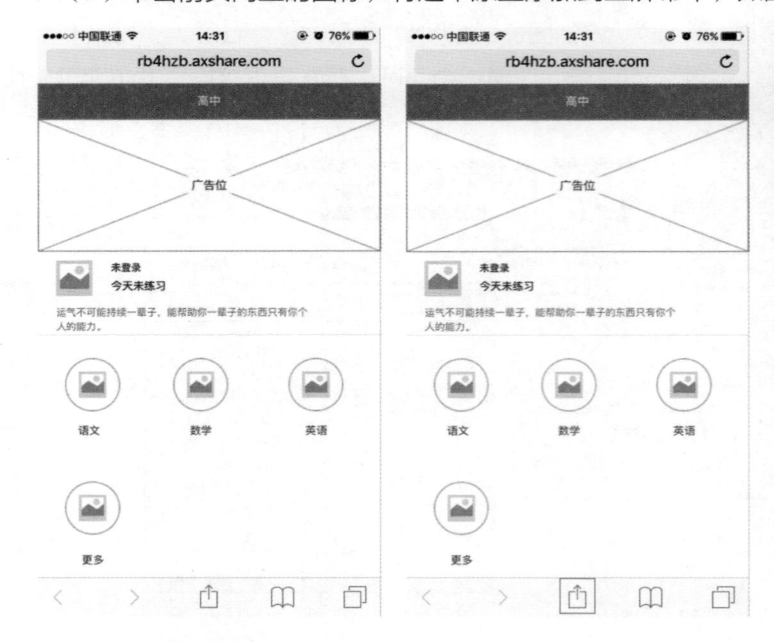

图4.16　Safair浏览器中显示原型　　图4.17　单击图标　　图4.18　添加到主屏幕

（8）输入图标的名称可以自行定义，单击添加按钮，即可完成将原型图标添加到主屏幕上，不需要在浏览器中打开，而是像使用正常的应用一样打开原型，如图4.19所示。

图4.19　设置图标名称

（9）在主屏幕上可以找到刚才添加的图标，单击图标即可直接打开原型，如图4.20所示。

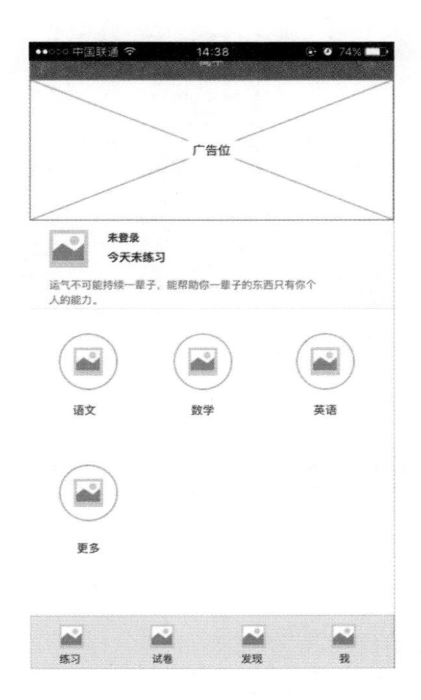

图4.20　打开原型

这样就完成了原型的真实情景建模，在真实情景建模中，原型不再依赖浏览器显示原型，而是像正常的APP应用一样，直接打开，这样会给用户带来一种最真实的体验。

第5章

新闻类APP：腾讯新闻APP低保真原型设计

由于手机资讯可随时随地获取，因其较强的便捷性而得到网民青睐，国内4G网络的快速普及，也使得网民获取新闻资讯更为方便快捷，目前国内很多手机新闻用户每天都会通过手机客户端查阅新闻。通过这些新闻客户端可以随时了解最新资讯，还可以进行娱乐、社交、分享、个性化等活动。个性化订阅、碎片化、场景化、内容聚合等形式已经成为新闻类客户端的发展趋势，国内新闻客户端用户规模呈现出相对稳步增长的态势。

本章主要涉及的知识点有：

- 了解新闻类APP以及新闻类APP设计要素；
- 标签导航母版制作，布局设计以及选中效果设计；
- “要闻”页面的布局设计；
- “科技”页面的布局设计；
- “新闻”模块页签切换效果设计；
- “读书”模块的页面布局与交互设计。

5.1　新闻类APP原型设计要素

设计新闻类APP时，首先，要弄清楚新闻类APP属于新闻客户端的哪一分类，每种新闻客户端的核心竞争力以及解决问题的方式不同，所以应在市场上找准定位。其次，新闻客户端能为用户解决哪些需求、问题。最后，要考虑用户的使用场景，用户在什么场合、什么时间使用这些APP软件，怎么才能让用户使用得最舒服、最满意，这些都是在设计新闻类APP时需要重点要关注的问题。

新闻客户端大致分为三类：第一类是互联网门户新闻客户端，以腾讯新闻、搜狐、网易为代表，内容较为丰富，新闻内容由授权转载、原创报道和UGC组成；第二类是聚合类新闻客户端，以百度新闻、今日头条为代表，通过抓取各种媒体的新闻内容，整合于自身平台；第三类是传统报纸和媒体等推出的客户端，是传统媒体抢占新媒体市场的移动站点。

新闻客户端主要解决以下问题：用户可以了解最新资讯，衍生出娱乐、社交、分享、个性化等功能。用户浏览新闻的目的是了解时事、增加谈资、打发时间、关注自己喜欢的领域、工作等，从本质上来分析，用户其实是在满足自己娱乐、生活消遣、荣誉感、社交、归属感、求知等的需求。

新闻客户端用户使用场景：用户往往在路上、公交车、地铁，在晚上临睡前，早上醒来后，在吃饭时，在上班休息过程中，在上洗手间等碎片化时间使用新闻客户端，这也衍生出用户离线阅读等需求。如何在短时间内满足用户以上需求成为新闻类应用客户端需要考虑的问题。

本章口碑较好的腾讯新闻APP来讲解产品原型设计。

腾讯新闻APP将产品主体分为“新闻”、“书城”和“关心”三大部分，如图5.1~图5.3所示。既保留了新闻应用的传统模式，又加入了现在较为流行的个性化定制创新模式，还接入了第三方入口，增加了应用的功能。创意截屏功能契合年轻用户的个性需求，分享到其他社交媒体又可为产品宣传。

图5.1　新闻模块

图5.2　读书模块

腾讯新闻的Slogan是事实派，产品定位是快速、客观、公正的提供新闻资讯内容，主打新闻内容的真实性与实时性；产品核心优势强调新闻秒传，30s实时推送重大新闻，同时可以使用微信、手机QQ、腾讯微博、QQ邮箱进行快速登录，如图5.4所示。借助微信、手机QQ及QQ浏览器的用户基础，良好的运用腾讯视频、腾讯微博的资源。

图5.3　关心模块

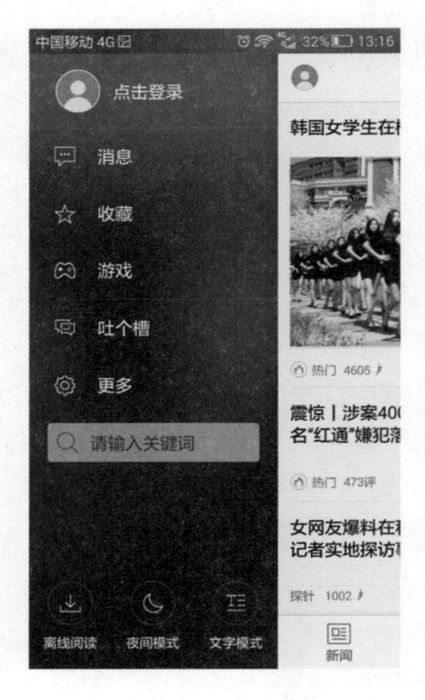

图5.4　登录模块

5.2　设计内容与思路

本小节将会对腾讯新闻APP原型的版本、设计内容与思路做一个简单的阐述，在此基础上，后面章节将会详细展开讲述。

5.2.1　腾讯新闻版本

腾讯新闻APP原型制作采用腾讯新闻V4.8.5版本。

5.2.2　设计内容

（1）采用低保真原型设计方式来设计腾讯新闻APP原型；

（2）采用标签导航方式制作腾讯新闻APP的导航；

（3）“要闻”页面内容布局设计；

（4）“科技”页面内容布局设计；

（5）“要闻”模块页签切换效果设计；

（6）“读书”模块页面布局与交互设计。

5.2.3　设计思路

（1）腾讯新闻APP的标签导航可以采用母版设计方式来设计，一次设计，其他页面可以直接使用。

（2）对于腾讯新闻APP的页面内容布局设计，要用到图片组件、矩形组件、动态面板组件、标签组件等，应了解这些组件的摆放与设计。

（3）页签切换效果设计需要用到动态面板不同状态的切换效果设计。

（4）标签导航内容切换采用页面的方式，每个页面设计与标签导航相对应，采用标签导航的方式打开页面。

5.3　标签导航母版制作

腾讯新闻APP的导航方式采用标签导航方式，分为新闻、读书、关心三个标签。通过这三个标签，将页面结构划分清楚，每个模块承载不同的功能。这三个标签在很多页面都会用到，可以把它制作成母版，以达到一次制作，其他页面可以直接使用的效果。

5.3.1　标签导航母版布局设计

具体操作步骤如下：

（1）在母版区域新建一个母版“标签导航”，进入母版，拖动一个矩形组件，宽度设置为320，高度设置为568，作为手机屏幕的边框，如图5.5所示。

（2）拖动一个矩形组件，宽度设置为320，高度设置为65，作为标签导航背景，再拖动一个矩形组件，宽度设置为106，高度设置为63，颜色填充为灰色（E4E4E4），边框设置为浅灰色（CCCCCC），标签命名为“菜单选中背景”，如图5.6所示。

（3）将“菜单选中背景”隐藏起来，置于底层；拖动三个图片组件，大小设置为23 × 23，作为标签导航图标；拖动三个标签组件，文本内容分别命名为“新闻”、“读书”、“关心”，字号设置为11号字，标签也命名为“新闻”、“读书”、“关心”，如图5.7所示。

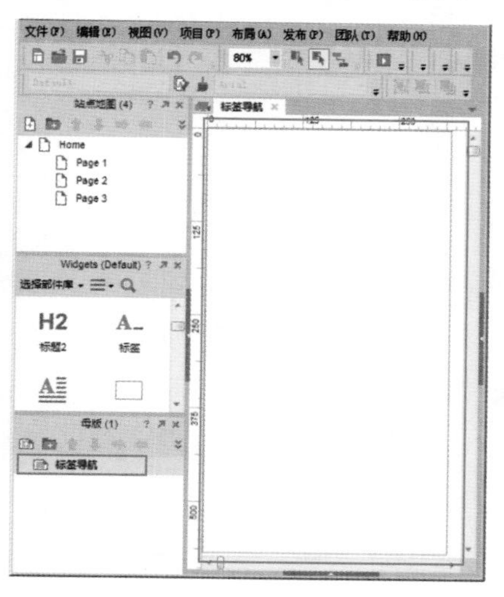

图5.5　新建标签导航母版

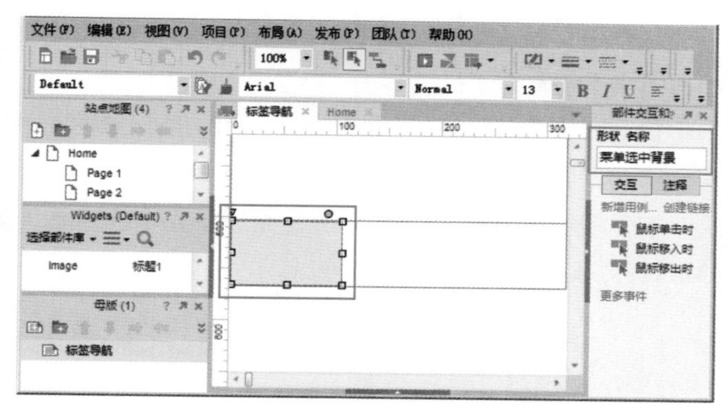

图5.6　菜单背景及菜单选中背景

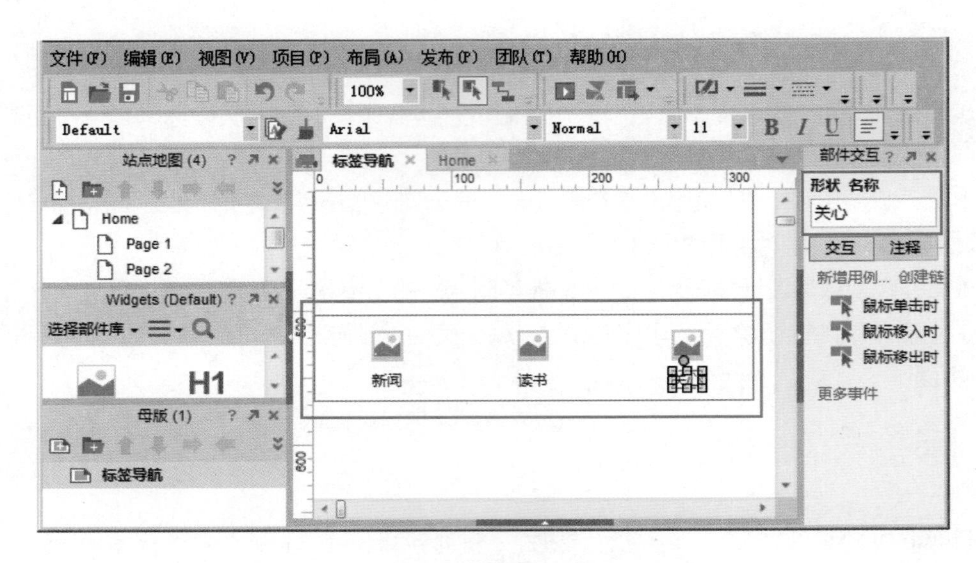

图5.7　标签图标及名称

（4）将标签图标和标签对应的名称两个组件转换为动态面板，将动态面板的名称命名为“新闻导航”、“读书导航”、“关心导航”三个动态面板，如图5.8所示。

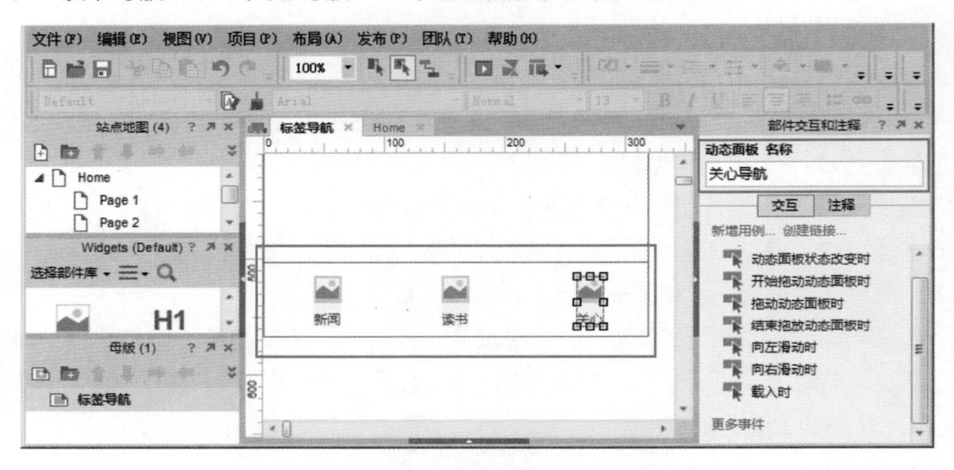

图5.8　标签图标及名称转换为动态面板

5.3.2　标签导航选中效果设计

具体操作步骤如下：

（1）选中“新闻导航”动态面板，添加鼠标单击时触发事件，显示“菜单选中背景”，置于顶层，移动到绝对位置（1,504），把“新闻导航”动态面板置于顶层，通过富文本的方式设置“新闻”字体颜色为蓝色（0000FF），通过富文本的方式设置“读书”、“关心”字体颜色为灰色（333333），如图5.9所示。

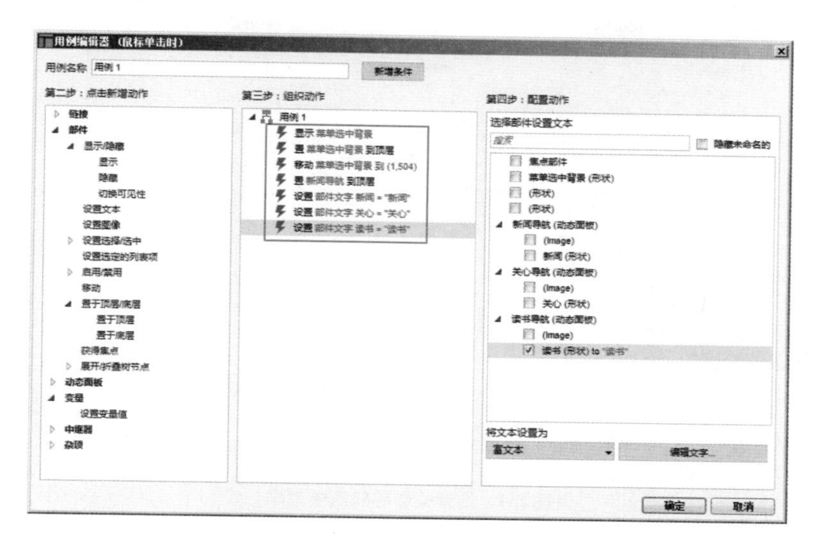

图5.9　设置新闻导航选中效果

（2）选中“读书导航”动态面板，添加鼠标单击时触发事件，显示“菜单选中背景”，置于顶层，移动到绝对位置（108,504），把“读书导航”动态面板置于顶层，通过富文本的方式设置“读书”字体颜色为蓝色（0000FF），通过富文本的方式设置“新闻”、“关心”字体颜色为灰色（333333），如图5.10所示。

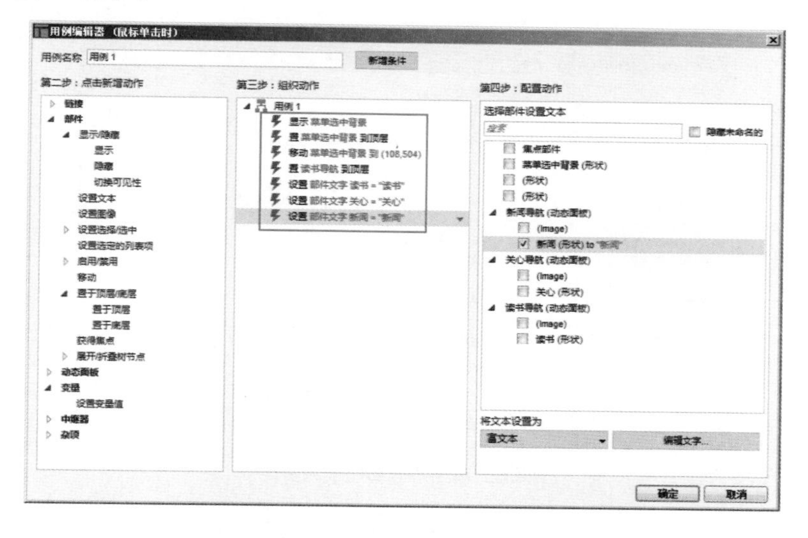

图5.10　设置读书导航选中效果

（3）选中“关心导航”动态面板，添加鼠标单击时触发事件，显示“菜单选中背景”，置于顶层，移动到绝对位置（213,504），把“关心导航”动态面板置于顶层，通过富文本的方式设置“关心”字体颜色为蓝色（0000FF），通过富文本的方式设置“新闻”、“读书”字体颜色为灰色（333333），如图5.11所示。

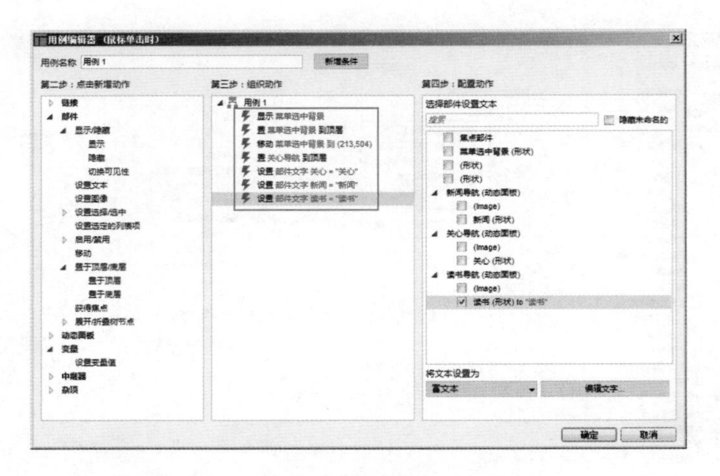

图5.11　设置关心导航选中效果

5.3.3　标签导航母版引入页面

具体操作步骤如下：

（1）在站点地图上建立三个页面，分别命名为“新闻”、“读书”、“关心”，在标签导航母版上右击，单击新增页面选项，将标签导航母版引入“新闻”、“读书”、“关心”三个页面中，如图5.12所示。

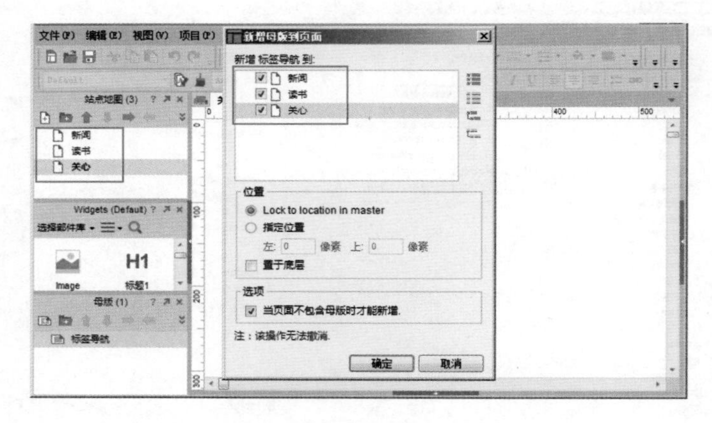

图5.12　标签导航母版引入页面

（2）按F8键发布原型，可以看到默认加载的页面，相应的标签导航并没有选中背景，单击相应的标签导航可以呈现为选中背景，如图5.13、图5.14所示。

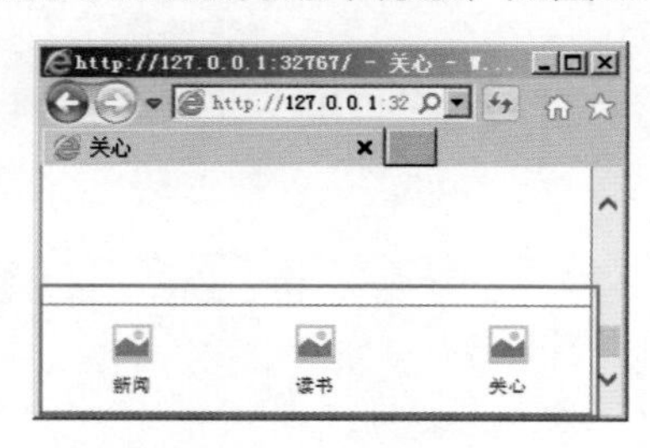

图5.13　默认加载页面

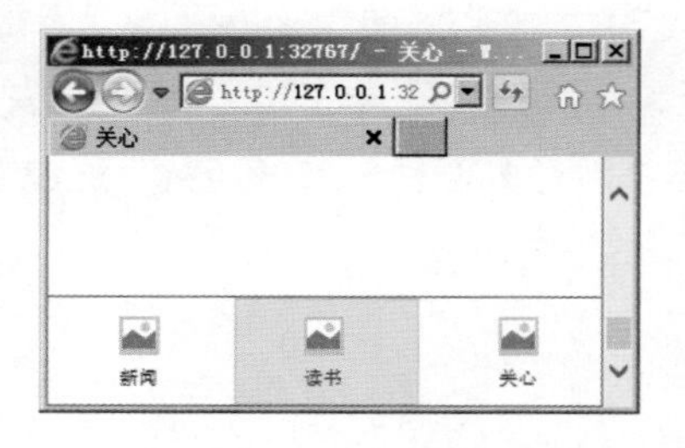

图5.14　单击读书标签导航

（3）需要在各个页面中添加页面载入时触发事件，它的选中效果和5.3.2节中标签导航选中效果的设计方式一致，如图5.15~图5.17所示。

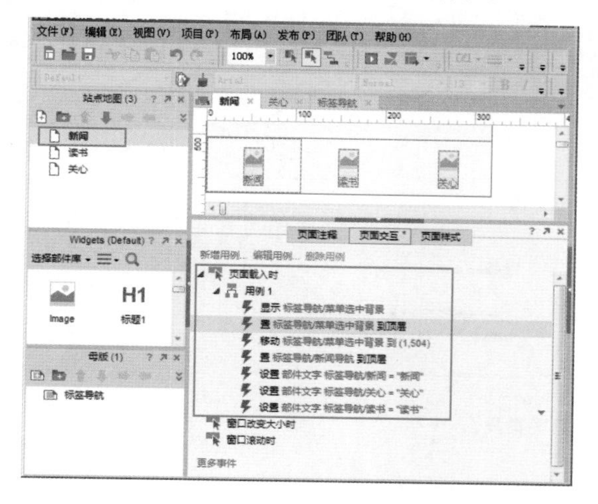

图5.15　新闻页面载入时触发事件

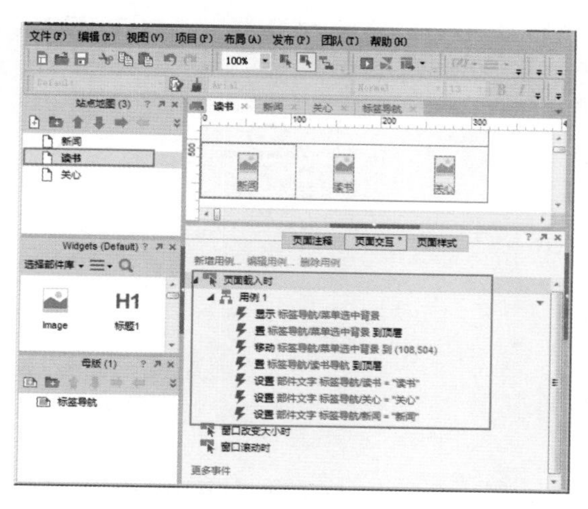

图5.16　读书页面载入时触发事件

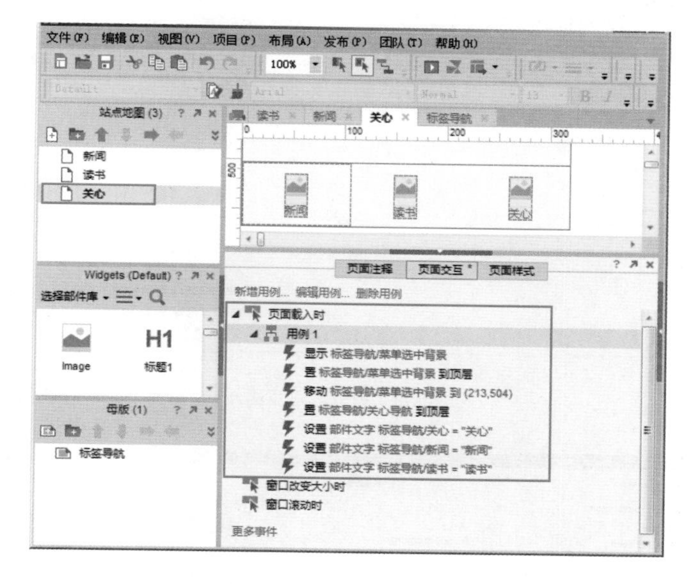

图5.17　关心页面载入时触发事件

注　意

新闻、读书、关心三个页面内容也可以放在一个页面来显示，只不过要借助于动态面板组件，在本章中把它们放在三个页面中分别设计，在后续的案例中，会把类似布局的页面放在一个页面中显示，用不同状态的动态面板来展示内容。

（4）进入标签导航母版，分别修改标签导航鼠标单击时触发事件，单击时在当前窗口打开相应的页面，如图5.18~图5.20所示。

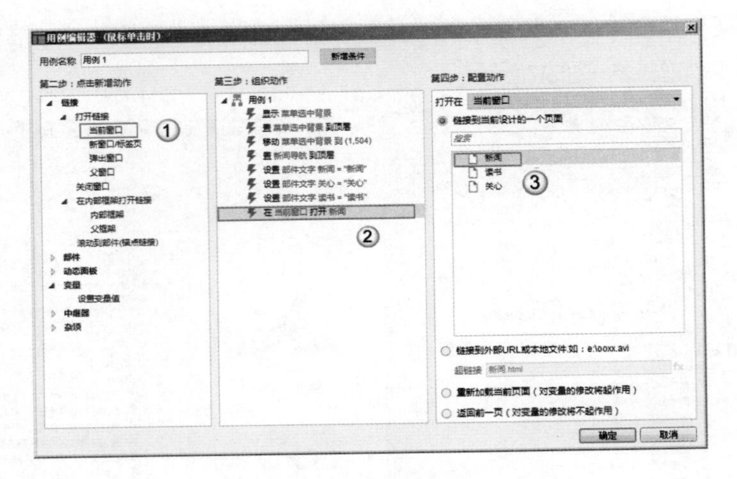

图5.18　打开新闻页面

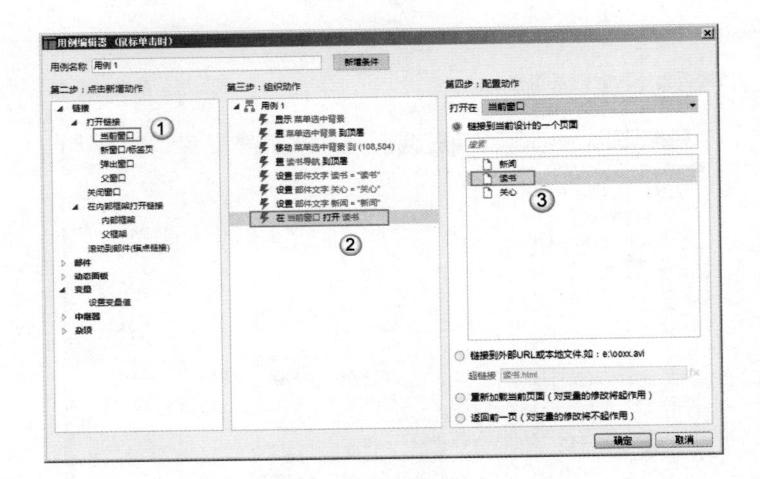

图5.19　打开读书页面

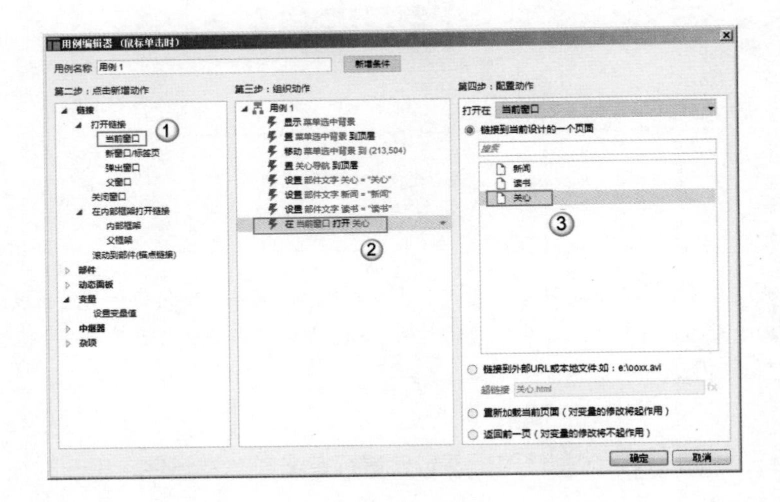

图5.20　打开关心页面

（5）按F5键发布原型看一下效果，默认选中的是新闻导航，单击其他标签导航，其他标签导航会呈现为选中状态，如图5.21、图5.22所示。

图5.21　默认选中新闻导航

图5.22　单击读书导航

5.4　“要闻”页面内容布局设计

在新闻模块中，腾讯新闻APP对新闻进行了详细的分类，有“要闻”、“科技”、“财经”等类别，下面开始设计“要闻”页面的内容布局，如图5.23所示。

图5.23　要闻页面内容

5.4.1　顶部状态栏设计

在“要闻”页面的顶部是状态栏，包含登录的图标、新闻的类别以及添加新闻类别加号等内容，具体操作步骤如下。

（1）进入新闻页面，拖动一个矩形组件，宽度设置为320，高度设置为50，坐标位置设置为（0,0），作为状态栏的背景，如图5.24所示。

（2）拖动一个图片组件，宽度设置为25，高度设置为25，作为登录的图标；再拖动5个标签组件，文本内容分别命名为“要闻”、“科技”、“财经”、“北京”、“社会”，标签也命名为“要闻”、“科技”、“财经”、“北京”、“社会”，如图5.25所示。

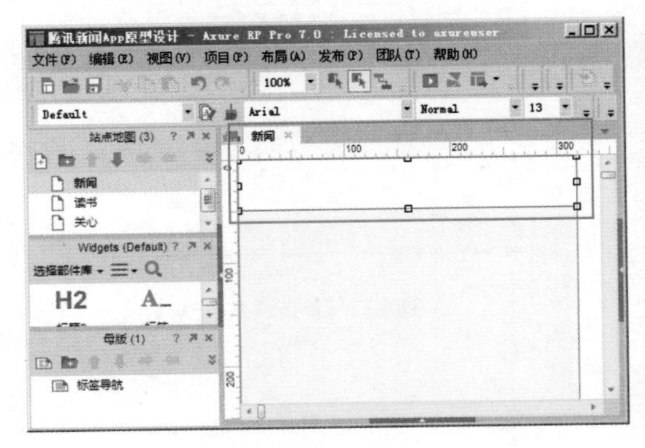

图5.24　状态栏背景

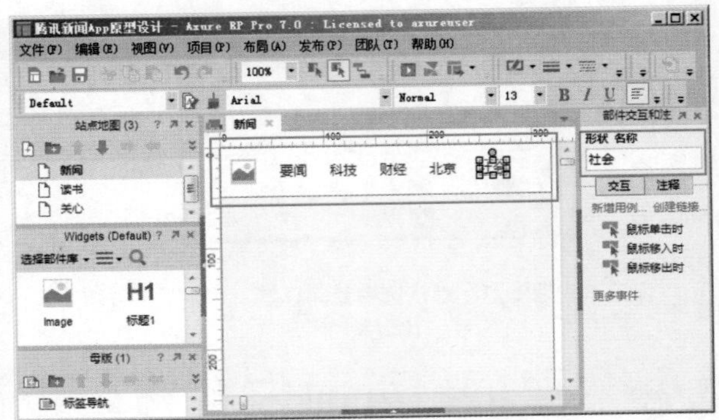

图5.25　新闻类别

（3）把“要闻”文本内容加粗，代表选中要闻类别；拖动两个图像热区组件，放置在“要闻”、“科技”类别上，作为单击的区域；拖动一个垂直线，高度设置为15，颜色设置为灰色（CCCCCC），作为间隔线；拖动一个横线和垂直线，制作出一个加号，如图5.26所示。

（4）给图像热区添加鼠标单击时触发事件，选中“要闻”上面的图像热区，单击时文本内容加粗，其他新闻类别则恢复到正常状态（未加粗的状态），通过富文本的方式来设置字体加粗，如图5.27、图5.28所示。

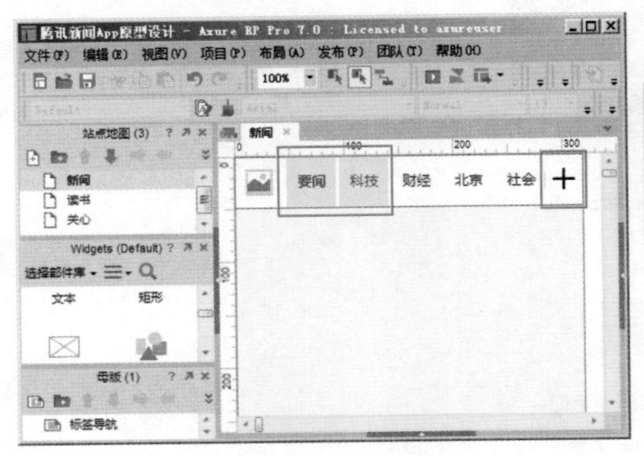

图5.26　类别设计

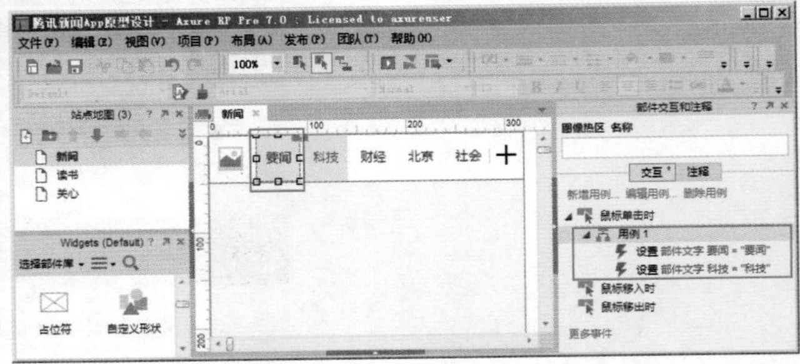

图5.27　要闻加粗

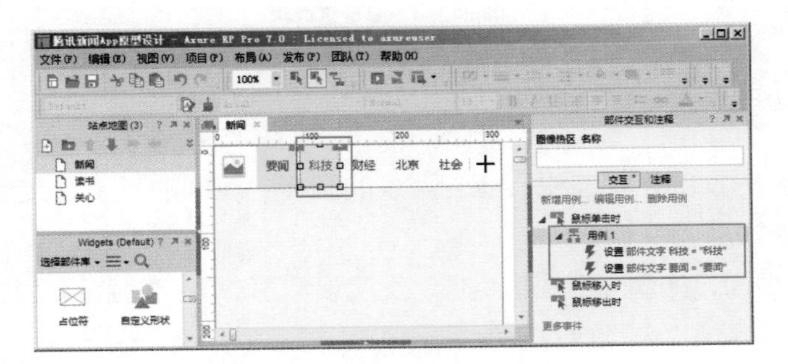

图5.28　科技加粗

（5）按F8键发布原型，当单击“要闻”类别时，“要闻”字体加粗，呈现为选中状态，当单击“科技”类别时，“科技”字体加粗，呈现为选中状态，如图5.29所示。

图5.29　选中科技类别

5.4.2　“要闻”页面设计

具体操作步骤如下：

（1）拖动一个动态面板，命名为“新闻模块内容屏幕”，将状态命名为“要闻内容屏幕”、“科技内容屏幕”，宽度设置为320，高度设置为453，坐标位置设置为（0,50），作为新闻模块内容显示区域，如图5.30所示。

（2）进入“要闻内容屏幕”状态，拖动一个动态面板，将动态面板命名为“要闻内容显示区”，状态命名为“要闻内容”，宽度设置为320，高度设置为500，坐标位置设置为（0,0），作为“要闻”内容显示区域，如图5.31所示。

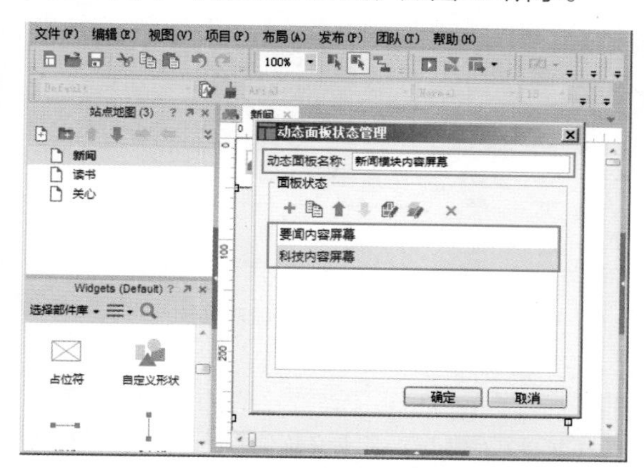

图5.30　新增动态面板

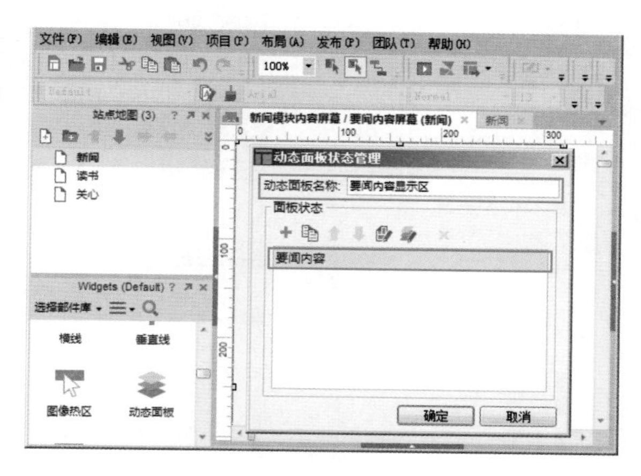

图5.31　要闻内容显示区

（3）进入“要闻内容”状态，拖动一个矩形组件，宽度设置为320，高度设置为25，颜色填充为灰色（F2F2F2），去掉边框线；再拖动一个标签组件，将文本内容命名为“04月06日 星期三”，字号设置为12号字，加粗，字体颜色设置为灰色（666666）；再拖动一个图片组件，宽度设置为15，高度设置为15，作为放大镜的图标，如图5.32所示。

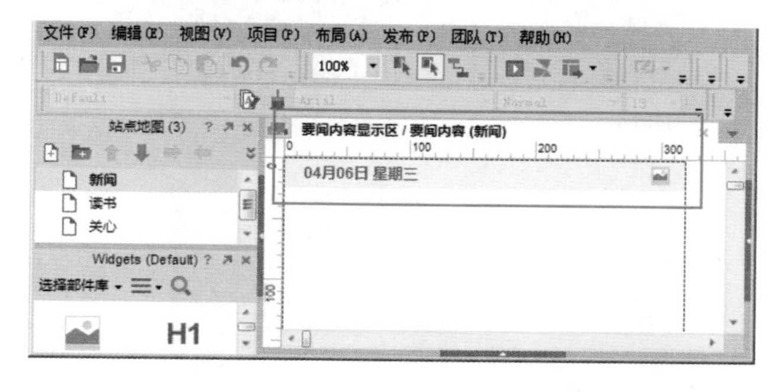

图5.32　日期设计

（4）拖动一个图片组件，宽度设置为320，高度设置为150，作为新闻图片，如图5.33所示。

注 意

用于展示新闻图片的位置也可以使用占位符组件来设计，写清楚要表达的意思即可。

（5）拖动一个图片组件，宽度设置为80，高度设置为60，作为新闻列表图标；拖动一个标签组件，将文本内容命名为“对话入住酒店遭拖动女子　涉事...”，字号设置为15号字，字体加粗；再拖动一个标签组件，将文本内容命名为“4月5日晚间开始，一条女子入住酒店遭陌生男子尾随并强行拖...”，字号设置为12号字，字体颜色设置为灰色（666666），如图5.34所示。

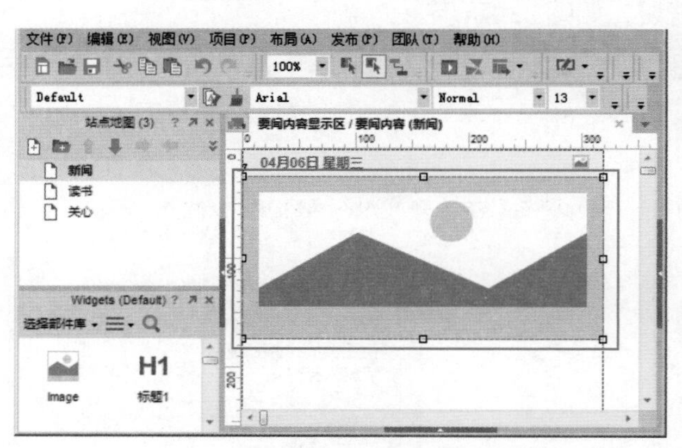

图5.33　新闻图片

图5.34　新闻图标及内容

注 意

在设计新闻标题时要突出显示，让用户一眼就能看到，抓住用户的眼球，不重要的信息可以不突出显示，比如字号设置小一些、字体浅一些等。

（6）拖动一个标签组件，将文本内容命名为“6268评”，字号设置为12号字，字体颜色设置为灰色（666666）；再拖动一个矩形组件，宽度设置为30，高度设置为15，将文本内容命名为“专题”，字体加粗；再拖动一个横线组件，宽度设置为320，颜色设置为灰色（CCCCCC），作为分割线，如图5.35所示。

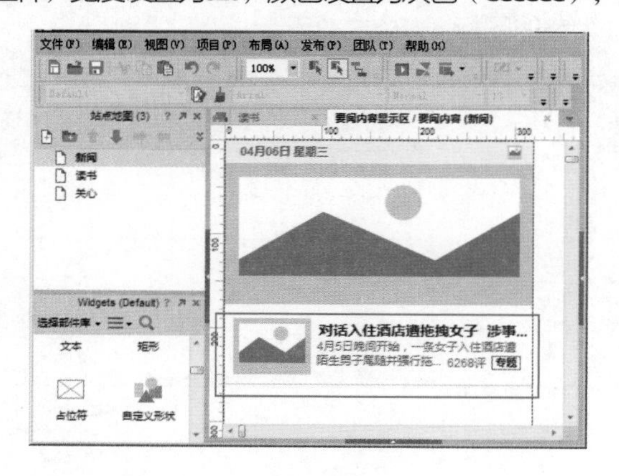

图5.35　评论、专题、分割线

（7）选中新闻列表内容，再复制出三个，并且修改一下相应的标题和内容，如图5.36所示。

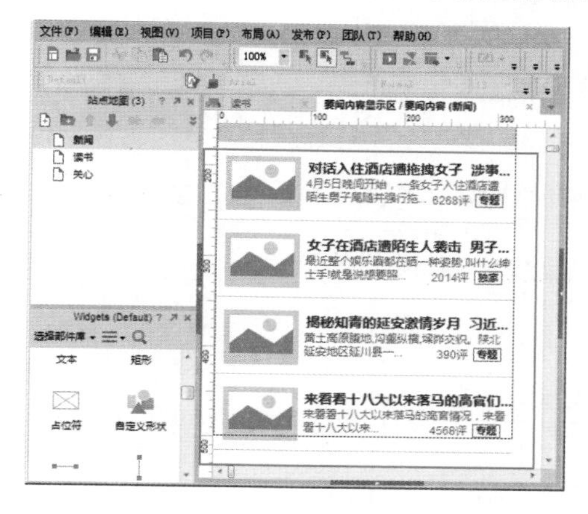

图5.36　复制列表内容

注　意

设计列表时，先完整设计一条内容，然后复制这条内容，在这条内容的基础上进行修改。

5.5　“科技”页面内容布局设计

“科技”页面的内容结构和“要闻”页面的结构很相似，可以把设计好的“要闻”页面内容复制到“科技”页面，然后在这个基础上进行修改，可以提高原型的制作效率；“科技”页面的效果图如5.37所示，具体操作步骤如下。

图5.37　科技页面内容

（1）进入“要闻内容屏幕”状态，利用快捷键Ctrl+A全选所有内容，Ctrl+C复制所有内容，进入“科技内容屏幕”状态，将复制的内容进行粘贴，修改动态面板的名称为“科技内容显示区”，状态名称修改为“科技内容”，如图5.38所示。

（2）进入“科技内容”状态，修改新闻的标题和内容，如图5.39所示。

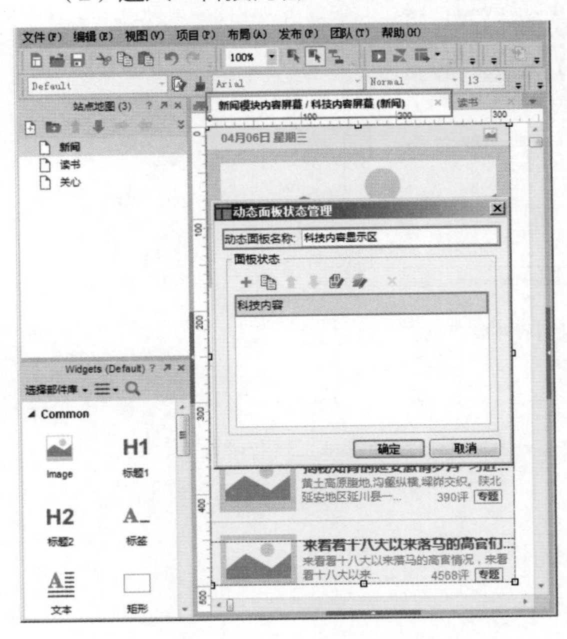

图5.38　修改动态面板和状态的名称

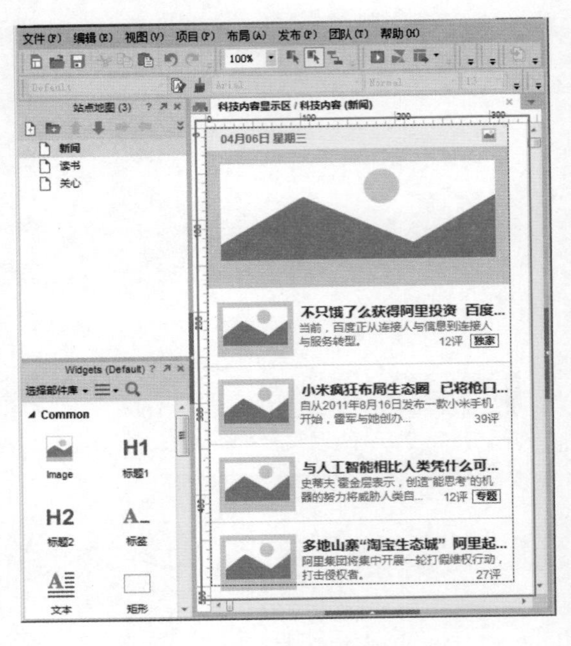

图5.39　修改新闻标题和内容

这样就设计完成了“科技”页面的内容和布局，在原型设计过程中，经常会碰到很多页面结构一样或者相似的情况，这时即可先制作一个页面，然后复制这个页面并在其基础上进行修改，可以提高原型的制作效率。

5.6　“新闻”模块页签切换效果设计

设计了“要闻”和“科技”两个页面，下面要实现单击不同的页签展示相对应的内容，呈现出一种动态的效果，具体操作步骤如下。

（1）单击站点地图的“新闻”页面，选中“要闻”页签上的图像热区组件，修改鼠标单击时触发事件。首先单击“设置面板状态”，然后勾选“新闻模块内容屏幕”复选框，最后选择“要闻内容屏幕”状态，如图5.40所示。

（2）选中“科技”页签上的图像热区组件，修改鼠标单击时触发事件。首先单击“设置面板状态”，然后勾选“新闻模块内容屏幕”复选框，最后选择“科技内容屏幕”状态，如图5.41所示。

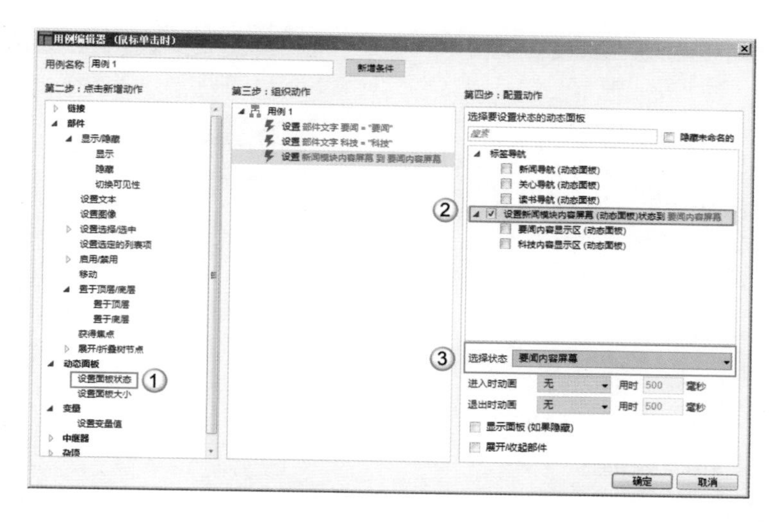

图5.40　修改要闻鼠标单击时触发事件

（3）按F8键发布原型，会看到“要闻”和“科技”两个页签实现相互切换，同时对应的内容也可以相互切换，实现了页签切换效果，如图5.42所示。

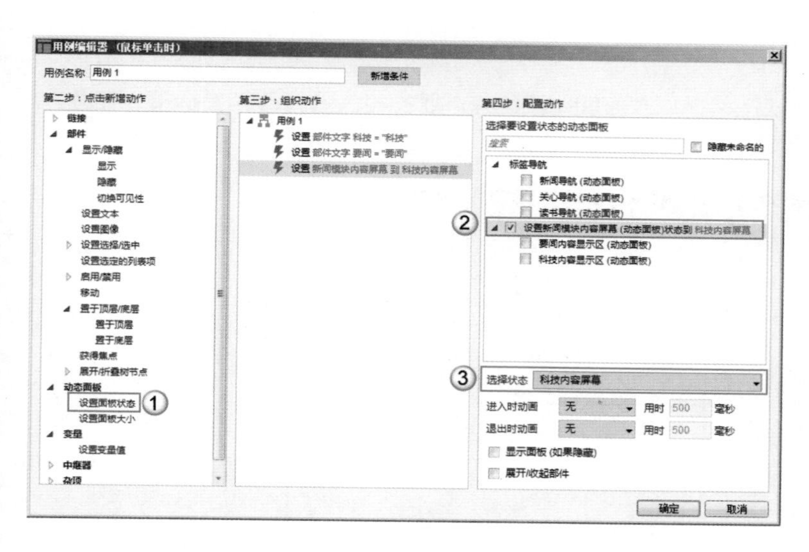

图5.41　修改科技鼠标单击时触发事件

图5.42　发布原型

5.7 “读书”模块页面布局与交互设计

“读书”模块分为两部分内容，一部分是“精选书城”，另一部分是“我的书架”，这两部分通过两个页签方式实现页面内容切换，如图5.43、图5.44所示。

图5.43　精选书城

图5.44　我的书架

5.7.1　“精选书城”页面设计

具体操作步骤如下：

（1）“读书”模块在顶部有状态栏，从“新闻”模块复制状态栏，并修改相关标签，如图5.45所示。

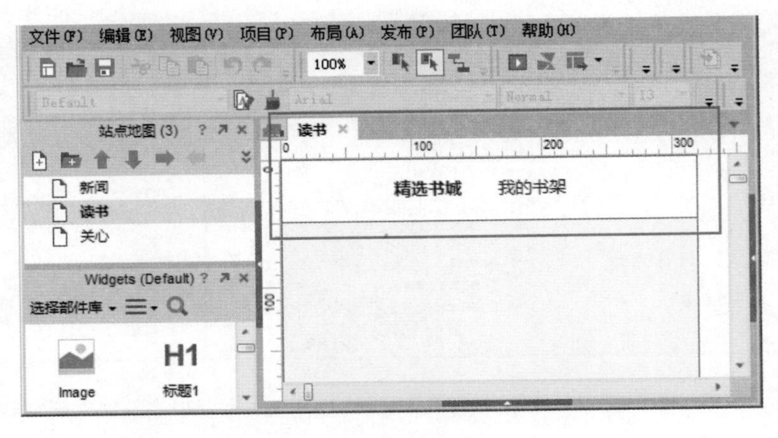

图5.45　状态栏设计

（2）拖动一个动态面板，命名为“读书模块内容屏幕”，将状态命名为“读书内容屏幕”，宽度设置为320，高度设置为453，坐标位置设置为（0,50），作为读书模块内容显示区域，如图5.46所示。

（3）进入“读书内容屏幕”状态，拖动一个动态面板，将动态面板命名为“读书内容显示区”，将状态命名为“精选书城”、“我的书架”，宽度设置为320，高度设置为500，坐标位置设置为（0,0），作为“读书”内容显示区域，如图5.47所示。

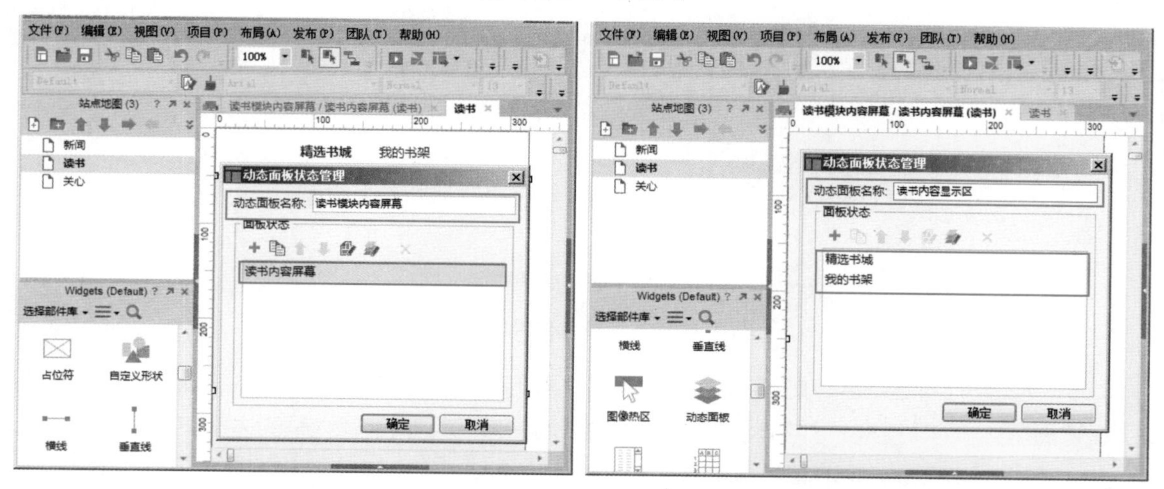

图5.46　新增动态面板　　　　图5.47　读书内容显示区

注　意

在设计新闻模块内容时，在最外层的动态面板设置两种状态来显示要闻和科技的内容，而设计读书模块内容时，在里层的动态面板设置两种状态来显示精选书城和我的书架内容。

（4）进入“精选书城”状态，拖动一个矩形组件，宽度设置为320，高度设置为40，坐标位置设置为（0,0），颜色填充为灰色（F2F2F2），去掉边框线，作为分类和搜索框的背景，如图5.48所示。

图5.48　搜索框背景

（5）拖动两个矩形组件，一个宽度设置为70，高度设置为30，另一个宽度设置为212，高度设置为30，圆角半径设置为5，边框颜色设置为灰色（CCCCCC）；再拖动两个图片组件，宽度和高度都设置为20，作为图标，如图5.49所示。

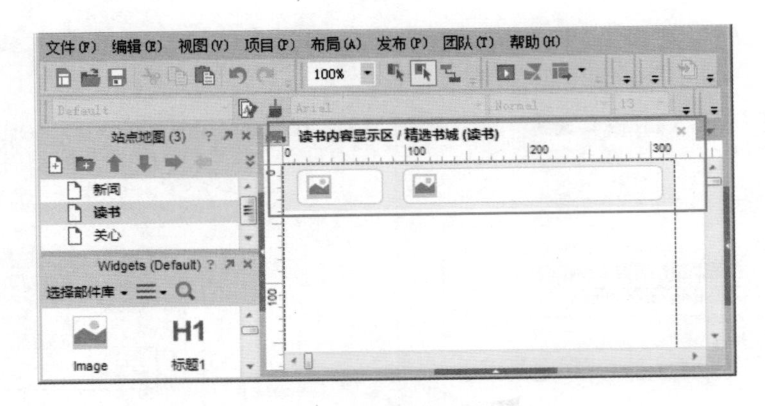

图5.49　分类和搜索边框

（6）拖动一个标签组件，文本内容为“分类”，再拖动一个文本框单行组件；在部件属性和样式区域，设置提示文字为“搜索”，字体颜色设置为灰色（999999），隐藏输入框的边框，如图5.50所示。

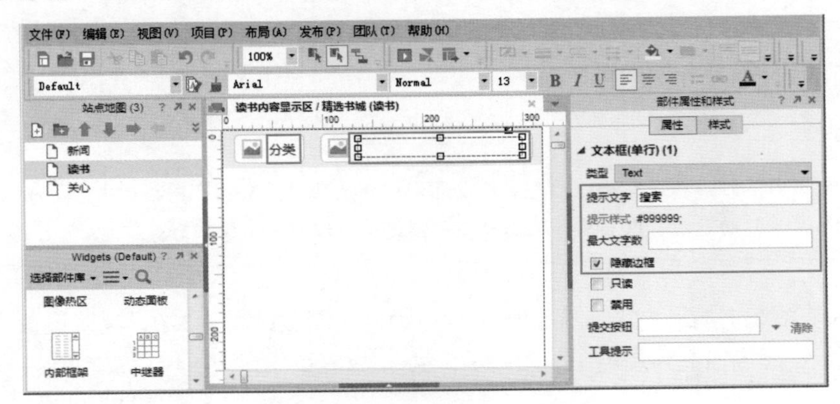

图5.50　分类内容和搜索框

（7）拖动一个图片组件，宽度设置为320，高度设置为120，作为书城的广告位；再拖动一个矩形组件，宽度设置为320，高度设置为10，颜色填充为灰色（F2F2F2），去掉边框线，如图5.51所示。

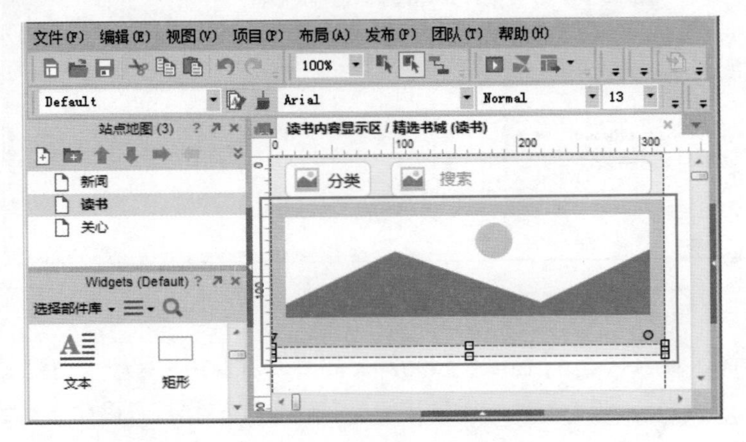

图5.51　广告位和分隔区域

（8）拖动一个标签组件，将文本内容命名为“中信好书特价，2至5折"买买买"”，字号设置为15号字，加粗；再拖动一个标签组件，将文本内容命名为“买书如山倒方是爱书者本色！ 时间：4.4-4.10”，字号设置为12号字；拖动一个图片组件，宽度设置为298，高度设置为90，作为书的宣传海报，如图5.52所示。

（9）复制上面的灰色分隔区域，拖动一个图片组件，宽度设置为80，高度设置为90，作为书的封面图片；拖动一个标签组件，将文本内容命名为“美国中情局的罪与罚”，字号设置为15号字，加粗；再拖动一个标签组件，将文本内容命名为“深度揭秘猪湾事件、古巴导弹危机、刺杀斯特罗、肯尼迪遇刺等历史事件真相。”，字号设置为12号字，如图5.53所示。

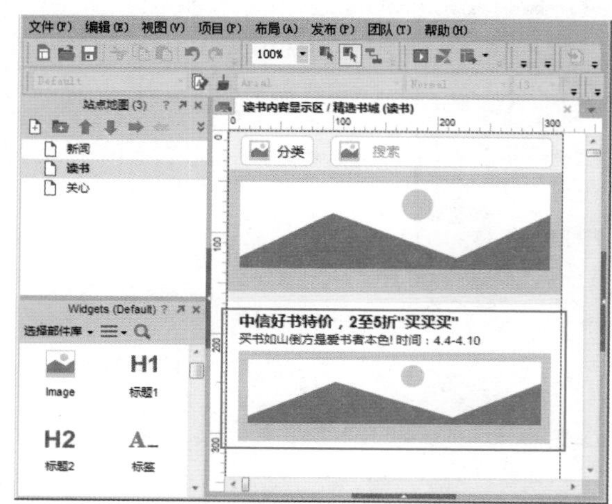

图5.52　好书特价

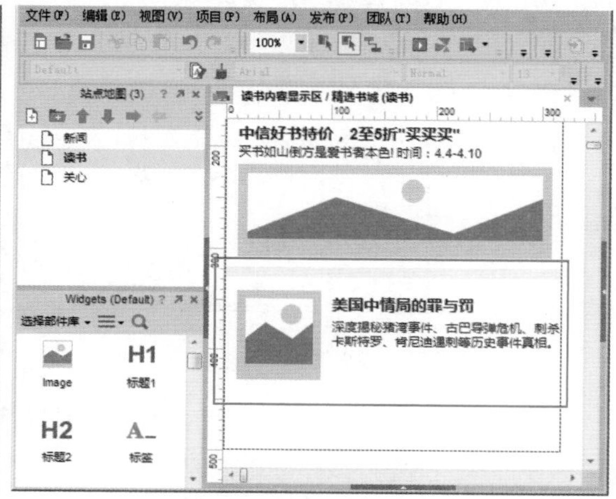

图5.53　美国中情局的罪与罚

（10）拖动一个图片组件，宽度设置为15，高度设置为15，作为作者图标；拖动一个标签组件，将文本内容命名为“诺曼·梅勒”，字号设置为11号字，字体颜色设置为灰色（999999）；再拖动两个矩形组件，宽度都设置为30，高度都15，文本内容分别为“小说”、“悬疑”，字号都设置为11号字，如图5.54所示。

图5.54　作者

在设计剩下的列表内容时，可以复制“美国中情局的罪与罚”的列表内容，在这个内容的基础上加以修改。

5.7.2 “我的书架”页面设计

“我的书架”页面在未登录之前内容相对简单一些，下面开始设计这个页面，具体操作步骤如下。

（1）进入“我的书架”状态，拖动一个图片组件，宽度和高度都设置成40，作为用户图标；再拖动一个标签组件，将文本内容命名为“请登录账号”，字号设置为15号字，加粗，如图5.55所示。

（2）拖动一个横线组件，调整一下它的宽度，然后将部件属性和样式区域旋转45度，拖动一个横线组件，调整一下宽度，旋转135度，作为向右箭头，如图5.56所示。

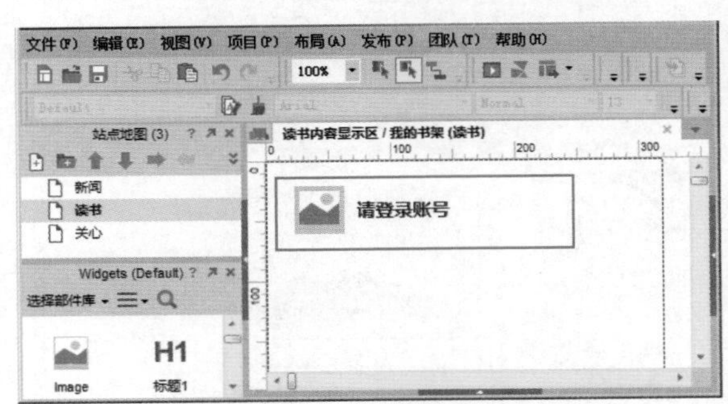

图5.55 用户图标及账号

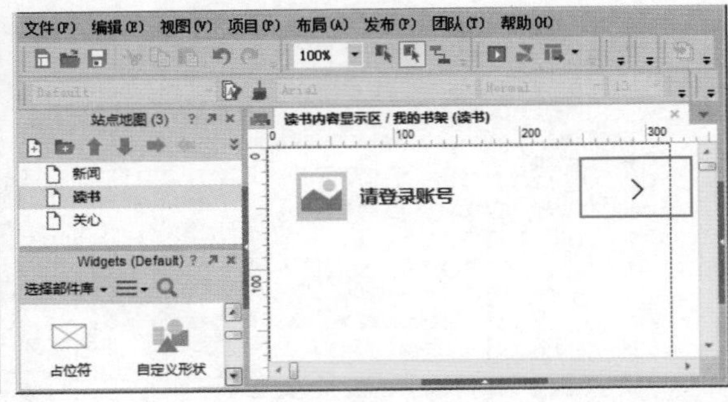

图5.56 向右箭头

（3）拖动一个矩形组件，宽度设置为320，高度设置为15，颜色填充为浅灰色（F2F2F2），去掉边框线，作为间隔区域，如图5.57所示。

（4）拖动一个图片组件，宽度设置为90，高度设置为70，作为书籍图片；再拖动一个标签组件，将文本内容命名为“暂无图书”，字号设置为15号字，颜色为灰色（666666），如图5.58所示。

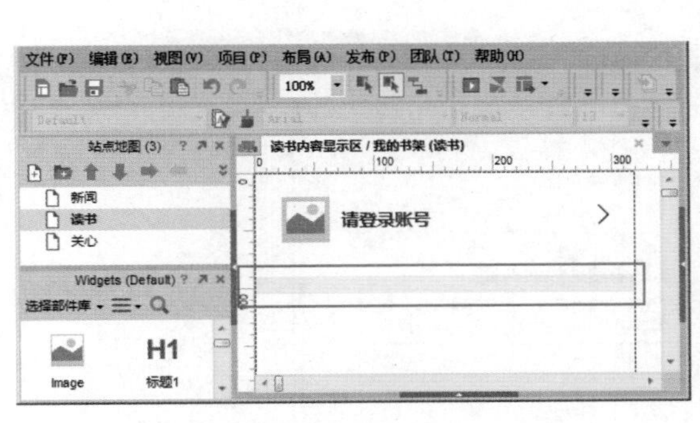

图5.57 间隔区域

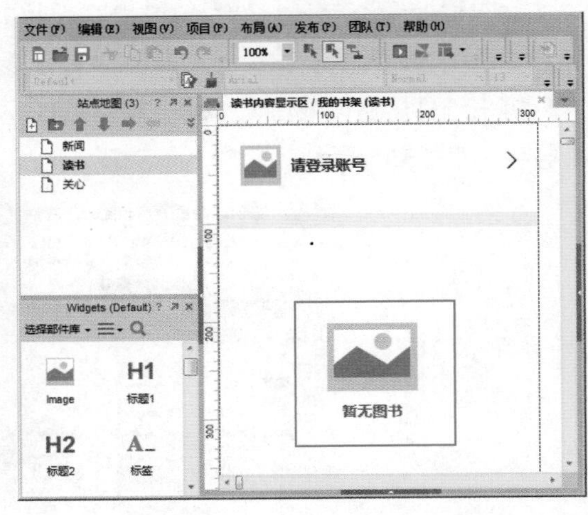

图5.58 暂无图书

这样就设计完成了“我的书架”在未登录之前的页面，内容相对简单。接下来要添加页签切换效果，单击“精选书城”、“我的书架”可以实现页签和内容的切换效果。

（5）返回“读书”页面，将“精选书城”、“我的书架”的标签名称分别修改为“精选书城”、“我的书架”，拖动一个图像热区组件到“精选书城”页签上，作为鼠标单击时的区域，如图5.59所示。

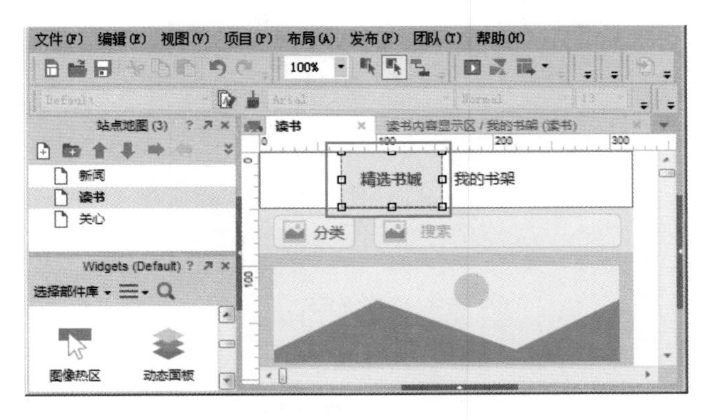

图5.59　标签命名以及添加图像热区

（6）选中　“精选书城”上的图像热区组件，添加鼠标单击时触发事件，通过富文本的方式，将精选书城四个字加粗，将我的书架四个字不加粗，设置读书内容显示区的面板状态为精选书城，如图5.60所示。

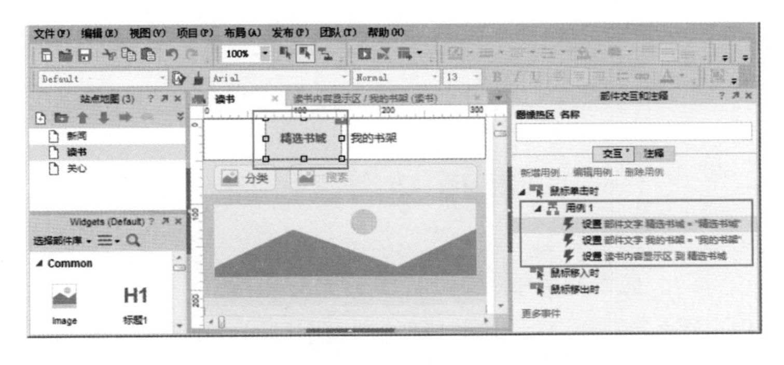

图5.60　精选书城鼠标单击时触发事件

（7）拖动一个图像热区组件放置在“我的书架”上，选中　“我的书架”上的图像热区组件，添加鼠标单击时触发事件，通过富文本的方式，将“我的书架”四个字加粗，将“精选书城”四个字不加粗，设置读书内容显示区的面板状态为我的书架，如图5.61所示。

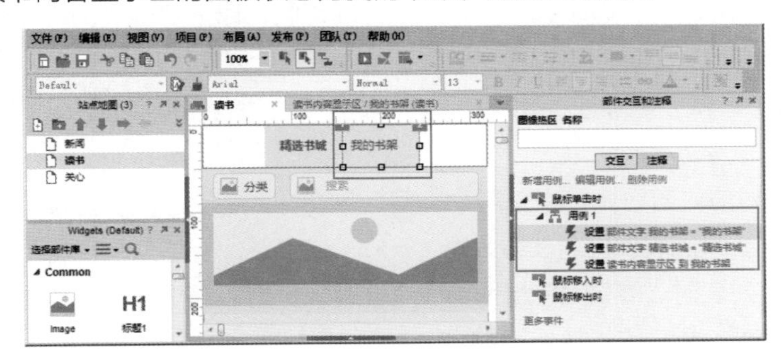

图5.61　我的书架鼠标单击时触发事件

（8）按F8键发布原型，可以看到两个页签和对应的内容进行切换显示，如图5.62所示。

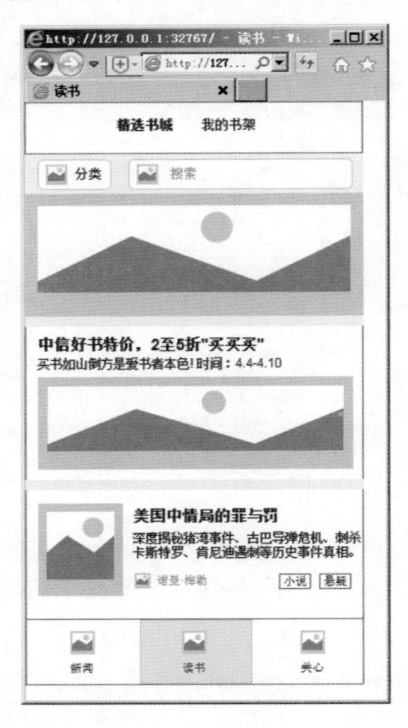

图5.62　发布原型

5.8　烂笔头笔记——新闻类APP

新闻类APP原型设计时，应该重点掌握如下几个方面的内容：

（1）新闻类APP在设计之前要进行新闻类别分类，用户可以根据自己的需要查看相应的类别，同时用户可以定制一些个性化的类别，以便给用户推送内容。

（2）新闻类APP强调新闻的实时性，内容更新的实时性，要丰富多彩。

（3）在设计新闻导航时，可以采用标签导航，像腾讯新闻APP一样，采用了三个导航标签，每个页签内容划分得很清楚，便于用户使用。

（4）在设计标签导航时，可以把标签导航设计成母版，以避免重复制作，同时可以直接引用到页面中使用，达到制作一次，多次复用的效果。

（5）新闻类APP有多个类别时，可以采用页签的方式，进行不同类别内容的切换，查看相应的内容。

（6）设计页签对应内容时，可以采用动态面板来设计，在动态面板里设计页签对应的内容，再添加一些交互效果，可以展现出动态的效果。

（7）设计新闻列表时，要注意突出显示标题和新闻图片，对于新闻摘要以及评论要弱化显示，这样显得有层次感，用户也能抓住重点。

（8）设计低保真原型时，不要使用过多的彩色或者截图，在颜色选取上最好使用黑、白、灰三种颜色，在图片使用上，可以使用图片组件代替相应的图片。

第6章

电商类APP：手机淘宝APP高保真原型设计

移动电子商务就是利用手机、PDA等无线终端进行的B2B、B2C、C2C或O2O的电子商务。它将互联网、移动通信技术、短距离通信技术及其他信息处理技术完美结合，使人们可以在任何时间、任何地点进行各种商贸活动，实现随时随地、线上线下的购物与交易、在线电子支付以及各种交易活动、商务活动、金融活动和相关的综合服务活动等。随身“下单”是电商类APP最大的特点，可以随时开展网购、浏览商品、搜索商品、比较价格、收藏商品，并进行购买。摆脱PC端存在的问题，不会错过期待已久的“限时抢购”等促销活动，尽享购物便利。

本章主要涉及的知识点有：

- 了解电商类APP以及电商类APP设计要素；
- 标签导航制作，布局设计以及选中效果设计；
- “首页”页面的布局设计以及海报轮播效果制作；
- “微淘”页面布局设计以及页签切换效果实现；
- “社区”页面的布局设计；
- “购物车”页面布局设计；
- “购物车”商品列表上下滑动效果实现；
- “我的淘宝”页面的布局设计。

6.1 电商类APP原型设计要素

随着Wi-Fi、4G的普及，使人们几乎摆脱了PC端的束缚，可以自由自在地使用网络。电子商务平台APP几乎成为人们手机里必备的应用之一，淘宝、天猫、京东、亚马逊等电商APP安装量大幅度上升；而像掌上便利店、什么值得买、蘑菇街、美丽说这样的APP入口也获得了长足的发展。

据艾瑞咨询最新统计数据显示，2014年中国移动购物市场交易规模为9 297.1亿元，年增长率达239.3%，远高于中国网络购物整体增速(2014年中国网络购物市场交易规模为28 145.1亿元，较2013年同期增长49.8%)。艾瑞预测未来几年中国移动购物市场仍将继续保持较快增长，2018年移动购物市场交易规模将超过4万亿元，如图6.1所示。

在2014年移动购物市场的企业份额中，阿里无线、手机京东、手机唯品会占据前三，份额分别为86.2%、4.2%、2.1%。艾瑞分析认为，（1）阿里无线一家独大，占比86.2%，其无线端通过“淘宝+天猫”提供平台服务，在由交易入口向无边界生活圈转型；（2）京东方面则联手腾讯，以手机客户端、微信购物、手机QQ购物、微店等全面布局移动端；（3）唯品会、苏宁易购、聚美优品、1号店、国美在线、亚马逊、当当、买卖宝等也纷纷发力移动端，市场竞争比较激烈，如图6.2所示。

图6.1 市场交易规模

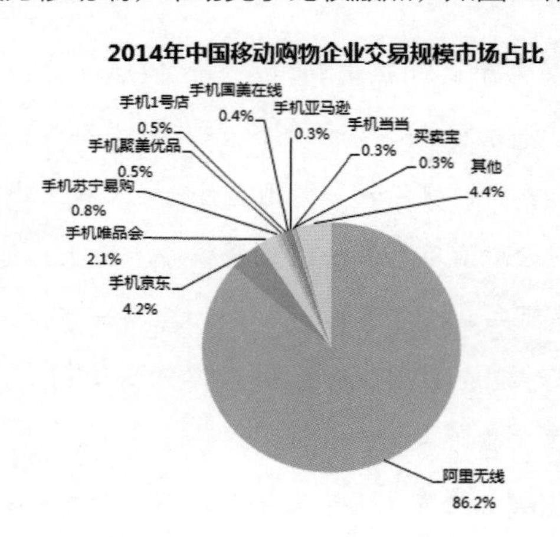

图6.2 市场占比

在设计移动APP软件时，应重点关注的几个方面：

（1）购买流程简洁方便，购买操作统一放在屏幕下方，使用户逐渐形成操作习惯，操作简单，便于用户购买商品。

（2）海量的商品信息，如何通过商品检索和页面的清晰布局让用户快速地找到用户想要的商品。

（3）底部标签导航各个模块划分清晰，让用户知道每个模块所提供的功能，方便用户进入相应的页面进行相关操作。

（4）电商类APP页面层级很深，用户在进入这些页面时，不要让用户迷失在页面中，不知道当前在什么页面以及如何返回首页。

（5）页面信息要简洁突出重点，这样才能抓住用户，引导用户访问相应的商品信息或者页面。

本章以手机淘宝APP为例讲解制作高保真原型，如图6.3~图6.7所示。

图6.3　首页

图6.4　微淘

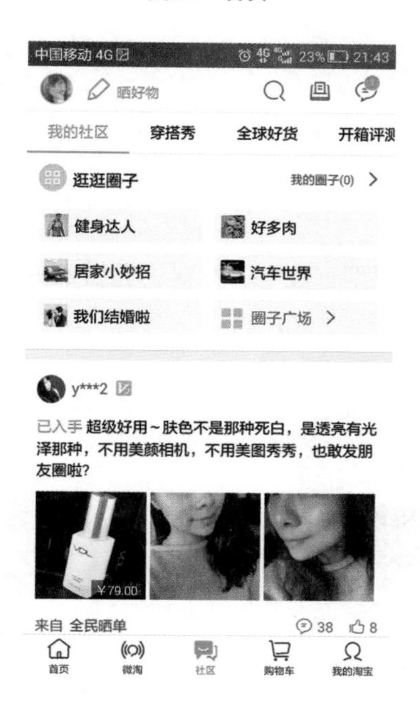

图6.5　社区

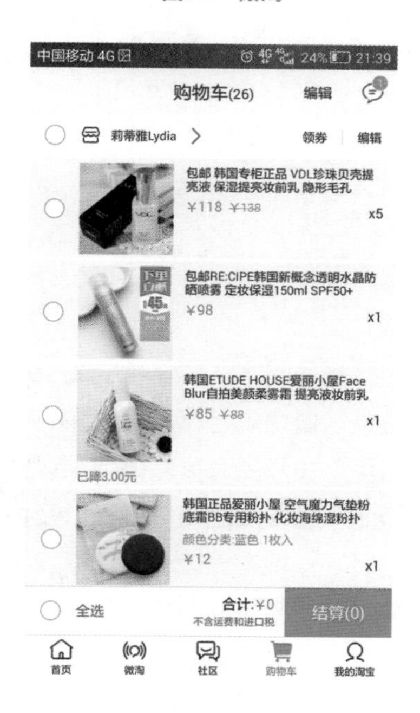

图6.6　购物车

图6.7　我的淘宝

6.2　设计内容与思路

本小节将会对手机淘宝APP原型的版本、设计内容与思路做一个简单阐述，在此基础上，后面章节将会详细展开讲述。

6.2.1　手机淘宝APP版本

手机淘宝APP原型制作采用V5.6.2版本。

6.2.2　设计内容

（1）采用高保真原型设计方式来设计手机淘宝APP原型；在电子材料中提供相关的图片，以供制作原型时使用。

（2）采用标签导航方式制作手机淘宝APP的导航。

（3）“首页”模块内容布局设计。

（4）“首页”中商品海报轮播效果设计。

（5）“微淘”模块页面布局设计以及页签切换效果设计。

（6）“社区”模块布局设计。

（7）“购物车”模块的布局设计。

（8）“购物车”商品列表上下滑动效果设计。

（9）“我的淘宝”模块的布局设计。

6.2.3　设计思路

（1）对于手机淘宝APP的标签导航，提供两种图片，标签导航选中图片和未选中图片，同时要把它制作成母版，一次制作，多次使用。

（2）对于手机淘宝APP的页面进行布局设计，可以采用准备好的图片来设计。

（3）商品海报轮播效果需要借助于动态面板状态自动切换效果来实现。

（4）页签切换效果设计需要使用动态面板多个状态的切换显示。

（5）购物车中的商品信息可以通过动态面板实现上下滑动效果。

6.3 底部标签导航设计

手机淘宝APP底部标签导航分为5类：首页、微淘、社区、购物车、我的淘宝；把这个标签导航设计成母版，这样设计一次，多个页面可以重复使用。

6.3.1 标签导航布局设计

具体操作步骤如下：

（1）在母版区域新建一个母版“标签导航”，拖动两个矩形组件，一个矩形组件的宽度设置为350，高度设置为554，另一个矩形组件的宽度设置为350，高度设置为50，边框颜色设置为灰色（AEAEAE），如图6.8所示。

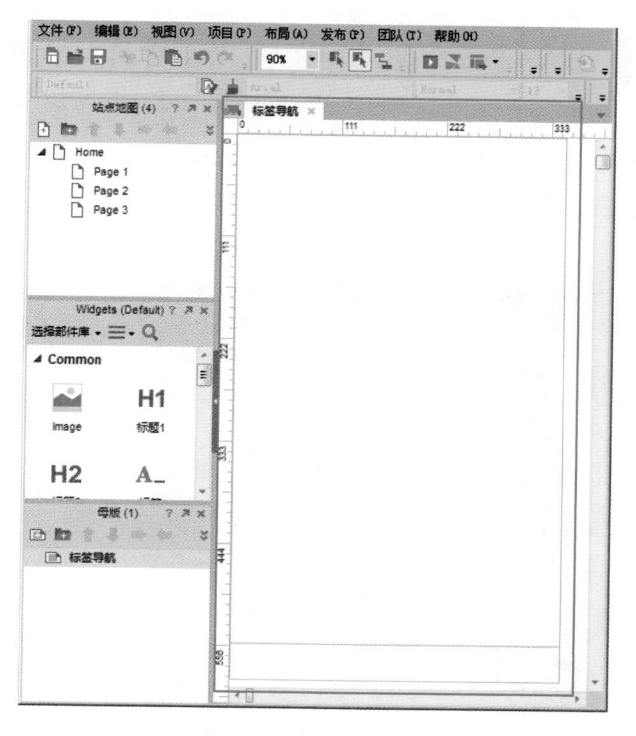

图6.8 标签导航母版

（2）拖动一个图片组件，用“3-首页导航-选中”图片替换图片组件，选中图片右击转换为动态面板，动态面板的名称为“首页导航显示区”，状态重新命名为“选中”，再新增一个状态“未选中”，进入“未选中”状态，拖动一个图片组件，用“3-首页导航-未选中”图片替换图片组件，如图6.9所示。

（3）拖动一个图片组件，用“4-微淘导航-未选中”图片替换图片组件，选中图片右击转换为动态面板，动态面板的名称为“微淘导航显示区”，状态重新命名为“未选中”，再新增一个状态“选中”，进入“选中”状态，拖动一个图片组件，用“4-微淘导航-选中”图片替换图片组件，如图6.10所示。

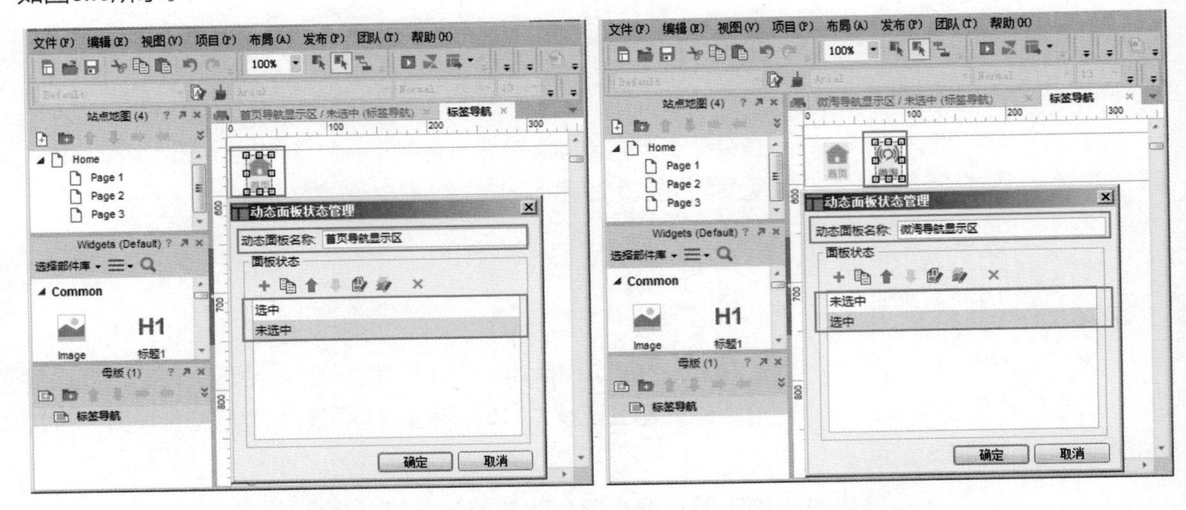

图6.9　首页导航显示区动态面板

图6.10　微淘导航显示区动态面板

（4）拖动一个图片组件，用“5-社区导航-未选中”图片替换图片组件，选中图片右击转换为动态面板，动态面板的名称为“社区导航显示区”，状态重新命名为“未选中”，再新增一个状态“选中”，进入“选中”状态，拖动一个图片组件，用“5-社区导航-选中”图片替换图片组件，如图6.11所示。

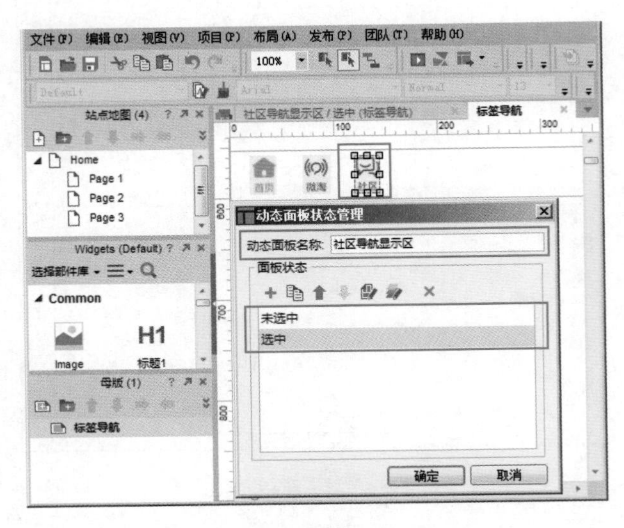

图6.11　社区导航显示区动态面板

（5）拖动一个图片组件，用“6-购物车-未选中”图片替换图片组件，选中图片右击转换为动态面板，动态面板的名称为“购物车导航显示区”，状态重新命名为“未选中”，再新增一个状态“选中”，进入“选中”状态，拖动一个图片组件，用“6-购物车-选中”图片替换图片组件，如图6.12所示。

（6）拖动一个图片组件，用“7-我的淘宝-未选中”图片替换图片组件，选中图片右击转换为动态面板，动态面板的名称为“我的淘宝导航显示区”，状态重新命名为“未选中”，再新增一个状态“选中”，进入“选中”状态，拖动一个图片组件，用“7-我的淘宝-选中”图片替换图片组件，如图6.13所示。

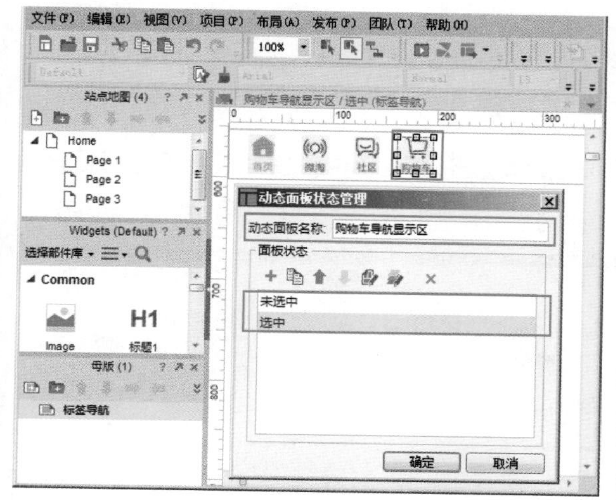

图6.12　购物车导航显示区动态面板

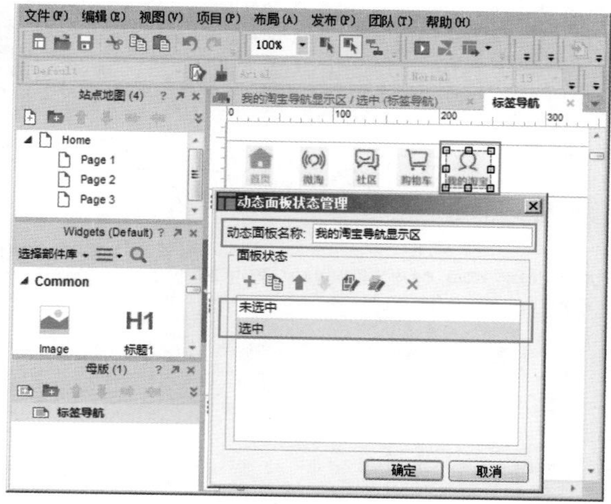

图6.13　我的淘宝导航显示区动态面板

（7）调整最后一个动态面板的位置，选中这五个动态面板组件让它们横向均匀分布，如图6.14所示。

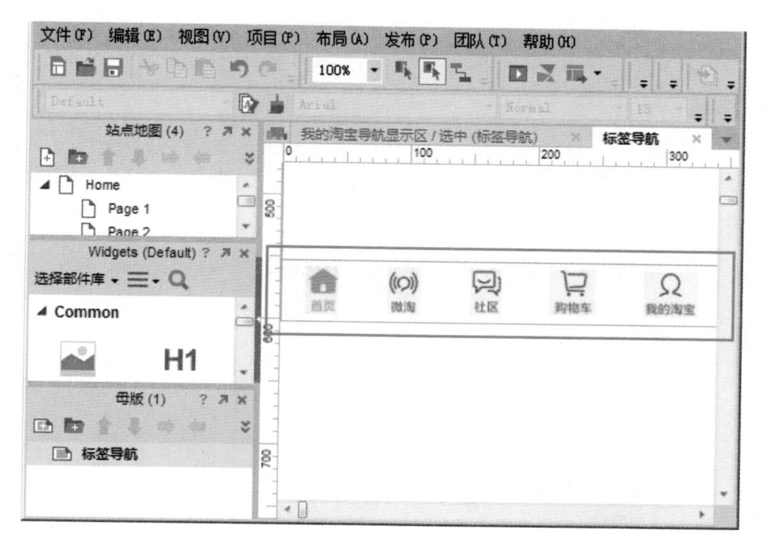

图6.14　均匀分布标签导航

注 意

在设计这样的五个导航时，可以先设计一个，然后复制四个导航，并在其基础上进行修改，这样可以加快制作原型的速度。

6.3.2 标签导航交互设计

具体操作步骤如下：

（1）在站点地图上新建五个页面，重新命名为“首页”、“微淘”、“社区”、“购物车”、“我的淘宝”，如图6.15所示。

（2）选中“首页导航显示区”动态面板，添加鼠标单击时触发事件，使其在当前窗口打开首页，如图6.16所示。

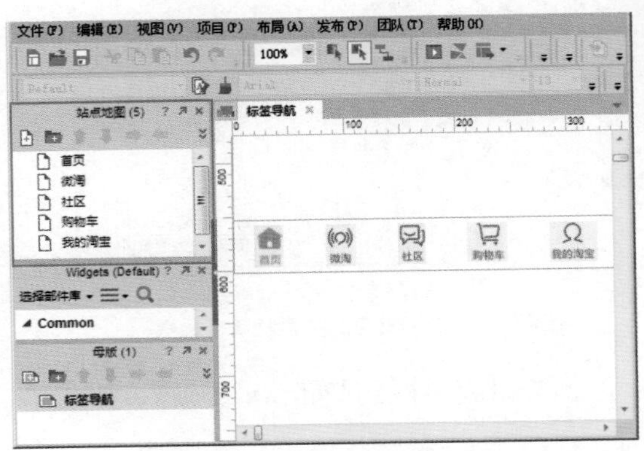

图6.15 新建五个页面

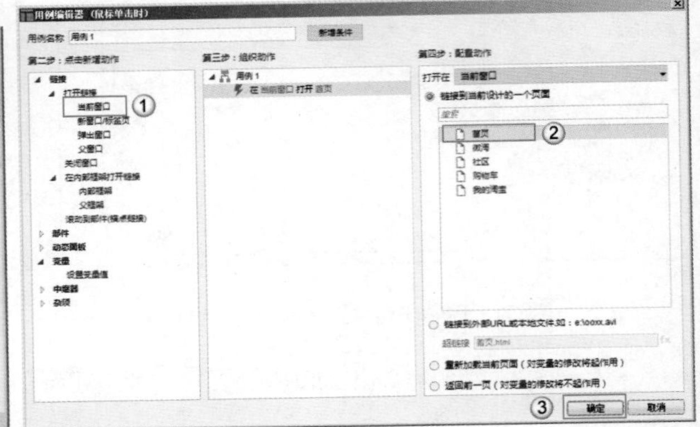

图6.16 打开首页

（3）运用同样的方式，给剩下的四个标签导航动态面板，添加鼠标单击时触发事件，在当前窗口打开相应的页面。

（4）将标签导航母版通过新增页面的方式引用到首页、微淘、社区、购物车、我的淘宝等五个页面，如图6.17所示。

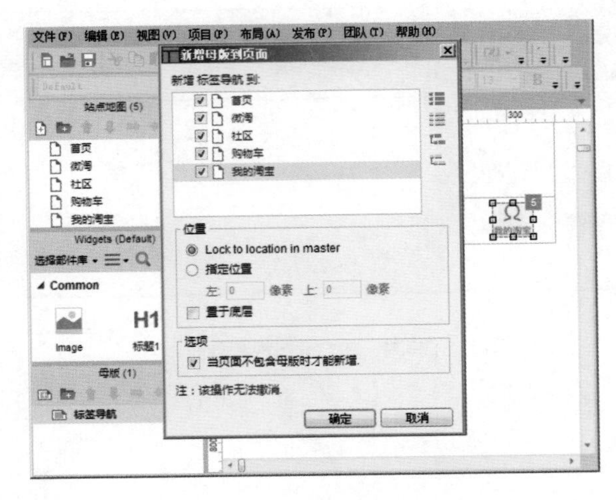

图6.17 母版引用到页面

（5）进入“首页”页面，添加页面载入时触发事件，设置“首页导航显示区”的状态为选中，设置“微淘导航显示区”、“社区导航显示区”、“购物车导航显示区”、“我的淘宝导航显示区”的状态为未选中，如图6.18所示。

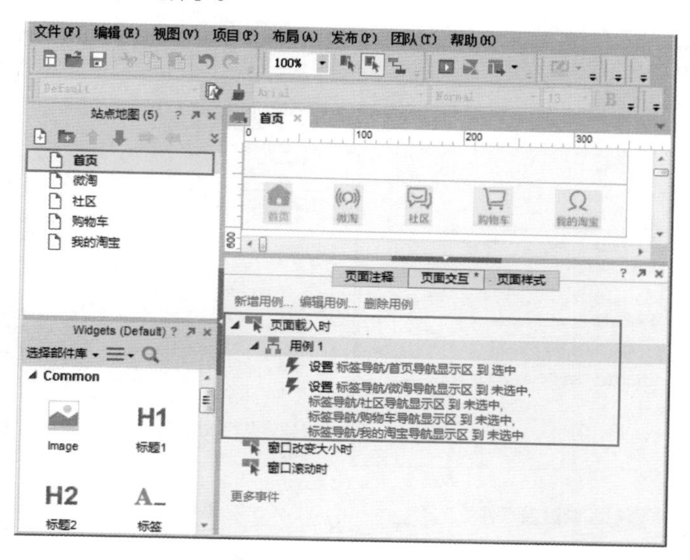

图6.18　首页页面载入时触发事件

（6）进入“微淘”页面，添加页面载入时触发事件，设置“微淘导航显示区”的状态为选中，设置“首页导航显示区”、“社区导航显示区”、“购物车导航显示区”、“我的淘宝导航显示区”的状态为未选中，如图6.19所示。

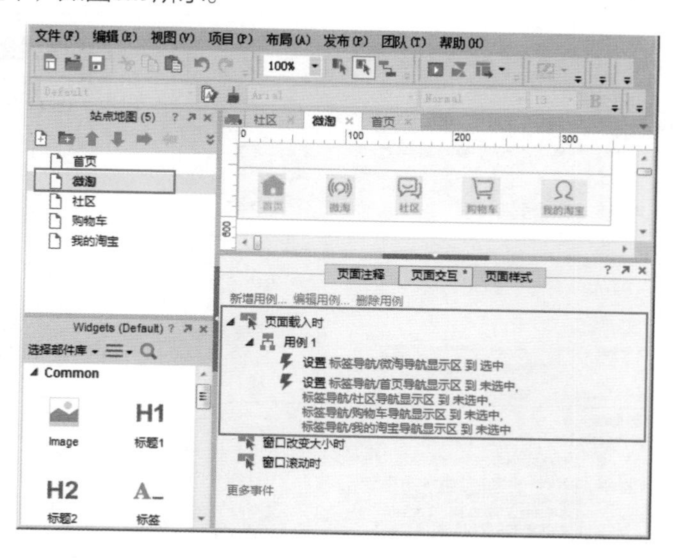

图6.19　微淘页面载入时触发事件

（7）进入“社区”页面，添加页面载入时触发事件，设置“社区导航显示区”的状态为选中，设置“首页导航显示区”、“微淘导航显示区”、“购物车导航显示区”、“我的淘宝导航显示区”的状态为未选中，如图6.20所示。

（8）进入“购物车”页面，添加页面载入时触发事件，设置“购物车导航显示区”的状态为选中，设置“首页导航显示区”、“微淘导航显示区”、“社区导航显示区”、“我的淘宝导航显示区”的状态为未选中，如图6.21所示。

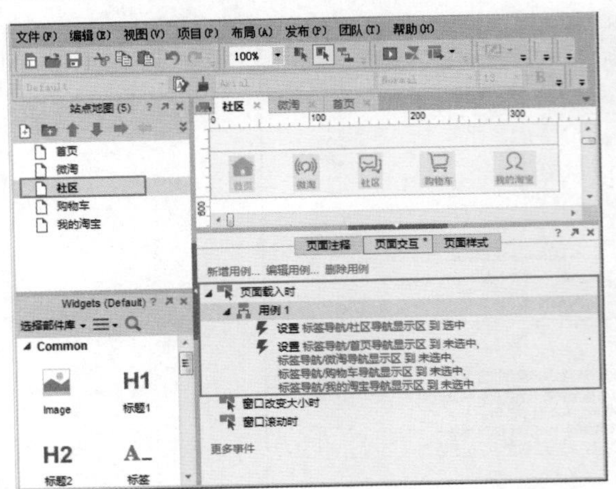

图6.20　社区页面载入时触发事件

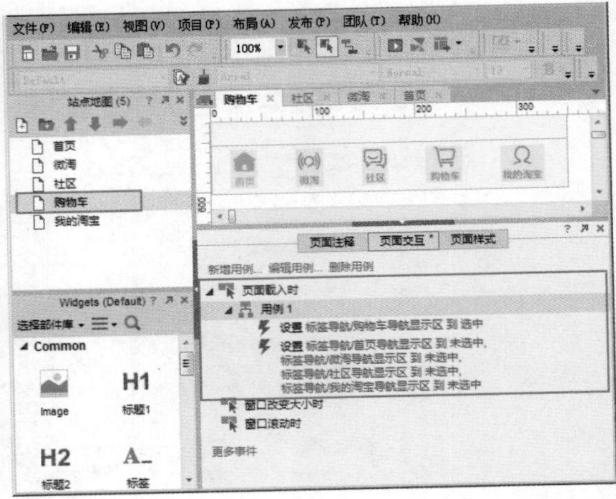

图6.21　购物车页面载入时触发事件

（9）进入“我的淘宝”页面，添加页面载入时触发事件，设置“我的淘宝导航显示区”的状态为选中，设置“首页导航显示区”、“微淘导航显示区”、“社区导航显示区”、“购物车导航显示区”的状态为未选中，如图6.22所示。

（10）按F8键发布原型，单击标签导航可以进入相应的页面，标签导航呈现为选中状态，如图6.23所示。

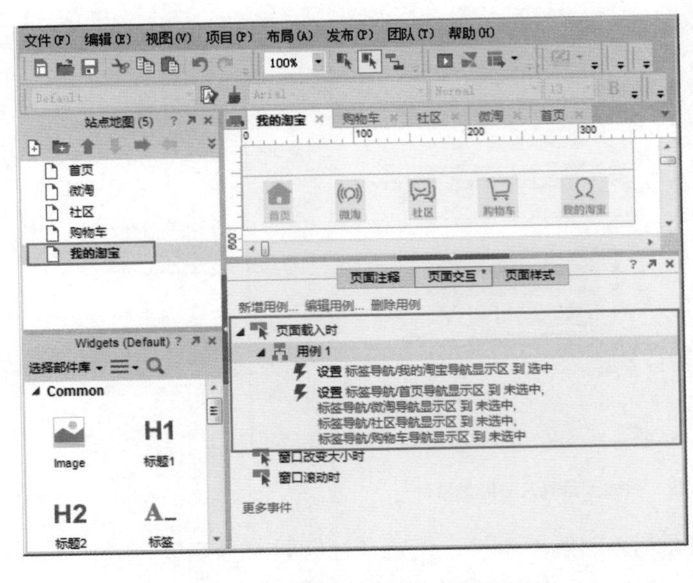

图6.22　我的淘宝页面载入时触发事件

图6.23　发布原型

注　意

本次设计是单击标签导航时跳转到相应的页面，也可以把这些页面内容放置在一个页面中，采用动态面板组件的方式，把这些页面内容分别放置在面板状态中这样设计存在一个缺陷，页面中会有太多的动态面板，但是其切换效果会好一点儿。

6.4　“首页”模块布局与交互设计

手机淘宝“首页”模块是显示商品信息的页面，用户进来第一个访问的页面就是首页，进入首页之后，可以检索自己想要的商品信息，也可以按淘宝的分类查找相应的商品。

6.4.1　“首页”页面内容布局设计

“首页”大致可以分为几部分：最上面是状态栏，可以进行扫一扫，可以进行商品检索，可以进行拍照检索商品；接着是商品海报轮播的区域，它放置了八张商品广告，自动轮播显示；再往下就是九宫格导航，把与淘宝相关的内容展现出来；淘宝头条是展示淘宝的一些新闻信息；最后是商品展示信息；“首页”模块展示内容很多，页面很长，在这种情况下，就要求设计者在设计页面时，突出显示重点，页面简洁大方。下面开始设计“首页”的布局，如图6.24所示，具体操作步骤如下。

（1）拖动一个图片组件，用“1-首页状态栏”图片替换图片组件，坐标位置设置为（0,0）；拖动一个动态面板组件，宽度设置为350，高度设置为506，动态面板的名称为“首页屏幕显示区”，状态名称修改为“首页屏幕”，如图6.25所示。

图6.24　首页

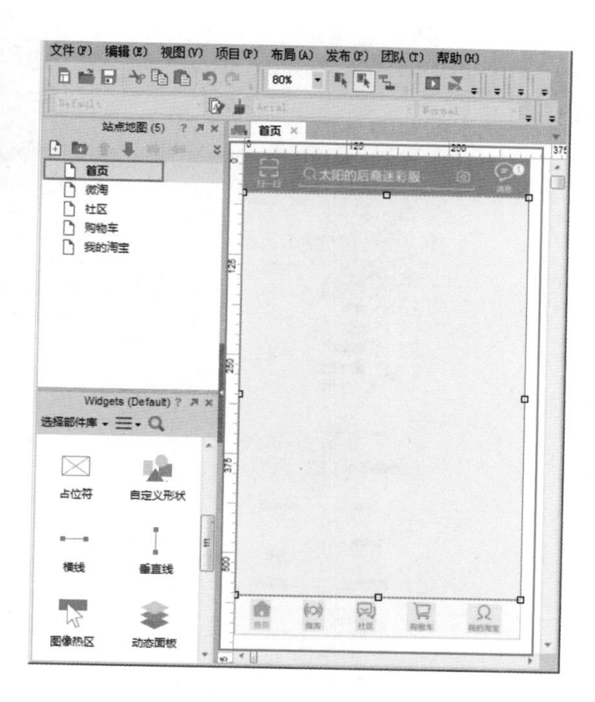

图6.25　首页状态栏

（2）进入“首页屏幕”状态，拖动一个动态面板组件，宽度设置为350，高度设置为620，坐标位置设置为（0,0）；动态面板的名称为“首页内容显示区”，状态名称修改为“首页内容”，如图6.26所示。

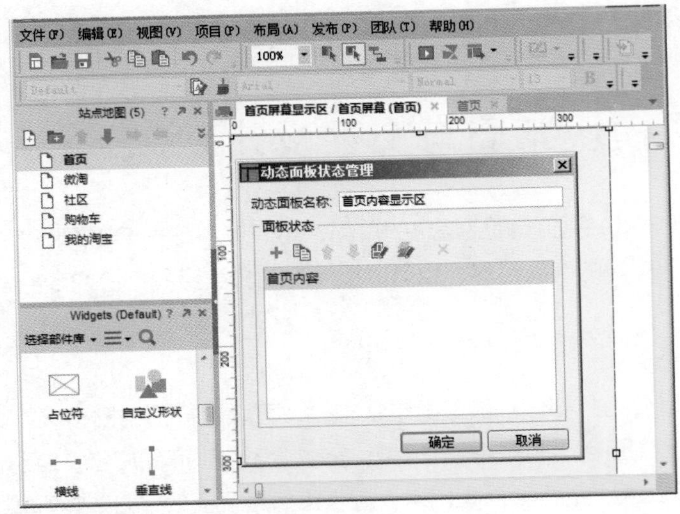

图6.26　首页内容显示区动态面板

> **注　意**
>
> 由于页面很长，需要滑动首页页面才能看到完整的内容，上下滑动效果需要借助于动态面板组件，所以又新建了“首页内容显示区”动态面板。

（3）进入“首页内容”状态，拖动一个动态面板组件，宽度设置为350，高度设置为109，坐标位置设置为（0,0）；动态面板的名称为“商品海报显示区”，新建八个状态，如图6.27所示。

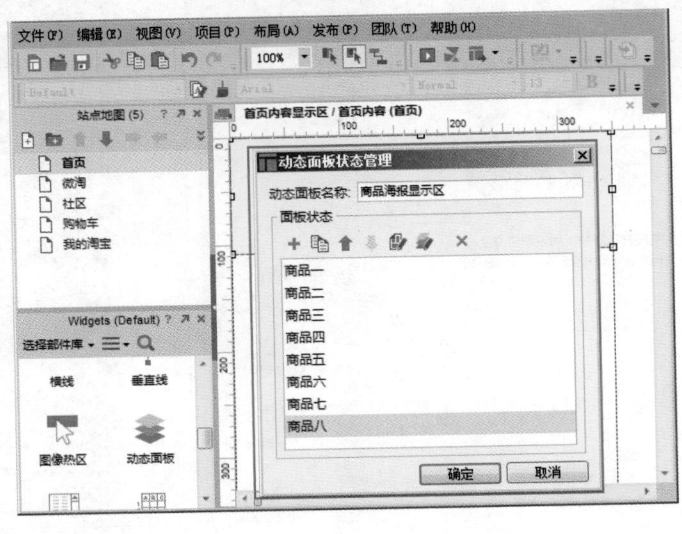

图6.27　商品海报显示区动态面板

（4）将“2-轮播-1”、“2-轮播-2”、“2-轮播-3”、“2-轮播-4”、“2-轮播-5”、“2-轮播-6”、“2-轮播-7”、“2-轮播-8”图片分别复制到“商品海报显示区”动态面板的各个状态中，坐标位置都设置为（0,0），如图6.28所示。

（5）将“3-首页-内容”图片复制到“首页内容”状态，坐标位置设置为（0,109），作为首页的内容，如图6.29所示。

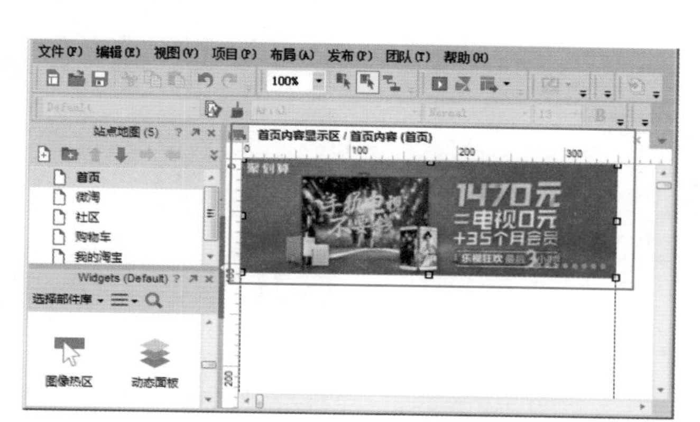

图6.28　商品海报状态内容设计

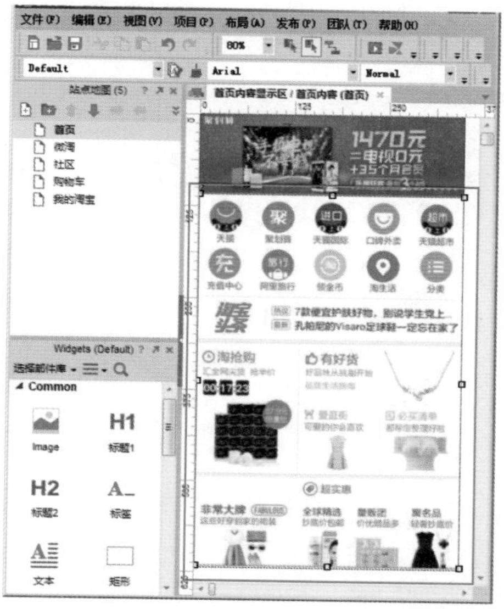

图6.29　首页内容

剩下的页面内容就不再详细介绍设计的过程了，由于页面内容很多，只选取了一部分简单介绍。

6.4.2　海报轮播效果交互设计

APP软件经常需要展示一些商品广告信息，最合适的展示方式就是海报轮播显示商品广告，在手机淘宝APP中同样采用了这种方式，可以在“首页”中看到商品广告图片自动轮播，呈现一种海报轮播的效果，具体操作步骤如下。

（1）进入“首页内容”状态，选中“商品海报显示区”动态面板，添加页面载入时触发事件，如图6.30所示。

图6.30　选中商品海报显示区动态面板

（2）设置面板状态，勾选美食轮播显示区复选框，选择状态为Next，让它从最后一个到第一个自动循环，间隔为3 000毫秒，进入时动画让它向左滑动，时间为1 000毫秒，如图7.31所示。

（3）按F8键发布原型，可以看到首页里商品广告自动轮播效果，如图6.32所示。

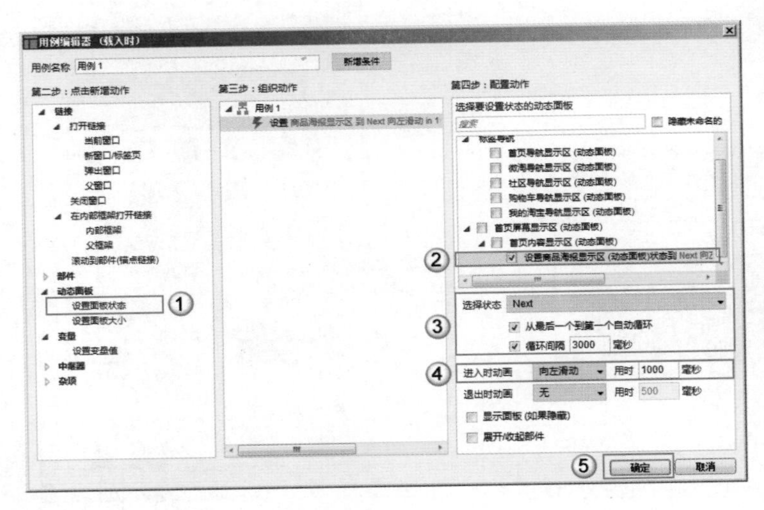

图6.31 轮播设置

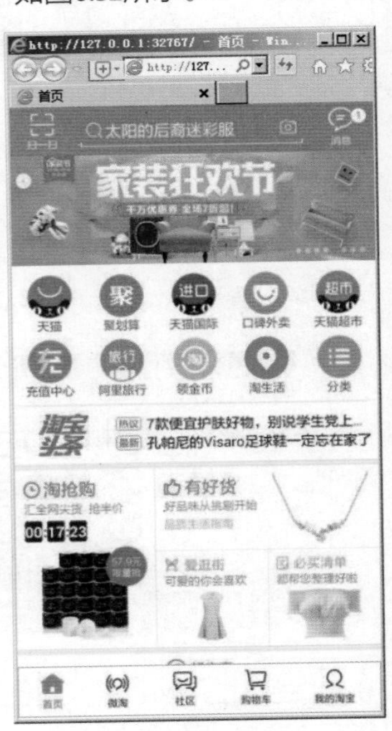

图6.32 发布原型

注 意

在设计移动APP产品广告时，由于屏幕空间有限，要展示的广告内容多，这时可以采用海报轮播效果，动态展示商品广告信息。

6.5 “微淘”模块布局与交互设计

“微淘”模块主要展示的是关注、上新、精选、红人、话题榜以及买家秀等内容，通过页签切换的方式显示对应的内容，页签切换效果也经常用在电商类网站或者APP软件中，页面内容有限，通过页签的切换，即可查看所有的内容。

6.5.1 “微淘”页面内容布局设计

“微淘”页面内容的最上面是状态栏，可以进行搜索和查看消息，接下来是页签导航，再往下是页签对应的列表内容，列表内容主要包含用户图标、用户名称、发布发表时间、商品图片以及多少人关注、点赞和评论，如图6.33所示，具体操作步骤如下。

（1）进入“微淘”页面，拖动一个动态面板组件，宽度设置为350，高度设置为98，坐标位置为（0,0），动态面板的名称为“微淘状态显示区”，新建六个状态，如图6.34所示。

图6.33　微淘

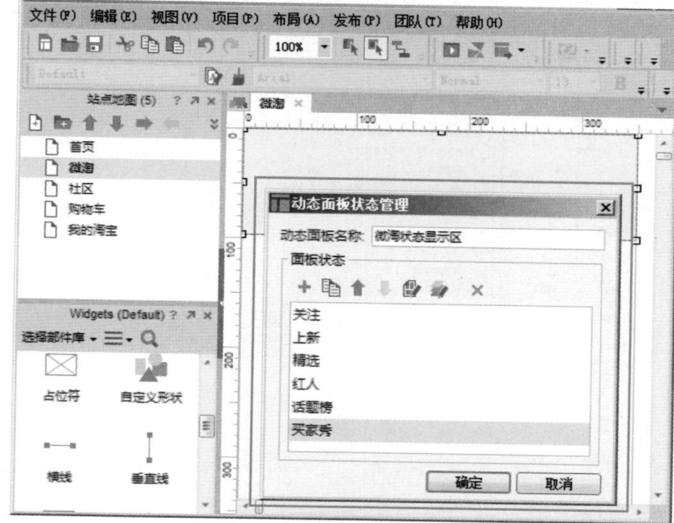

图6.34　微淘状态显示区动态面板

（2）将“4-微淘状态栏-关注”、“4-微淘状态栏-上新”、“4-微淘状态栏-精选”、“4-微淘状态栏-红人”、“4-微淘状态栏-话题榜”、“4-微淘状态栏-买家秀”图片分别放到“微淘状态显示区”动态面板的状态中，坐标位置设置为（0,0），如图6.35所示。

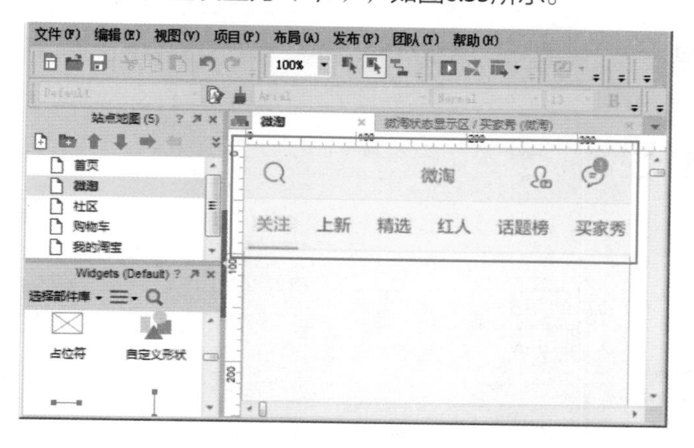

图6.35　状态栏内容

（3）拖动一个动态面板组件，宽度设置为350，高度设置为455，坐标位置为（0,98），动态面板的名称为“微淘内容显示区”，新建六个状态，如图6.36所示。

（4）将“4-微淘关注内容”、“4-微淘上新内容”、“4-微淘精选内容”、“4-微淘红人内容”、“4-微淘话题榜内容”、“4-微淘买家秀内容”图片分别放到 “微淘内容显示区”动态面板的状态中，坐标位置设置为（0,0），如图6.37所示。

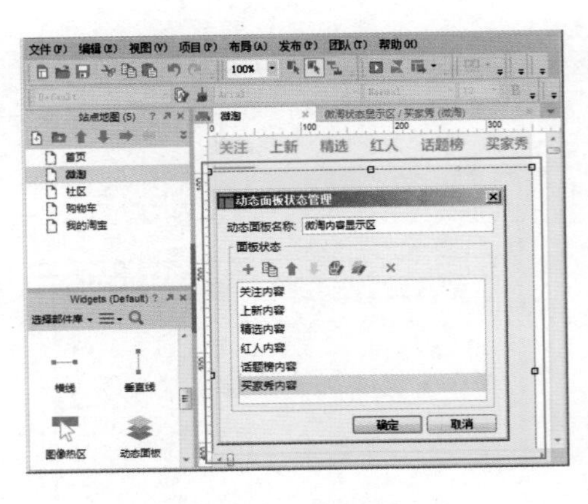

图6.36 微淘内容显示区动态面板

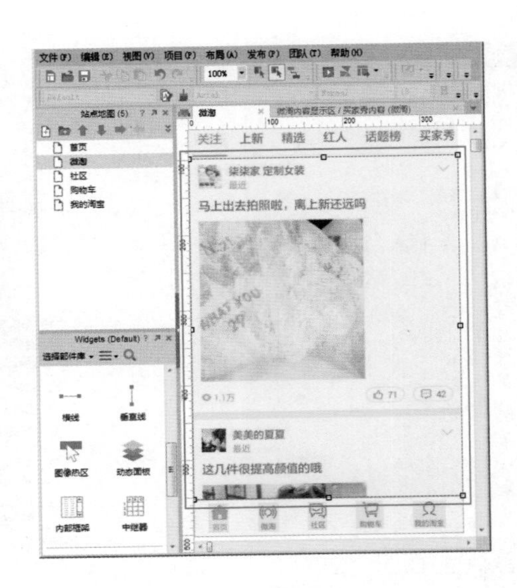

图6.37 状态栏内容

使用两个动态面板组件，一个动态面板显示页签的标题，另一个动态面板显示页签标题对应的内容，通过单击页签标题显示对应的内容。

6.5.2 页签切换效果交互设计

单击页签标题时，要设置页签标题的状态，同时要修改页签标题对应的内容，这样才能实现页签切换效果，具体操作步骤如下。

（1）拖动一个图像热区组件，放置在“关注”上，添加鼠标单击时触发事件，设置“微淘状态显示区”动态面板的状态为“关注”，设置“微淘内容显示区”动态面板的状态为“关注内容”，如图6.38所示。

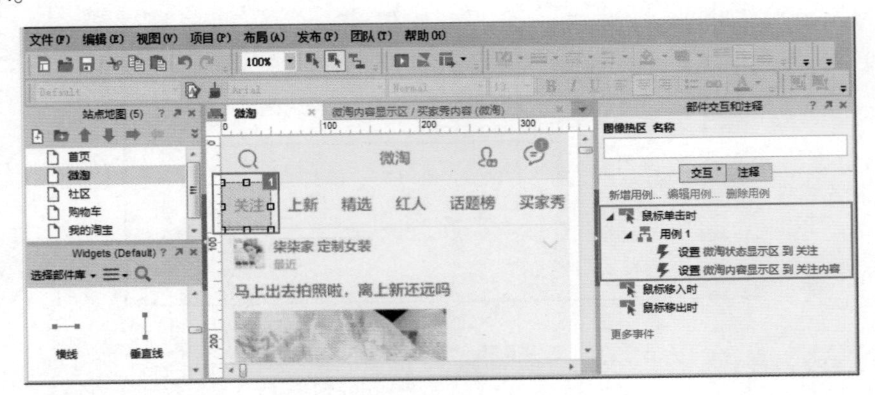

图6.38 关注页签设置

（2）拖动一个图像热区组件，放置在“上新”上，添加鼠标单击时触发事件，设置“微淘状态显示区”动态面板的状态为“上新”，设置“微淘内容显示区”动态面板的状态为“上新内容”，如图6.39所示。

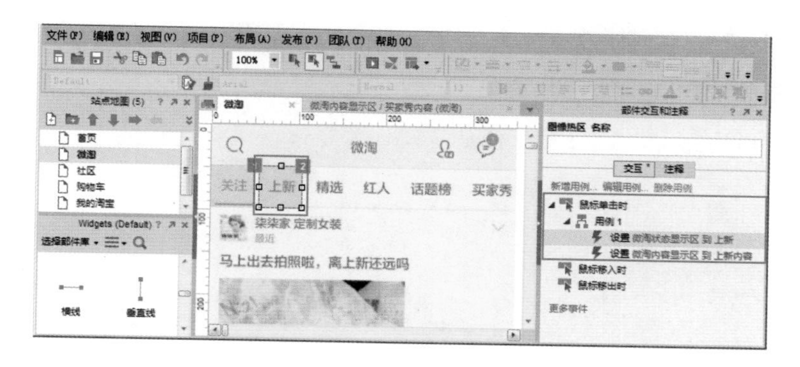

图6.39　上新页签设置

（3）拖动一个图像热区组件，放置在“精选”上，添加鼠标单击时触发事件，设置“微淘状态显示区”动态面板的状态为“精选”，设置“微淘内容显示区”动态面板的状态为“精选内容”，如图6.40所示。

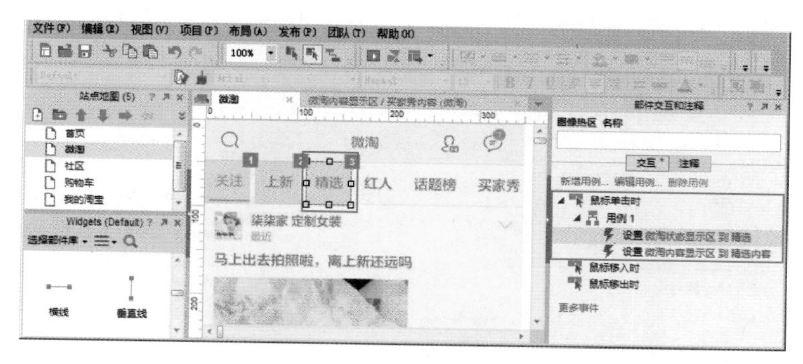

图6.40　精选页签设置

（4）拖动一个图像热区组件，放置在“红人”上，添加鼠标单击时触发事件，设置“微淘状态显示区”动态面板的状态为“红人”，设置“微淘内容显示区”动态面板的状态为“红人内容”，如图6.41所示。

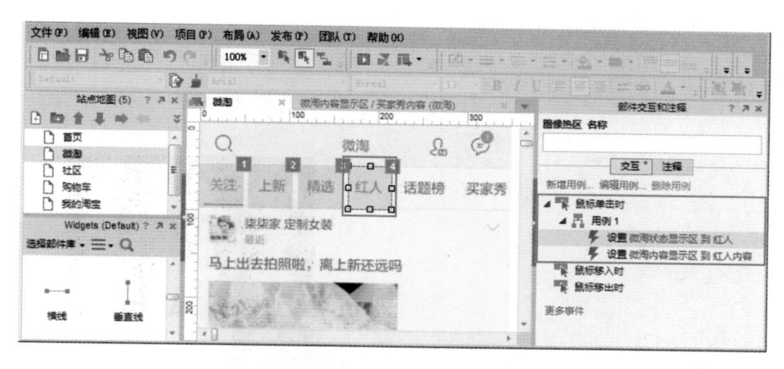

图6.41　红人页签设置

（5）拖动一个图像热区组件，放置在“话题榜”上，添加鼠标单击时触发事件，设置“微淘状态显示区”动态面板的状态为“话题榜”，设置“微淘内容显示区”动态面板的状态为“话题榜内容”，如图6.42所示。

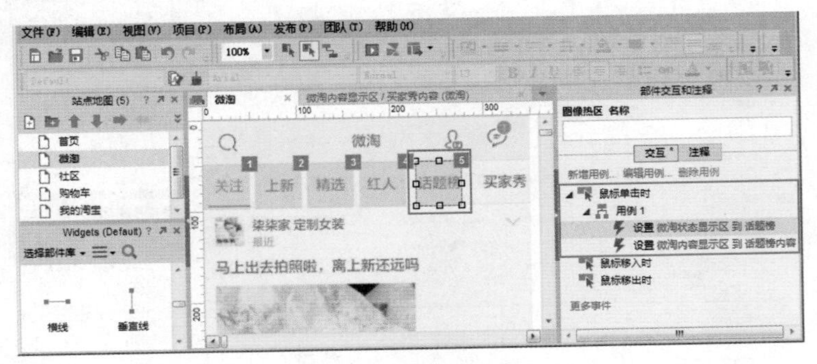

图6.42　话题榜页签设置

（6）拖动一个图像热区组件，放置在“买家秀”上，添加鼠标单击时触发事件，设置“微淘状态显示区”动态面板的状态为“买家秀”，设置“微淘内容显示区”动态面板的状态为“买家秀内容”，如图6.43所示。

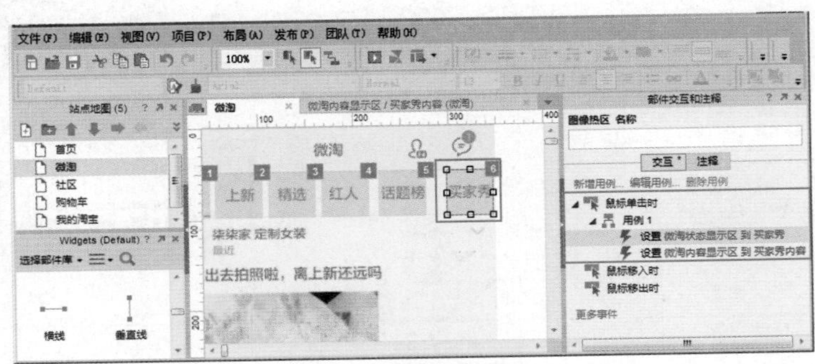

图6.43　买家秀页签设置

（7）按F8键发布原型，单击页签，可以实现页签的切换效果，页签的标题和内容发生相应的变化，如图6.44、图6.45所示。

图6.44　关注内容

图6.45　上新内容

注　意

在设计页签切换效果时，由于页签标题是放置在一个动态面板中，无法分别单击页签进行触发事件，这时需要借助于图像热区组件，分别添加锚点单击区域，这样即可实现页签切换效果。

在设计微淘页面页签内容时，没有放置一个屏幕显示区域的动态面板，如果想要“微淘内容显示区”动态面板可以上下滑动，这时需要在外层再添加一个动态面板组件，用来控制显示的范围。

6.6 “社区”模块布局设计

“社区”页面结构和“微淘”页面结构类似，也是通过页签切换页面内容，设计时可以参照“微淘”页面的设计方式，下面简单介绍一下设计“社区”页面，如图6.46所示，具体操作步骤如下。

（1）进入“社区”页面，拖动一个动态面板组件，宽度设置为350，高度设置为553，坐标位置为（0,0），动态面板的名称为“社区内容显示区”，状态名称修改为“社区内容”，如图6.47所示。

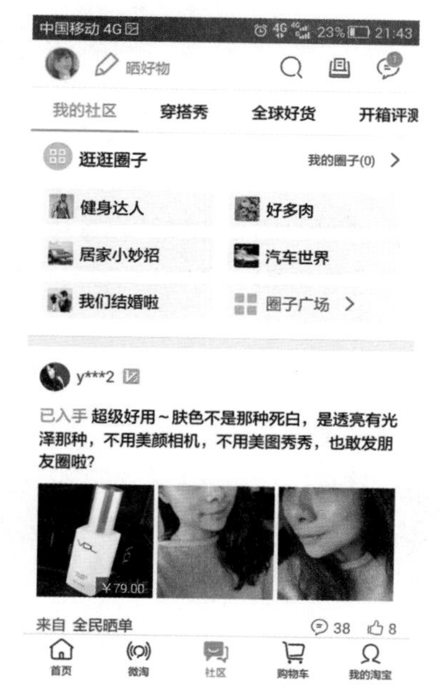

图6.46　社区

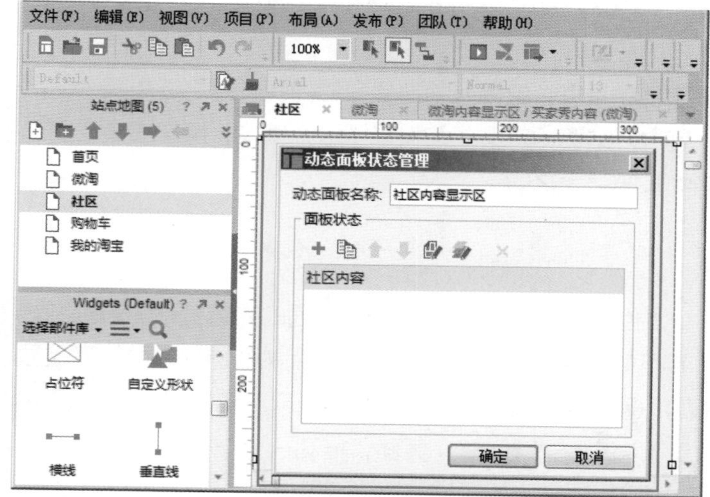

图6.47　社区内容显示区动态面板

（2）将“5-社区内容”图片复制到动态面板“社区内容显示区”的状态中，坐标位置设置为（0,0），作为社区页面的内容，如图6.48所示。

（3）按F8键发布原型，可以看到社区内容，如图6.49所示。

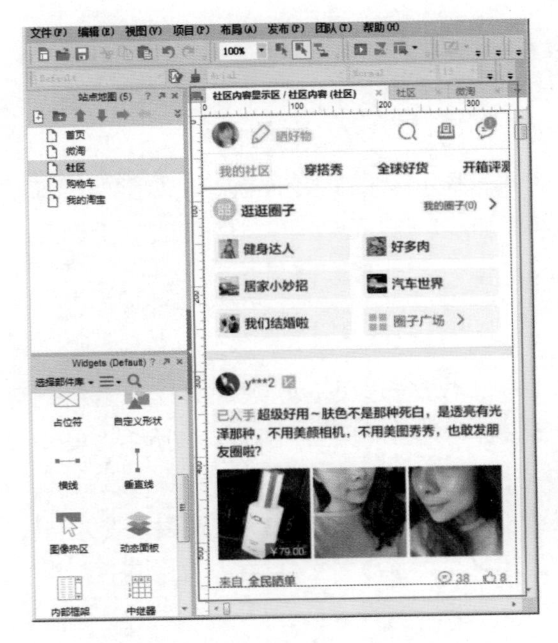

图6.48　社区内容

图6.49　发布原型

6.7　“购物车”模块布局与交互设计

购物车是每个电商网站都会有的内容，用户选中某个商品时，都可以把它添加到购物车中，最后一起进行结算，有了“购物车”这个模块，用户知道自己选中的商品在哪里，到哪里结算，这就是购物车的强大之处。

6.7.1　“购物车”页面内容布局设计

“购物车”页面可以分为三个方面的内容：最上方是购物车的状态栏，告诉用户处在购物车页面；接下来是商品列表信息，把用户添加到购物车中的商品显示出来，最后是结算区域，单击结算按钮可以跳转到结算页面，如图6.50所示，具体操作步骤如下。

（1）进入“购物车”页面，拖动一个图片组件，用“6-购物车-状态栏”图片替换图片组件，坐标位置设置为（0,0）；拖动一个图片组件，用“6-购物车-结算”图片替换图片组件，坐标位置设置为（0,504），如图6.51所示。

（2）拖动一个动态面板组件，宽度设置为350，高度设置为457，坐标位置为（0,47），动态面板的名称为“购物车屏幕显示区”，状态名称为“购物车屏幕”，如图6.52所示。

（3）进入“购物车屏幕”状态，拖动一个动态面板组件，宽度设置为350，高度设置为600，坐标位置为（0,0），动态面板的名称为“购物车内容显示区”，状态名称为“购物车内容”，如图6.53所示。

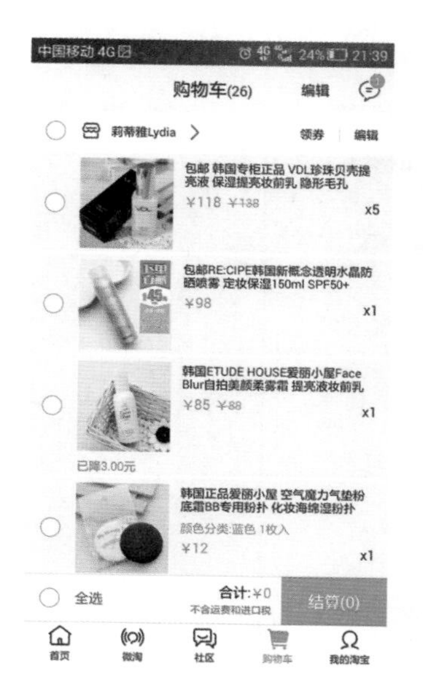

图6.50　购物车

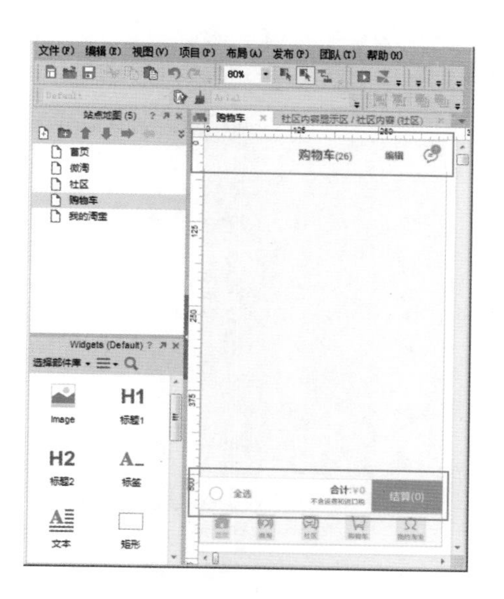

图6.51　状态栏和结算

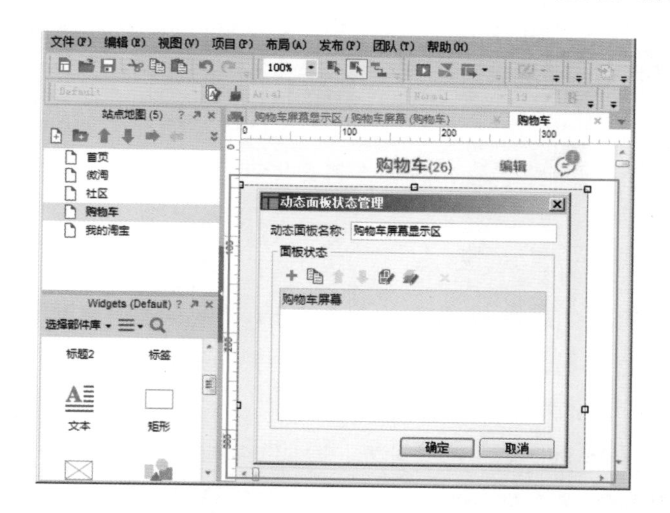

图6.52　购物车屏幕显示区动态面板

图6.53　购物车内容显示区动态面板

（4）进入“购物车内容”状态，将“6-购物车-内容1”、“6-购物车-内容2”、“6-购物车-内容3”图片复制到这个状态中，位置摆放如图6.54所示。

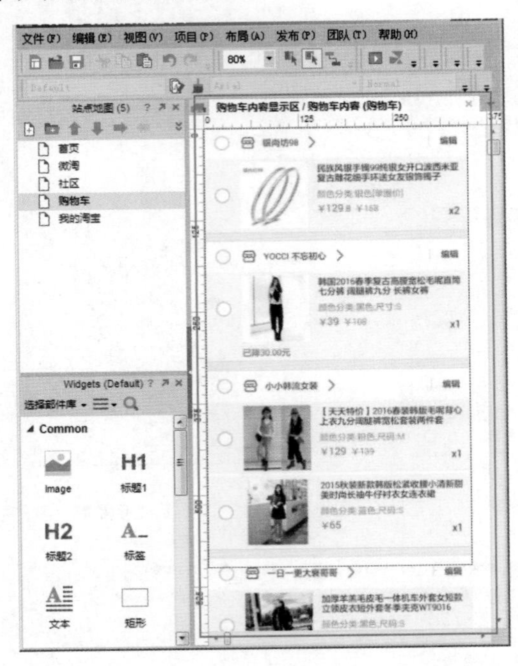

图6.54 购物车商品内容

6.7.2 商品列表上下滑动效果

由于手机屏幕空间有限，无法一次将购物车中的所有商品列表信息展示出来，如果想查看完整的列表信息，可以通过上下滑动商品列表信息，查看完整的商品列表内容，下面开始制作商品列表上下滑动效果，具体操作步骤如下。

（1）选中“购物车内容显示区”动态面板，添加拖动动态面板时触发事件，如图6.55所示。

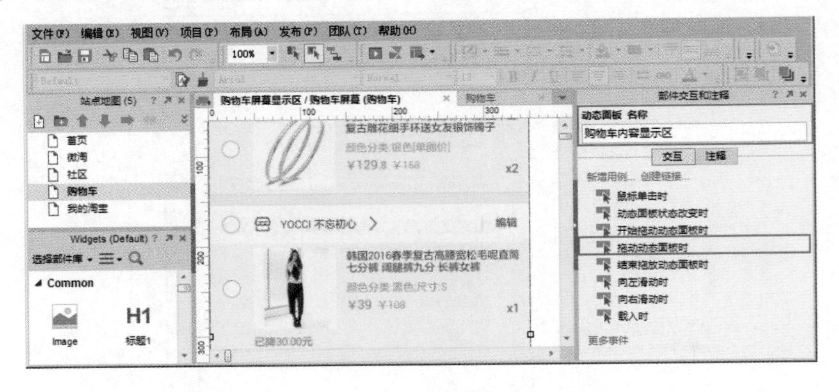

图6.55 添加拖动动态面板时触发事件

（2）单击“移动”这个动作，勾选“购物车内容显示区”复选框，使其沿y轴拖动，如图6.56所示。

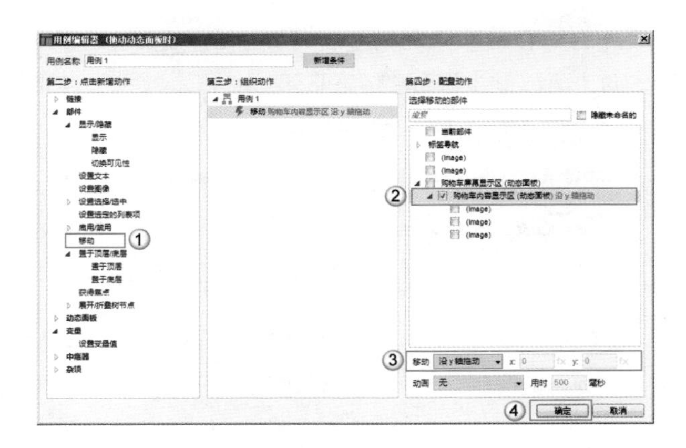

图6.56　沿y轴拖动

（3）再给“购物车内容显示区”动态面板添加结束拖放动态面板时触发事件，上下滑动有两种情况，向下滑动时，如果滑动的值大于0，让“购物车内容显示区”动态面板返回原始位置，如图6.57、图6.58所示。

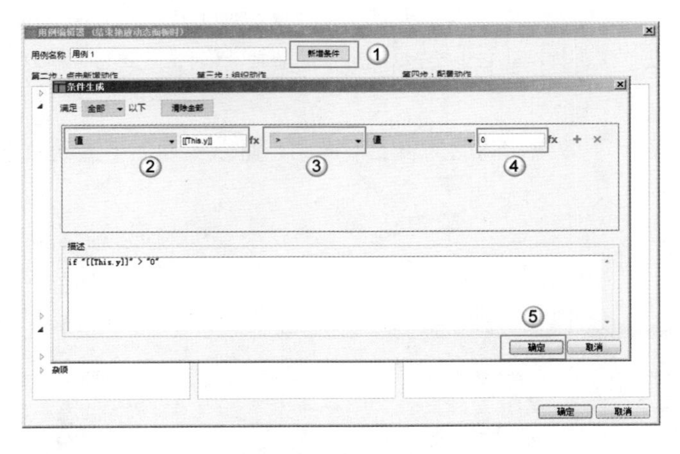

图6.57　动态面板部件滑动y值大于0

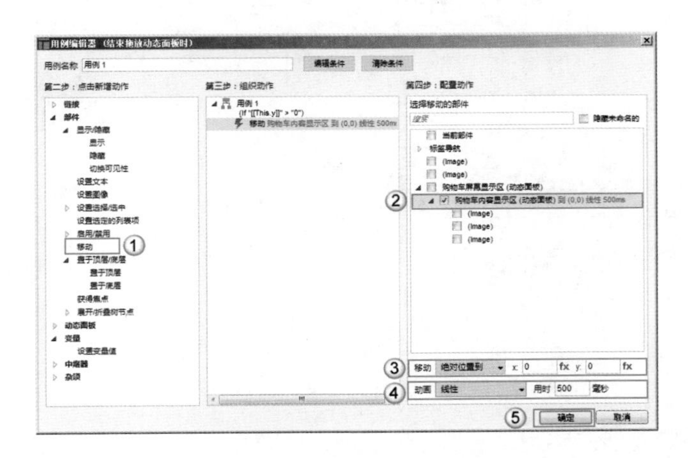

图6.58　动态面板回到初始位置

（4）向上滑动时，最外层动态面板“购物车屏幕显示区”的高度为457，里层动态面板“购物车内容显示区”的高度为600，可以向上滑动的空间高度为143，当大于143时，同样让“购物车内容显示区”动态面板返回原始位置，如图6.59、图6.60所示。

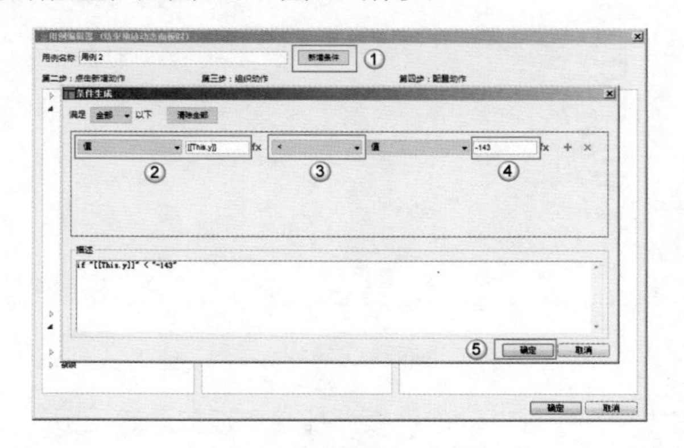

图6.59　动态面板向上滑动

注　意

向上滑动时，y的值是负值，所以让它小于143，向下滑动时，y的值是正值，所以让它大于0。

（5）按F8键发布看一下效果，商品列表上下拖动，可以实现上下滑动效果，如图6.61所示。

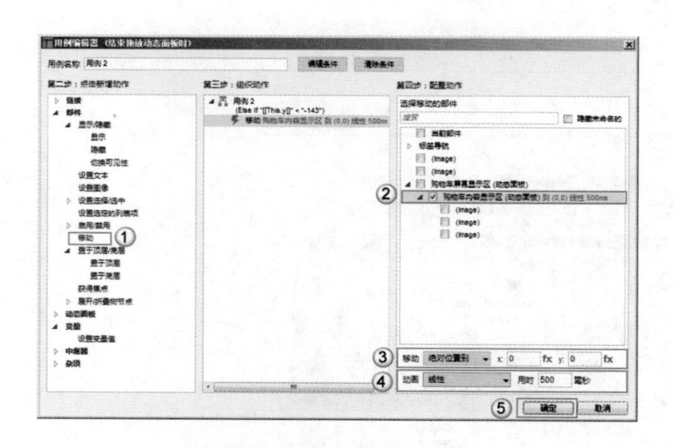

图6.60　动态面板回到初始位置

图6.61　发布原型

6.8　“我的淘宝”模块布局设计

“我的淘宝”模块功能主要用来设置账户信息，修改个人资料；查看我的订单情况，待付款、待发货、待收货、待评价以及退款/售后情况；还可以查看收藏的宝贝、收藏店铺等内容。这个模块主要围绕和用户相关的信息进行设计，如图6.62所示，具体操作步骤如下。

（1）进入“我的淘宝”页面，拖动一个动态面板组件，宽度设置为350，高度设置为553，坐标位置为（0,0），动态面板的名称为“我的淘宝内容显示区”，状态名称修改为“我的淘宝内容”，如图6.63所示。

图6.62　我的淘宝

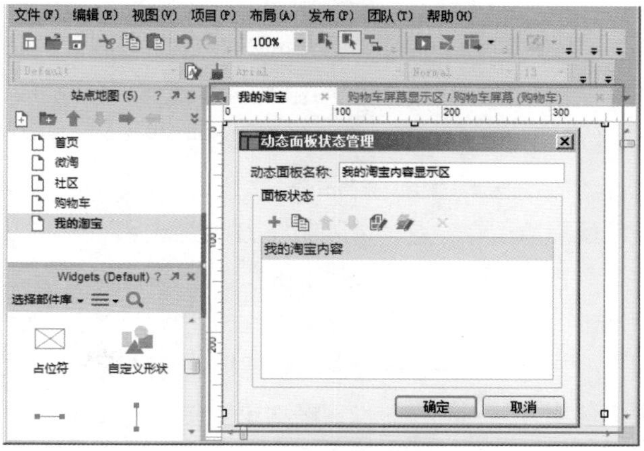

图6.63　我的淘宝内容显示区动态面板

（2）将“7-我的淘宝内容”图片复制到动态面板“我的淘宝内容显示区”的状态中，坐标位置设置为（0,0），作为我的淘宝页面的内容，如图6.64所示。

（3）按F8键发布原型，可以看到我的淘宝内容，如图6.65所示。

图6.64　我的淘宝内容

图6.65　发布原型

到现在就完整设计完成了手机淘宝APP的高保真原型设计，设计了手机淘宝APP五个功能模块以及一些交互效果，包括底部标签导航的切换效果、海报轮播效果、页签切换效果以及商品列表上下滑动效果，通过这些交互效果设计，让原型程序为一种动态效果。

6.9 烂笔头笔记——电商类APP

电商类APP原型设计时，应该重点掌握如下几个方面的内容：

（1）电商类APP要展示的内容多，划清功能模块，每个功能模块页面要简洁大方、突出重点、同时要便于用户的操作。

（2）电商类APP软件要展示商品广告时，可以设计海报轮播的效果来显示商品广告，它需要借助于动态面板组件，让动态面板组件的状态自动循环播放，从而实现海报轮播的效果。

（3）手机淘宝APP原型设计采用高保真原型的方式来制作原型，制作高保真原型的流程：首先需要制作一版低保真原型，然后提交给UI设计师，他们制作相应的图片并且切图；最后将这些切图替换到低保真原型中，这样才能制作出一款高保真原型。

（4）在设计手机淘宝APP导航时，可以采用标签导航，采用了五个导航标签，每个页签内容划分得很清晰，便于用户选择和使用。

（5）在设计标签导航时，可以把标签导航设计成母版，以避免重复制作，同时可以直接引用到页面中使用，达到制作一次，多次重复使用的效果。

（6）在设计手机淘宝APP类别展示时，可以采用九宫格导航方式，将类别清晰展示，便于用户按类别进行选择。

（7）在设计手机淘宝APP页面布局时，要注意突出显示标题和图标，弱化一下不重要的信息，这样显得有层次感，用户也能抓住重点。

（8）手机屏幕空间有限，要完整的展示页面信息，可以通过页面内容上下滑动效果来查看完整信息，其实现需要借助于动态面板组件，添加拖动动态面板时触发事件和结束拖放动态面板时触发事件，从而完成上下滑动效果。

第7章

金融类APP：支付宝APP低保真原型设计

经过近几年的发展，互联网金融的规模发展迅速，网络与电商发展迅猛，金融产品也随之衍生出新的模式，而移动应用便顺理成章地成了这些“新金融”、“新模式”的天然入口，从用户规模上来看，2014年第一季度，移动金融应用的用户数量为3.3亿，而2015年第一季度，这一数字达到了7.6亿，增幅高达130%。各大银行、券商，甚至是互联网企业，都在移动金融领域布局，从目前的情况来看，大体的产业布局几近完成，各个金融细分领域，都有对应的移动应用和服务可供用户选择。在这些移动APP中，支付宝钱包覆盖率最高，高达35%。

本章主要涉及的知识点有：

- 了解金融类APP以及金融类APP设计要素；
- 九宫格导航的布局设计；
- 海报轮播效果制作；
- 余额宝界面布局设计以及界面上下互动效果制作；
- 利用中继器显示余额宝转入记录设计；
- 余额宝转入界面的布局设计。

7.1 金融类APP原型设计要素

移动金融已经进入高速发展期，支付、银行、证券等细分行业相继成熟，记账、信用卡管理等更多移动金融新形态出现，并且逐渐在功能及用户体验方面高速演进，各大互联网企业都已经开始凭借庞大的用户群，借助互联网及移动互联网向金融领域渗透，如图7.1所示。

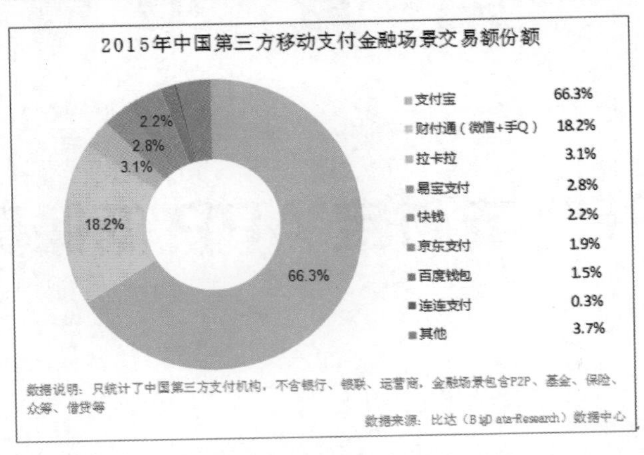

图7.1　2015年中国第三方移动支付金融场景交易份额

2015年中国第三方移动金融场景交易额市场份额中，支付宝占66.3%，财付通占18.2%，拉卡拉、易宝支付、快钱均占2%及以上；其他相对较小。支付宝在原来的余额宝、招财宝的基础上，推出了蚂蚁聚宝，方便了用户购买理财产品，其中基金更是低费率，有较高的认知度和良好的用户迁移，以及优惠活动的推出，吸引了广大用户的使用。

本章主要制作支付宝APP的页面、余额宝相关页面的低保真原型，如图7.2~图7.5所示。

图7.2　支付宝页面

图7.3　余额宝页面

图7.4　余额宝转入记录

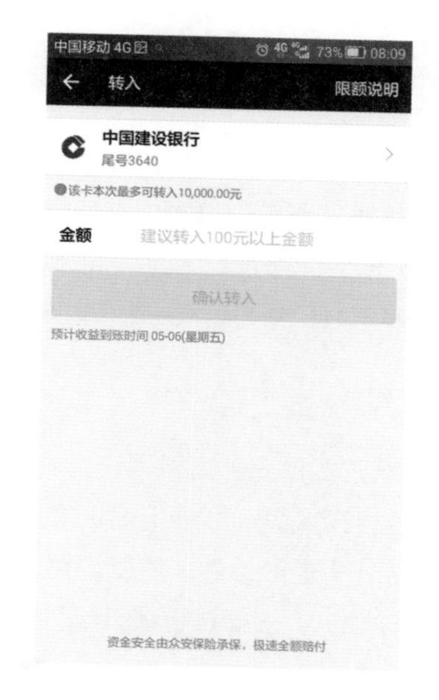

图7.5　余额宝转入页面

7.2　设计内容与思路

本小节将会对支付宝APP原型的版本、设计内容与思路做一个简单地阐述，在此基础上，后面章节将会翔实的展开讲述。

7.2.1　支付宝APP版本

本次支付宝APP原型制作采用V9.6.0版本。

7.2.2　设计内容

（1）采用低保真原型设计方式来设计支付宝APP原型，深入设计支付宝模块。

（2）“支付宝”模块布局与交互设计，利用九宫格导航的方式来设计导航。

（3）制作海报轮播效果，动态显示商品的广告信息。

（4）利用中继器组件显示余额宝转入记录，动态的管理余额宝转入记录。

（5）余额宝转入界面的布局与交互设计。

7.2.3　设计思路

（1）对于模块的布局设计，要使用标签组件、图片组件、矩形组件、横线组件等应用。

（2）海报轮播效果的实现要借助动态面板组件，让面板状态自动进行切换以实现海报自动轮播的效果。

（3）余额宝的转入记录，可以使用中继器组件来显示转入记录，进行动态管理。

（4）交互设计可以添加一些触发事件，鼠标单击时触发事件、拖动动态面板时触发事件等的使用。

7.3 "支付宝"模块交互设计

"支付宝"主界面包括快捷操作按钮，比如扫码、付款、卡券以及咻一咻快捷操作按钮，也有二级页面入口，比如账单、搜索、账户信息等，还有利用九宫格导航的方式将与支付宝相关业务展现出来，供用户使用。例如，红包、余额宝、手机充值等功能；在底部采用了标签导航划分成支付宝、口碑、朋友、我的等四个模块，如图7.6所示。

7.3.1 九宫格导航设计

九宫格导航方式是一种宫格导航方式，它并非只有九个导航菜单，通过这样的导航方式可以清晰地展现各个业务功能导航，便于用户的查找和使用，具体操作步骤如下。

（1）拖动一个矩形组件，宽度设置为320，高度设置为480，坐标位置设置为（0,0），颜色填充为灰色（F2F2F2），去掉边框线，作为手机屏幕背景，如图7.7所示。

图7.6 支付宝页面

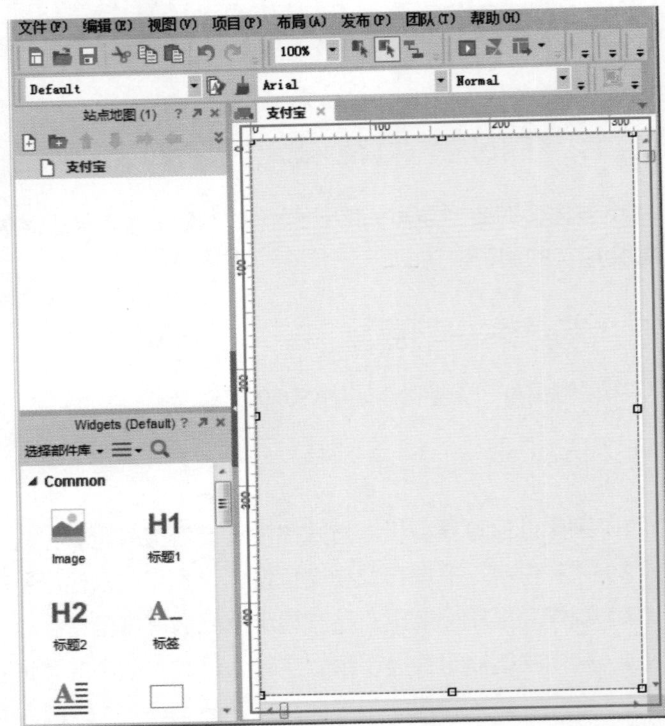

图7.7 手机屏幕背景

（2）拖动一个矩形组件，宽度设置为320，高度设置为50，坐标位置设置为（0,430），边框颜色设置为灰色（E4E4E4），作为底部标签导航背景；拖动四个图片组件，宽度和高度设置为25，如图7.8所示。

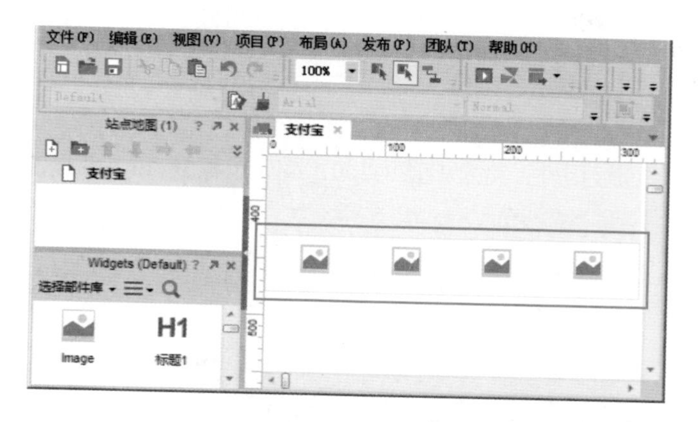

图7.8　标签导航图标

（3）拖动四个标签组件，将文本内容分别命名为“支付宝”、“口碑”、“朋友”、“我的”，字号设置为11号字，并把“支付宝”文字加粗，呈现为选中状态，如图7.9所示。

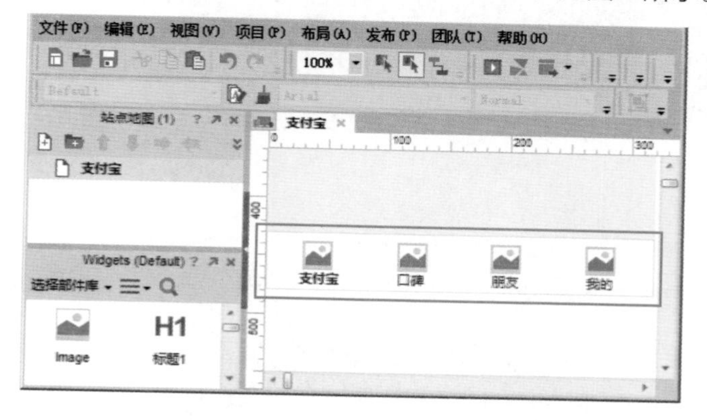

图7.9　标签导航文字

（4）拖动一个矩形组件，宽度设置为320，高度设置为120，颜色填充为灰色（868686），再拖动四个图片组件，宽度和高度都设置为20，作为账单、用户、放大镜、加号图标；拖动一个标签组件，将文本内容命名为“账单”，字体颜色设置为白色（FFFFFF），如图7.10所示。

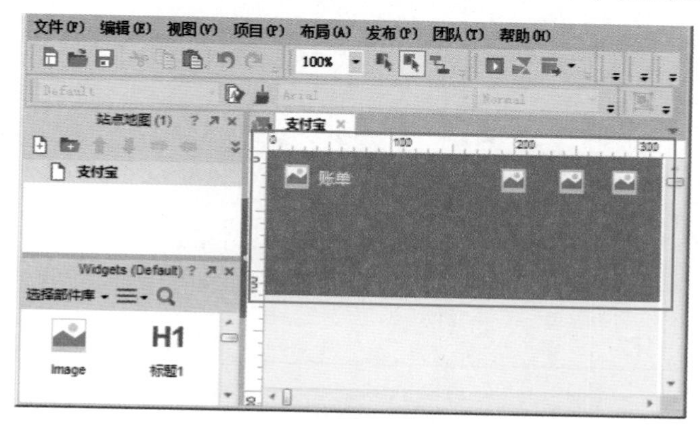

图7.10　顶部状态栏

（5）拖动四个图片组件，宽度和高度都设置为35，再拖动四个标签组件，文本内容分别为“扫一扫”、“付款”、“卡券”、“咻一咻”，字体颜色设置为白色（FFFFFF），字号设置为12号字，如图7.11所示。

（6）拖动一个动态面板组件，宽度设置为320，高度设置为310，坐标位置设置为（0,120），动态面板的名称为“支付宝屏幕显示区”，状态名称为“支付宝屏幕”，如图7.12所示。

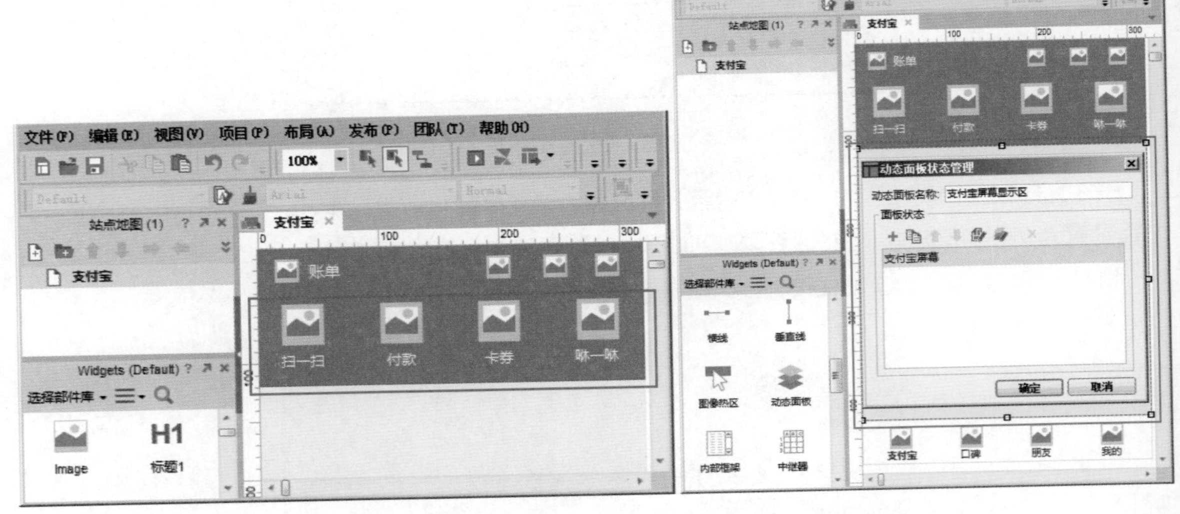

图7.11　顶部状态栏

图7.12　顶部状态栏

（7）进入“支付宝屏幕”状态，拖动一个矩形组件，宽度和高度都设置为80，边框线的颜色设置为浅灰色（E4E4E4），复制出11个同样的矩形框，如图7.13所示。

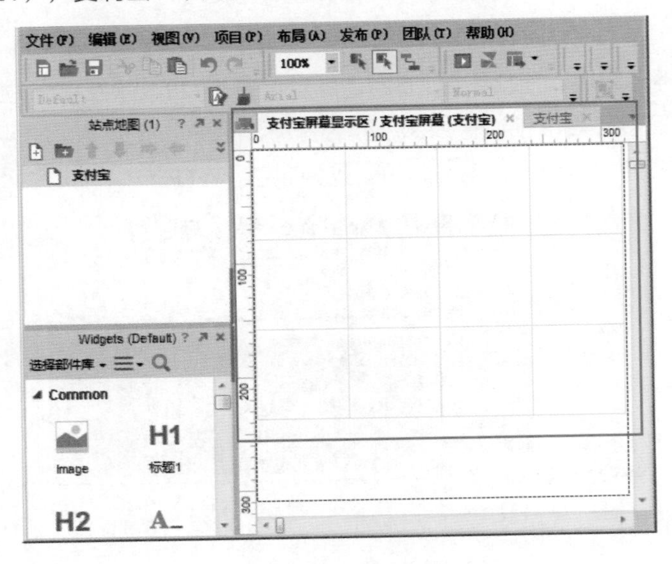

图7.13　宫格导航框

（8）九宫格导航菜单由两部分组成，一部分是导航菜单图标，可以使用图片组件来代替，拖动一个图片组件，宽度和高度都设置为30；另一部分是导航菜单名称，拖动一个标签组件，字号设置为11号字，如图7.14所示。

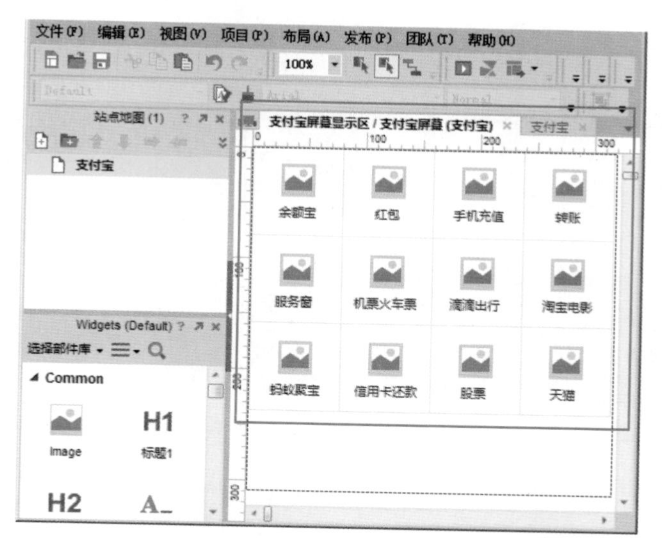

图7.14 九宫格导航菜单

（9）拖动一个动态面板组件，宽度设置为320，高度设置为70，坐标位置设置为（0,250），动态面板的名称为“海报轮播显示区”，两个面板状态为“海报1”、“海报2”，如图7.15所示。

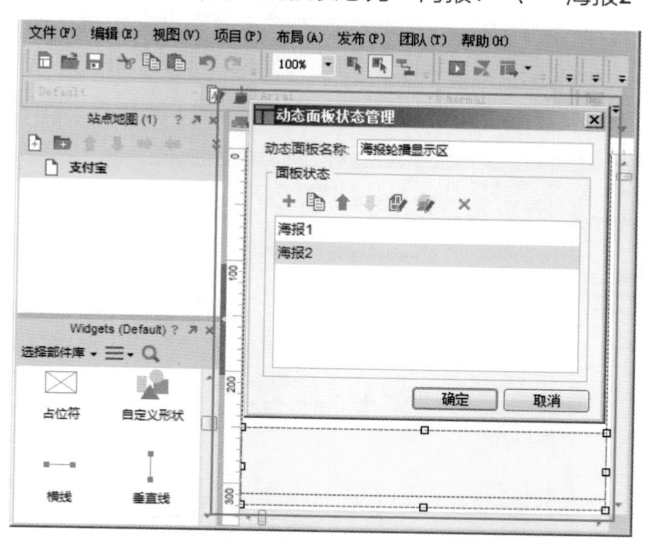

图7.15 海报轮播显示区

（10）在“海报1”、“海报2”两个状态中分别放置两个占位符组件，宽度设置为320，高度设置为70，文本内容为“海报1”、“海报2”，如图7.16所示。

（11）复制上面制作好的九宫格导航，在它的基础修改一下，成为下面的九宫格导航，如图7.17所示。

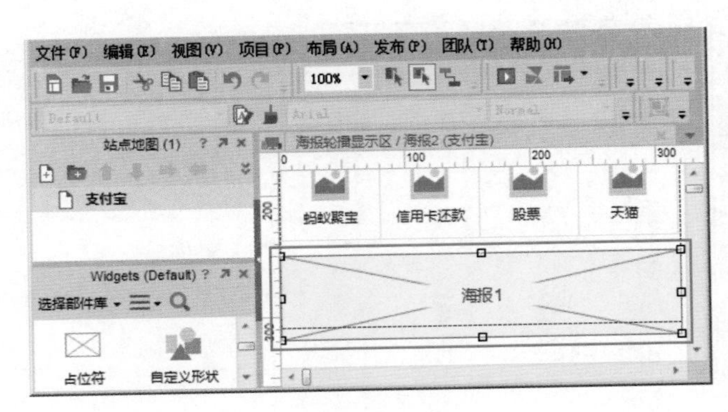

图7.16　海报内容

图7.17　九宫格导航菜单设计

7.3.2　海报轮播效果设计

海报轮播效果是用来动态显示商品的广告信息，在有限的区域展示多个商品广告信息，这时即可使用海报轮播效果，具体操作步骤如下。

（1）进入“支付宝屏幕显示区”状态，选中“海报轮播显示区”动态面板，添加载入时触发事件，设置面板状态，勾选海报轮播显示区复选框，选择状态为Next，让它从最后一个到第一个自动循环，时间为3 000毫秒，进入时动画向左滑动，时间为1 000毫秒，如图7.18所示。

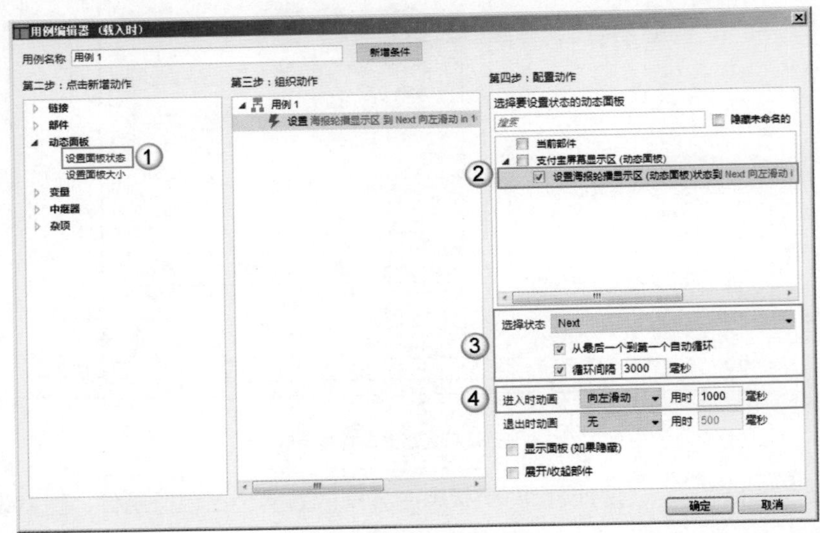

图7.18　海报轮播设置

注 意

海报轮播的实现就是使动态面板的状态进行自动切换显示，而触发它切换显示的事件就是载入时触发事件。

（2）按F8键发布原型，可以看到海报进行自动循环轮播，如图7.19所示。

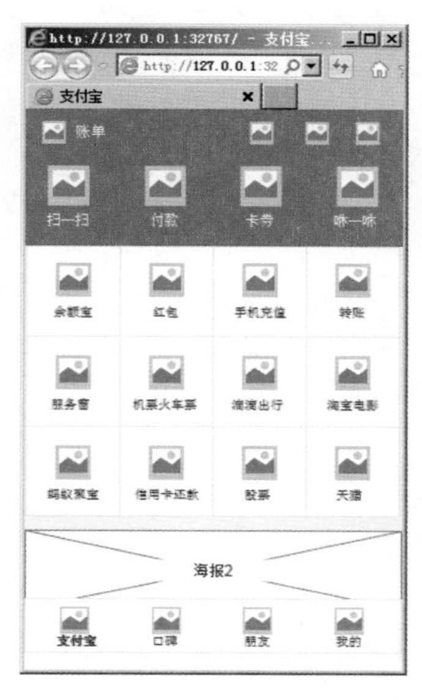

图7.19 发布原型

7.4 余额宝界面交互设计

在支付宝界面单击九宫格导航的余额宝导航菜单，会进入余额宝界面，这个界面会显示余额宝总金额及收益的情况，可以将钱转入余额宝，也可以转出。

7.4.1 界面布局设计

具体操作步骤如下：

（1）拖动一个矩形组件，宽度设置为320，高度设置为480，坐标位置设置为（0,0），颜色填充为灰色（F2F2F2），去掉边框线，作为余额宝界面背景；拖动一个矩形组件，宽度设置为320，高度设置为50，坐标位置设置为（0,0），颜色填充为深灰色（5E5E5E），作为状态栏背景，如图7.20所示。

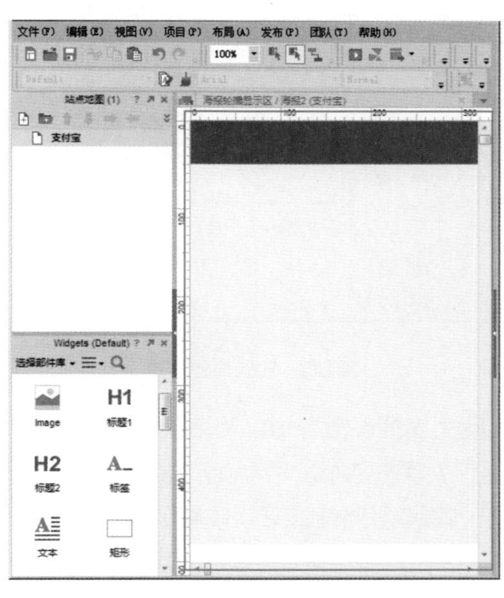

图7.20 余额宝界面背景

（2）选中余额宝界面背景和状态栏背景，按右键转换为动态面板，动态面板的名称为“余额宝”，状态为“余额宝内容”，如图7.21所示。

（3）拖动一个横线组件，颜色设置为白色（FFFFFF），添加一个向左的箭头，作为返回按钮；拖动一个标签组件，文本内容为“余额宝”，字号设置为15号，颜色设置为白色（FFFFFF），拖动两个图片组件，宽度和高度都设置为25，作为抽屉式导航和设置的图标，如图7.22所示。

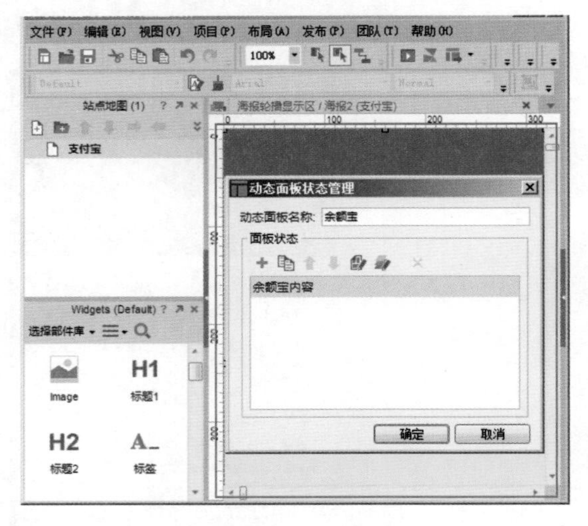

图7.21　余额宝动态面板

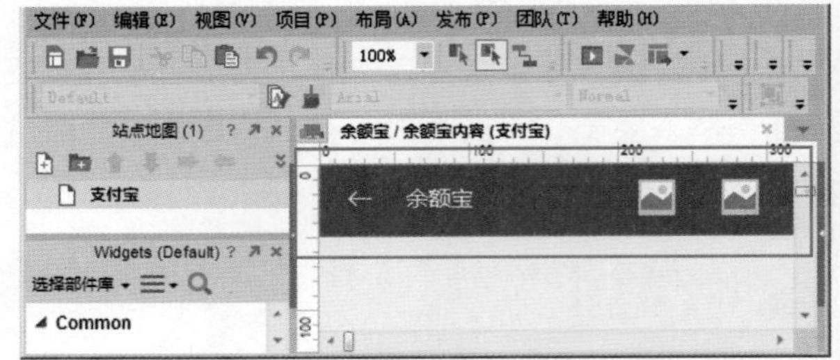

图7.22　状态栏内容设计

（4）拖动一个矩形组件，宽度设置为320，高度设置为50，边框颜色设置为浅灰色（E4E4E4），拖动两个标签组件，文本内容分别为“转出”、“转入”，字号设置为15号，加粗，如图7.23所示。

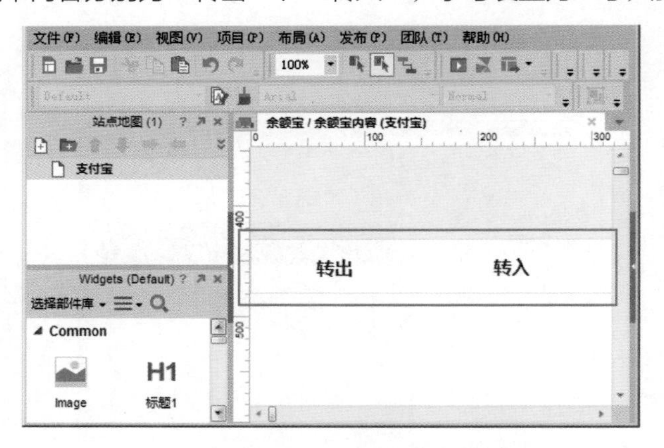

图7.23　转入转出导航

（5）拖动一个动态面板组件，宽度设置为320，高度设置为380，坐标位置设置为（0,50），动态面板的名称为“余额宝收益显示区”，状态名称为“余额宝收益”；拖动一个矩形组件，宽度设置为320，高度设置为40，文本内容为“五一假期期间余额宝转入收益和转出到账时间提醒”，如图7.24所示。

（6）进入“余额宝收益”状态，拖动一个动态面板组件，宽度设置为320，高度设置为600，坐标位置设置为（0,0），动态面板的名称为“余额宝收益内容显示区”，状态名称为“余额宝收益内容”，如图7.25所示。

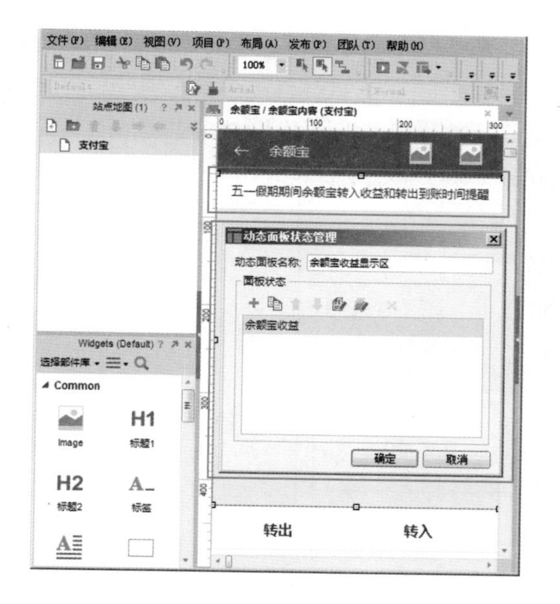

图7.24　余额宝收益显示区

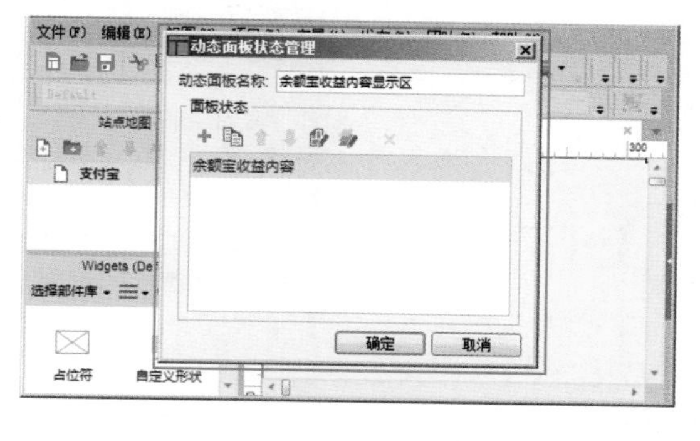

图7.25　余额宝收益内容显示区

（7）进入“余额宝收益内容”状态，拖动一个矩形组件，宽度设置为320，高度设置为280，颜色填充为灰色（949494）；拖动四个标签组件，文本内容分别为“昨日收益(元)”、“0.03”、“总金额(元)”、“396.34”，字体颜色设置为白色（FFFFFF），将“昨日收益(元)”字号设置为14号字，将“0.03”字号设置为72号字，将“总金额(元)”字号设置为12号字，将“396.34”字号设置为24号字，如图7.26所示。

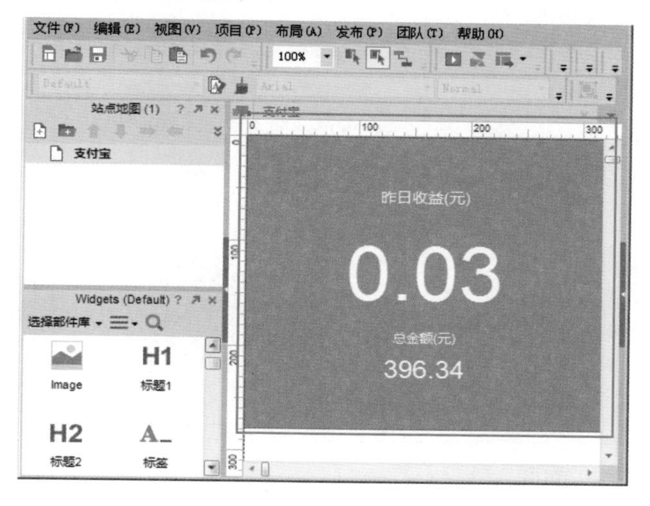

图7.26　收益情况

注　意

通过将文本内容设置成不同的字号，可以突出重点，弱化不重要的内容，使页面内容更加有层次感。

（8）拖动两个标签组件，将文本内容分别命名为“万份收益(元)”、“累计收益(元)”；拖动两个标签组件，将文本内容分别命名为“0.6704”、“236.09”，字号设置为24号；拖动一个横线组件和垂直线组件，边框颜色设置为灰色（E4E4E4），作为间隔线，如图7.27所示。

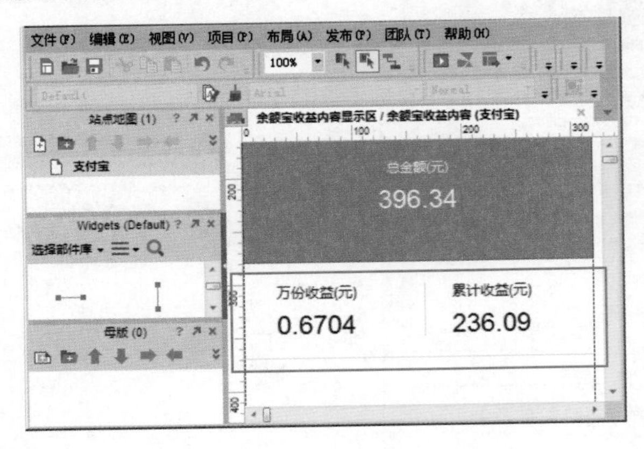

图7.27　万份收益

（9）拖动一个标签组件，将文本内容命名为“七日年化收益率(%)”；拖动一个矩形组件，宽度设置为80，高度设置为25，将文本内容命名为“提升收益”，字号设置为12号字；拖动一个占位符组件，宽度设置为320，高度设置为180，将文本内容命名为“收益率走势图”，如图7.28所示。

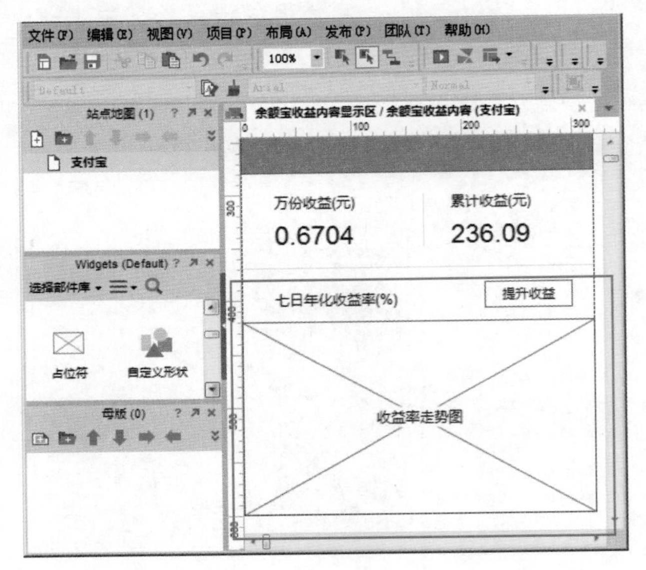

图7.28　收益率走势

7.4.2　界面上下滑动设计

余额宝界面内容很长，屏幕无法显示所有内容，如果想查看完整的界面内容，可以通过上下滑动余额宝界面来查看完整的界面内容，下面开始制作余额宝界面上下滑动的效果，具体操作步骤如下。

（1）选中“余额宝收益内容显示区”动态面板，添加拖动动态面板时触发事件，如图7.29所示。

（2）单击“移动”动作，勾选“余额宝收益内容显示区”复选框，沿y轴拖动，如图7.30所示。

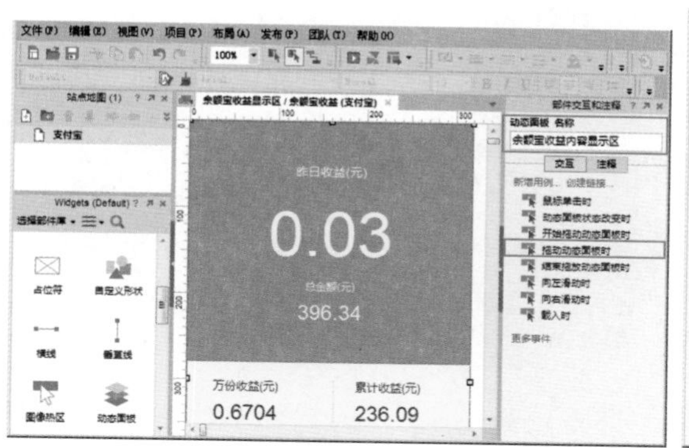

图7.29　添加拖动动态面板时触发事件

图7.30　沿y轴拖动

（3）再给“余额宝收益内容显示区”动态面板添加结束拖放动态面板时触发事件，上下滑动有两种情况，向下滑动时，如果滑动的值大于0，可以让“余额宝收益内容显示区”动态面板返回原始位置，如图7.31、图7.32所示。

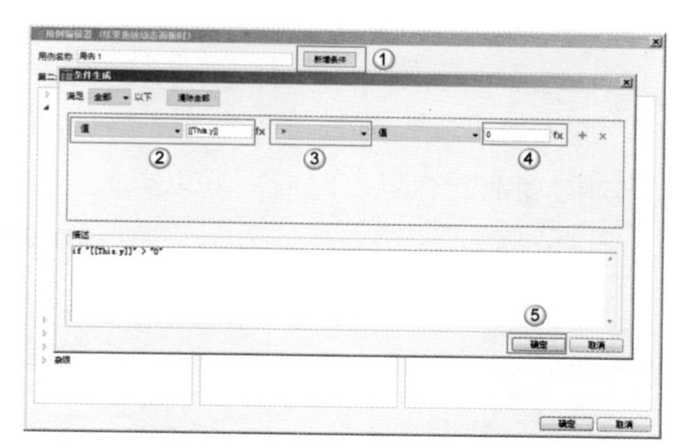

图7.31　动态面板部件滑动y值大于0

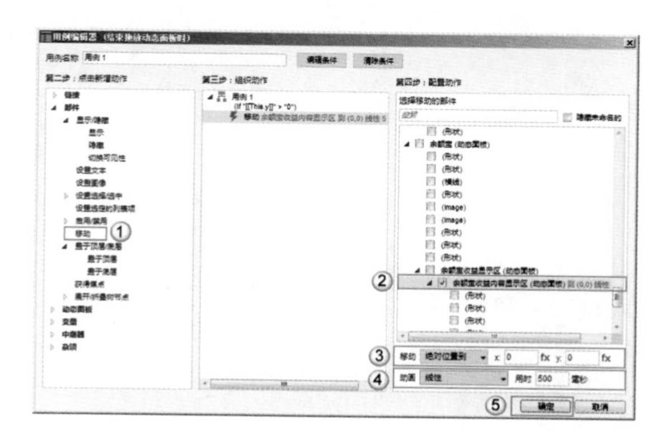

图7.32　动态面板返回初始位置

（4）向上滑动时，最外层动态面板“余额宝收益显示区”的高度为380，里层动态面板“余额宝收益内容显示区”的高度为600，可以向上滑动的空间高度为220，当大于220时，同样让“余额宝收益内容显示区”动态面板返回原始位置，如图7.33、图7.34所示。

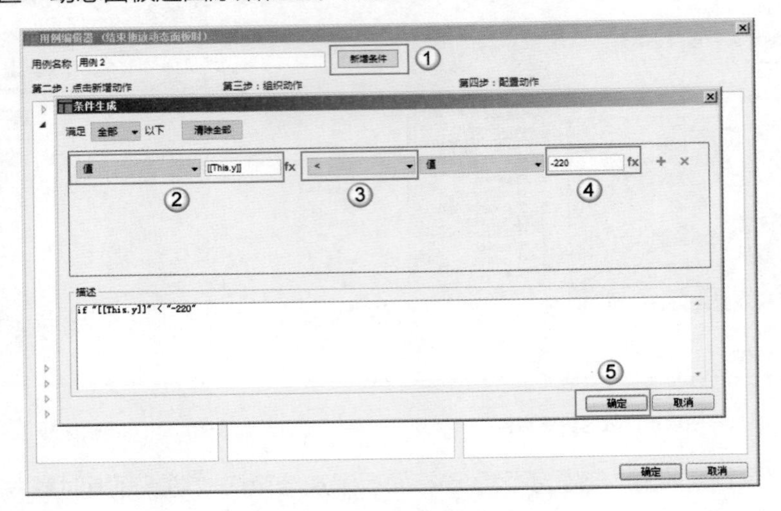

图7.33　动态面板向上滑动

注　意

向上滑动时，y值是负值，所以让它小于220，向下滑动时，y值是正值，所以让它大于0。

（5）按F8键发布看一下效果，余额宝界面上下拖动，可以实现上下滑动效果，如图7.35所示。

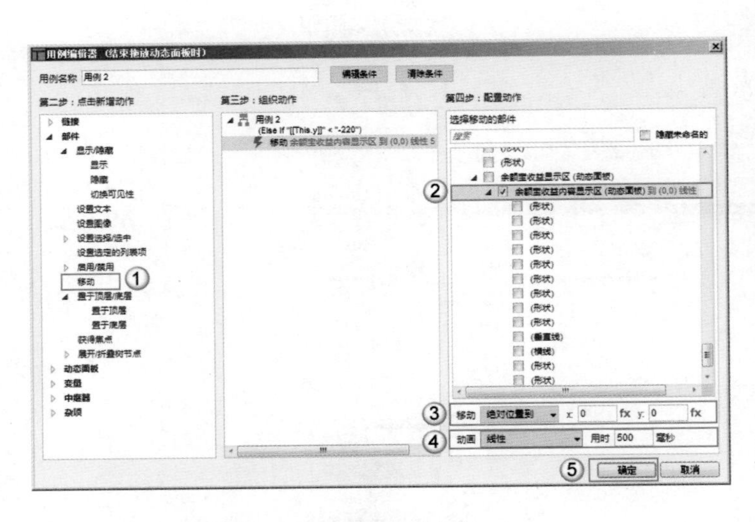

图7.34　动态面板返回初始位置

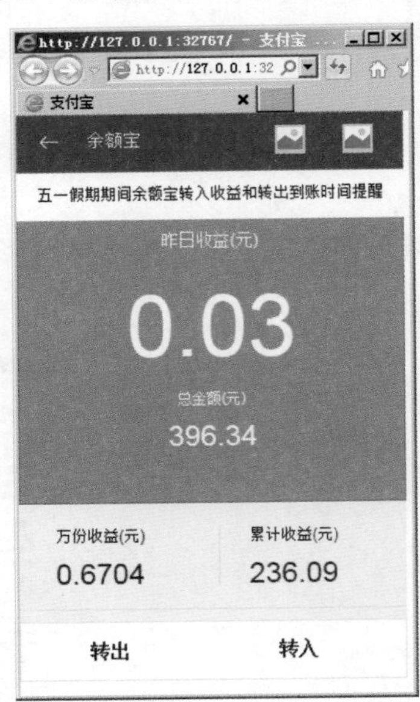

图7.35　发布原型

7.5　中继器显示余额宝转入记录设计

中继器是用来显示重复的文本、图片、链接，主要用来显示重复的、有规律可循的文本、图表，并动态的管理它们。它可以模拟数据库的操作，进行数据库的增、删、改、查操作，经常会使用中继器来显示商品列表信息、联系人信息、用户信息等。余额宝的转入记录是通过列表的方式来显示，它是有规律可循的，可以使用中继器组件来显示余额宝转入记录，如图7.36所示。

图7.36　余额宝转入记录

具体操作步骤如下：

（1）拖动一个动态面板组件，宽度设置为320，高度设置为480，动态面板的名称为“余额宝转入记录显示区”，状态命名为“余额宝转入记录”，如图7.37所示。

图7.37　余额宝转入记录显示区

（2）复制余额宝界面的状态栏，将余额宝修改为转入，去掉左侧的图片，如图7.38所示。

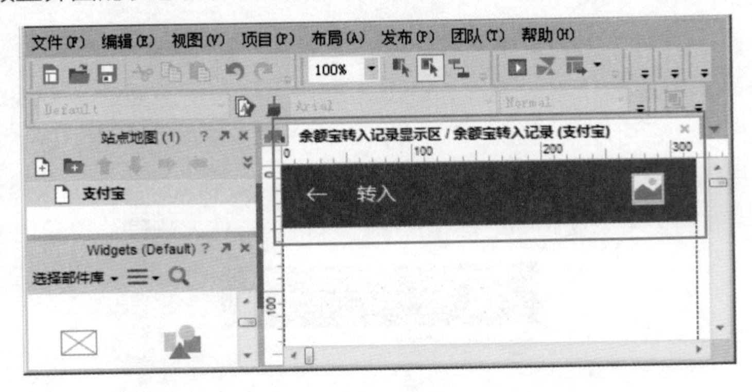

图7.38 余额宝转入记录状态栏

（3）拖动一个中继器组件，坐标位置设置为（0,50），将标签命名为“转入记录中继器”，如图7.39所示。

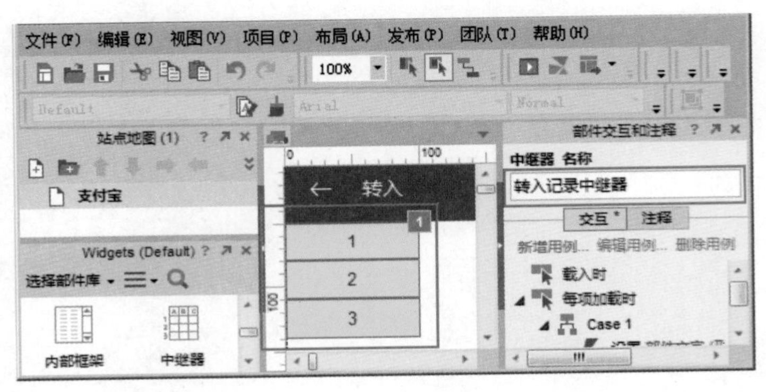

图7.39 转入记录中继器

（4）双击“转入记录中继器”，进入中继器，在中继器数据集中添加默认数据，把动态的数据放在中继器数据集中来显示，如图7.40所示。

页面属性

中继器数据集 | 中继器 项目交互 | Repeater Style

name	date	addCount	totalCount	新增列
余额自动转入	2016-04-28 03：	+300.00	496.18	
单次转入	2016-04-25 16：	+180.00	395.06	
单次转入	2016-04-25 11：	+433.00	215.06	
单次转入	2016-04-25 11：	+676.00	782.06	
余额自动转入	2016-04-22 02：	+188.00	106.06	
单次转入	2016-04-15 12：	+133.00	146.96	
新增行				

图7.40 中继器数据集

注　意

中继器数据集类似于数据库，是用于存储数据的地方，中继器会加载数据进行显示。

（5）去掉中继器默认矩形组件的项，拖动四个标签组件，将文本内容命名为“操作名称”、“转入金额”、“转入时间”、“余额”，标签也可以进行相应的命名；将“操作名称”、“转入金额”字号设置为14号字，将“转入时间”、“余额”字号设置为11号字，如图7.41所示。

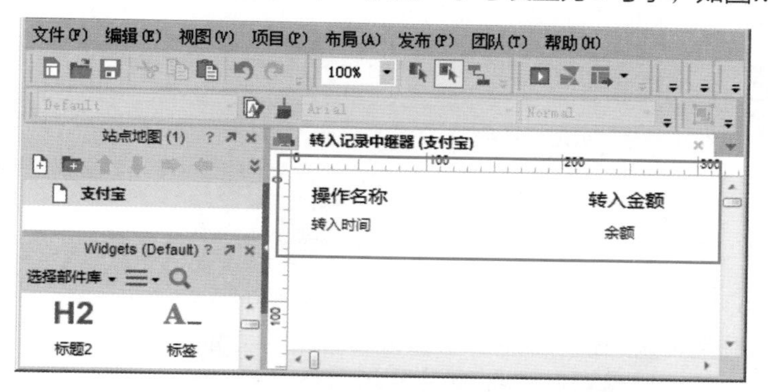

图7.41　中继器的项设计

（6）在mylib部件库拖动一个黑色箭头组件，作为导航入口，再拖动一个横线组件，颜色设置为灰色（E4E4E4），作为间隔线，如图7.42所示。

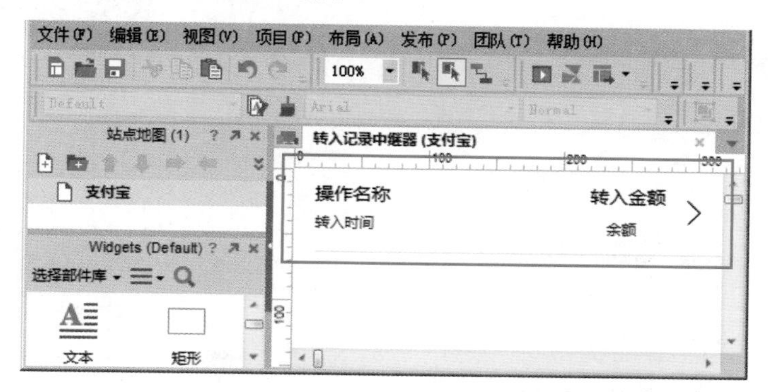

图7.42　中继器的项设计

注　意

中继器的项就是中继器循环显示的基本单元，中继器的项可以随意设置，每次循环是以中继器的项作为基础进行循环。

（7）单击中继器项目交互按钮，给它添加每项加载时触发事件，设置文本，勾选操作名称复选框，单击fx，插入中继器Item.name变量值，如图7.43所示。

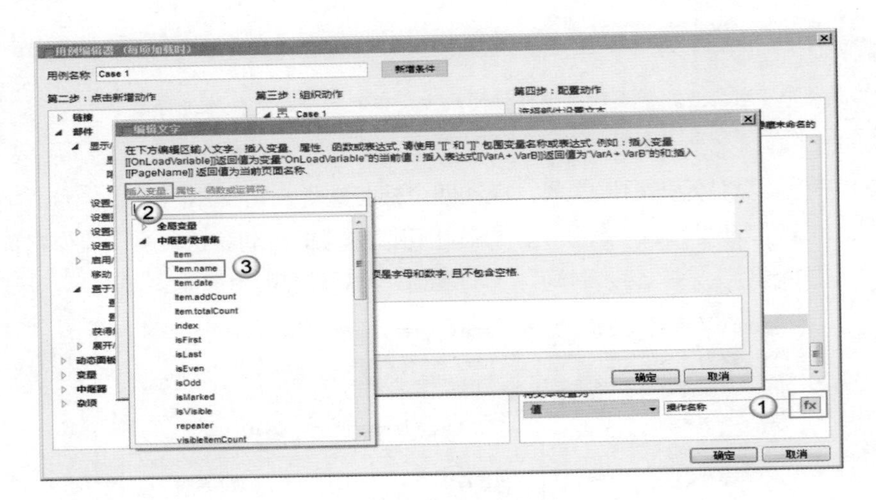

图7.43　操作名称赋值

（8）运用同样的方式，给中继器项的其他标签赋值，如图7.44所示。

（9）返回“余额宝转入记录”状态，在页面属性中将页面的背景色设置为白色（FFFFFF），同时可以看到中继器会将中继器数据集中的数据显示出来，如图7.45所示。

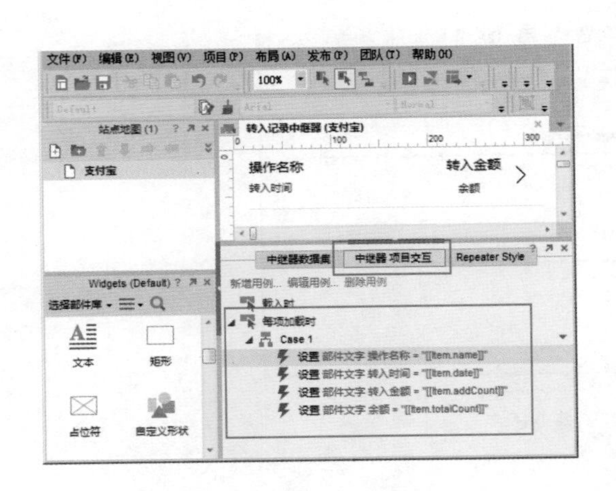

图7.44　中继器的项赋值

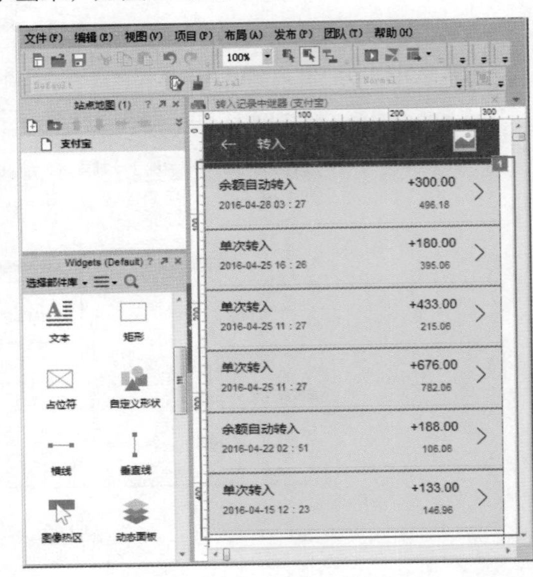

图7.45　中继器显示数据

这样就设计完成了利用中继器动态显示数据，可以动态管理数据以及显示数据，模拟数据库的操作等。

7.6　余额宝转入界面设计

余额宝可以把支付宝里的钱或与支付宝绑定的钱转入余额宝进行理财，每天都可以有收益，下面来设计一下余额宝的转入界面，如图7.46所示，具体操作步骤如下。

（1）拖动一个动态面板组件，宽度设置为320，高度设置为480，动态面板的名称为“余额宝转入显示区”，将状态命名为“余额宝转入”，如图7.47所示。

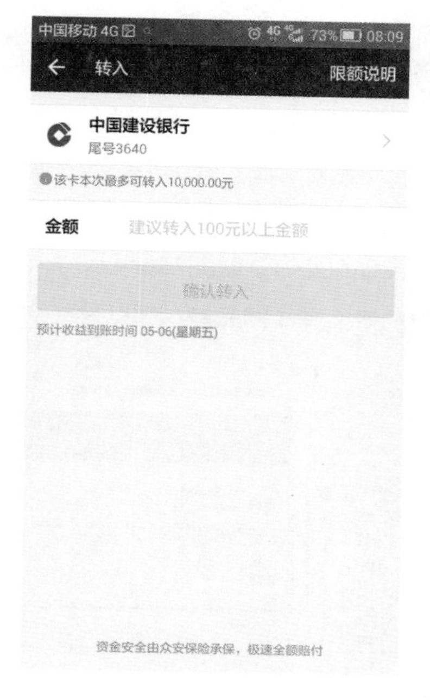

图7.46　余额宝转入界面

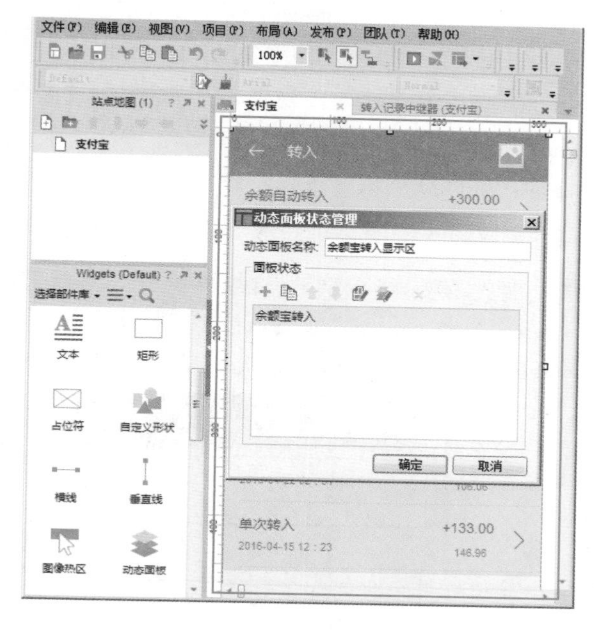

图7.47　余额宝转入显示区

（2）进入“余额宝转入”状态，将页面背景颜色设置为灰色（F2F2F2），复制余额宝界面的状态栏，将余额宝修改为转入，去掉图片组件，拖动一个标签组件，将文本内容修改为“限额说明”，字体颜色设置为白色（FFFFFF），字号设置为15号字，如图7.48所示。

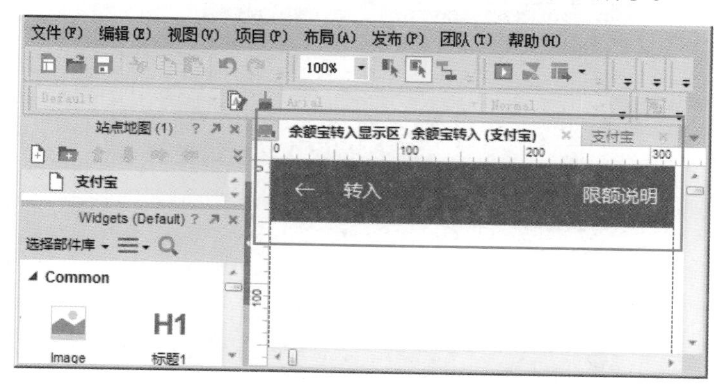

图7.48　余额宝转入状态栏

注　意

在一个页面中使用多个动态面板组件，特别是支付宝原型，使用了多个动态面板，并且它们都叠加在一起，这时想要查找某个动态面板进入某个状态中，可以借助部件管理区域，它会把所有的动态面板及状态显示出来，可以快速地查找到某个动态面板。

（3）拖动一个矩形组件，宽度设置为320，高度设置为45，去掉边框线；拖动一个图片组件，宽度和高度都设置为30，作为银行logo；拖动两个标签组件，将文本内容分别命名为“中国建设银行”、“尾号3640”，将“尾号3640”字体颜色设置为灰色（666666），字号设置为11号字；在mylib部件库中拖动一个黑色箭头，如图7.49所示。

（4）拖动一个标签组件，将文本内容命名为“该卡本次最多可转入10 000.00元”，字体颜色设置为灰色（666666），字号设置为10号字；拖动一个矩形组件，宽度设置为320，高度设置为45，去掉边框线；拖动两个标签组件，将文本内容分别命名为“金额”、“建议转入100元以上的金额”，将“建议转入100元以上金额”的字体颜色设置为灰色（CCCCCC），如图7.50所示。

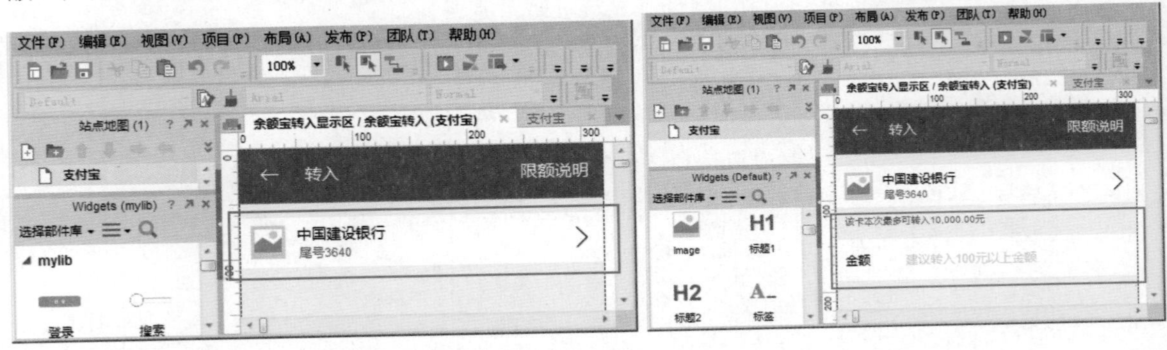

图7.49　绑定银行　　　　图7.50　转入金额

（5）拖动一个矩形组件，宽度设置为320，高度设置为40，去掉边框线，将颜色填充为灰色（CCCCCC）；拖动一个标签组件，将文本内容命名为“预计收益到账时间05-06(星期五)”，字号设置为10号字，将“05-06(星期五)”文字加粗，如图7.51所示。

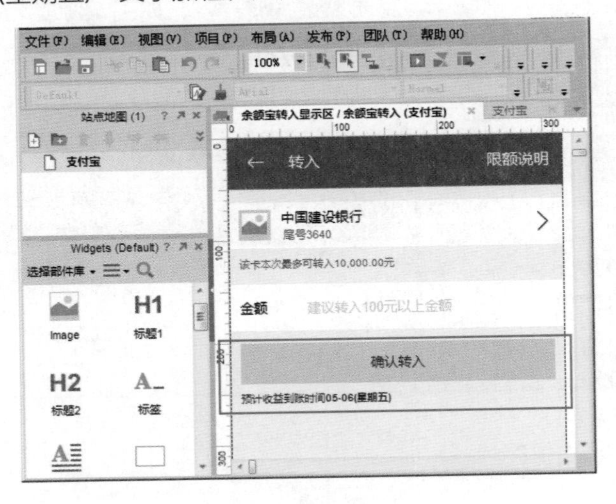

图7.51　确认转入按钮

这样就设计完成了余额宝转入页面。需要注意的一点是，如何设计得有层次感，可以通过字号、颜色等方式使页面显得更有层次感。接下来要把这些页面连接起来，实现交互效果。

（6）将“余额宝”、“余额宝转入记录显示区”、“余额宝转入显示区”动态面板隐藏起来，并且置于底层，让支付宝主界面显示出来，如图7.52所示。

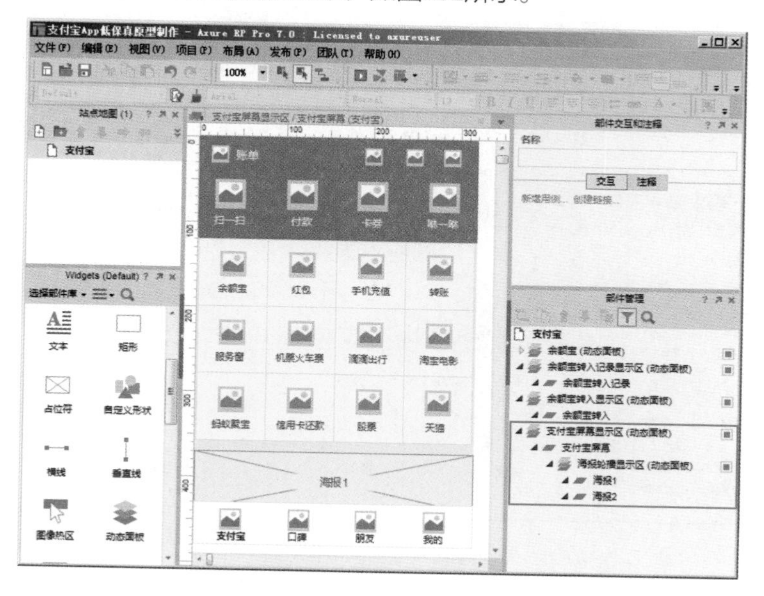

图7.52　支付宝界面

（7）找到“支付宝屏幕显示区”动态面板，进入“支付宝屏幕”状态，拖动一个图像热区组件放置在余额宝导航菜单上，显示“余额宝”动态面板，并且把它置于顶层，如图7.53所示。

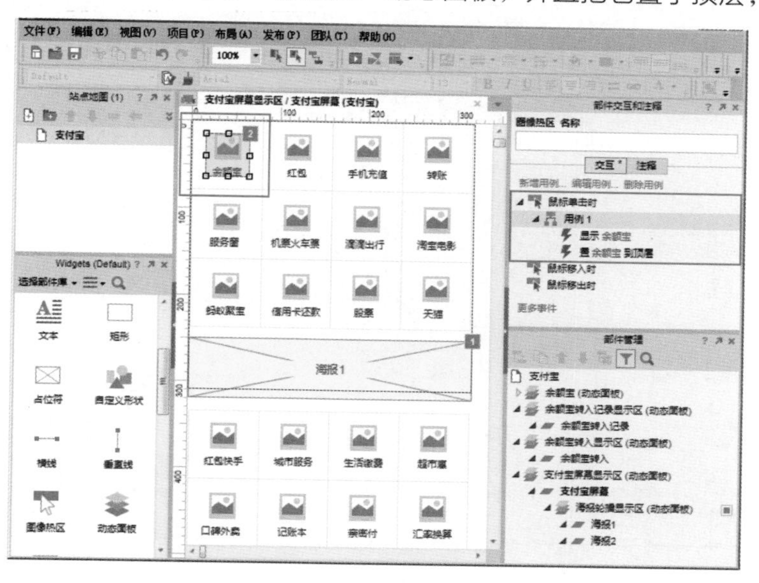

图7.53　余额宝置于顶层

（8）找到“余额宝”动态面板，进入“余额宝内容”状态中，拖动一个图像热区组件放置在返回按钮上，隐藏“余额宝内容”动态面板，并且把它置于底层，如图7.54所示。

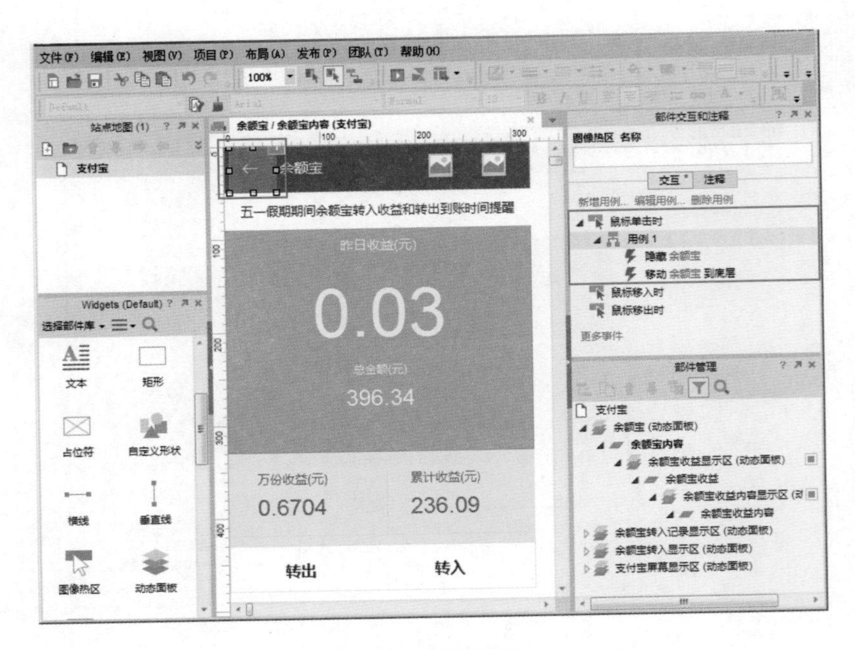

图7.54　余额宝置于底层

（9）拖动一个图像热区组件放置在图片组件上面，显示“余额宝转入记录显示区”动态面板，并且把它置于顶层，如图7.55所示。

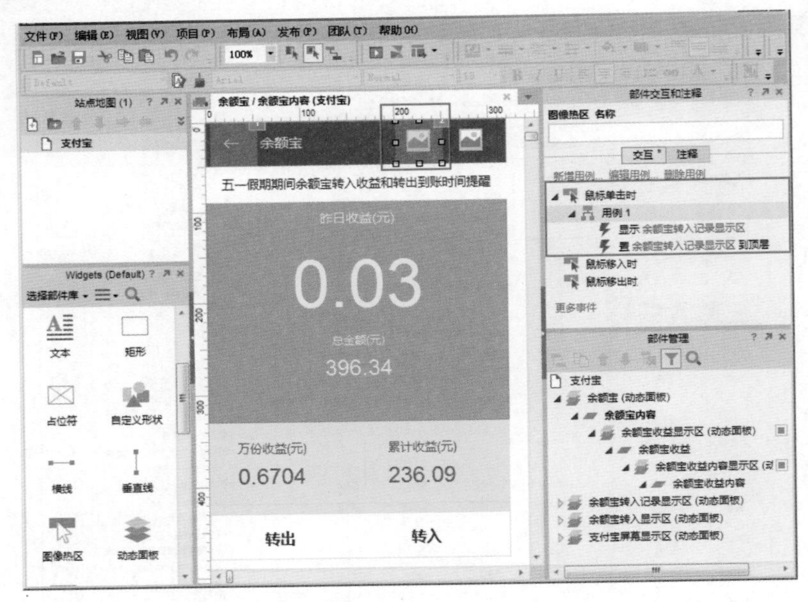

图7.55　余额宝转入记录显示区置于顶层

（10）拖动一个图像热区组件放置在转入按钮上，显示“余额宝转入显示区”动态面板，并且把它置于顶层，如图7.56所示。

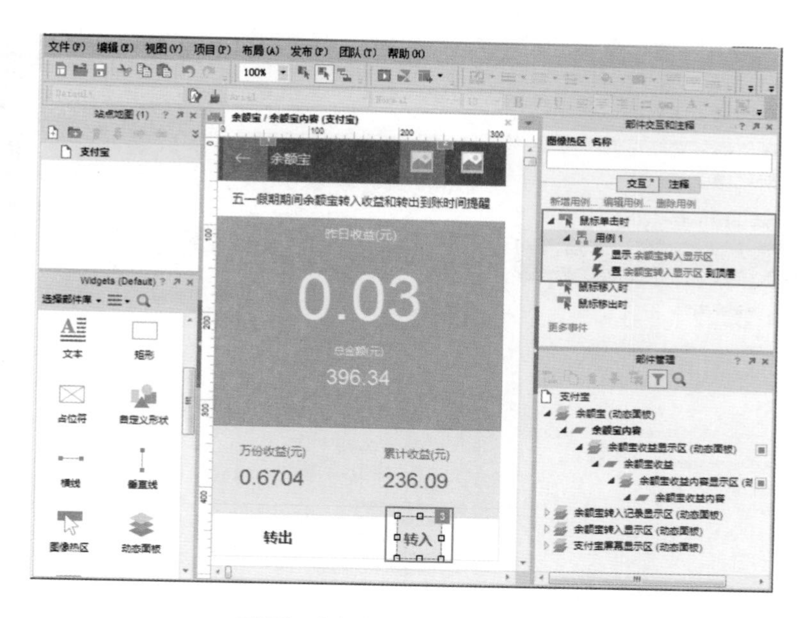

图7.56　余额宝转入显示区置于顶层

（11）找到“余额宝转入记录显示区”动态面板，进入“余额宝转入记录”状态，拖动一个图像热区组件放置在返回按钮上，隐藏“余额宝转入记录显示区”动态面板，并且把它置于底层，如图7.57所示。

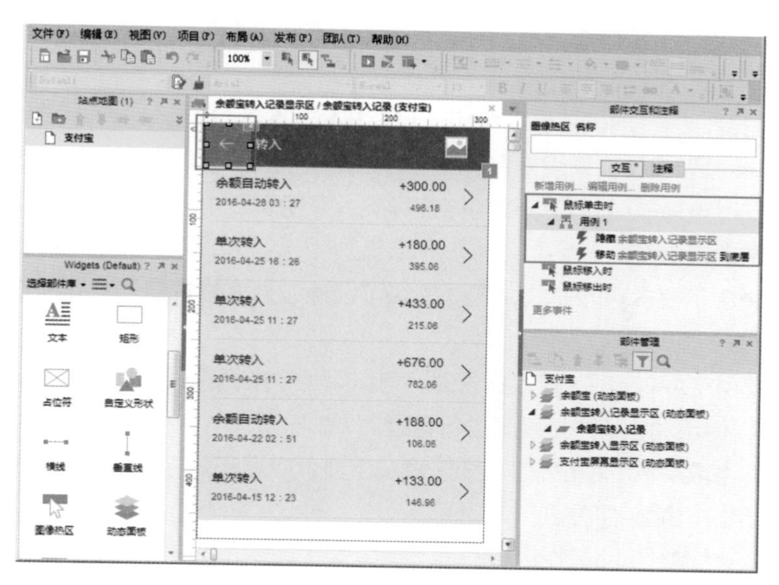

图7.57　余额宝转入记录显示区置于底层

（12）找到“余额宝转入显示区”动态面板，进入“余额宝转入”状态，拖动一个图像热区组件放置在返回按钮上，隐藏“余额宝转入显示区”动态面板，并且把它置于底层，如图7.58所示。

（13）按F8键发布原型，单击余额宝导航菜单，进入余额宝界面，单击返回按钮可以返回支付宝界面，可以进入余额宝转入界面和余额宝转入记录界面，如图7.59所示。

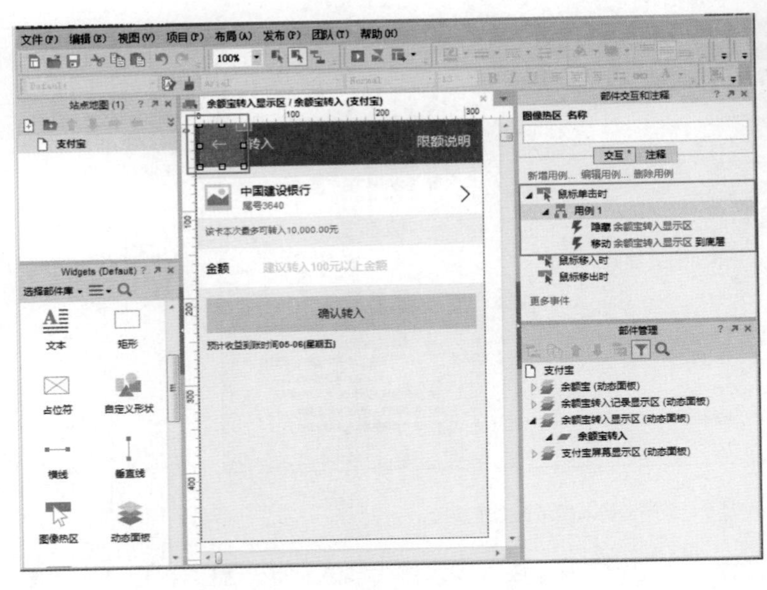

图7.58　余额宝转入显示区置于底层

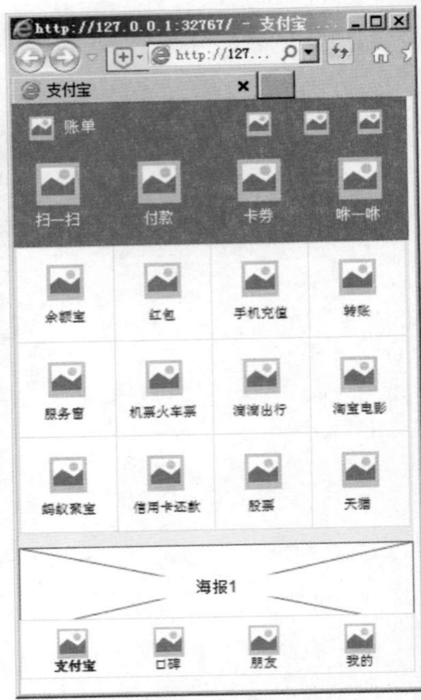

图7.59　发布原型

7.7　烂笔头笔记——金融类APP

金融类APP原型设计时，应该重点掌握如下几个方面的内容：

（1）支付宝APP原型设计，采用低保真原型的方式来制作原型，不要使用过多的彩色和截图；

（2）在设计支付宝导航时，可以采用标签导航，采用了三个导航标签，每个页签内容划分的很清晰，便于用户选择和使用。

（3）支付宝聚合了很多功能模块，这些模块可以通过九宫格导航的方式来设计，界面清晰，便于用户选择与查找。

（4）在设计支付宝APP余额宝转入记录时，可以采用中继器组件来显示转入记录，由于转入记录列表有规律，可以使用动态的中继器来进行管理。

（5）在设计支付宝APP页面布局时，要注意突出显示标题和图标，弱化一下不重要的信息，这样显得有层次感，用户也能抓住重点。

第8章

生鲜类APP：爱鲜蜂APP高保真原型设计

生鲜类APP已经遍地开花，生鲜电商O2O的模式因为终端多样性、供应链的复杂性可以有多种模式。在整个O2O的商业模式中：前端是客户在线下单，端口可以是电脑、手机或移动智能设备，通过这些设备上的网站、手机应用、微信、微店和O2O平台来产生订单；服务商收到订单后整合供应链，通过多种终端（快递包裹、自提柜、便利店或商超）将商品交到客户手中。

本章主要涉及的知识点有：

- 了解生鲜类APP以及生鲜类APP设计要素；
- 海报轮播效果制作；
- “首页”模块布局与交互设计；
- “鲜奶即递”详情布局与交互设计；
- “闪送超市”模块布局与交互设计；
- 手风琴菜单效果制作。

8.1 生鲜类APP原型设计要素

从生鲜类APP的使用情况来看，天天果园仍是使用率最高的生鲜类APP，占比是15.4%；其次是一地一味，占比是15.2%；一米鲜的占比是14.1%，排在第三位。中粮我买网、顺丰优选分别以11.8%和10.8%位居第四、第五位，如图8.1所示。

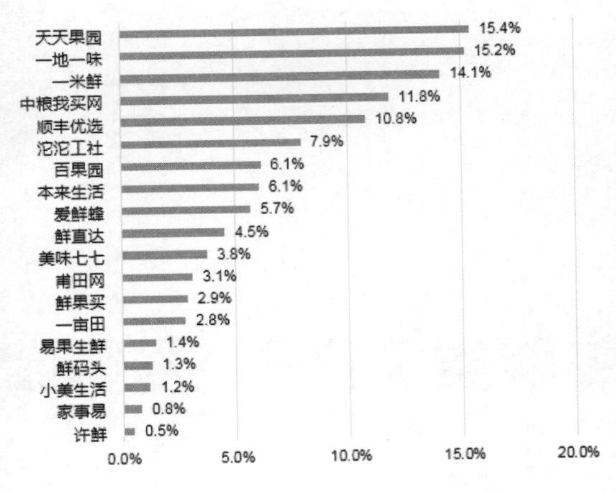

图8.1 生鲜类APP使用情况

爱鲜蜂APP主要提供的服务是有机蔬菜、零食小吃及生活用品的一小时配送，覆盖范围主要是生活住宅区及办公区域。这是一个典型的利用闲置资源（小卖部店主），组建最后一公里配送能力的案例。爱鲜蜂的“鲜蜂侠”（送货员）基本是各住宅区及办公区周边的小卖部店主。这一人群的特点是闲暇时间多，同时距离用户近。后台将订单分发到距离用户最近的小卖部店主那里，再由店主完成最后环节的配送。按照目前的实际体验，理想状态下配送速度能达到30分钟以内。本章选择爱鲜蜂APP来进行原型设计，如图8.2~图8.5所示。

图8.2 开机画面

图8.3 首页

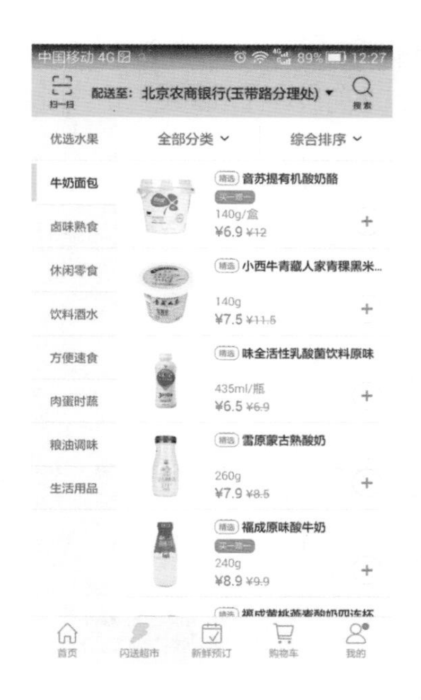

图8.4　闪送超市

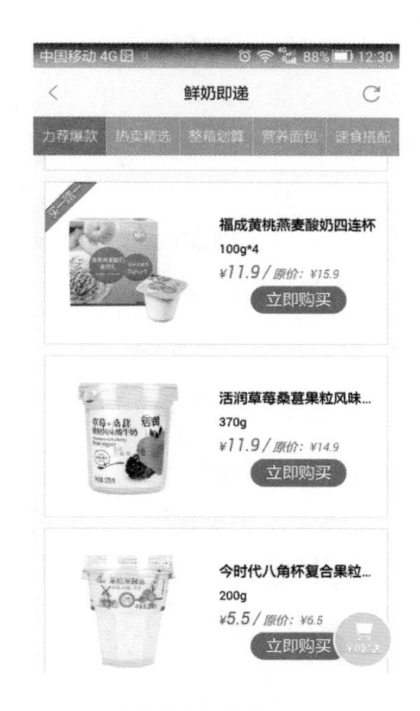

图8.5　鲜奶即递

8.2　设计内容与思路

本小节将对爱鲜蜂APP原型的版本、设计内容与思路做一个简单阐述，在此基础上，后面章节会翔实地展开讲述。

8.2.1　爱鲜蜂APP版本

本次APP原型制作采用V3.1.1版本。

8.2.2　设计内容

（1）采用高保真原型设计方式来设计浦发手机银行APP原型。

（2）绘制爱鲜蜂APP开机画面效果。

（3）制作海报轮播效果，动态显示银行的广告信息。

（4）“首页”、“鲜奶即递”、“闪送超市”界面布局设计。

（5）“鲜奶即递”页签切换效果制作。

（6）“闪送超市”手风琴式菜单效果制作。

8.2.3　设计思路

（1）建立三个页面“开机画面”、“首页”、“闪送超市”，各个页面的布局设计使用已经准备好的图片进行显示。

（2）爱鲜蜂APP开机画面效果的实现需要借助于动态面板组件，给各个状态添加鼠标单击时触发事件，当单击状态时，让它显示下一个状态，转而呈现一种APP开机动画效果。

（3）海报轮播效果的实现要借助于动态面板组件，让面板状态自动进行切换以实现海报自动轮播的效果。

（4）页签切换内容显示同样需要借助于动态面板组件，让标题和内容对应变化。

（5）手风琴式菜单也需要借助于动态面板组件，让导航菜单和商品内容联动变化。

8.3 APP开机画面交互设计

APP软件在第一次启动时一般都会有开机画面，展示与APP相关的主题与内容，让用户有一个整体的印象和宏观的认识，下面开始制作爱鲜蜂APP的开机画面交互设计，具体操作步骤如下。

（1）进入“开机画面”页面，拖动一个动态面板组件，宽度设置为350，高度设置为597，动态面板的名称为“开机画面显示区”，建立三个状态“画面1”、“画面2”、“画面3”，如图8.6所示。

图8.6　开机画面显示区

（2）进入“画面1”状态，拖动一个图片组件，用“0-开机画面1”图片替换图片组件，给它添加鼠标单击时触发事件，设置“开机画面显示区”的动态面板状态为“画面2”，如图8.7所示。

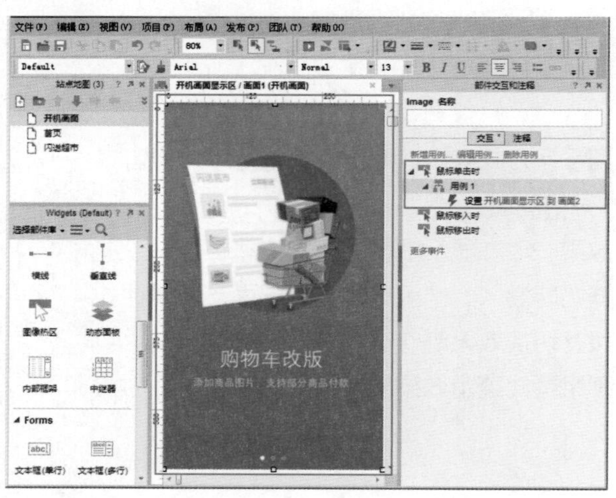

图8.7　画面1交互设计

（3）进入“画面2”状态，拖动一个图片组件，用“0-开机画面2”图片替换图片组件，给它添加鼠标单击时触发事件，设置“开机画面显示区”的动态面板状态为“画面3”，如图8.8所示。

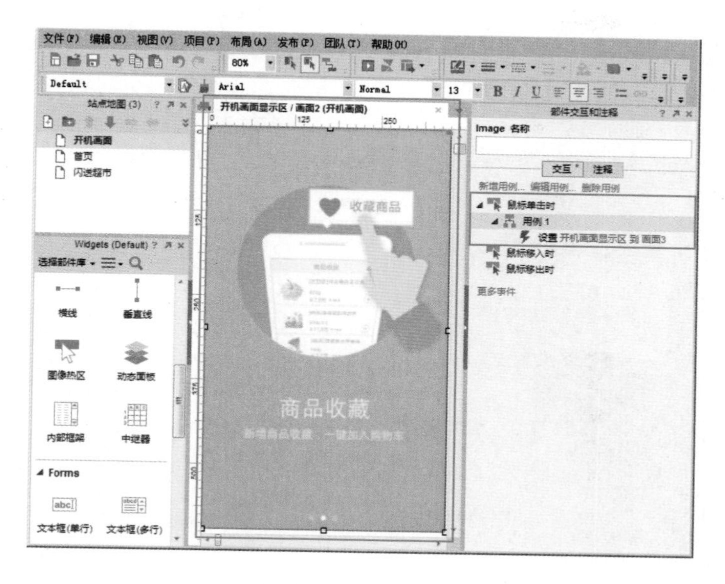

图8.8　画面2交互设计

（4）进入“画面3”状态，拖动一个图片组件，用“0-开机画面3”图片替换图片组件，给它添加鼠标单击时触发事件，在当前窗口打开首页，如图8.9所示。

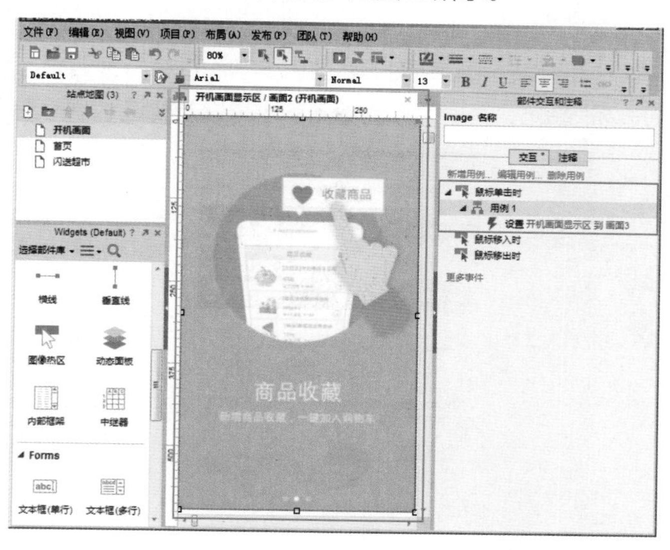

图8.9　画面3交互设计

注　意

除了使用鼠标单击时触发事件，也可以使用鼠标移入时触发事件，在鼠标移入时让动态面板状态切换。

（5）按F8键发布原型，单击开机画面会显示下一个开机画面，如图8.10、图8.11所示。

图8.10　画面1

图8.11　画面2

8.3 “首页”模块交互设计

爱鲜蜂APP的“首页”是用来显示商品的综合信息与商品的广告信息，在这个页面里可以抽奖、领红包、蜂抱团以及闪送超市，同时可以查看新鲜水果以及优选水果等内容，如图8.12所示。

图8.12　首页

8.3.1 “首页”界面布局设计

具体操作步骤如下：

（1）进入“首页”页面，拖动一个图片组件，用“5-首页状态栏”图片替换图片组件，作为状态栏；拖动一个动态面板组件，宽度设置为350，高度设置为131，动态面板的名称为“海报轮播显示区”，建立三个状态“海报1”、“海报2”、“海报3”，如图8.13所示。

（2）“海报轮播显示区”动态面板的三个状态分别放置“6-首页-海报1”、“7-首页-海报2”、“8-首页-海报3”图片，如图8.14所示。

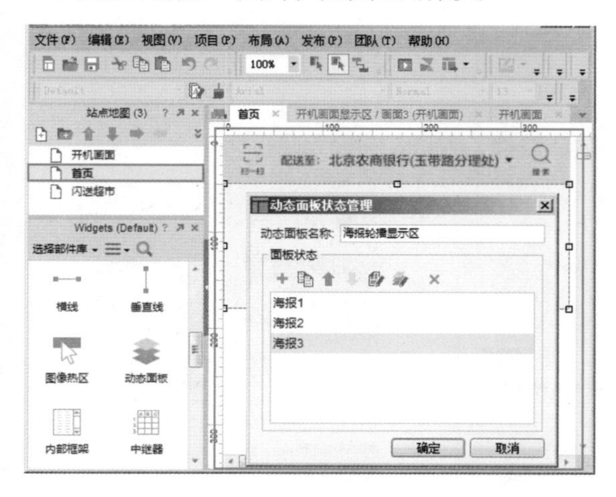

图8.13　状态栏及海报轮播区域

图8.14　海报轮播内容

（3）拖动两个图片组件，分别用“9-首页-内容”、“10-首页-选中”图片替换图片组件，作为首页的内容及标题导航，如图8.15所示。

图8.15　首页内容

8.3.2　海报轮播效果制作

海报轮播效果是用来动态显示爱鲜蜂相关的商品广告信息，在有限的区域展示多个广告信息即可使用海报轮播效果，具体操作步骤如下。

（1）选中“海报轮播显示区”动态面板，给它添加载入时触发事件，设置面板状态，勾选海报轮播显示区复选框，状态选择Next，让它从最后一个到第一个自动循环，时间为3 000毫秒，进入动画向左滑动，时间为1 000毫秒，如图8.16所示。

注 意

海报轮播的实现就是让动态面板的状态进行自动切换显示，而触发它切换显示的事件就是载入时触发事件。

（2）按F8键发布原型，可以看到海报进行自动循环轮播，如图8.17所示。

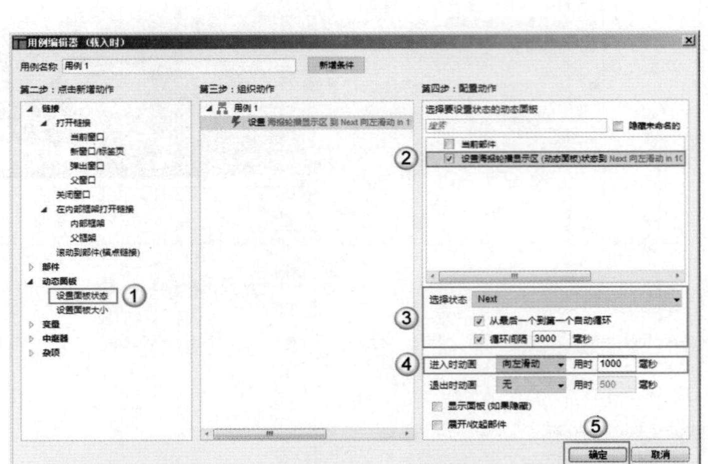

图8.16　海报轮播设置

图8.17　发布原型

8.4　“鲜奶即递”详情设计

单击首页里商品，会进入商品的详情页面，下面开始制作“鲜奶即递”详情页面，如图8.18所示，具体操作步骤如下。

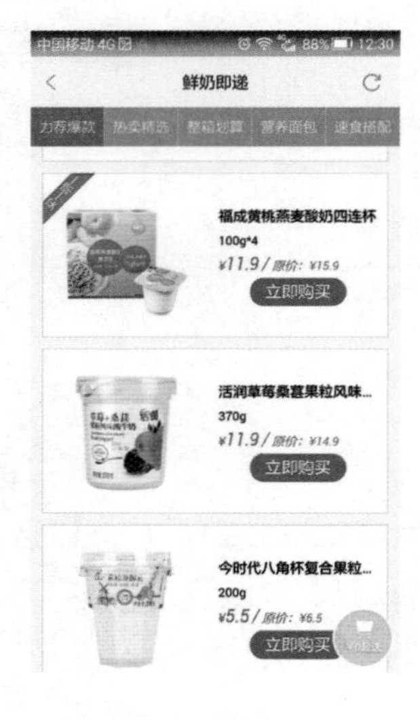

图8.18　鲜奶即递

（1）进入“首页”页面，拖动一个动态面板组件，宽度设置为350，高度设置为600，动态面板的名称为“鲜奶即递显示区”，状态为“鲜奶即递”，进入这个状态，拖动一个图片组件，用“18-鲜奶速递状态栏”图片替换图片组件，作为状态栏，页面背景设置为浅灰色（F2F2F2），如图8.19所示。

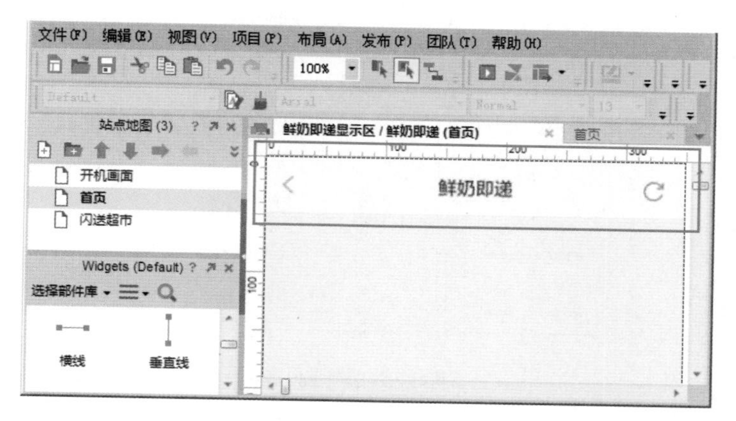

图8.19　鲜奶即递状态栏

（2）拖动一个动态面板组件，宽度设置为350，高度设置为39，动态面板的名称为“鲜奶即递标题”，建立五个状态“力荐爆款标题”、“热卖精选标题”、“整箱划算标题”、“营养面包标题”、“速食搭配标题”，分别用“19-力荐爆款标题”、“21-热卖精选标题”、“23-整箱划算标题”、“25-营养面包标题”、“27-速食搭配标题”图片作为状态内容，如图8.20所示。

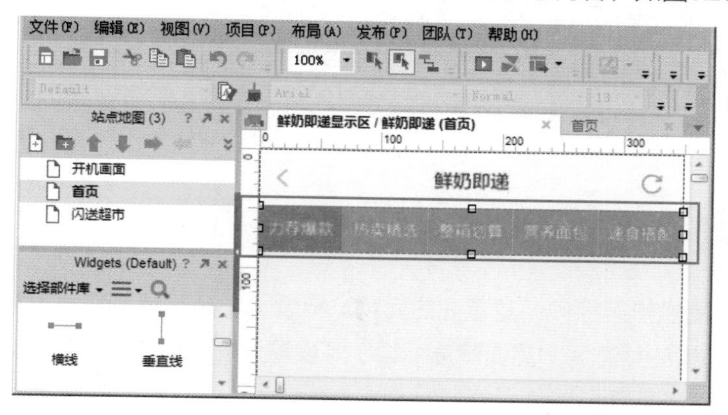

图8.20　鲜奶即递标题

（3）拖动一个动态面板组件，宽度设置为350，高度设置为513，动态面板的名称为“鲜奶即递内容”，建立五个状态“力荐爆款内容”、“热卖精选内容”、“整箱划算内容”、“营养面包内容”、“速食搭配内容”，分别用“20-力荐爆款内容”、“22-热卖精选内容”、“24-整箱划算内容”、“26-营养面包内容”、“28-速食搭配内容”图片作为状态内容，如图8.21所示。

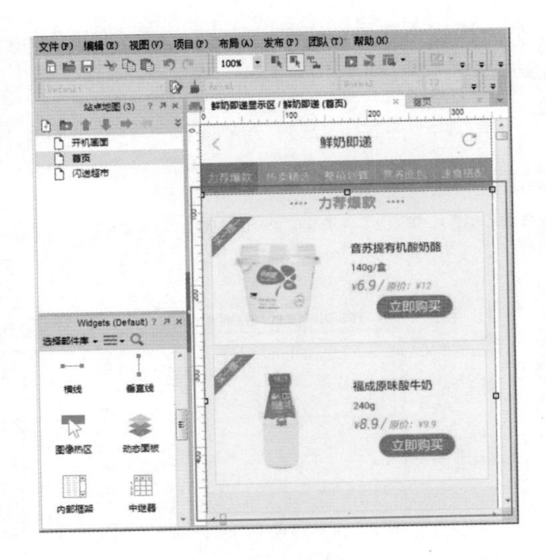

图8.21 鲜奶即递内容

（4）拖动一个图像热区组件，放置在力荐爆款标题上，添加鼠标单击时触发事件，设置“鲜奶即递标题”动态面板的状态为“力荐爆款标题”，设置“鲜奶即递内容”动态面板的状态为“力荐爆款内容”，如图8.22所示。

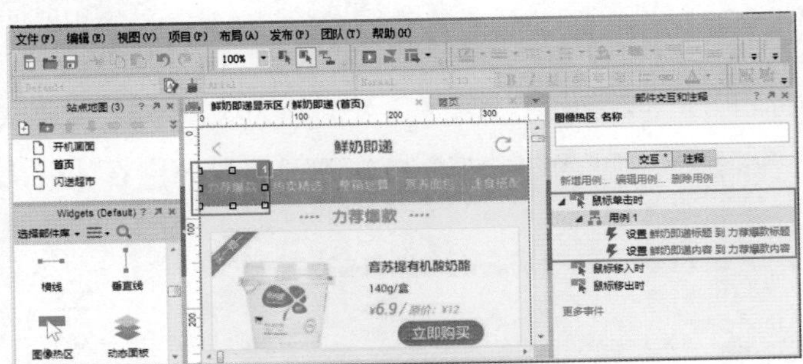

图8.22 力荐爆款显示

（5）拖动一个图像热区组件，放置在热卖精选标题上，添加鼠标单击时触发事件，设置“鲜奶即递标题”动态面板的状态为“热卖精选标题”，设置“鲜奶即递内容”动态面板的状态为“热卖精选内容”，如图8.23所示。

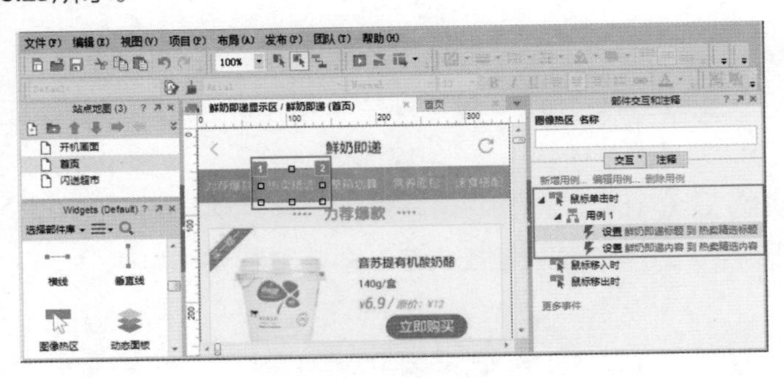

图8.23 热卖精选显示

（6）拖动一个图像热区组件，放置在整箱划算标题上，添加鼠标单击时触发事件，设置“鲜奶即递标题”动态面板的状态为“整箱划算标题”，设置“鲜奶即递内容”动态面板的状态为“整箱划算内容”，如图8.24所示。

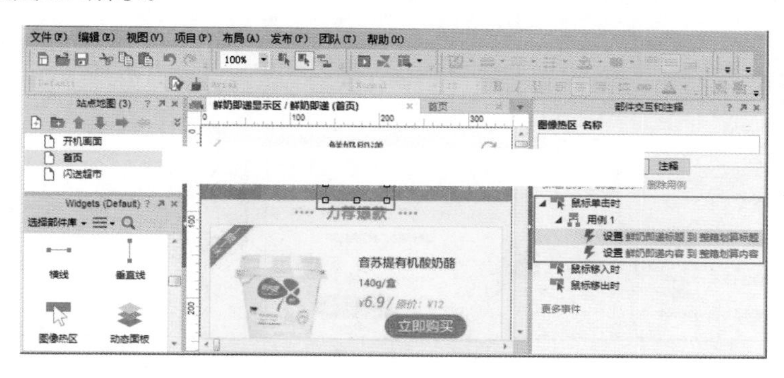

图8.24　整箱划算显示

（7）拖动一个图像热区组件，放置在营养面包标题上，添加鼠标单击时触发事件，设置“鲜奶即递标题”动态面板的状态为“营养面包标题”，设置“鲜奶即递内容”动态面板的状态为“营养面包内容”，如图8.25所示。

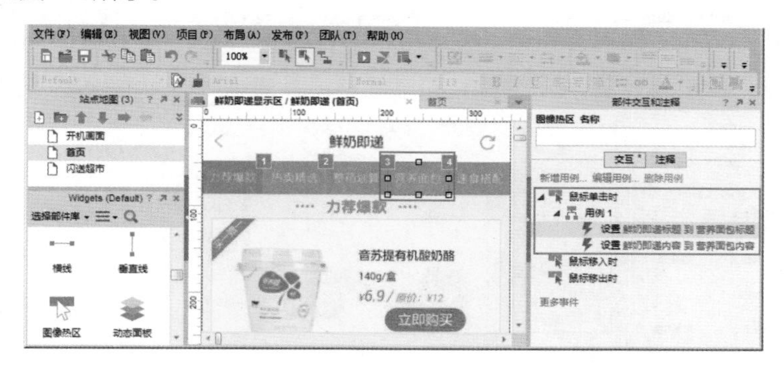

图8.25　营养面包显示

（8）拖动一个图像热区组件，放置在速食搭配标题上，添加鼠标单击时触发事件，设置“鲜奶即递标题”动态面板的状态为“速食搭配标题”，设置“鲜奶即递内容”动态面板的状态为“速食搭配内容”，如图8.26所示。

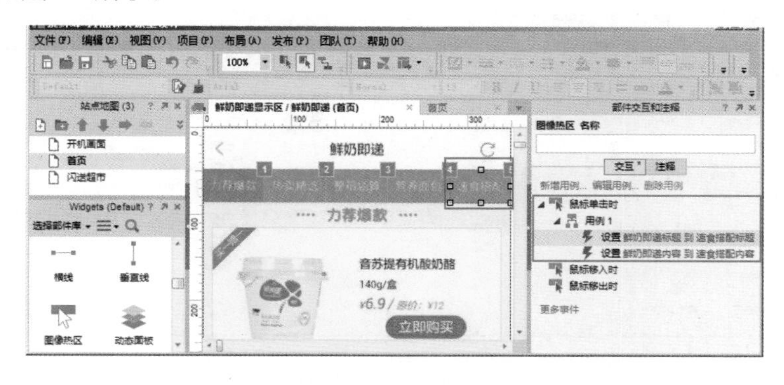

图8.26　速食搭配显示

（9）拖动一个图像热区组件，放置在按钮上，添加鼠标单击时触发事件，隐藏“鲜奶即递显示区”动态面板，并且把它置于底层，如图8.27所示。

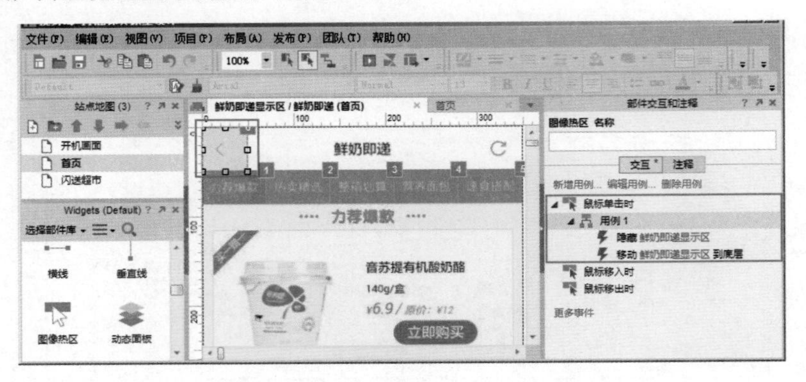

图8.27　返回按钮交互

（10）把“鲜奶即递显示区”动态面板隐藏起来，置于底层，让“首页”内容显示出来，拖动一个图像热区组件，放置在音苏提有机酸奶上，添加鼠标单击时触发事件，显示“鲜奶即递显示区”动态面板，并且把它置于顶层，如图8.28所示。

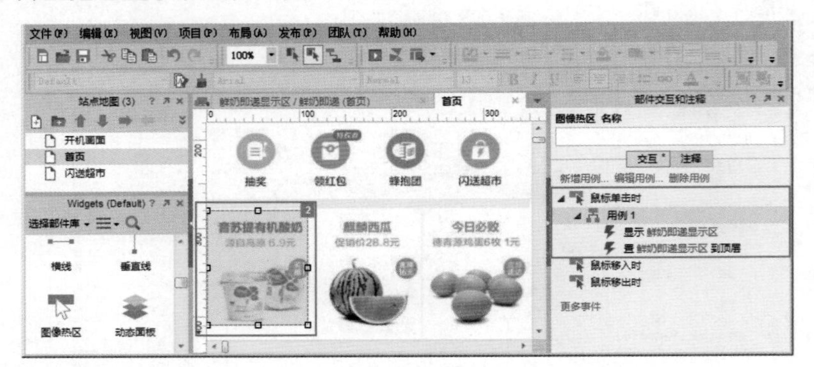

图8.28　有机酸奶交互

（11）拖动一个图像热区组件，放置在“闪送超市”导航菜单上，添加鼠标单击时触发事件，在当前窗口打开“闪送超市”页面，如图8.29所示。

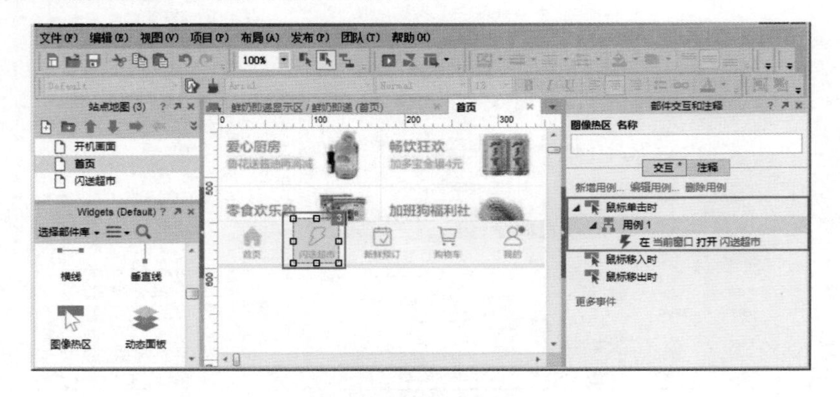

图8.29　闪送超市交互

（12）按F8键发布原型，单击有机酸奶区域，进入“鲜奶即递”页面，单击“闪送超市”导航，进入“闪送超市”页面，如图8.30所示。

图8.30　发布原型

8.5 “闪送超市”模块交互设计

爱鲜蜂APP的“闪送超市”页面是通过手风琴式菜单显示商品类目，比如牛奶面包、卤味熟食等类目，单击商品类目，会显示对应的内容，给用户呈现出一种手风琴式的效果，如图8.31所示。

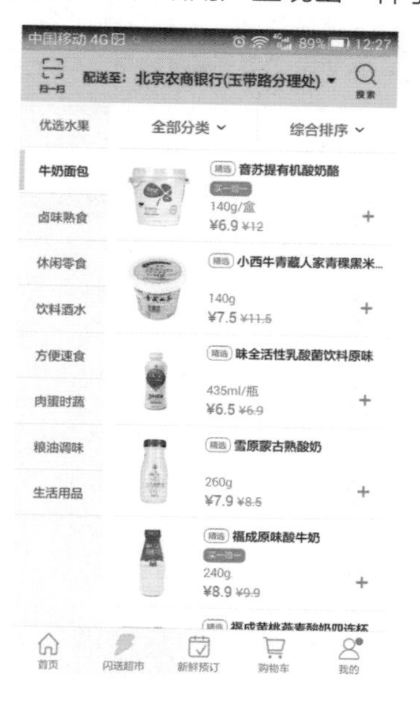

图8.31　闪送超市

8.5.1 界面布局设计

具体操作步骤如下：

（1）进入“闪送超市”页面，拖动一个图片组件，用“12-闪送超市状态栏”图片替换图片组件，作为状态栏；拖动一个动态面板组件，宽度设置为82，高度设置为500，动态面板的名称为“商品类目显示区”，建立两个状态“牛奶面包导航菜单”、“卤味熟食导航菜单”，如图8.32所示。

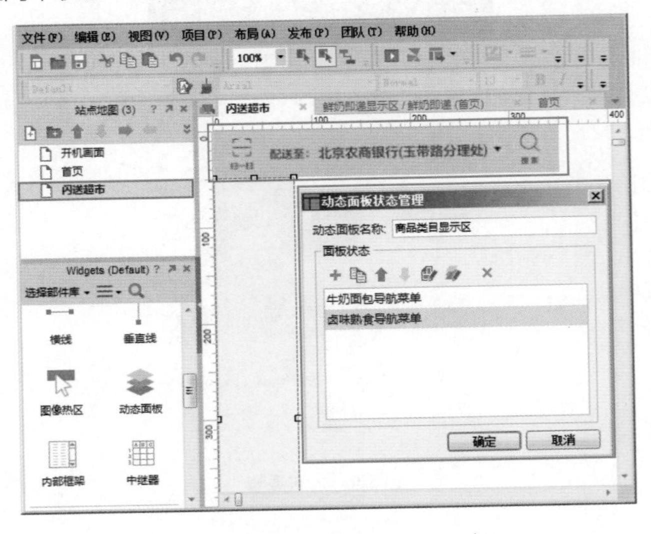

图8.32　状态栏及商品类目显示区

（2）“商品类目显示区”动态面板的两个状态内容分别用“13-优选水果-牛奶面包”、“14-优选水果-卤味熟食”图片显示；拖动一个图片组件，用“15-分类”图片替换图片组件，作为查询区域，如图8.33所示。

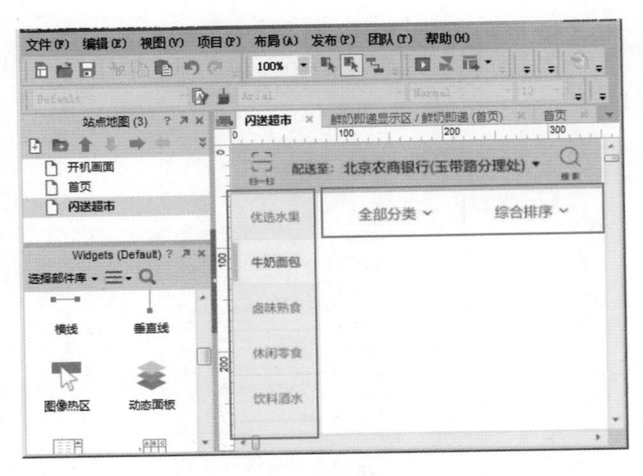

图8.33　导航菜单内容

（3）拖动一个动态面板组件，宽度设置为268，高度设置为455，动态面板的名称为“商品内容显示区”，建立两个状态“牛奶面包内容”、“卤味熟食内容”，用“16-牛奶面包内容”、“17-卤味熟食内容”图片作为状态内容，如图8.34所示。

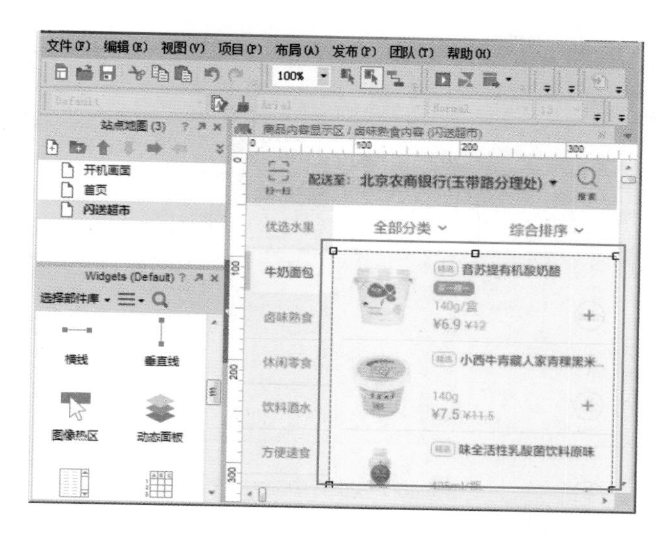

图8.34　商品内容

注　意

电商网站一般都喜欢使用手风琴式菜单显示商品类目，由于电商网站商品类目过多，这样的显示方式可以很清晰地把所有商品类目显示出来，用户可以快速找到对应的导航菜单。

8.5.2　手风琴效果制作

具体操作步骤如下：

（1）拖动一个图像热区组件，放置在牛奶面包导航菜单上，添加鼠标单击时触发事件，设置“商品类目显示区”动态面板的状态为“牛奶面包导航菜单”，设置“商品内容显示区”动态面板的状态为“牛奶面包内容”，如图8.35所示。

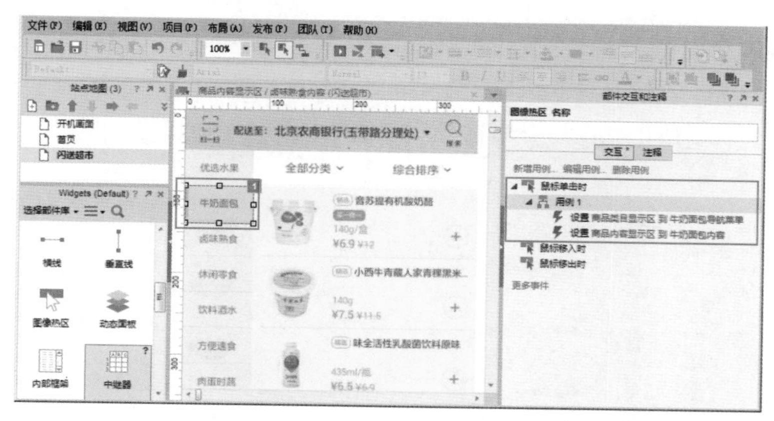

图8.35　牛奶面包导航交互

（2）拖动一个图像热区组件，放置在卤味熟食导航菜单上，添加鼠标单击时触发事件，设置“商品类目显示区”动态面板的状态为“卤味熟食导航菜单”，设置“商品内容显示区”动态面板的状态为“卤味熟食内容”，如图8.36所示。

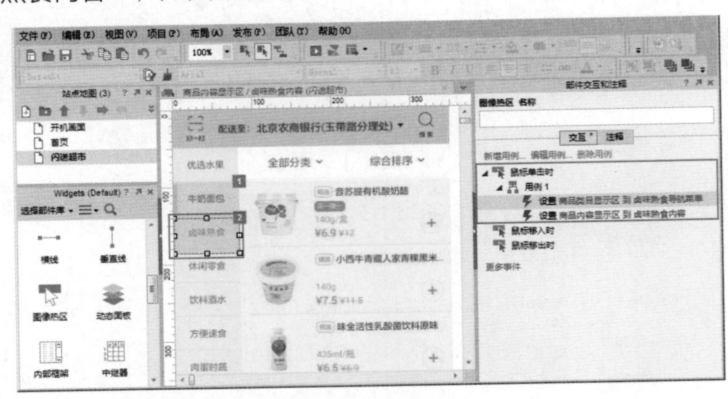

图8.36 卤味熟食导航交互

（3）拖动一个图片组件，用“11-闪送超市选中”图片替换图片组件，作为“闪送超市”页面的底部导航菜单，拖动一个图像热区组件，放在“首页”上，添加鼠标单击时触发事件，让它在当前窗口打开“首页”，如图8.37所示。

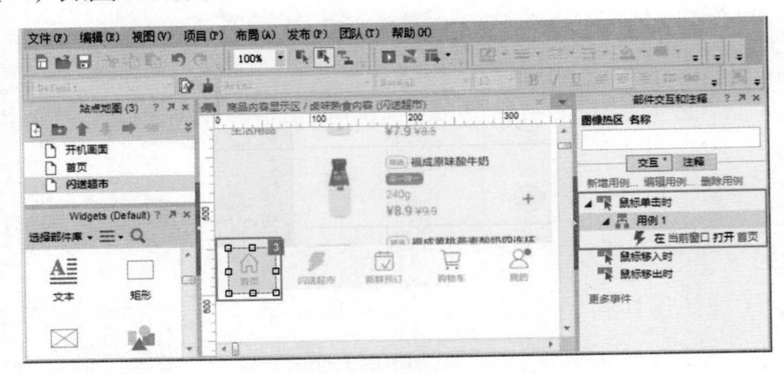

图8.37 打开首页

（4）按F8键发布原型，单击牛奶面包导航菜单，显示牛奶面包内容，单击卤味熟食导航菜单，显示卤味熟食内容，呈现一种手风琴式效果，如图8.38、图8.39所示。

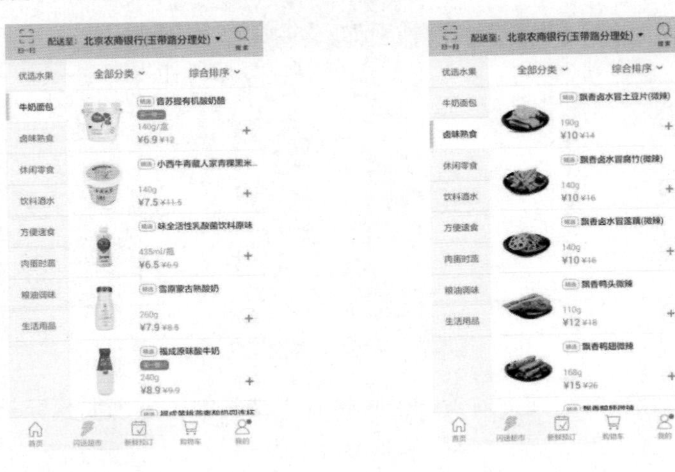

图8.38 牛奶面包　　图8.39 卤味熟食

注　意

导航菜单效果制作选取了牛奶面包和卤味熟食两个菜单作为例子进行绘制原型。

8.6　烂笔头笔记——生鲜类APP

生鲜类APP原型设计时，应该重点掌握如下几个方面的内容：

（1）爱鲜蜂APP是一款专门做生鲜产品的APP，比如优选水果、牛奶面包、卤味熟食等食品，各个商品类目区域设计清晰，便于用户查找。

（2）爱鲜蜂APP原型设计，采用高保真原型的方式来制作原型，高保真需要使用UI设计师提供的切图。

（3）海报轮播效果和页签切换效果需要借助于动态面板组件，通过动态面板组件的状态切换来显示不同的内容。

（4）手风琴式菜单效果是用在商品类目比较多的情况下，通过设计这样的导航菜单，可以清晰地展示商品的类目，便于用户的选择。

第9章

教育类 APP：猿题库 APP 高保真原型设计

随着全球教育信息化的发展，在线教育市场呈现出爆炸式增长。在业内，2013年被称为“在线教育市场的发展元年”。平均每天诞生2.6家在线教育公司。其中K12（指幼儿园、小学、初中、高中阶段）是整个教育市场的一块重要阵地，中国的中小学生有2亿之多，未来中国K12教育互联网化市场规模则将达1 500亿元。猿题库是一款手机智能做题软件，已经完成对初中和高中6个年级的全面覆盖。

本章主要涉及的知识点有：

- 了解教育类APP以及教育类APP设计要素；
- 标签导航母版设计；
- 海报轮播效果制作；
- “练习”、“语文”练习详情、“试卷”、“发现”、“我”模块界面布局设计；
- “试卷”模块界面布上下滑动效果制作。

9.1　教育类APP原型设计要素

在线教育类的产品有很多，从细分业务领域、商业模式、定位人群等角度可以有不同的划分方式。仅从K12市场的细分领域来看，相关产品就有猿题库、快乐学、提分网、梯子网、易题库等。

名称	上线时间	简述
猿题库	2013年2月	覆盖公务员考试、司法考试等多个职业类考试以及K12领域的题库。猿题库希望通过技术优化学生练习做题这一最重要的环节，提升做题的效率，实现一对一智能练习。
快乐学	2013年9月	服务学生、老师和家长三个人群，学生可以通过app拍摄题目获得答案，进行针对性练习。老师可组卷，家长可掌握孩子学习现状。
提分网	2013年10月	根据学生的学习行为和答疑情况，构建每个人的知识图谱，并提供最适合的学习资料和学习路径。
梯子网	2013年11月	涵盖中小学K12阶段的全学科优质教学资源共享平台，为老师提供强有力的教研工具，同时通过学生在线测评、作业、答疑等功能，为学生提供个性化的学情诊断和学习计划，让家长随时随地了解孩子的学习情况
易题库	2014年3月	是“选题、组卷、测评、练习”四位一体的软件系统,智能组题和评测是最大的特色. 易题库致力于打造一个找题、选题、组卷的教育互联网开放平台。

图9.1　教育类产品

猿题库是一款真正意义上的做个性化教育的智能题库，它通过后台的智能算法和推荐引擎，做到了比学生自己更懂自己，它真正做到了让学生通过不断练习自己薄弱或不会的知识点，从而提高做题的效率。“免费+增值服务”的盈利模式清晰，已初步建立起品牌知名度，并积累了大量用户。猿题库针对高三学生还提供了总复习模式，涵盖全国各省市近六年高考真题和近四年模拟题，并匹配各省考试大纲和命题方向，可按考区、学科、知识点自主选择真题或模拟题练习。

本章选择有代表性的猿题库APP作为原型设计的案例，如图9.2~图9.6所示。

图9.2　练习

图9.3　练习科目

图9.4 “试卷”界面

图9.5 “发现”界面

图9.6 “我”界面

9.2 设计内容与思路

本小节将会对猿题库APP原型的版本、设计内容与思路做一个简单阐述，在此基础上，后面章节将会翔实地展开讲述。

9.2.1　猿题库APP版本

猿题库APP原型制作采用v5.3.0版本。

9.2.2　设计内容

（1）采用高保真原型设计方式来设计猿题库APP原型。

（2）采用标签导航方式来设计猿题库APP的底部导航，并且把它设计成母版方式。

（3）制作海报轮播效果，动态显示猿题库相关的广告信息。

（4）“练习”界面布局设计以及语文科目详情页设计。

（5）“试卷”界面布局设计以及添加界面上下滑动效果。

（6）“发现”、“我”界面的布局设计。

9.2.3　设计思路

（1）对于“练习”、“试卷”、“发现”、“我”模块内容可以放置在不同的页面，对于各个模块的布局设计，使用已经准备好的图片进行显示。

（2）底部标签导航采用动态面板组件，实现各个状态的切换。

（3）海报轮播效果的实现要借助于动态面板组件，让面板状态自动进行切换以实现海报自动轮播的效果。

（4）交互设计可以添加一些触发事件，鼠标单击时触发事件、拖动动态面板时触发事件、页面载入时触发事件等的使用。

9.3　“练习”模块交互设计

9.3.1　标签导航母版设计

具体操作步骤如下：

（1）在母版区域新建一个母版“标签导航”，拖动一个矩形组件，矩形组件的宽度设置为350，高度设置为600，颜色填充为灰色（EFEEF3），去掉边框线；拖动一个动态面板组件，宽度设置为350，高度设置为49，动态面板的名称为“底部标签导航菜单”，建立四个状态“练习选中”、“试卷选中”、“发现选中”、“我选中”，如图9.7所示。

（2）在“底部标签导航菜单”动态面板的状态中分别放置“4-练习导航选中”、“5-试卷导航选中”、“6-发现导航选中”、“7-我导航选中”，在站点地图上建立“练习”、“试卷”、“发现”、“我”，如图9.8所示。

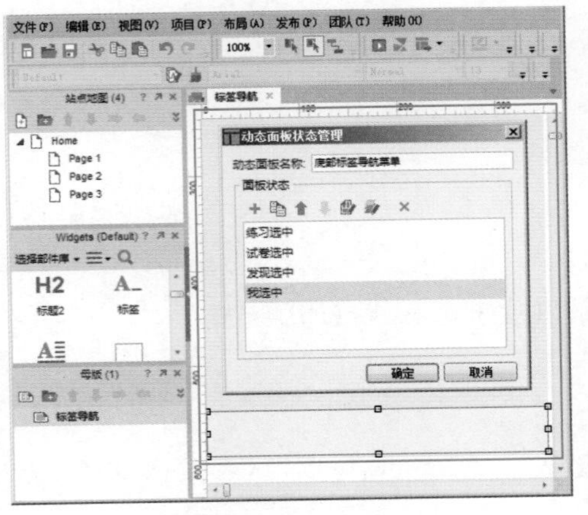

图9.7　标签导航母版

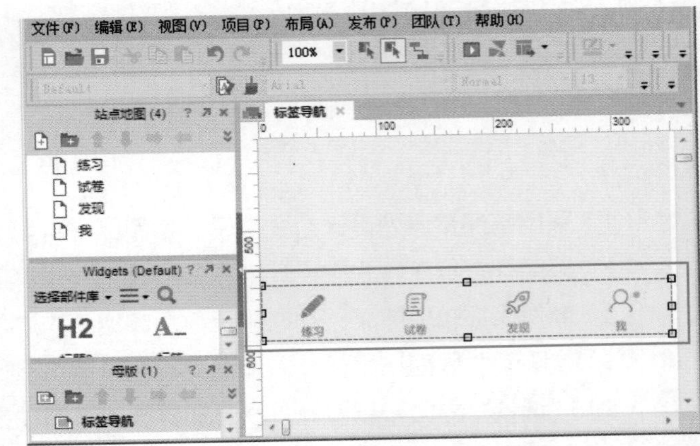

图9.8　导航菜单内容及页面

（3）拖动一个图像热区组件，放在“练习”导航菜单上，添加鼠标单击时触发事件，在当前窗口打开练习页面，如图9.9所示。

图9.9　打开练习页面

（4）拖动一个图像热区组件，放在“试卷”导航菜单上，添加鼠标单击时触发事件，在当前窗口打开试卷页面，如图9.10所示。

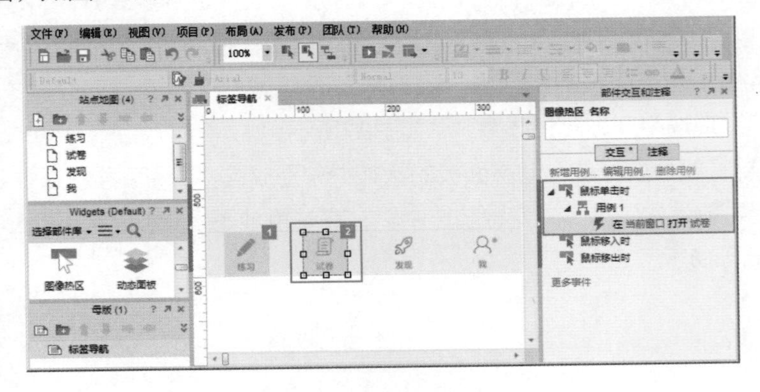

图9.10　打开试卷页面

（5）拖动一个图像热区组件，放在“发现”导航菜单上，添加鼠标单击时触发事件，在当前窗口打开发现页面，如图9.11所示。

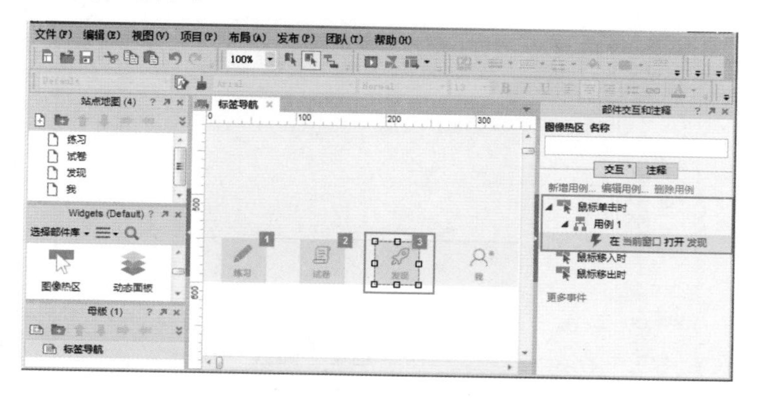

图9.11　打开发现页面

（6）拖动一个图像热区组件，放在“我”导航菜单上，添加鼠标单击时触发事件，在当前窗口打开我页面，如图9.12所示。

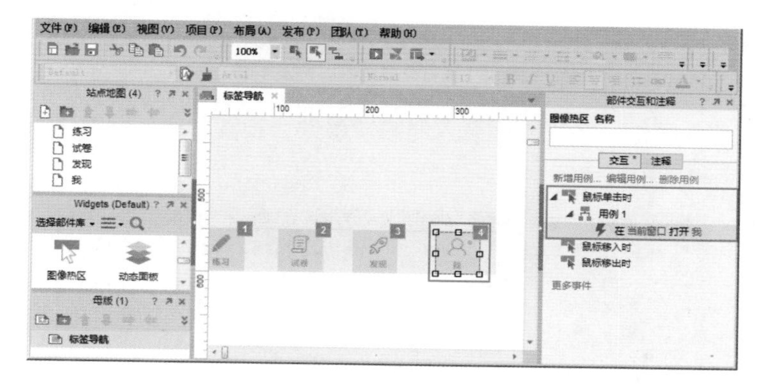

图9.12　打开我页面

（7）将标签导航母版通过新增页面的方式引用到“练习”、“试卷”、“发现”、“我”四个页面，如图9.13所示。

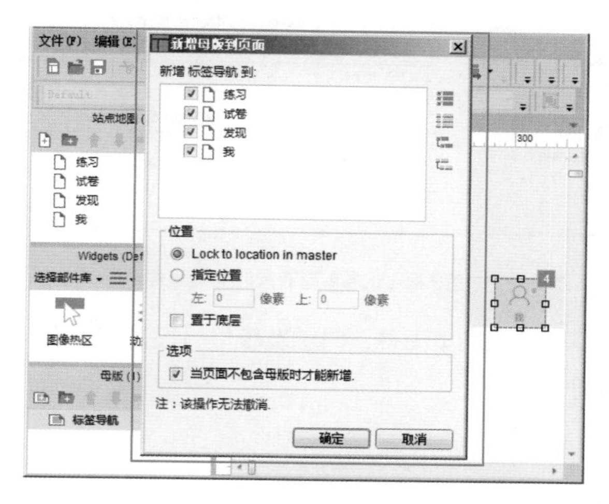

图9.13　母版引用到页面

（8）进入“练习”页面，添加页面载入时触发事件，设置“底部标签导航菜单”动态面板的状态为“练习选中”，如图9.14所示。

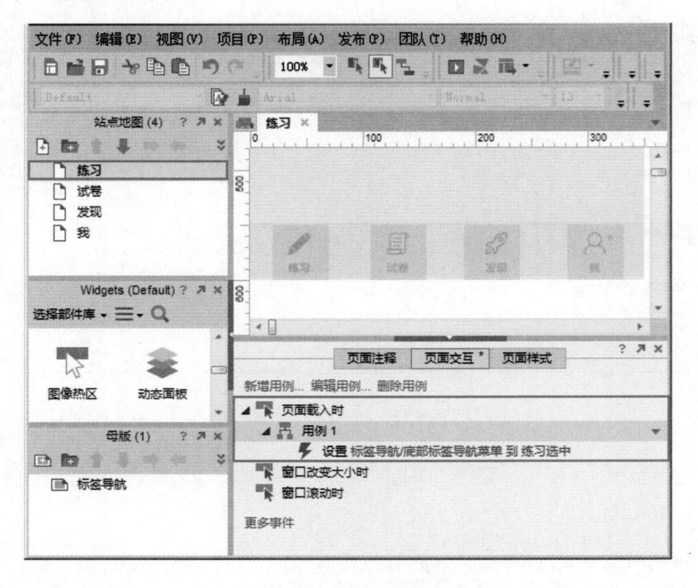

图9.14 练习页面载入时触发事件

（9）进入“试卷”页面，添加页面载入时触发事件，设置“底部标签导航菜单”动态面板的状态为“试卷选中”，如图9.15所示。

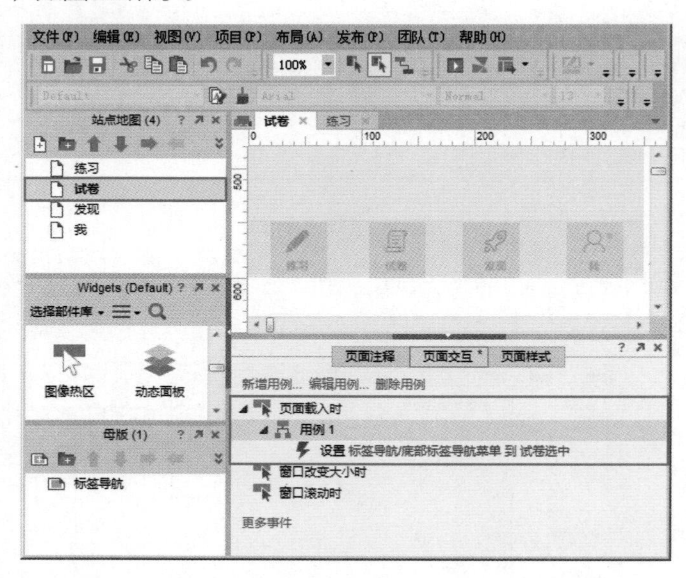

图9.15 试卷页面载入时触发事件

（10）进入“发现”页面，添加页面载入时触发事件，设置“底部标签导航菜单”动态面板的状态为“发现选中”，如图9.16所示。

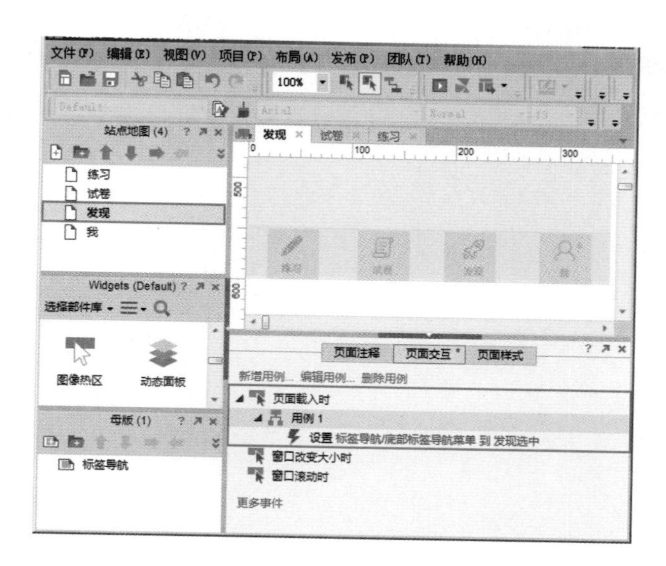

图9.16　发现页面载入时触发事件

（11）进入“我”页面，添加页面载入时触发事件，设置“底部标签导航菜单”动态面板的状态为“我选中”，如图9.17所示。

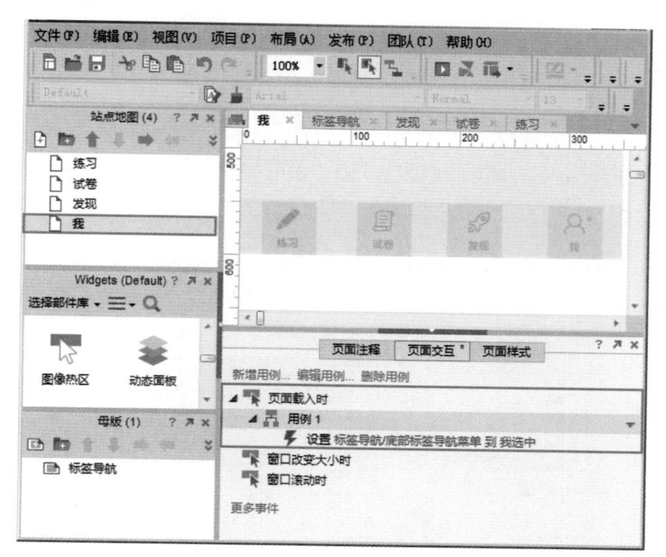

图9.17　我页面载入时触发事件

（12）按F8键发布原型，可以单击标签导航进入相应的页面，同时标签导航呈现为选中状态，如图9.18、图9.19所示。

注　意

每个模块对应一个页面，这样在设计时页面内容就不会混乱，也不会在一个页面中使用太多的动态面板组件。

图9.18 练习选中

图9.19 试卷选中

9.3.2 “练习”界面布局设计

具体操作步骤如下：

（1）进入“首页”页面，拖动一个图片组件，用“11-练习-状态栏”图片替换图片组件，作为状态栏；拖动一个动态面板组件，宽度设置为350，高度设置为146，动态面板的名称为“海报轮播显示区”，建立三个状态“海报1”、“海报2”、“海报3”，如图9.20所示。

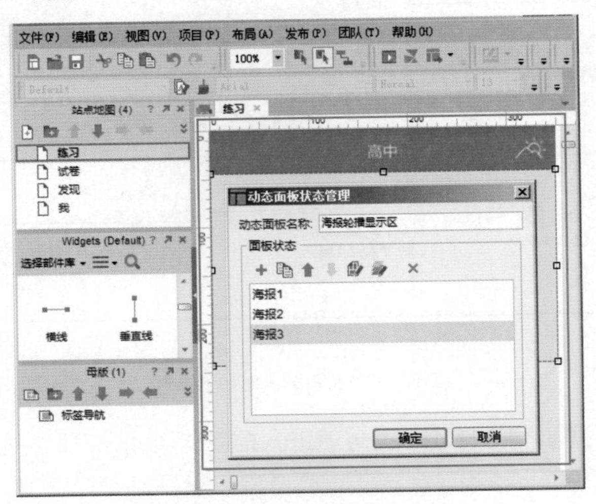

图9.20 状态栏及海报轮播区域

（2）“海报轮播显示区”动态面板的三个状态分别放置“8-练习-海报1”、“9-练习-海报2”、“10-练习-海报3”图片；拖动一个图片组件，用“12-练习-内容”图片替换图片组件，作为练习界面内容，如图9.21所示。

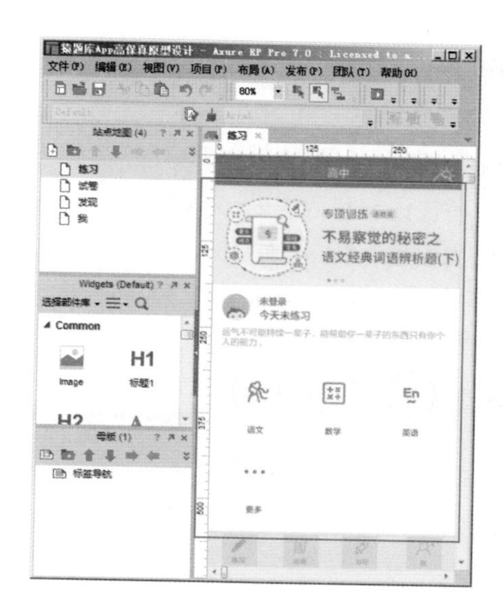

图9.21　练习内容

9.3.3　海报轮播效果制作

海报轮播效果是用来动态显示猿题库相关的广告信息，在有限的区域展示多个广告信息即可使用海报轮播效果，具体操作步骤如下。

（1）选中“海报轮播显示区”动态面板，给它添加载入时触发事件，设置面板状态，勾选海报轮播显示区复选框，选择状态Next，让它从最后一个到第一个自动循环，时间为3 000毫秒，进入动画向左滑动，时间为1 000毫秒，如图9.22所示。

（2）按F8键发布原型，可以看到海报自动循环轮播，如图9.23所示。

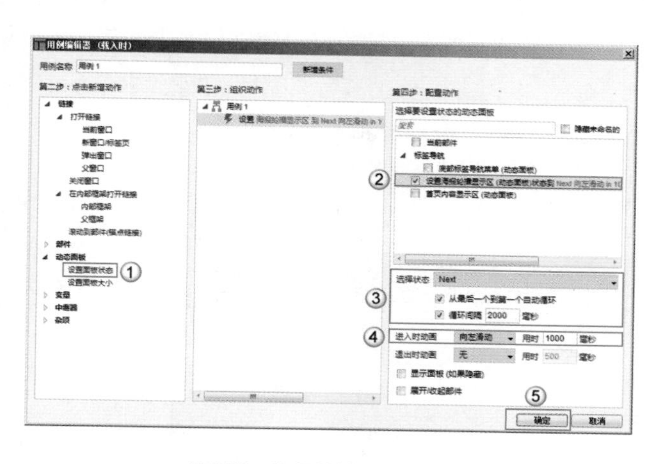

图9.22　海报轮播设置

图9.23　发布原型

注　意

海报轮播的实现就是让动态面板的状态进行自动切换显示，而触发它切换显示的事件就是加载时触发事件。

9.4 “语文”练习详情设计

在练习界面中，猿题库采用九宫格导航的方式显示各个科目，默认显示语文、数学、英语，单击更多导航可以添加更多科目；单击语文科目导航，会进入相应的科目练习页面，可以练习基础知识、短文阅读等，如图9.24所示，具体操作步骤如下。

（1）选中“练习”页面的状态栏、海报轮播区域以及练习内容，右击转换为动态面板，动态面板的名称为“练习内容显示区”，状态分别为“练习内容”、“语文内容”，如图9.25所示。

图9.24　语文科目练习

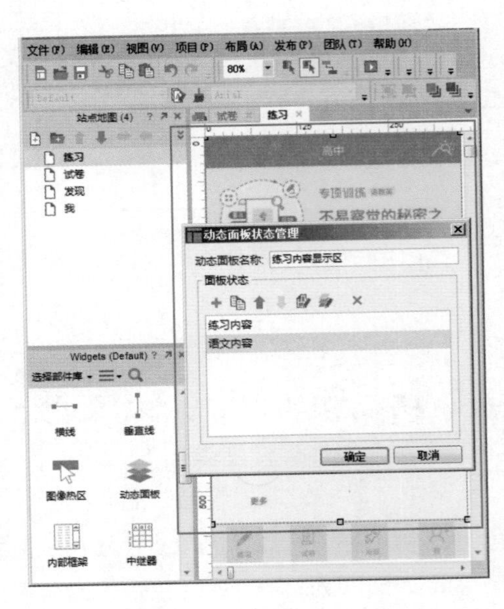

图9.25　练习内容显示区

（2）进入“语文内容”状态，拖动一个动态面板组件，宽度设置为350，高度设置为44，坐标位置设置为（0,0），动态面板的名称为“语文状态栏显示区”，建立两个状态“同步练习”、“高考练习”，两个状态分别“13-语文状态栏-同步”、“15-语文状态栏-高考”图片，如图9.26所示。

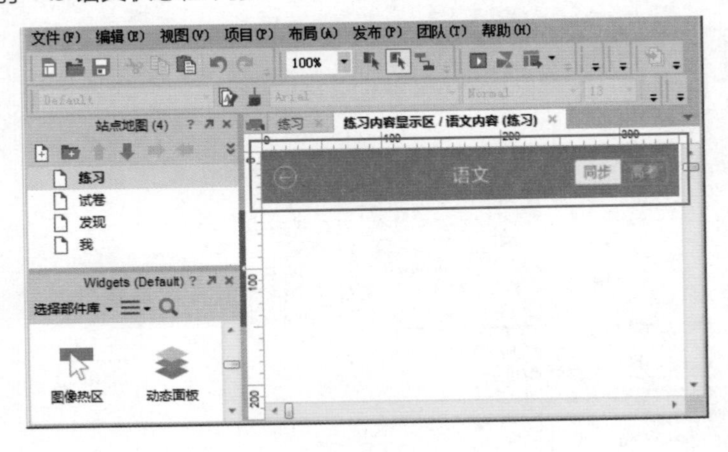

图9.26　语文状态栏内容

（3）拖动一个动态面板组件，宽度设置为350，高度设置为502，坐标位置设置为（0,0），动态面板的名称为“语文内容显示区”，建立两个状态“同步练习”、“高考练习”，如图9.27所示。

（4）“语文内容显示区”动态面板的两个状态分别放置“14-语文内容-同步”、“16-语文内容-高考”图片，作为语文练习的内容，如图9.28所示。

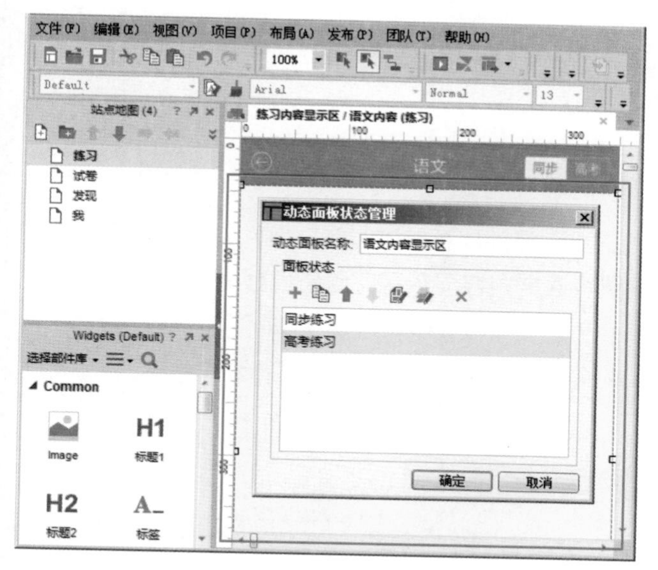

图9.27　语文内容显示区

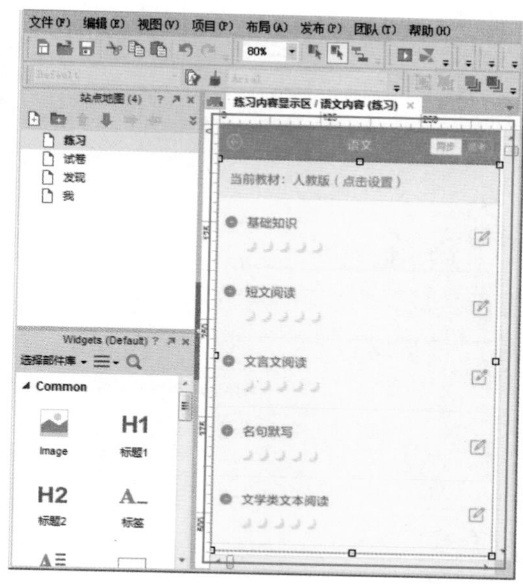

图9.28　语文状态栏内容

（5）拖动一个图像热区组件，放在返回按钮上，添加鼠标单击时触发事件，设置“练习内容显示区”动态面板的状态为“练习内容”，如图9.29所示。

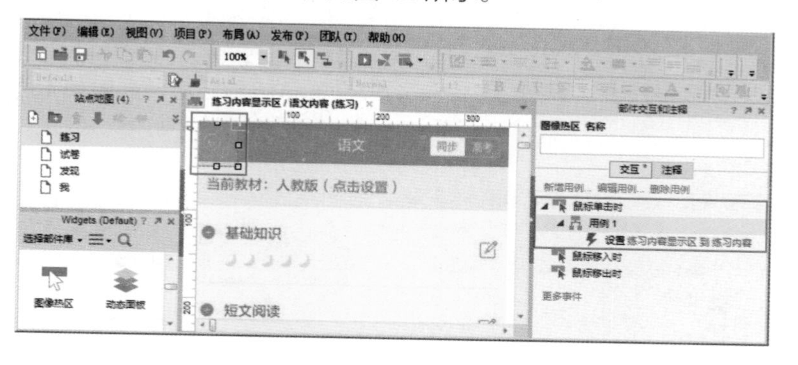

图9.29　返回交互效果

（6）拖动一个图像热区组件，放在同步按钮上，添加鼠标单击时触发事件，设置“语文状态显示区”动态面板的状态为“同步练习”，设置“语文内容显示区”动态面板的状态为“同步练习”，如图9.30所示。

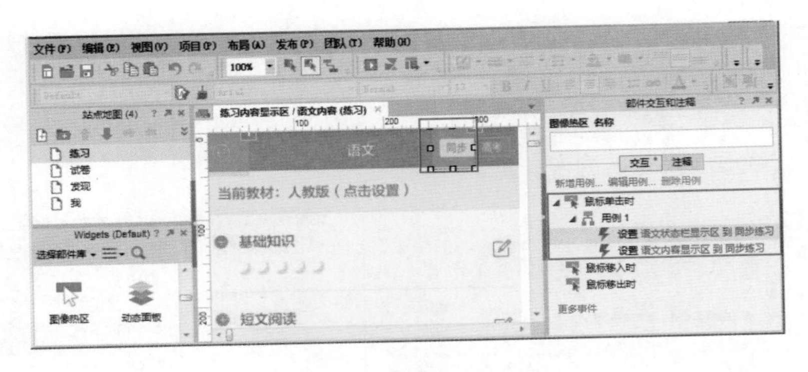

图9.30　同步练习交互效果

（7）拖动一个图像热区组件，放在高考按钮上，添加鼠标单击时触发事件，设置“语文状态显示区”动态面板的状态为“高考练习”，设置“语文内容显示区”动态面板的状态为“高考练习”，如图9.31所示。

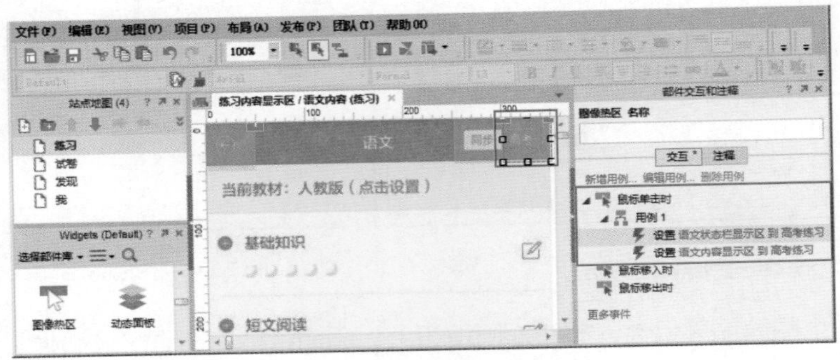

图9.31　高考练习交互效果

（8）进入“练习内容显示区”动态面板的“练习内容”状态，拖动一个图像热区组件，放在语文导航菜单上，添加鼠标单击时触发事件，设置“练习内容显示区”动态面板的状态为“语文内容”，如图9.32所示。

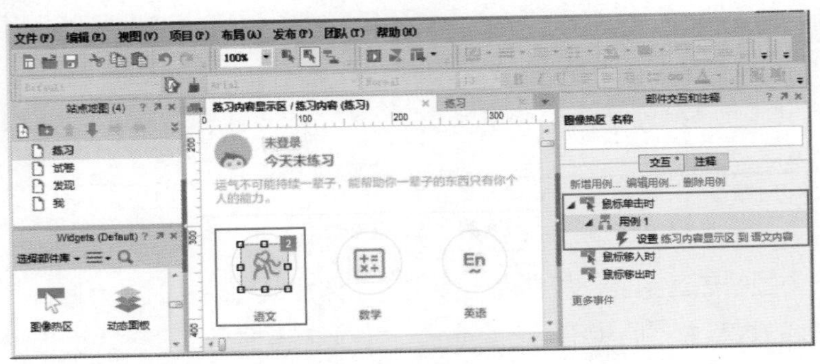

图9.32　语文导航交互效果

（9）按F8键发布原型，单击语文导航，可以进入语文练习页面，单击高考，可以练习高考试卷，单击同步，可以练习同步试卷，单击返回，返回练习的主界面，如图9.33、图9.34所示。

图9.33　“练习”界面

图9.34　“语文”界面

这样就设计完成了“练习”模块，包括练习界面的布局设计、海报轮播效果设计以及语文界面设计，运用了多个动态面板，借助于动态面板的状态切换效果，实现了动态的交互效果。

9.5　“试卷”模块交互设计

“试卷”模块用来显示最新试卷、高考真题、模拟题、高二期末考试卷、高一期末考试卷等信息，学生可以根据自己的需求选择相应的试卷进行自测或者练习，如图9.35所示。

图9.35　“试卷”界面

9.5.1 “试卷”内容设计

具体操作步骤如下：

（1）进入“试卷”页面，拖动一个图片组件，用“17-试卷-状态栏”图片替换图片组件，作为试卷的状态栏；拖动一个动态面板组件，宽度设置为350，高度设置为505，动态面板的名称为“试卷屏幕显示区”，状态为“试卷屏幕”，如图9.36所示。

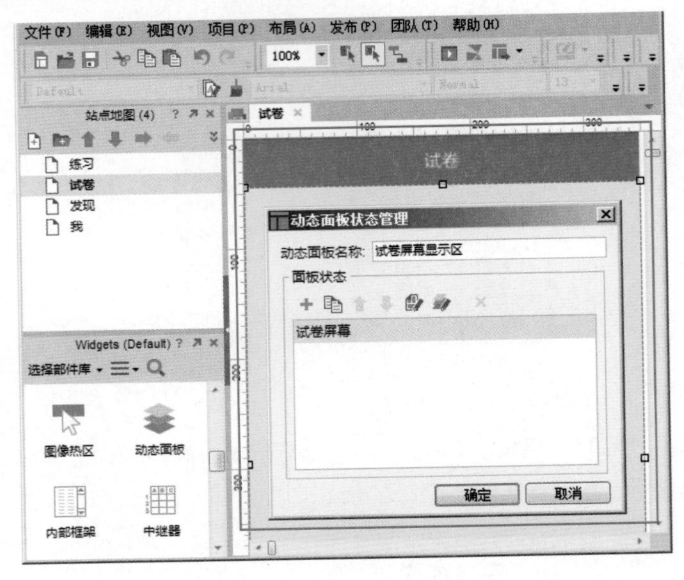

图9.36 试卷屏幕显示区

（2）进入“试卷屏幕”状态，拖动一个动态面板组件，宽度设置为350，高度设置为1080，动态面板的名称为“试卷内容显示区”，状态为“试卷内容”，如图9.37所示。

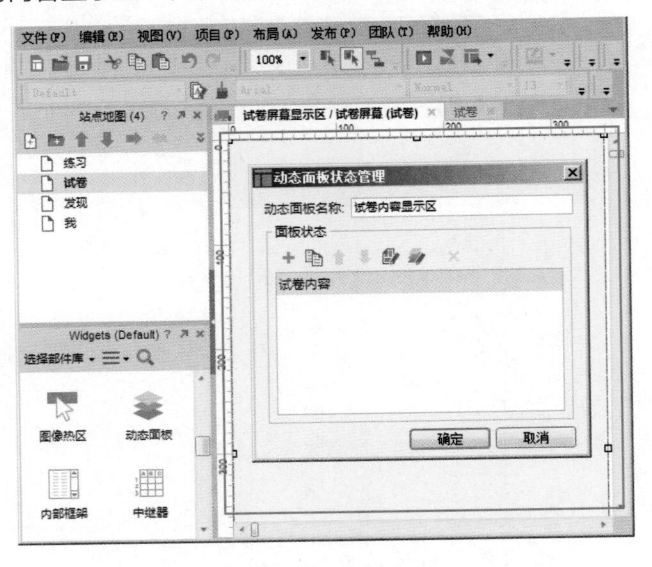

图9.37 试卷内容显示区

（3）进入“试卷内容”状态，页面背景颜色设置为灰色（EFEEF3），复制“18-试卷-最新试卷”、“19-试卷-高考真题”、“20-试卷-高二期末考试”、“21-试卷-高一期末考试”图片到这一状态中，作为试卷内容，如图9.38所示。

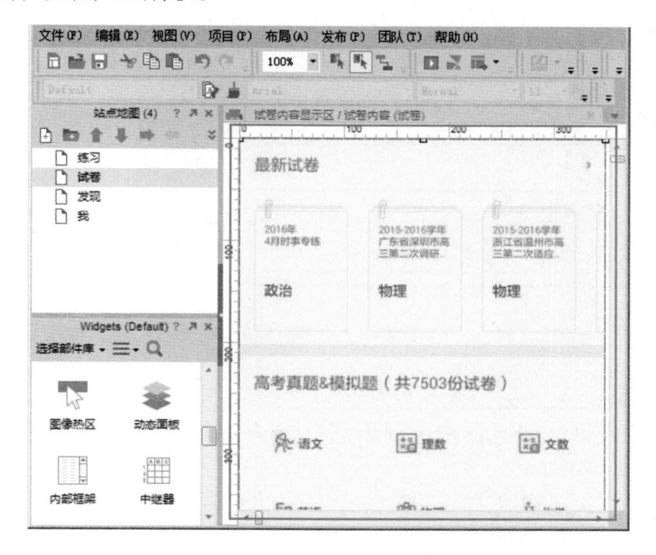

图9.38　试卷内容

注　意

页面背景色采用灰色，试卷内容采用白色，这样在试卷上给用户带来一种突出显示的效果。

9.5.2　界面上下滑动效果制作

由于试卷内容界面很长，屏幕无法显示所有内容，如果想查看完整的界面内容，可以通过上下滑动试卷界面来进行查看，下面开始制作试卷内容界面上下滑动效果，具体操作步骤如下。

（1）选中“试卷内容显示区”动态面板，添加拖动动态面板时触发事件，如图9.39所示。

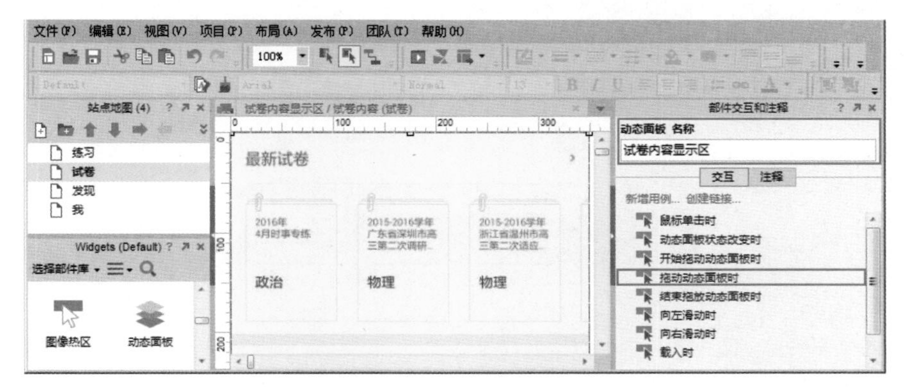

图9.39　添加拖动动态面板时触发事件

（2）单击“移动”动作，勾选“试卷内容显示区”复选框，使其沿y轴拖动，如图9.40所示。

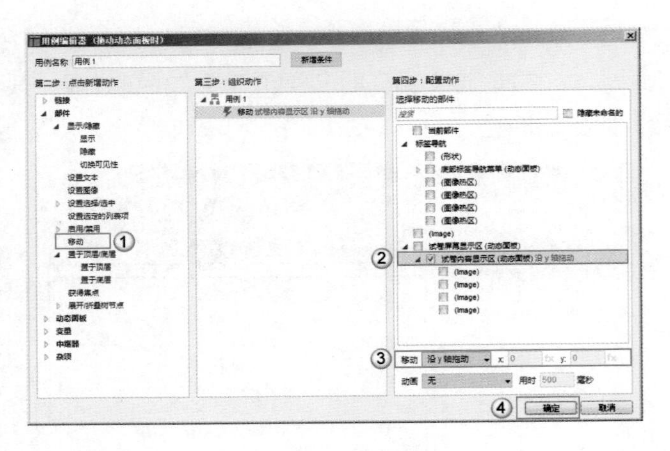

图9.40　沿y轴拖动

（3）再给“试卷内容显示区”这个动态面板添加结束拖放动态面板时触发事件。向下滑动时，如果滑动的值大于0，就让“试卷内容显示区”这一动态面板返回原始位置，如图9.41、图9.42所示。

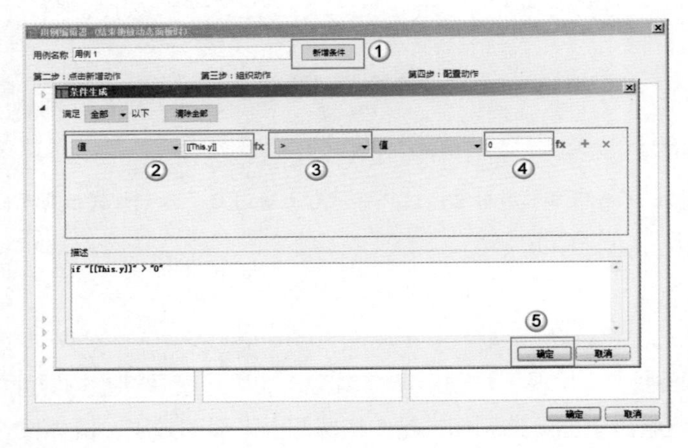

图9.41　动态面板部件滑动y值大于0

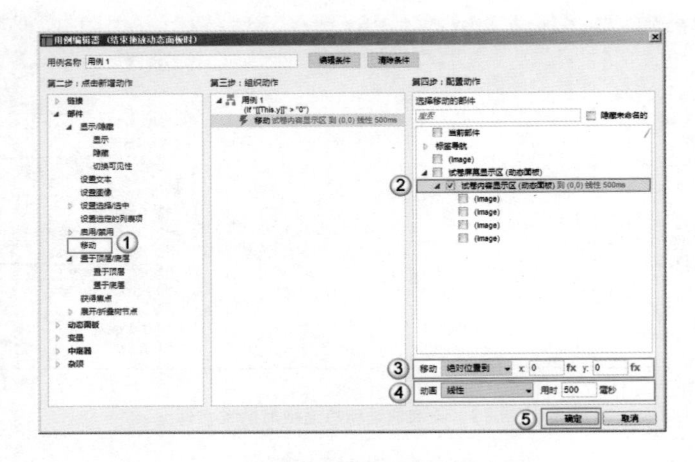

图9.42　动态面板返回初始位置

（4）向上滑动时，最外层动态面板“试卷屏幕显示区”的高度为505，里层动态面板“试卷内容显示区”的高度为1080，可以向上滑动的空间高度为575，当大于575时，同样让“试卷内容显示区”动态面板返回原始位置，如图9.43、图9.44所示。

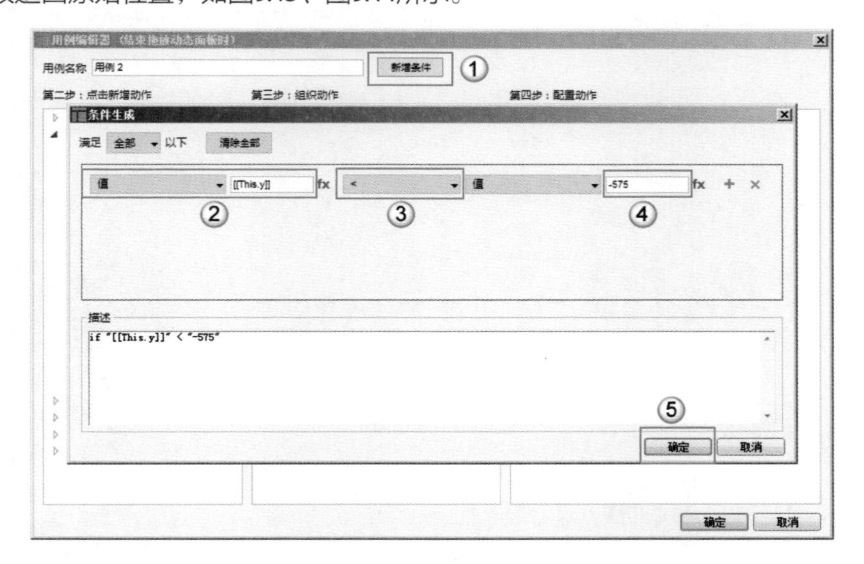

图9.43　动态面板向上滑动

图9.44　动态面板返回初始位置

注　意

向上滑动时，y值是负值，所以让它小于575，向下滑动时，y值是正值，所以让它大于0。

（5）按F8键发布看一下效果，试卷内容界面上下拖动，可以实现上下滑动效果，如图9.45所示。

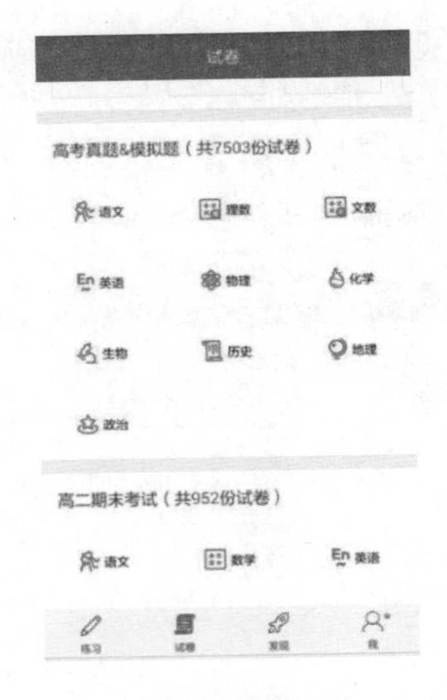

图9.45　发布原型

9.6　“发现”模块布局设计

“发现”模块用来显示作业群、做题排行榜、错题锁屏、每日练习提醒、在线辅导与拍照搜题等功能，它是通过列表式导航的方式显示这些内容，单击向右按钮，可以查看详细内容，如图9.46所示。

进入“发现”页面，拖动两个图片组件，用“22-发现-状态栏”、“23-发现-内容”图片替换图片组件，如图9.47所示。

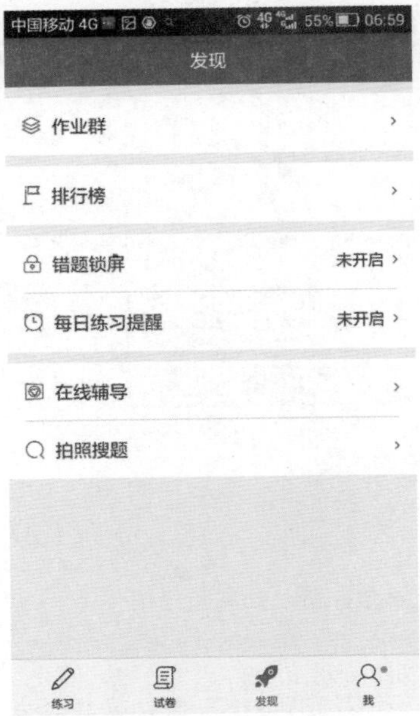

图9.46　发现

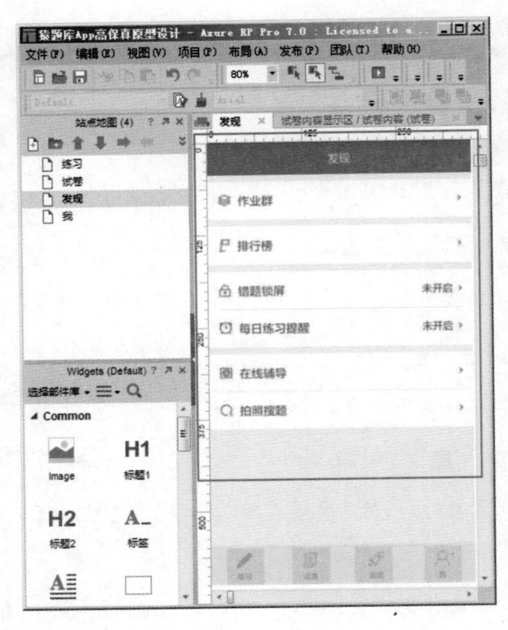

图9.47　发现内容

列表式导航是很多APP经常会采用的一种方式，由于导航菜单多，列表式导航是一种不错的选择，列表式导航一般都会使用灰色背景，导航菜单使用白色背景，这样可以突出显示导航菜单。

9.7　“我”模块布局设计

“我”模块用来登录APP以及错题、收藏、笔记、练习历史、做题统计、我的消息、我的卡券、设置内容的显示，它也是通过列表式导航的方式显示这些内容，单击向右按钮，可以查看详细内容，如图9.48所示。

进入“我”页面，拖动两个图片组件，用“24-我-状态栏”、“25-我-内容”图片替换图片组件，如图9.49所示。

图9.48　“我”界面

图9.49　“我”内容

9.8　烂笔头笔记——教育类APP

在进行教育类APP原型设计时，应该重点掌握如下几个方面的内容：

（1）教育类APP的科目导航设计应清晰，可以采用九宫格导航方式，教育产品要定位精准，练习与试卷答题界面友好，关注用户体验。

（2）猿题库APP原型设计，采用高保真原型的方式来制作原型，高保真需要使用UI设计师提供的切图。

（3）在设计猿题库APP导航时，采用了四个导航标签，每个标签内容划分得很清晰，便于用户选择和使用。

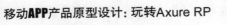

（4）猿题库APP导航采用母版制作的方式，一次制作，页面可以直接引用，减少重复制作的工作量。

（5）海报轮播效果和页签切换效果需要借助于动态面板组件，通过动态面板组件的状态切换来显示不同的内容。

（6）界面内容过长，可以通过界面上下滑动效果来查看完整页面内容，需要借助于动态面板的滑动效果。

第10章

娱乐段子类 APP：糗事百科 APP 高保真原型设计

娱乐段子也是人们日常娱乐的一种方式，通过一些笑话、冷笑话、囧事等内容来博得用户一笑，让用户心情愉悦。糗事百科APP越来越受欢迎，它的UGC（用户原创内容）模式得到了市场的认可，众多娱乐段子类APP也采用这一模式，纷纷将内容生产转换为UGC模式。

本章主要涉及的知识点有：

- 了解娱乐段子类APP以及娱乐段子类APP设计要素；
- “糗事”模块页面上下滑动效果设计；
- “糗友圈”模块页签切换效果设计；
- “发现、小纸条、我、登录”登录界面布局设计；
- 登录界面向上滑动、向下滑动效果设计。

10.1 娱乐段子类APP原型设计要素

目前娱乐段子类APP在市场上呈现出百花齐放的现象，从APP下载的情况上看，内涵段子、糗事百科、百思不得姐占据前三名，下载量分别为1 091万、1 053万、431万，如图10.1所示。

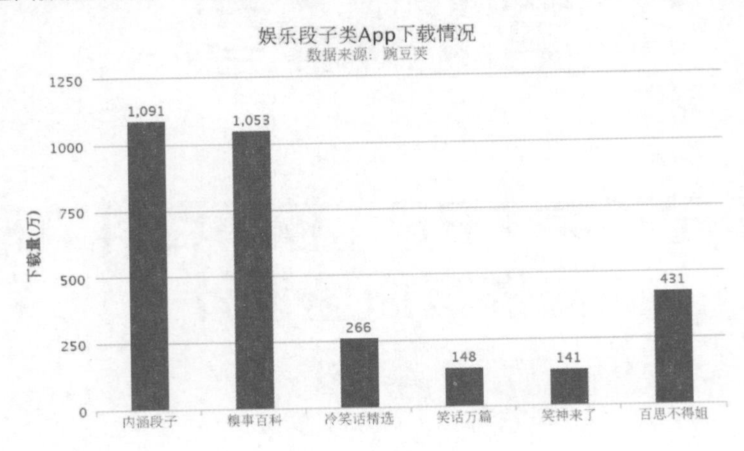

图10.1 娱乐段子类APP下载情况

糗事百科是一个原创分享糗事的平台，遵循UGC原则，网友可以自由投稿、投票、评论、审核内容，并与其他网友互动。糗事内容真实，文字简洁、清晰、口语化，适合随时随地观看，缓解生活压力。用户期望是查看幽默段子或者网友糗事，从中获得快乐，缓解情绪，同时希望用户发布自己的段子或者糗事，排解尴尬，糗事百科就是这样的一个平台。

本章以糗事百科APP作为案例来进行原型设计，设计“糗事”页面上下滑动效果、“糗友圈”页面页签切换效果以及“发现、小纸条、我、登录”界面的布局与交互设计，如图10.2~图10.6所示。

图10.2 糗事　　图10.3 糗友圈　　图10.4 发现

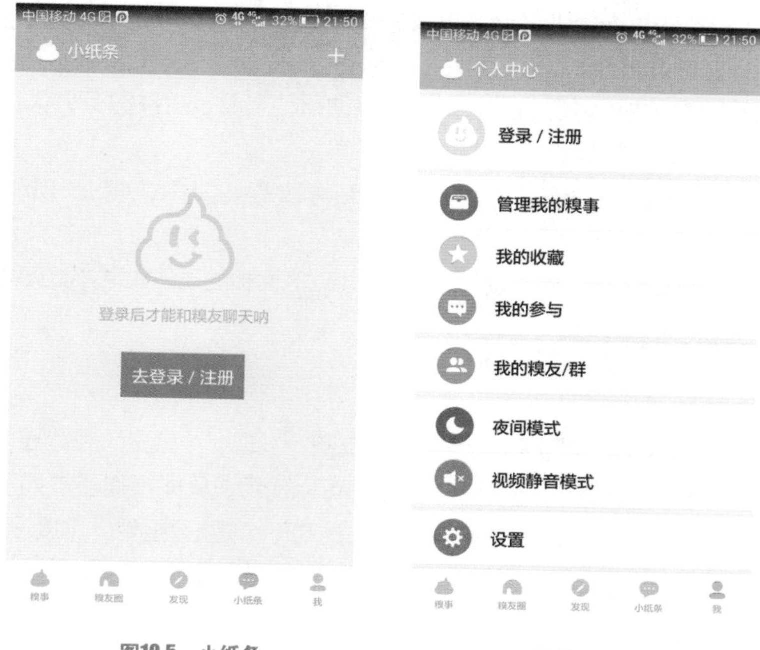

图10.5　小纸条　　　　图10.6　我

10.2　设计内容与思路

本小节将会对糗事百科APP原型的版本、设计内容与思路做一个简单的阐述，在此基础上，后面章节会翔实地展开讲述。

10.2.1　糗事百科APP版本

糗事百科APP原型制作采用v9.5.0版本；采用Axure RP 8.0版本进行原型设计。

10.2.2　设计内容

（1）采用高保真原型设计方式来设计娱乐段子APP原型。

（2）糗事百科APP底部标签导航设计。

（3）“糗事”模块页面上下滑动效果设计。

（4）“糗友圈”模块页签切换效果设计。

（5）“发现、小纸条”模块的布局与交互设计。

（6）“我、登录”模块的布局与交互设计。

（7）登录界面向上滑动向下滑动效果设计。

10.2.3　设计思路

（1）底部标签导航设计采用母版的设计方式来设计，这样设计一次其他页面也可以直接引用，避免重复制作的工作量。

（2）“糗事”模块的页面上下滑动效果需要借助于动态面板组件，给它添加拖动时触发事件和结束拖动动态面板时触发事件。

（3）“糗友圈”模块的页签切换效果，需要借助于动态面板组件的多个状态，根据不同的页签，显示动态面板的不同状态，以达到页签的切换效果。

（4）“发现、小纸条、我、登录”四个页面的结构都是状态栏+内容这一方式，同时要主要列表导航设计方式。

（5）登录界面向上滑动、向下滑动效果需要借助于动态面板的动画效果才能实现。

10.3 底部标签导航设计

糗事百科APP底部标签导航分为5类：糗事、糗友圈、发现、小纸条、我等五个标签导航，把这个标签导航设计成母版，这样设计一次，多个页面都可以使用，具体操作步骤如下。

（1）在母版区域新建一个母版“标签导航”，拖动一个矩形2组件，宽度设置为420，高度设置为655；再拖动一个动态面板组件，宽度设置为420，高度设置为56，动态面板的名称为“标签导航显示区”，建立五个状态“糗事导航”、“糗友圈导航”、“发现导航”、“小纸条导航”、“我导航”，如图10.7所示。

图10.7　标签导航母版

（2）用“0-糗事菜单”、“1-糗友圈菜单”、“2-发现菜单”、“3-小纸条菜单”、“4-我菜单”图片分别作为“标签导航显示区”动态面板的五个状态内容，如图10.8所示。

（3）在站点地图上，建立五个页面，分别命名为“糗事”、“糗友圈”、“发现”、“小纸条”、“我”；拖动五个图像热区组件，分别放置底部标签导航菜单的上面，单击糗事菜单会在当前窗口打开糗事页面，单击糗友圈菜单会在当前窗口打开糗友圈页面，单击发现菜单会在当前窗口打开发现页面，单击小纸条菜单会在当前窗口打开小纸条页面，单击我菜单会在当前窗口打开我页面，如图10.9所示。

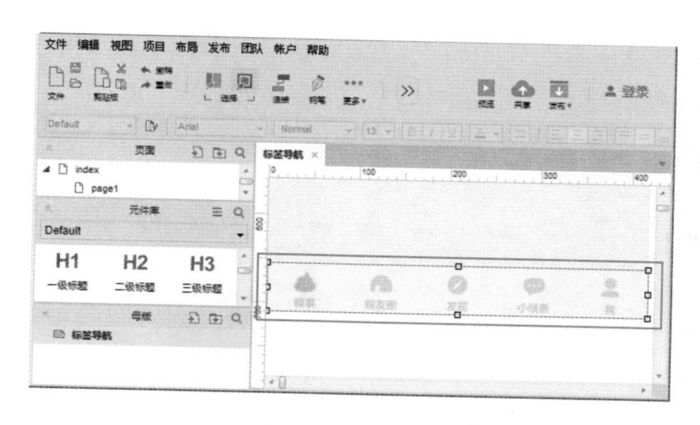

图10.8　标签导航内容

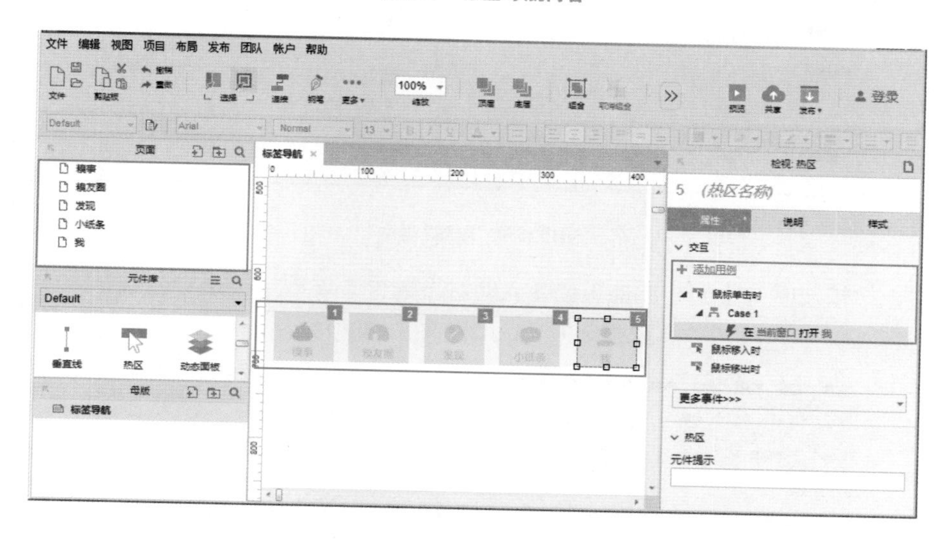

图10.9　打开相应页面

（4）将标签导航母版通过新增页面的方式引用到糗事、糗友圈、发现、小纸条、我等五个页面中，如图10.10所示。

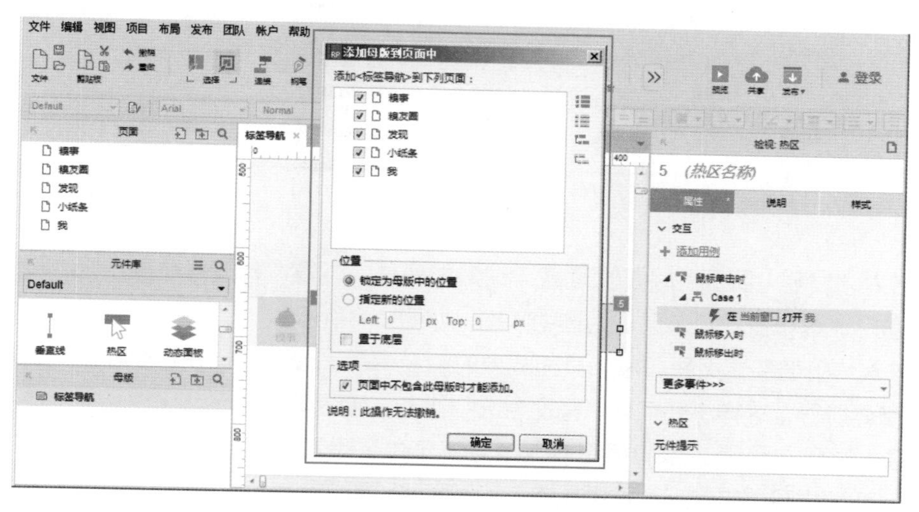

图10.10　母版引用到页面

（5）进入“糗事”页面，添加页面载入时触发事件，设置“标签导航显示区”动态面板状态为“糗事导航”，这样糗事菜单呈现为选中状态，如图10.11所示。

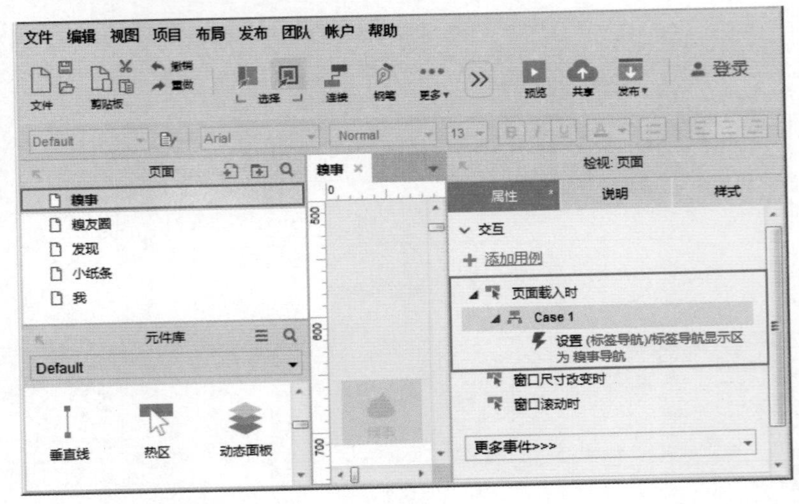

图10.11 “糗事”选中

（6）进入“糗友圈”页面，添加页面载入时触发事件，设置“标签导航显示区”动态面板状态为“糗友圈导航”，这样糗友圈菜单呈现为选中状态，如图10.12所示。

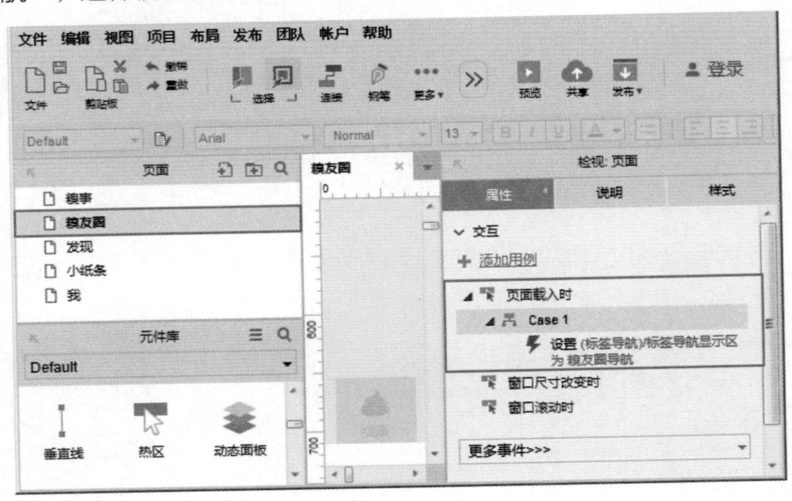

图10.12 “糗友圈”选中

（7）进入“发现”页面，添加页面载入时触发事件，设置“标签导航显示区”动态面板状态为“发现导航”，这样发现菜单呈现为选中状态，如图10.13所示。

（8）进入“小纸条”页面，添加页面载入时触发事件，设置“标签导航显示区”动态面板状态为“小纸条导航”，这样小纸条菜单呈现为选中状态，如图10.14所示。

（9）进入“我”页面，添加页面载入时触发事件，设置“标签导航显示区”动态面板状态为“我导航”，这样我菜单呈现为选中状态，如图10.15所示。

图10.13　“发现”选中

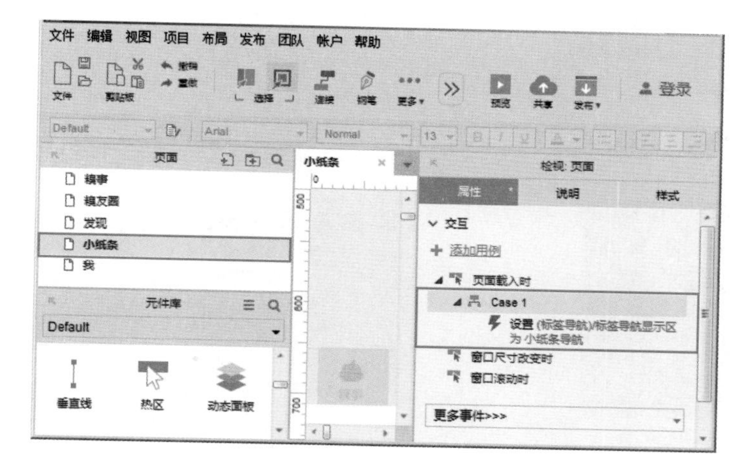

图10.14　“小纸条”选中

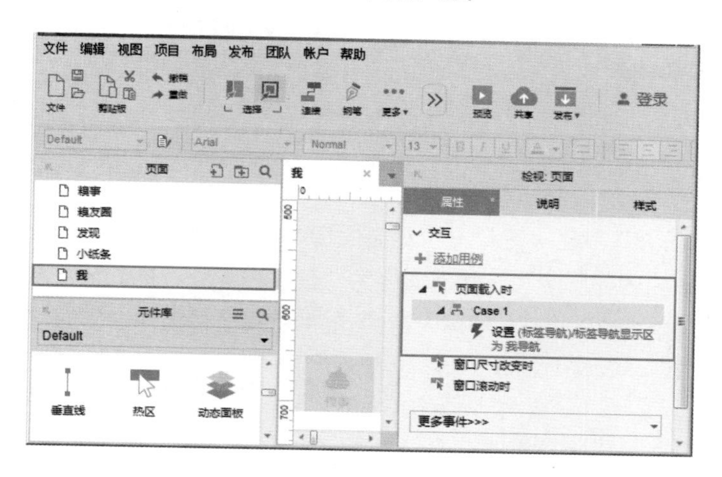

图10.15　“我”选中

这样即可单击标签导航菜单，进入相应的页面中，同时标签导航菜单呈现为选中状态，清晰地告诉用户处在哪个模块中，以避免用户迷失在页面中。

10.4 “糗事”模块页面上下滑动效果设计

“糗事”页面的最上面是页签的菜单，有专享、视频、纯文、纯图等页签的分类，单击不同的页签，可以查看不同的内容，也可以作为页面的状态栏；在页签的下面是页签对应的内容，当内容很长时，可以通过上下滑动效果来查看页面内容，如图10.16所示，具体操作步骤如下。

（1）进入“糗事”页面，拖动一个图片组件到工作区域，用“5-糗事状态栏”图片替换图片组件，作为糗事页面的状态栏；拖动一个动态面板组件，宽度设置为420，高度设置为50，动态面板的名称为“糗事屏幕显示区”，状态命名为“糗事屏幕”，如图10.17所示。

图10.16　糗事页面

图10.17　状态栏

（2）进入“糗事屏幕”状态，拖动一个动态面板组件，宽度设置为420，高度设置为1240，动态面板的名称为“糗事内容显示区”，状态命名为“糗事内容”，拖动三个图片组件，分别用“6-糗事内容1”、“7-糗事内容2”、“8-糗事内容3”图片替换图片组件，作为“糗事内容”这一状态的内容，如图10.18所示。

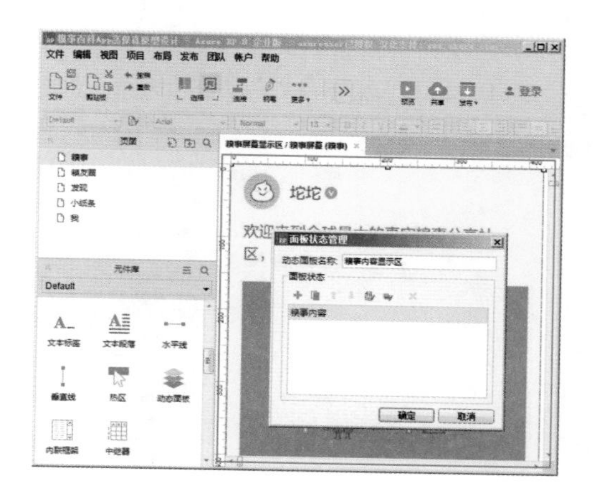

图10.18　糗事内容

（3）选中“糗事内容显示区”动态面板，给它添加拖动时触发事件，如图10.19所示。

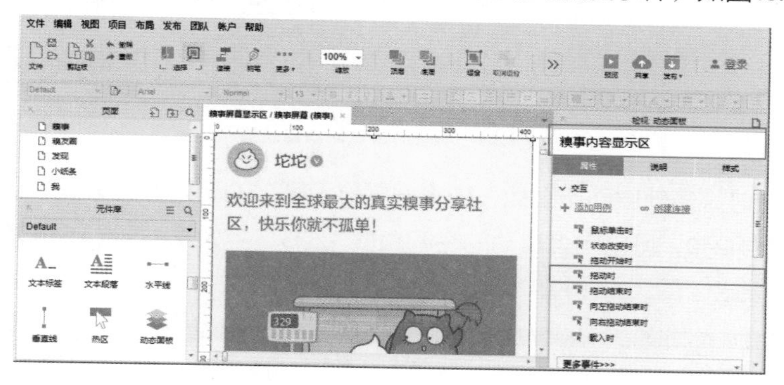

图10.19　添加拖动时触发事件

（4）单击“移动”动作，勾选“糗事内容显示区”复选框，向垂直方向拖动，如图10.20所示。

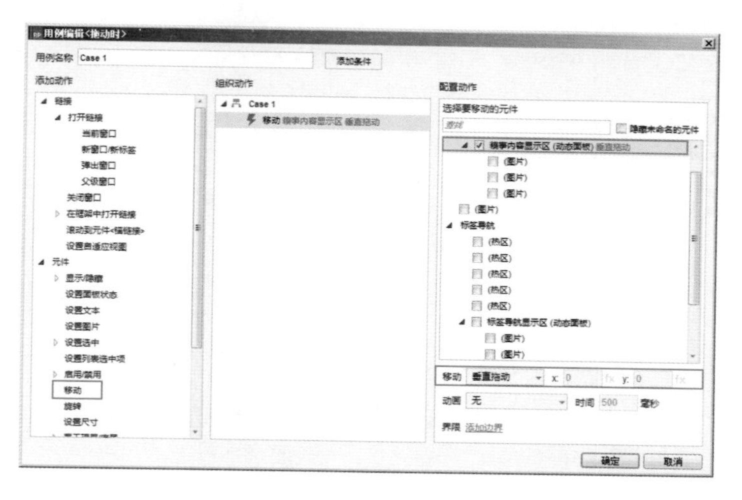

图10.20　垂直拖动

（5）再给“糗事内容显示区”这一动态面板添加结束拖放动态面板时触发事件。向下滑动时，如果滑动值大于0，就让“糗事内容显示区”这一动态面板返回原始位置，如图10.21所示。

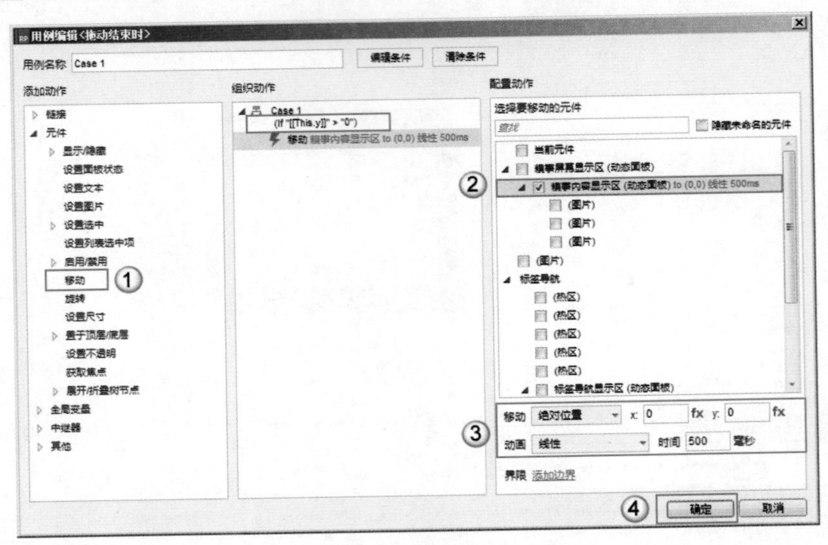

图10.21　动态面板返回初始位置

（6）向上滑动时，最外层动态面板“糗事屏幕显示区”的高度为605，里层动态面板“糗事内容显示区”的高度为1240，可以向上滑动的空间高度为635，当大于635时，同样让“糗事内容显示区”动态面板返回原始位置，如图10.22所示。

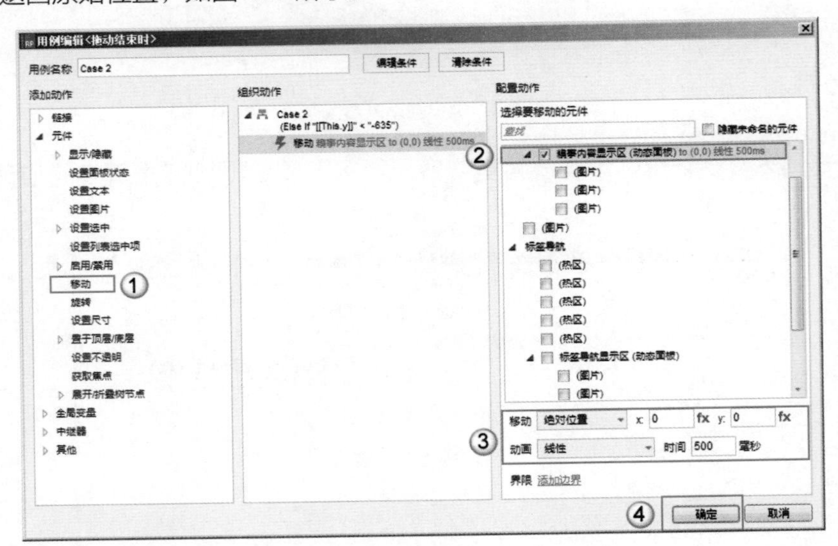

图10.22　动态面板返回初始位置

（7）按F8键发布看一下效果，将糗事内容界面上下拖动，可以实现上下滑动的效果，如图10.23所示。

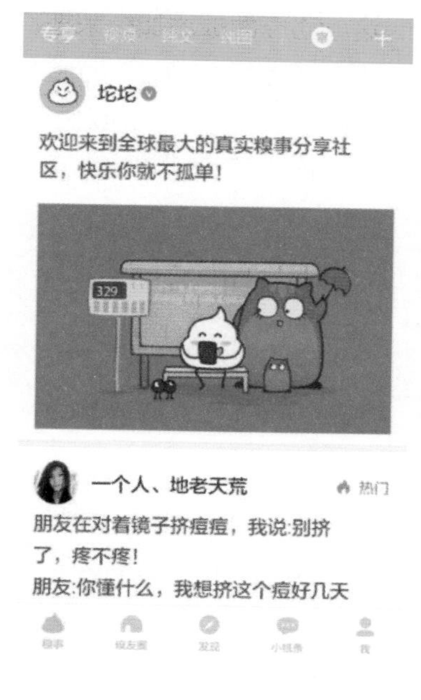

图10.23　发布原型

10.5　“糗友圈”模块页签切换效果设计

“糗友圈”是糗友分享的一些糗事，有隔壁、已粉、视频、话题等四个页签，单击页签可以显示相应的内容，可以采用两个动态面板来实现这一效果，一个动态面板用来显示页签菜单，另一个动态面板用来显示页签对应的内容，这样可以实现联动效果，如图10.24所示，具体操作步骤如下。

图10.24　糗友圈页面

（1）进入“糗友圈”页面，拖动一个动态面板组件，宽度设置为420，高度设置为50，动态面板的名称为“糗友圈状态栏”，建立四个状态“隔壁状态”、“已粉状态”、“视频状态”、“话题状态”，用“9-糗友圈状态栏-隔壁”、“10-糗友圈状态栏-已粉”、“11-糗友圈状态栏-视频”、“12-糗友圈状态栏-话题”图片分别作为四个状态的内容，如图10.25所示。

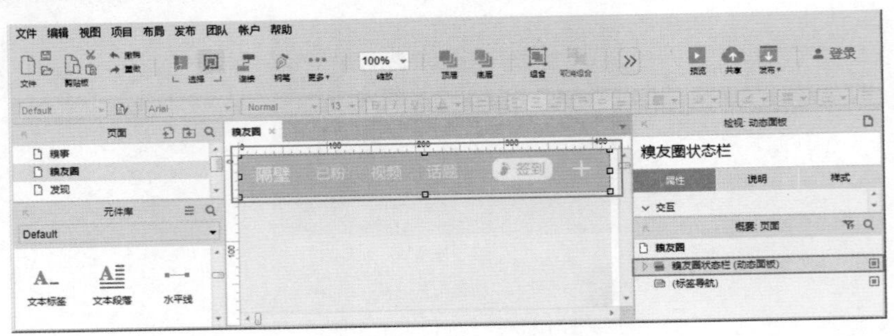

图10.25 糗友圈状态栏

（2）拖动一个动态面板组件，宽度设置为420，高度设置为605，动态面板的名称为“糗友圈内容显示区”，建立四个状态“隔壁内容”、“已粉内容”、“视频内容”、“话题内容”，用“13-隔壁内容”、“14-已粉内容”、“15-视频内容”、“16-话题内容”分别作为四个状态的内容，如图10.26所示。

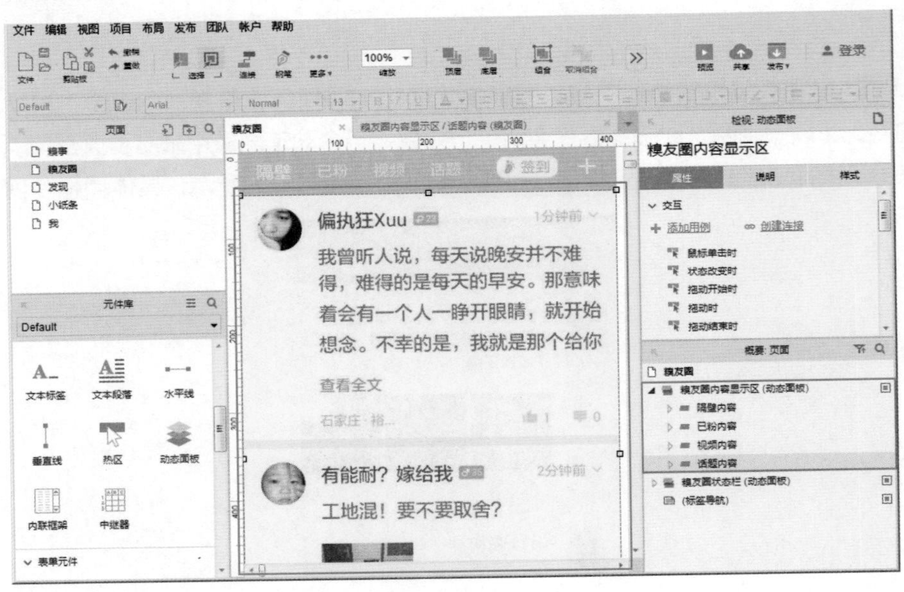

图10.26 糗友圈内容

（3）拖动一个图像热区组件，放置在隔壁页签上，添加鼠标单击时触发事件，设置“糗友圈状态栏”动态面板的状态为“隔壁状态”，设置“糗友圈内容显示区”动态面板的状态为“隔壁内容”，如图10.27所示。

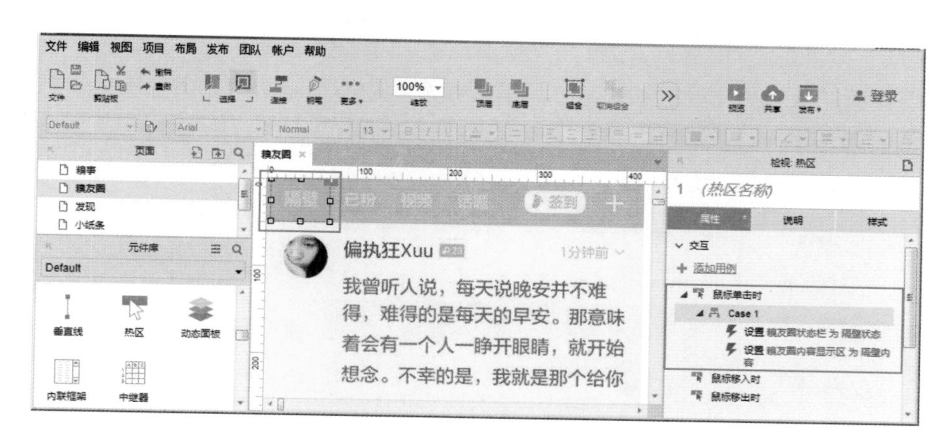

图10.27　隔壁页签交互效果

（4）拖动一个图像热区组件，放置在隔壁页签上，添加鼠标单击时触发事件，设置“糗友圈状态栏”动态面板的状态为“已粉状态”，设置“糗友圈内容显示区”动态面板的状态为“已粉内容”，如图10.28所示。

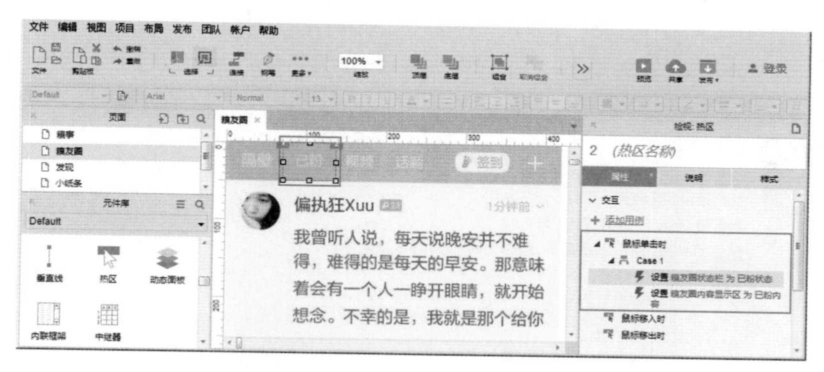

图10.28　已粉页签交互效果

（5）拖动一个图像热区组件，放置在隔壁页签上，添加鼠标单击时触发事件，设置“糗友圈状态栏”动态面板的状态为“视频状态”，设置“糗友圈内容显示区”动态面板的状态为“视频内容”，如图10.29所示。

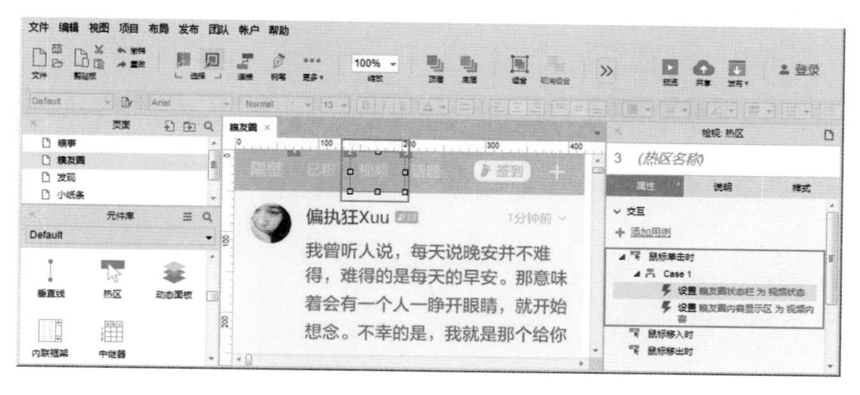

图10.29　视频页签交互效果

（6）拖动一个图像热区组件，放置在隔壁页签上，添加鼠标单击时触发事件，设置“糗友圈状态栏”动态面板的状态为“话题状态”，设置“糗友圈内容显示区”动态面板的状态为“话题内容”，如图10.30所示。

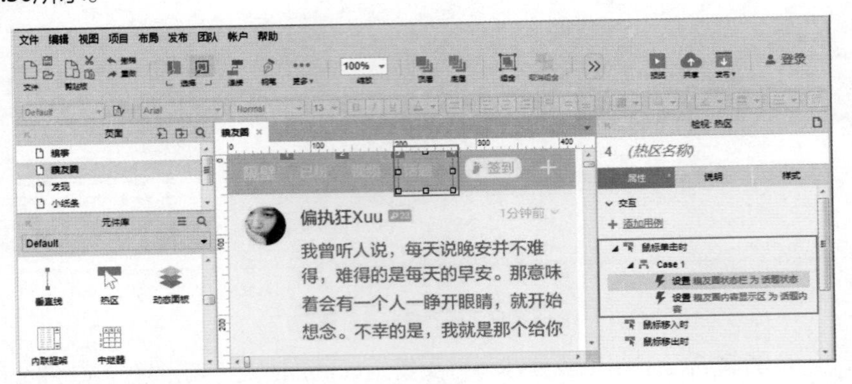

图10.30　话题页签交互效果

（7）按F5键发布原型，糗友圈页签可以相互切换，页签菜单和页签内容可以联动变化，如图10.31~图10.34所示。

图10.31　隔壁界面

图10.32　已粉界面

图10.33　视频界面

图10.34　话题界面

10.6　“发现、小纸条”模块交互设计

“发现”、“小纸条”模块的两个页面结构都是由状态栏和内容组成，“发现”页面中有九宫格导航和列表式导航，而“小纸条”页面需要登录后才能看到页面内容，如图10.35~图10.36所示。

图10.35　发现界面

图10.36　小纸条界面

具体操作步骤如下：

（1）进入“发现”页面，拖动两个图片组件，用“17-发现状态栏”、“18-发现内容”两个图片替换图片组件，分别作为状态栏和内容，如图10.37所示。

图10.37　发现页面内容

（2）进入“小纸条”页面，拖动两个图片组件，用“19-小纸条状态栏”、“20-小纸条内容”两个图片替换图片组件，分别作为状态栏和内容，如图10.38所示。

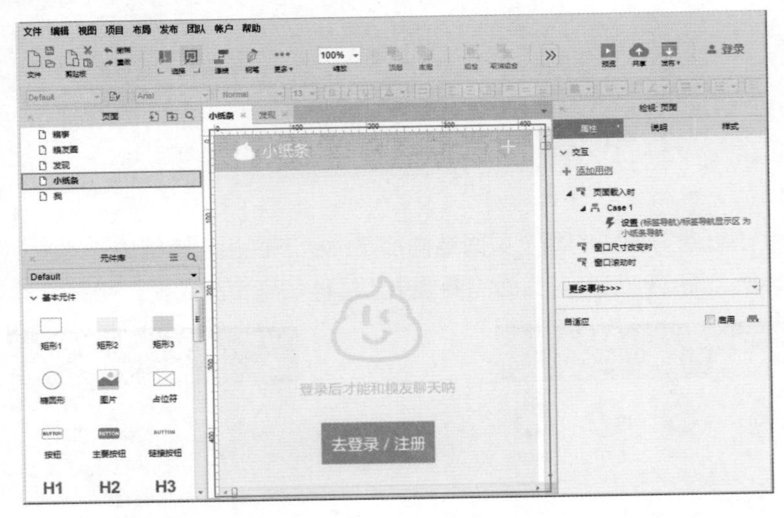

图10.38　小纸条页面内容

10.7　“我、登录”模块交互设计

“我”页面是通过列表式导航的方式来显示页面内容，显示与用户自身相关的内容，包括登录、注册、管理我的糗事、我的收藏、我的参与等内容，同时单击列表式导航时，会从下面滑动出详情界面，比如单击登录/注册列表导航时，会从下面滑动出登录界面，返回时向下滑动隐藏登录界面，如图10.39~图10.40所示。

图10.39　我界面

图10.40　登录界面

具体操作步骤如下：

（1）进入“我”页面，拖动两个图片组件，用“21-我状态栏”、“22-我内容”图片替换图片组件，作为“我”页面内容，如图10.41所示。

图10.41　我页面内容

（2）拖动一个动态面板组件，宽度设置为320，高度设置为711，动态面板的名称为“登录界面显示区”，状态命名为“登录界面”，页面背景设置为灰色（EEEDEB），用“23-登录状态栏”、“24-登录内容”图片作为登录界面内容，如图10.42所示。

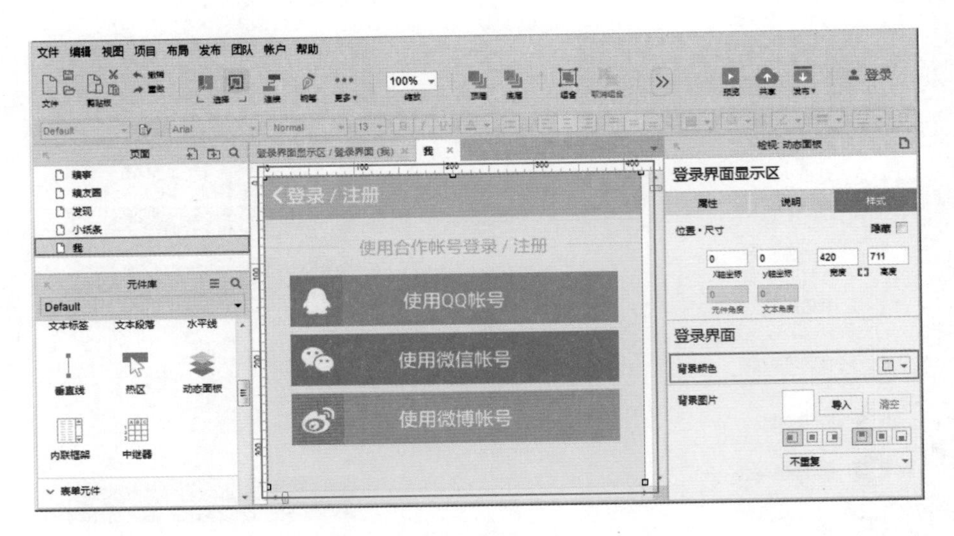

图10.42 登录页面内容

（3）将“登录界面显示区”动态面板隐藏起来，置于底层，拖动一个图像热区组件，放置在登录/注册列表式菜单上面，给它添加鼠标单击时触发事件，显示“登录界面显示区”动态面板，置于顶层，动画效果设置为向上滑动500毫秒，如图10.43所示。

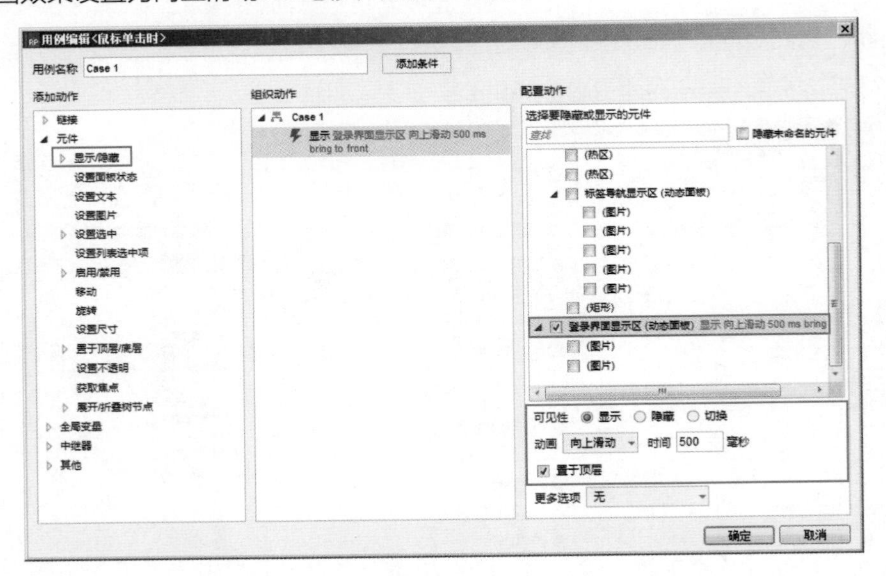

图10.43 显示登录界面

（4）进入“登录界面”状态，拖动一个图像热区组件，放置在返回按钮上，给它添加鼠标单击时触发事件，隐藏“登录界面显示区”动态面板，置于底层，动画效果设置为向下滑动500毫秒，如图10.44所示。

图10.44　隐藏登录界面

发布一下，即可看到向上滑动效果和向下滑动效果的实现，给用户一种动态的交互效果。

10.8　烂笔头笔记——娱乐段子类APP

在娱乐段子类APP原型设计时，应该重点掌握如下几个方面的内容：

（1）娱乐段子类APP的生命力在于内容的原创性，不仅能让用户从APP中获得一些有趣的段子，还可以分享一些有趣的事或者囧事，这样APP不断有新鲜血液注入，才能长久发展下去。

（2）设计APP的底部标签导航时，把它设计成母版的方式，这样即可避免重复制作。

（3）页面的上下滑动效果设计和页签的切换效果需要借助于动态面板组件，实现高级交互效果。

（4）页面的布局设计需要分析页面结构，什么时候应该采用九宫格导航，什么时候应该采用列表式导航等设计方式。

（5）动态面板的动画效果会让原型更有动画感，能制作出很多动画，这样页面就会更有生气，更有活力。

读者意见反馈表

亲爱的读者：

感谢您对中国铁道出版社的支持，您的建议是我们不断改进工作的信息来源，您的需求是我们不断开拓创新的基础。为了更好地服务读者，出版更多的精品图书，希望您能在百忙之中抽出时间填写这份意见反馈表发给我们。随书纸制表格请在填好后剪下寄到：北京市西城区右安门西街8号中国铁道出版社综合编辑部 荆波 收（邮编：100054）。或者采用传真（010-63549458）方式发送。此外，读者也可以直接通过电子邮件把意见反馈给我们，E-mail地址是：176303036@qq.com。我们将选出意见中肯的热心读者，赠送本社的其他图书作为奖励。同时，我们将充分考虑您的意见和建议，并尽可能地给您满意的答复。谢谢！

所购书名：________________

个人资料：

姓名：____________性别：__________年龄：__________文化程度：____________

职业：________________电话：________________E-mail：________________

通信地址：________________________________邮编：____________

您是如何得知本书的：

□书店宣传 □网络宣传 □展会促销 □出版社图书目录 □老师指定 □杂志、报纸等的介绍 □别人推荐

□其他（请指明）________________

您从何处得到本书的：

□书店 □邮购 □商场、超市等卖场 □图书销售的网站 □培训学校 □其他

影响您购买本书的因素（可多选）：

□内容实用 □价格合理 □装帧设计精美 □带多媒体教学光盘 □优惠促销 □书评广告 □出版社知名度

□作者名气 □工作、生活和学习的需要 □其他

您对本书封面设计的满意程度：

□很满意 □比较满意 □一般 □不满意 □改进建议

您对本书的总体满意程度：

从文字的角度 □很满意 □比较满意 □一般 □不满意

从技术的角度 □很满意 □比较满意 □一般 □不满意

您希望书中图的比例是多少：

□少量的图片辅以大量的文字 □图文比例相当 □大量的图片辅以少量的文字

您希望本书的定价是多少：

本书最令您满意的是：

1.

2.

您在使用本书时遇到哪些困难：

1.

2.

您希望本书在哪些方面进行改进：

1.

2.

您需要购买哪些方面的图书？对我社现有图书有什么好的建议？

您更喜欢阅读哪些类型和层次的计算机书籍（可多选）？

□入门类 □精通类 □综合类 □问答类 □图解类 □查询手册类 □实例教程类

您在学习计算机的过程中有什么困难？

您的其他要求：